UTB 2947

Eine Arbeitsgemeinschaft der Verlage

Böhlau Verlag · Köln · Weimar · Wien
Verlag Barbara Budrich · Opladen · Farmington Hills
facultas.wuv · Wien
Wilhelm Fink · München
A. Francke Verlag · Tübingen und Basel
Haupt Verlag · Bern · Stuttgart · Wien
Julius Klinkhardt Verlagsbuchhandlung · Bad Heilbrunn
Lucius & Lucius Verlagsgesellschaft · Stuttgart
Mohr Siebeck · Tübingen
C. F. Müller Verlag · Heidelberg
Orell Füssli Verlag · Zürich
Verlag Recht und Wirtschaft · Frankfurt am Main
Ernst Reinhardt Verlag · München · Basel
Ferdinand Schöningh · Paderborn · München · Wien · Zürich
Eugen Ulmer Verlag · Stuttgart
UVK Verlagsgesellschaft · Konstanz
Vandenhoeck & Ruprecht · Göttingen
vdf Hochschulverlag AG an der ETH Zürich

Stefan Titscher, Michael Meyer, Wolfgang Mayrhofer

Organisationsanalyse

Konzepte und Methoden

facultas.wuv

o. Univ.-Prof. Dr. Stefan Titscher, Institut für Soziologie und empirische Sozialforschung an der Wirtschaftsuniversität Wien. Arbeitsschwerpunkte: Neuere Systemtheorie, Organisations- und Gruppenanalyse, Bildungsforschung, Methoden. Langjährige Tätigkeit u.a. als Berater, Trainer, Leiter der Steuerungsgruppe für die Universitätsreform im Bildungsministerium.

Univ.-Prof. Dr. Michael Meyer, Department für Management an der Wirtschaftsuniversität Wien. Die Arbeitsschwerpunkte sind Organisation und Nonprofit-Management, derzeitige Forschungsprojekte betreffen Managerialismus in Nonprofit-Organisationen, Karrieren, Zivilgesellschaft und die Funktionen von Nonprofit-Organisationen. Dazu liegen zahlreiche englisch- und deutschsprachige Fachpublikationen vor.

o. Univ.-Prof. Dr. Wolfgang Mayrhofer leitet die Interdisziplinäre Abteilung für Verhaltenswissenschaftlich Orientiertes Management an der Wirtschaftsuniversität Wien. Forschungsschwerpunkte: Karriere- und Laufbahnforschung, Internationale Unternehmens- und Personalführung und Neuere Systemtheorie. Regelmäßige Trainings- und Beratungsarbeit, v.a. Team- und Führungstrainings im Bereich Outdoor/Segeln.

Bibliografische Information Der Deutschen Nationalbibliothek

Die Deutsche Nationalbibliothek verzeichnet diese Publikation in der Deutschen Nationalbibliografie; detaillierte bibliografische Daten sind im Internet über http://dnb.d-nb.de abrufbar.

Alle Angaben in diesem Fachbuch erfolgen trotz sorgfältiger Bearbeitung ohne Gewähr, eine Haftung des Autors oder des Verlages ist ausgeschlossen.

1. Auflage 2008
Copyright © 2008 Facultas Verlags- und Buchhandels AG
facultas.wuv Universitätsverlag, Berggasse 5, 1090 Wien, Österreich
Alle Rechte, insbesondere das Recht der Vervielfältigung und der Verbreitung sowie der Übersetzung, sind vorbehalten.
Umschlagbild: Picasso, Pablo: Project for a Monument to Guillaume Apollinaire, 1962 © 2008, The Museum of Modern Art, New York/Scala, Florence
Satz und Druck: Facultas Verlags- und Buchhandels AG
Printed in Austria

UTB-Bestellnummer: ISBN 978-3-8252-2947-4

Vorwort

Dieses Buch haben wir für Studierende sozial- und/oder wirtschaftswissenschaftlicher Studien geschrieben, die sich für das Thema Organisation interessieren oder sich damit auseinandersetzen müssen, weil sie eine akademische Abschlussarbeit über Organisationen schreiben. Das Buch richtet sich ebenso an Berufstätige, die – zum Beispiel als Managerin, Manager oder als Beraterin bzw. Berater – das reflektieren, was in einer Organisation abläuft. Nicht zuletzt richtet sich der Text an alle, die sich einfach deshalb für Organisationen interessieren, weil sie in einer arbeiten oder weil sie etwas mehr über jene Einrichtungen erfahren wollen, die in modernen Gesellschaften eine so große Bedeutung für die Aufrechterhaltung der Ordnung haben.

Das erste Kapitel bietet einen Extrakt aus der langen Tradition organisationstheoretischen Denkens und macht damit auf die Eigenheiten und Eigenartigkeiten von Organisationen aufmerksam. Die unterschiedlichen Konzepte von Organisationen bieten die Basis, die jede Beobachtung oder Untersuchung von Organisationen braucht. Bei allen Leserinnen und Lesern wollen wir, so weit dies bei einem Fachbuch möglich ist, die Lust wecken, dieses „erfahrungslose Wissen" durch eigene Versuche zu ergänzen, die Ereignisse in Organisationen methodisch angeleitet zu erfahren.

In unserer Praxis haben wir gelernt, dass der Einsatz der bekannten empirischen Methoden in Organisationen an bestimmte Bedingungen geknüpft ist. Will man organisatorische Entscheidungen, Prozesse und Strukturen analysieren, muss man vieles beachten, was etwa bei der klassischen Markt- und Meinungsforschung keine Rolle spielt, weil es dort meist um Individuen geht.

Die Besonderheiten der Analyse von Organisationen, der Ablauf des Analyseprozesses und alle jene Überlegungen, die im Vorfeld einer Organisationsanalyse anstehen, finden in der Folge breiten Raum. Auch beim Forschen muss man strategische Entscheidungen treffen, die festlegen und einschränken. So sind bestimmte Analysestrategien wie die Fallstudie oder das Experiment eben nur für bestimmte Typen von Fragen geeignet. Weiters ist der Zugang zum Feld bei Organisationsanalysen ganz besonders sensibel und pflegebedürftig.

Bei der Darstellung der üblichen Methoden der Datenerhebung, wie etwa Befragung, Beobachtung oder Dokumentenanalyse konzentrieren wir uns auf einen Überblick und auf jene Gesichtspunkte, die für deren Einsatz in Organisationen wichtig sind. Leserinnen und Leser, die darüber hinaus eine vertiefende Literatur über spezielle Fragen der einzelnen Methoden lesen wollen, finden in den jeweiligen Abschnitten entsprechende Hinweise.

Zwölf ausführliche Beispiele beleuchten jeweils unterschiedliche Aspekte des Einsatzes der verschiedenen Methoden in der Forschungs- oder Beratungspraxis. Diese Beispiele behandeln sehr unterschiedliche Themen; sie reichen von Firmenübernahmen über Beobachtungen des Manageralltags, von Ist-Analysen eines Beraters bis zur Inhaltsanalyse eines Romans.

Die umfangreichen Fußnoten können möglicherweise eine abschreckende Wirkung haben. Sie sind aber fast durchwegs Bildungsschnörkel zum Text und bieten zusätzliche, unserer Meinung nach nützliche Informationen über einflussreiche Autoren, bekannte Werke oder Theorierichtungen.

Quasi als Handreichung stellen wir im Anhang einige Checklisten und Werkzeuge bereit, die nochmals zum besseren Verstehen fremder und zur besseren Planung eigener Analysen beitragen sollen.

Nicht zuletzt danken wir einer Reihe von Personen, die tatkräftig beim Zustandekommen und bei der Fertigstellung des Buches mitgeholfen haben: Peter Wittmann von facultas.wuv hat sich von der Idee infizieren lassen und war uns ein professioneller und herzlicher Wegbegleiter, Frau Magistra Petra Niederhametner hat mit Toleranz und Gelassenheit das Manuskript lektoriert und Frau Brigitte Wandl hat mit viel Geduld in kürzester Zeit eine Druckvorlage daraus gemacht. Anahid Aghamanoukjan, Julia Brandl, Steffi Bixa und Reinhard Millner vom Institut für Organisation und Verhalten in Organisationen der Wirtschaftsuniversität Wien waren kompetente und kritische Testleser und -leserinnen, Edith Fazekas und Michaela Schreder halfen wesentlich bei der Finalisierung des Manuskriptes. Ihnen allen ein herzliches Dankeschön.

Stefan Titscher
Michael Meyer
Wolfgang Mayrhofer   Wien, Jänner 2008

Inhaltsverzeichnis

1 **Organisation** 15
   1.1   Nutzen von Organisationswissen 15
   1.2   Grundlegende Zusammenhänge in Organisationen 19
   1.3   Organisationsbegriff 25
   1.4   Elemente von Organisationen 30
   1.5   Funktion und Leistung von Organisationen 36
         1.5.1 Organisationsziele, -aufgaben, -angebote
                und Funktionen 38
         1.5.2 Die Wechselwirkung zwischen Organisation
                und Umwelt 40
   1.6   Die Rolle von Menschen in Organisationen 42
   1.7   Unterschiede zwischen Organisationen 48

2 **Besonderheiten von Organisationsanalysen** 55
   2.1   Organisationsanalyse 55
         2.1.1 Der Gegenstand von Organisationsanalysen 55
         2.1.2 Der politische Gehalt von Organisationsstudien .. 57
   2.2   Unterschiedliche Zugänge 62
         2.2.1 Erkenntnisinteressen: Beschreibung – Erklärung –
                Prognose 63
         2.2.2 Die eigene Position 68
         2.2.3 Unterschiedliche Anlässe 71

3 **Der Analyseprozess im Überblick** 77
   3.1   Die Verbindung von theoretischen Überlegungen und
        Feldarbeit: der Analysekreislauf 79
   3.2   Die Strukturierung des Analyseprozesses: der Strukturplan 84

4 **Vorüberlegungen** 90
   4.1   Identifikation des Anlasses 90
   4.2   Literaturstudium 91
   4.3   Sammlung von Vorinformationen 92
   4.4   Zugang und Erstgespräche 92
   4.5   Erste Annahmen 95
   4.6   Resümee der Rahmenbedingungen 100

5 **Konzeption** 103
   5.1   Grobkonzept 104
         5.1.1 Präzisierung der Analysefrage 106
         5.1.2 Begriffsklärung 110

		5.1.3 Arbeitshypothesen 112
	5.2	Entwurf der Analysestrategie und des Analysedesigns 119
		5.2.1 Funktionen der Analyse 121
		5.2.2 Perspektiven der Analyse 124
		5.2.3 Fallstudien 128
		5.2.4 Experimentelle Untersuchungen 134
		5.2.5 Strategische Aspekte des Materialzugangs 147
		5.2.6 Arten von Erhebungsmaterial 148
		5.2.7 Unterschiedliche Analyseebenen 159
		5.2.8 Reaktivität der Analyse 170
		5.2.9 Ausmaß der Standardisierung 173
	5.3	Operationalisierung 175
	5.4	Auswahl der Erhebungsmethoden 185
		5.4.1 Überblick 185
		5.4.2 Die Verbreitung empirischer Methoden 187
		5.4.3 Generelle Kriterien für die Methodenwahl 190
		5.4.4 Methodenmix und Triangulation 194
		5.4.5 Daumenregeln für die Methodenentscheidung 196

6 Erhebungsmethoden für Organisationsanalysen 199

	6.1	Befragungen 199
		6.1.1 Besonderheiten von Befragungen 202
		6.1.2 Mündliche Interviews 207
		6.1.3 Schriftliche Befragung 213
		6.1.4 Internet-Umfragen in Organisationen 218
		6.1.5 Besonderheiten bei Befragungen in Organisationen ... 220
	6.2	Gruppeninterviews und -diskussionen 227
	6.3	Analyse von Kommunikations- und Beziehungsstrukturen .. 233
		6.3.1 Soziometrie 233
		6.3.2 Netzwerkanalysen 238
	6.4	Beobachtung 247
		6.4.1 Unterschiedliche Verfahren 250
		6.4.2 Beobachtungsinstrumente 253
		6.4.3 Die Anlage einer Beobachtungsstudie 254
		6.4.4 Ergebnisse ausgewählter Beobachtungsstudien 257
		6.4.5 Beobachtung im Rahmen von Organisations- analysen 261
	6.5	Dokumenten- und Textanalyse 263

7	Erhebung und Auswertung	273
7.1	Anpassung des Analyseverlaufs an die Organisation	273
7.2	Eine Mind Map als Arbeitsplan	277
7.3	Durchführung eines Pretests	278
7.4	Datenerhebung	280
7.5	Datenkontrolle und -bereinigung	283
7.6	Kodierung der Daten	284
7.7	Auswertung und Interpretation	287
7.8	Abfassen des Berichts	288

8	Präsentation der Analyse und Reflexion	293
8.1	Präsentation der Ergebnisse	294
8.2	Reflexion der eigenen Rolle und des Analyseprozesses	298
8.3	Überlegungen zur Verwertung	303

Anhang: Checklisten & Werkzeuge ... 305

1 Warum soll man lesen? – Leitfaden für das Literaturstudium ... 305

2 Checkliste zur Analyse wissenschaftlicher empirischer Studien ... 307

2.1	Beschreibung	307
	2.1.1 Analysefrage	309
	2.1.2 Aussageeinheiten	311
	2.1.3 Vorgeschichte der Analysefrage	311
	2.1.4 Entdeckungszusammenhang	311
	2.1.5 Verwertungszusammenhang	312
	2.1.6 Referenz und Reichweite	312
	2.1.7 Arten von Variablen	313
	2.1.8 Erhebungseinheiten	316
	2.1.9 Selektion	316
	2.1.10 Methoden der Erhebung	317
	2.1.11 Zusammenhänge zwischen den Elementen	317
	2.1.12 Ergebnisse	319
2.2	Einschätzung der Studie	319
	2.2.1 Fragen zur Aussagekraft der Studie	319
	2.2.2 Fragen zur theoretischen Abstützung der Studie	319

  2.2.3 Worüber weiß man mehr, wenn man diese Studie gelesen hat? 320
  2.2.4 Welche Art von Wissen hat man nach der Lektüre? 320

3 Wo findet man in einem Artikel was? 322

4 Wie präzisiere ich meine Fragestellung? 324

5 Welche Fragen sind in Erstgesprächen wichtig? 329

6 Welche Unterscheidungen können für Organisationsanalysen nützlich sein? 331

7 An welchen Kriterien kann man die Planung einer Analyse frühzeitig ausrichten? 334

8 Literatur 337

9 Sachregister 351

10 Personenregister 356

Abbildungsverzeichnis

Abbildung 1:	Organisation und Umwelt	19
Abbildung 2:	Interaktionen in der Organisation	21
Abbildung 3:	Formalstruktur	22
Abbildung 4:	Dimensionen der Organisation	24
Abbildung 5:	Die objektive und die subjektive Struktur des Arbeitshandelns	44
Abbildung 6:	Grundannahmen der Aston-Group	49
Abbildung 7:	Die unterschiedliche Berücksichtigung politischer Prozesse	60
Abbildung 8:	Vier Beispiele für persönliche Auffassungen, die die Analyse beeinflussen	70
Abbildung 9:	Analysetypen nach Anlass und Interessen	73
Abbildung 10:	Der Analysezirkel	80
Abbildung 11:	Allgemeiner Strukturplan für eine Organisationsanalyse	89
Abbildung 12:	Abduktive Folgerungen im Rahmen einer empirischen Analyse	97
Abbildung 13:	Beispiele für Arbeitspakete der Abschnitte „Grobkonzept erstellen" und „Analysestrategie wählen"	105
Abbildung 14:	Kriterien für die Wahl einer Analysestrategie	123
Abbildung 15:	Kriterien für die Unterscheidung von Quellen	148
Abbildung 16:	Ein Beispiel für die Zusammenhänge verschiedener Untersuchungsebenen	167
Abbildung 17:	Hilfsfragen für den Ablauf der Operationalisierung	184
Abbildung 18:	Die empirischen Methoden im Analyseumfeld	187
Abbildung 19:	Entscheidungsbaum für die Methodenwahl	198
Abbildung 20:	Varianten der Informationsschöpfung bei Gruppendiskussionen	230
Abbildung 21:	Vier Rollen eines Beobachters im Feld	251
Abbildung 22:	Zentrale Arbeitsschritte im Erhebungs- und Auswertungsteil	273
Abbildung 23:	Die Anpassung der Erhebung an die Organisation	274
Abbildung 24:	Arbeitsplan in Form einer Mind Map	278
Abbildung 25:	Zentrale Arbeitsschritte für die Präsentation der Analyse und die Reflexion des Prozesses	293
Abbildung 26:	Das Johari-Fenster	298
Abbildung 27:	Das Johari-Fenster der Organisationsanalyse	302
Abbildung 28:	Zentrale Begriffe zur Beschreibung einer empirischen Studie	308

Tabellenverzeichnis

Tabelle 1: Anteil der in Organisationen unselbständig Erwerbstätigen 2005 18
Tabelle 2: Das experimentelle Design und die fünf Interventionen ... 144
Tabelle 3: Beispiele für Untersuchungseinheiten und Variablen auf unterschiedlichen Ebenen 160
Tabelle 4: Beispiel für Erfolgsindikatoren auf unterschiedlichen Ebenen 163
Tabelle 5: Zentrale Variable der Studie von Bensman/Gerver (1973) ... 166
Tabelle 6: Vor- und Nachteile standardisierter Vorgehensweisen 174
Tabelle 7: Beispiele für die Operationalisierung von Begriffen 177
Tabelle 8: Auswertung von 1.650 Zeitschriftenartikeln der Jahre 1991–2000 189
Tabelle 9: Kriterien für die Methodenwahl 192
Tabelle 10: Beispiele für die Kombination von Methoden zur Untersuchung unterschiedlicher Perspektiven 195
Tabelle 11: Prozentanteile der Befragungsarten in den Jahren 1990–2005 200
Tabelle 12: Kodier-Beispiele aus der Studie von Isabella 213
Tabelle 13: Zeitverhalten – Rangplätze aus einem Vergleich von 31 Ländern 258
Tabelle 14: Ein Beispiel für Kategorien einer qualitativen Inhaltsanalyse 267
Tabelle 15: Beispiel für die Kodierung von Interviewpassagen 286
Tabelle 16: Kurzbeschreibung der Denkwelten von Forschung und Management 289
Tabelle 17: Wichtige Elemente von zwei Berichtsarten – anwendungsbezogene Analyse, akademischer Bericht 290
Tabelle 18: Beispiel für eine Suchmatrix 328

Beispielverzeichnis

Beispiel 1:	Wie kommt man zu Annahmen	96
Beispiel 2:	Die steuernde Funktion der Analysefrage	106
Beispiel 3:	Von der Analysefrage zu Annahmen	114
Beispiel 4:	Auswirkungen eines internen Benchmarking – ein Feldexperiment	141
Beispiel 5:	Unterschiedliche Ebenen – verschiedene Spiele	164
Beispiel 6:	Operationalisierung: Erfolg von Firmenübernahmen	180
Beispiel 7:	Datensammlung bei einer interpretativen Fallstudie	210
Beispiel 8:	Was machen Manager wirklich?	255
Beispiel 9:	Qualitative Inhaltsanalyse eines Romans	266
Beispiel 10:	Eine Form der Ist-Analyse	281
Beispiel 11:	Kodierung von Interviews	285
Beispiel 12:	Die alltägliche Wirkung des „blinden Flecks"	300

1 Organisation

1.1 Nutzen von Organisationswissen

Was muss man über Organisationen wissen, wenn man sie analysieren will? „Möglichst viel" ist man versucht zu antworten, wenn man auf Wissen vertraut. „Gar nichts" – wäre eine ganz andere Antwort, die auf die unvoreingenommene Beobachtung vertraut. Zwischen diesen beiden Polen bewegt sich die Praxis der Organisationsanalyse notgedrungen, da es weder die vollkommen unvoreingenommene Beobachtung noch das komplette Wissen über Organisationen gibt. Innerhalb dieser Bandbreite gibt es durchaus unterschiedliche Positionen: Sollte man beispielsweise über ein Unternehmen möglichst wenig wissen oder muss man mit ihm sehr vertraut sein, um es gut analysieren zu können? Ist es gerade die Distanz und der Blick des Fremden, der Interessantes zu Tage fördert, oder sind es die Kenntnisse der Insider? Hier wollen wir aber nicht den konkreten Nutzen und Schaden des spezifischen Wissens über die konkrete Organisation diskutieren, sondern abstraktes, theoretisches Wissen über Organisationen insgesamt.

Die Position, die wir vertreten, ist – wenig überraschend – näher beim „möglichst viel" als beim „gar nichts", weil wir eher auf den Nutzen theoretischen Wissens vertrauen als auf Blauäugigkeit. Dies sind wir zum einen unserer Profession schuldig. Zum anderen können Datenerhebungen nur mit ausreichendem Objektwissen angemessen gestaltet werden, und die Ergebnisse der Organisationenanalyse lassen sich nur mit Hilfe solchen Wissens interpretieren.

Damit stehen wir aber vor dem bekannten Dilemma, eine Auswahl jener Aspekte treffen zu müssen, die besonders wichtiges Organisationswissen beinhalten. Jede derartige Auswahl ist kontingent, könnte also immer auch anders sein, und sagt somit möglicherweise mehr über die Autoren, die diese Auswahl treffen, als über Organisationen aus. Nichtsdestotrotz soll sie gewagt werden. Im Unterschied zu Unternehmensberatern sollen Organisationsanalytiker nämlich durchaus bestimmte intellektuelle Fähigkeiten aufweisen.[1] Diese stünden allerdings auch Managern und Be-

---

[1] Ayad Al-Ani, geschäftsführender Gesellschafter von Accenture in Österreich, eines der größten Beratungsunternehmen weltweit, formulierte 2007 in einer Podiumsdiskussion durchaus provokant: „Berater sind keine Intellektuellen. Organisationstheoretisches Wissen ist für sie unwichtig. Theorien interessieren die Kunden nicht, und sollten daher auch Berater nicht interessieren." Das mag überspitzt sein und bloß die Konkurrenz zwischen Organisationsberatung und -wissenschaft ansprechen, die beide aus unterschiedlicher Perspektive einen Anspruch auf „wahre" Aussagen über Organisationen erheben. So gehen viele praxisgängige Modelle und Konzepte aus Beratungsunternehmen hervor (z.B. Portfolio-Technik, Balanced Scorecard).

ratern gut an, wird doch der Ruf nach einer stärkeren Anbindung an „hard facts" der Organisationsforschung lauter.[2]

Zuallererst muss man sich vergegenwärtigen, dass Organisationen nicht direkt und voraussetzungslos beobachtbar sind: Sie begegnen uns nicht auf der Straße. Das hat erhebliche Konsequenzen für die Analyse. Bei noch so komplexen, aber tangiblen und beobachtbaren Systemen gilt es „lediglich" zu entscheiden, worauf das Hauptaugenmerk zu legen ist. Organisationen und ihre Erscheinungsformen aber werden erst durch die Beobachter gemacht. Das lässt sich gut am Konzept der Organisationskultur illustrieren. Vor dem Auftauchen dieses Konzeptes in den frühen 1980ern[3] wurden jene „kulturellen" Faktoren, die das Verhalten der Mitglieder beeinflusst haben, nicht gesehen, anders benannt und jedenfalls nicht unter diesem Begriff analysiert, und ohne Begriff blieb es lange bedeutungslos. Welchen Effekt die Kultur als Thema auf die Kultur selbst hatte, wie also das Kommunizieren über Kultur selbst kulturbestimmend wurde, das wurde bislang kaum untersucht. Plausibel ist nämlich, dass das Auftauchen neuer Bilder und Konzepte die Organisationen selbst nicht unberührt lässt. Das würde bedeuten, dass Unternehmen, wenn sie ihre eigene Kultur reflektieren, diese dabei auch verändern. Dieses Beispiel lässt sich auf viele modi-

---

[2] So fordern Jeffrey Pfeffer und Robert I. Sutton, Organisationstheoretiker und Managementforscher aus Stanford, dass Managemententscheidungen endlich auf „hard facts" beruhen sollen (Pfeffer/Sutton 2006). Mehr als 50 Jahre Organisations- und Managementforschung und deren Ergebnisse seien nämlich bislang an der Managementpraxis spurlos vorübergegangen. In Analogie zur Evidence-Based Medicine, die therapeutische Entscheidungen immer mit Forschungsergebnissen und bisherigen Behandlungsverläufen und -erfolgen abgleicht und sich dann für die beste Therapie entscheidet, sucht man ein vergleichbar nachvollziehbares und rationales Vorgehen im Management bislang vergeblich.

[3] 1979 gab ein Projekt des Beratungsunternehmens McKinsey quasi die Initialzündung zur Organisationskulturforschung. Die Erkenntnisse dieser Studie wurde von den beiden Beratern Thomas J. Peters und Robert H. Waterman in „In Search for Excellence" (Peters/Waterman 1982) publiziert, ein Buch, welches der Management-Bestseller schlechthin wurde. Die Autoren identifizierten anhand von 43 amerikanischen Spitzenunternehmen, darunter große Namen wie Hewlett-Packard, Intel, Procter & Gamble, Johnson & Johnson, Caterpillar, 3M, Marriott, McDonald's, Disney, Boeing, Exxon und DuPont, genau acht Prinzipien erfolgreicher Unternehmensführung, die allesamt dem „weichen", kulturellen Bereich zuordenbar sind: Primat des Handelns, Nähe zum Kunden, Freiraum für Unternehmertum, Produktivität durch Menschen, sichtbar gelebtes Wertesystem, Bindung an das angestammte Geschäft, einfacher und flexibler Aufbau sowie straff-lockere Führung. Kritisiert wurde vielfach, dass diese acht Prinzipien den Charakter von Binsenweisheiten haben. Einige der als beispielhaft angeführten Unternehmen existieren mittlerweile nicht mehr. Wie andere Bestseller zur Organisationskultur (z.B. Ouchi 1981) entstand auch dieses Buch als Antwort auf die Bedrohung der amerikanischen Wirtschaft durch die japanische Konkurrenz. Einen Überblick der Organisationskulturforschung vermitteln Handbuch-Beiträge (z.B. von Mayrhofer/Meyer 2004).

sche Konzepte der Organisationsanalyse ausdehnen: Stakeholder, Kernkompetenzen, Netzwerke und strategische Allianzen gab es allesamt lange bevor die Organisationstheorie auf sie aufmerksam wurde, dass sie aber dann in den Brennpunkt gerückt wurden, änderte den Stellenwert dieser Themen wesentlich.

Das Kommunizieren über Organisationen, egal ob es sich als Management, Beratung, Organisationstheorie oder empirische Forschung verkleidet, bleibt also nicht ohne Einfluss auf die Organisationen selbst. Gerade die Organisationsanalyse ist für das Objekt nicht folgenlos. So können Phänomene durch beharrliches Herbeibeten erst entstehen („self-fulfilling"-Effekte). Andererseits kann der Teufel, wenn er nur deutlich sichtbar an die Wand gemalt wird, auch gebannt werden („self-destroying"-Effekte).

Organisationsanalyse braucht also eine Theorie, die Begriffe und Konzepte über wichtige Bestandteile von Organisationen entwickelt und ihr Zusammenspiel erklärt. Freilich müssen das nicht zwingend Theorien sein, die die Wissenschaft entwickelt hat, ja es muss den Managerinnen, Beratern, Studierenden oder Organisationsmitgliedern nicht einmal bewusst sein, dass sie theoretisieren. Sie tun es – wann immer sie über Organisationen denken oder reden. Sie verknüpfen Ursachen und Wirkungen und entwickeln damit ihre je spezifischen Theorien. So genannte „theories-in-use" in Form von Annahmen über Organisationen wirken, wenn wir in oder mit Organisationen agieren. Im Unterschied zu den „espoused theories" sind diese nicht bewusst, ja möglicherweise könnten sie ein Bewusstmachen zerstören und das ganz selbstverständliche Agieren von Personen in Organisationen verhindern: „Walk the Walk" und „Talk the Talk" sind eben zwei verschiedene Ebenen. Das, was uns bewusst wird und was wir anderen mitteilen sind dann „espoused theories."[4] Diese beiden Ebenen müssen nicht unbedingt harmonieren.

Wissenschaftliche Theorien über Organisationen haben sich in den letzten 150 Jahren stark ausdifferenziert. Die klassische Bürokratie unterschei-

---

[4] Diese Unterscheidung geht auf den amerikanischen Psychologen und Organisationsforscher Chris Argyris (1923–) zurück. Er entwickelte gemeinsam mit Donald Schön (1930–1997) eine Theorie des Organisationalen Lernens (Argyris/Schön 1978, 1996), deren Kern die Einteilung in Single-Loop- und Double-Loop-Learning ist: Single-Loop-Lernen meint, dass Ziele und Strategien als gegeben hingenommen werden, und das Lernen nur die Veränderung konkreter Entscheidungen umfasst, wenn unerwünschte Konsequenzen eintreten. Double-Loop-Lernen stellt in diesem Fall auch die Rahmenbedingungen, Ziele und Strategien in Frage. Unterschiedliche Ebenen des Lernen wiederum wurden schon von dem einflussreichen angloamerikanischen Anthropologen, Philosophen (die Liste der Disziplinen ließe sich einige Zeilen weiter fortsetzen) Gregory Bateson (1904–1980) formuliert, der bereits in den 1940ern fünf Lernhierarchien formulierte (nachzulesen in Bateson 1983, 219ff, orig. 1942).

det sich wesentlich von der virtuellen oder netzwerkähnlichen Organisation, das Maschinenmodell des Scientific Management von Konzepten der Selbstorganisation. Keine einzelne Theorie beschreibt und erklärt freilich alle denkbaren Facetten von Organisationen – und das wird auch dieses Buchkapitel nicht leisten.

Wir wollen hier aber ein Set von Kenntnissen vermitteln, die für Analysen von Organisationen nützlich sind, und das wichtige Fragen beantwortet, über die vor Beginn einer Organisationsanalyse Klarheit herrschen sollte. Auch wenn man nicht plant, sein Leben der Organisationsforschung zu widmen, sollten Grundkenntnisse über Organisationen nützlich sein, weil wir tagtäglich mit ihnen zu tun haben.

Ein Großteil der Europäer kommt nach wie vor seiner Erwerbstätigkeit in Organisationen nach, und zwar im Rahmen unselbstständiger Beschäftigungsverhältnisse. Aber auch Selbstständigkeit wird meist in oder in Kooperation mit Organisationen ausgeübt, oder zumindest in engem Kontakt mit Organisationen. Selbst die Nicht-Erwerbstätigen (in den EU-25 sind das mehr als 250 Mio. Menschen) bleiben vor Organisationen nicht verschont: Kindergärten, Schulen, Universitäten, Arbeitsämter, Krankenhäuser und Pflegeheime sorgen dafür, dass wir Organisationen in keiner Phase unseres Lebens vermissen müssen.

Tab. 1: Anteil der in Organisationen unselbständig Erwerbstätigen 2005 (Quelle: Europäische Union 2006: 258, 263, 277)[5]

	Österreich	Deutschland	EU-25
Erwerbstätige insgesamt in Mio.	3,8	38	202
davon unselbstständig in Organisationen absolut in Mio.	3,0	34	170
in Prozent	80,1	88,8	84,4

---

[5] Unter http://ec.europa.eu/employment_social/employment_analysis/employ_2006_de.htm (05.11.07) findet sich die Beschäftigungsanalyse der Europäischen Union, die im Rahmen der Europäischen Beschäftigungsstrategie (Lissabon-Strategie) unter dem Titel „Employment in Europe" jährlich veröffentlicht wird. Insgesamt ist noch immer ein Großteil der Beschäftigten in traditionellen Anstellungsverhältnissen, der Selbstständigenanteil sank in den EU-15 (Euro-Zone) von 1994 bis 2006 leicht von 16% auf 14,7%. Gleichzeitig stieg aber der Teilzeitanteil von 15,4% auf 20,2%.

1.2 Grundlegende Zusammenhänge in Organisationen

Jeder Versuch, Organisationen graphisch abzubilden, führt zu einer Vereinfachung – die entweder grob fahrlässig wenige Faktoren hervorhebt, oder trotz der Reduktion sehr kompliziert wird. Wir beginnen hier mit einer Vereinfachung und werden die Darstellung zunehmend verkomplizieren.

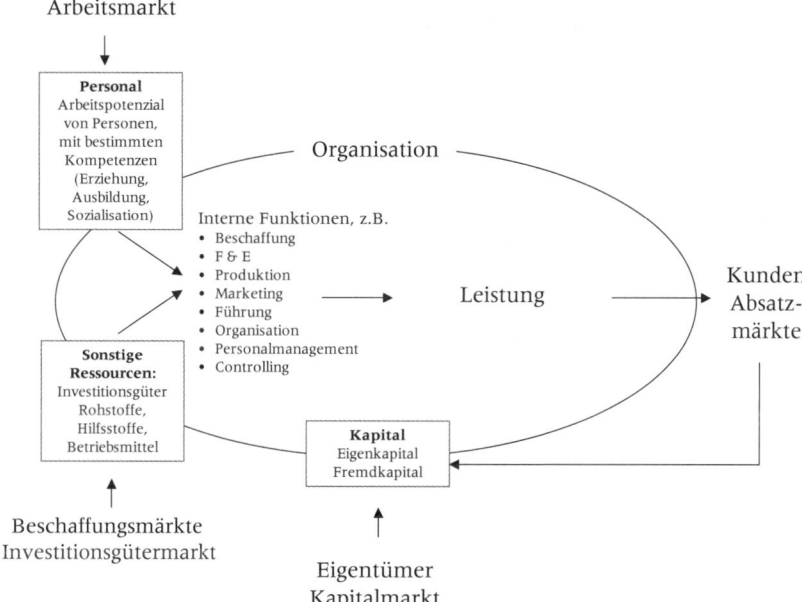

Abb. 1: Organisation und Umwelt

Abbildung 1 lenkt die Aufmerksamkeit auf das Verhältnis von Organisation und Umwelt: Jede Organisation ist in eine Umwelt eingebettet und steht mit ihr in Wechselwirkung. Organisationen sind zwar nicht umweltdeterminiert, reagieren auf Veränderungen in der Umwelt also nicht in einer vollständig prognostizierbaren Art und Weise, sie sind aber auch nicht abgeschlossen und autark. Innerhalb der globalen Umwelt gibt es eine ganze Reihe spezifischer Umwelten, die für Organisationen besondere Bedeutung haben, weil sie Ressourcen und Informationen bereitstellen – diese werden gemeinhin als Märkte bezeichnet. Am Arbeitsmarkt wird Personal akquiriert, am Beschaffungsmarkt Roh-, Hilfs- und Betriebsstoffe, am Investitionsgütermarkt Anlagevermögen, welches die Grundlage der Leistungserstellung durch die Organisation ist.

Eine besondere Rolle spielt der Kapitalmarkt, weil sich zu diesem ganz spezifische Abhängigkeiten ergeben. Die meisten Organisationen haben ja Eigentümer (das gilt nicht für öffentlich-rechtliche Organisationen und Vereine), die Art und Zahl der Eigentümer resultiert aber in ganz unterschiedlichen Kopplungen.[6] Manche Organisationen sind von ihren Eigentümern abhängiger als andere. So agiert der Eigentümer in klassischen Einzelunternehmen genauso als Organisationsmitglied und Vorgesetzter wie beispielsweise die geschäftsführenden Gesellschafter in GmbHs. Die Rechtsform gibt also für die Rolle von Eigentümer nur den Rahmen vor. Der moderne Kapitalismus ist nun aber gerade dadurch gekennzeichnet, dass viele der größten Organisationen nur mehr lose an ihre Eigentümer gekoppelt seien, wodurch dann die angestellten Manager eine vorher ungewohnte Machtfülle erhalten.[7]

Besonders wichtig sind schließlich die Absatzmärkte. Die meisten erwerbswirtschaftlichen Organisationen sind eng an diese gekoppelt, müssen Produkte und Leistungen an Kunden verkaufen und finanzieren sich ganz wesentlich aus diesen Umsätzen. Etwas schwächer ist die Kopplung bei öffentlichen Verwaltungen und Nonprofit-Organisationen, wo die Leistungsempfänger i.d.R. nicht die Zahler sind.

Die Betriebswirtschaftslehre unterscheidet dann klassische Funktionen, die in jeder Organisation zu leisten sind und die entweder Beziehungen zu den jeweiligen Märkten und Umwelten betreffen, z.B. Personalmanagement, Marketing, Finanzierung, oder aber Querschnittscharakter haben wie Controlling, Organisation oder Führung. Zusammen ermöglichen sie,

---

[6] Der Begriff „Kopplung" (coupling) wurde vom amerikanischen Organisationstheoretiker Karl E. Weick (Weick 1969, 1976; Orton/Weick 1990) eingeführt. Weick unterscheidet zwischen enger und loser Kopplung: Eng gekoppelt sind zwei Systeme – bspw. eine Organisation und ihr Eigentümer – dann, wenn Entscheidungen des einen Systems die Freiheitsgrade des anderen Systems stark beeinflussen. Lose Kopplung, die zur Stabilität von Systemen beiträgt, meint dann wenig Einfluss durch Entscheidungen anderer. Wenn heute Franz Müller seine Siemens-Aktien verkauft, um sich nach dem Studium eine Weltreise zu finanzieren, hat dies wenig Einfluss auf das Unternehmen. Ganz anders ist es aber, wenn dieselbe Person seinen 49 % Anteil an der Familien GmbH verkaufen will, die im Elektroeinzelhandel tätig ist und deren 51 % Franz Müllers Mutter gehören. Das Thema Kopplung wird später nochmals aufgenommen, und zwar unter dem Aspekt der Kausalität.

[7] Dies wurde vom amerikanischen Wirtschaftshistoriker Alfred D. Chandler jr. (1918–2007) konstatiert. Für sein 1977 erschienenes Buch über die „Managerial Revolution" erhielt er übrigens den Pulitzer-Preis. Chandlers Hauptinteresse war es, die Entwicklung der US-amerikanischen Großunternehmen (Chandler Jr. 1959), die Geschichte des Big-Business und des davon geprägten Kapitalismus nachzuzeichnen. Chandler war einer der einflussreichsten Management-Denker des letzten Jahrhunderts, die von ihm aufgeworfene Frage, ob die Strategie die Struktur bestimmt oder ob es umgekehrt ist (Chandler Jr. 1962), bewegt das Denken über Organisationen bis heute.

dass Organisationen Leistungen erstellen können, die wiederum für Märkte erbracht werden und zur Finanzierung und damit Bestandserhaltung beitragen.

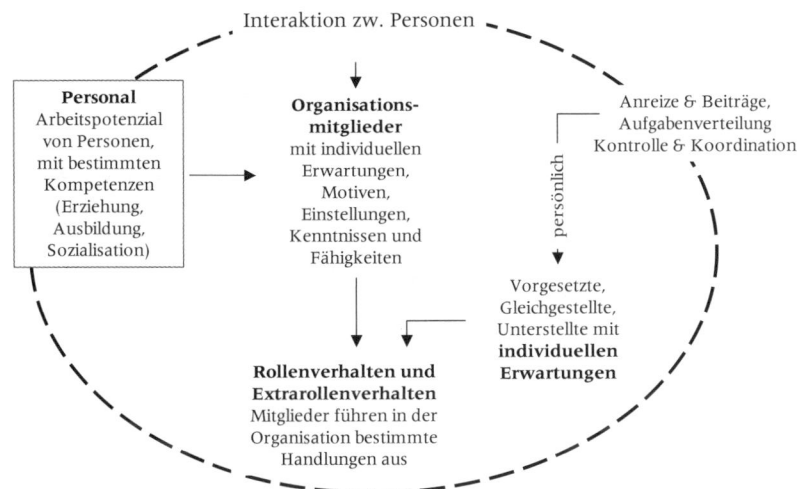

Abb. 2: Interaktionen in der Organisation

Abbildung 2 verweist auf eine zweite Dimension bei der Analyse von Organisationen: Die Interaktionen, die sich zwischen den Organisationsmitgliedern entwickeln und nicht nur durch die formalen Strukturen bestimmt sind. Personen werden zu Personal, sie stellen der Organisation ihre Kompetenzen und ihr Arbeitspotenzial zur Verfügung und erhalten dafür Geld – was der Kern des klassischen Arbeits- oder Dienstvertrages ist.[8] Sie werden zu Organisationsmitgliedern, behalten dabei ihre individuellen Erwartungen, Motive und Einstellungen, unterwerfen sich aber einem System von Normen, welches ein bestimmtes Rollenverhalten von ihnen erwartet und – bei Androhung des Ausschlusses oder sonstiger Sanktionen – i.d.R. auch durchsetzen kann. In ihren Rollen führen Mitglieder bestimmte Handlungen aus, oftmals erweitern sie diese Rollen, leisten Zusätzliches and anderes und zeigen ein Verhalten, das zuerst nicht erwartet worden wäre. Manche Organisationsmitglieder werden Musterschüler, nur ganz wenige tun Dienst nach Vorschrift, und Organisationen sind auf dieses Extrarollenverhalten angewiesen (Van Dyne et al. 1994).

---

[8] Neue vertragliche Formen, wie bspw. Werkverträge oder freie Dienstverträge, gehen von diesem Muster ab: nicht mehr Potenzial, sondern konkrete Arbeit wird entlohnt (Mayrhofer/Meyer 2002).

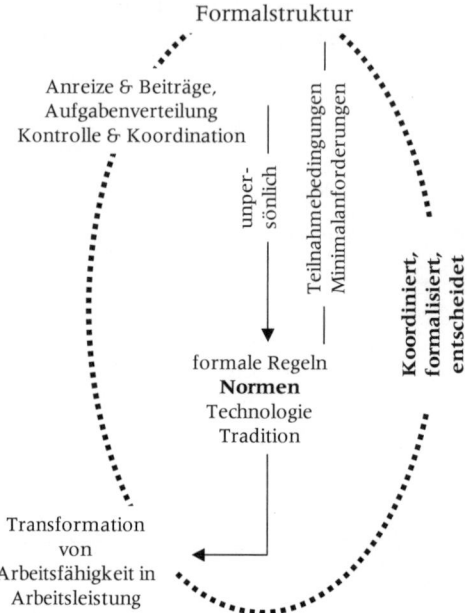

Abb. 3: Formalstruktur

Auch die formale Organisationsstruktur – auf sie verweist Abbildung 3 – beeinflusst das Verhalten aller Organisationsmitglieder, sie weist Stellen und Positionen in der Hierarchie zu und unterscheidet zwischen Vorgesetzten, Gleichgestellten und Untergebenen – selbst wenn manche Organisationen viel tun, um dies zu verbergen, kommt keine Organisation und kein anderes soziales System ohne Hierarchie aus. Während Abbildung 2 die Sphäre der konkreten Interaktionen zwischen den Mitgliedern der Organisation beschreibt, verweist Abbildung 3 auf jene Normen, die die Rollen der Mitglieder definieren, ihr Verhalten koordinieren und formalisieren, die Beiträge der Mitglieder und jene Anreize, die sie dafür bekommen, regeln, und damit Arbeitsfähigkeit in Arbeitsleistung transformieren.

Diese beiden Dimensionen stehen in engem Zusammenhang und bestimmen gemeinsam das Verhalten der Organisationsmitglieder. Den Interaktionen unter Anwesenden ist auch all das zuzurechnen, was in Organisationen in Gruppen bzw. Teams passiert (Titscher/Stamm 2006), obschon damit eine Ebene sui generis angesprochen wird, da sich in Teams ganz spezifische Strukturen etablieren können, die die Formalstruktur der Organisation ergänzen, ihr aber auch punktuell zuwiderlaufen können. Insgesamt werden damit zwei alternative, in jeder Organisation gemeinsam auftretende Modi der Abstimmung angesprochen, der strukturelle unpersönliche Modus und der persönliche Modus. Ersterer besteht nicht nur aus formalen Regeln, sondern auch aus den Rahmenbedingungen, die die jeweilige Technologie und die Tradition vorgibt – hier fällt also auch das breite Feld der Organisationskultur hinein.[9]

Über den Erfolg oder Misserfolg der erstellten Leistungen entscheiden schließlich nicht der Absatz- und Kapitalmarkt allein, sondern auch die Organisation selbst. Viele Beispiele aus der jüngeren Vergangenheit deuten nämlich darauf hin, dass es zunehmend die Art und Weise ist, in der Unternehmen selbst Kapitalmarktsignale interpretieren, die über Erfolg oder Misserfolg entscheidet. Viele Outsourcing-Aktivitäten erbrachten beispielsweise konkrete Nachteile für Kunden, trugen aber zur Verschlankung und Kostenreduzierung und damit zu einer besseren Performance am Kapitalmarkt bei.

Abbildung 4 führt die skizzierten drei Dimensionen – Umwelt, Interaktion, Formalstruktur – zusammen und verkompliziert die Darstellung, indem sie auch die Schnittstellen bezeichnet. So bestimmen sowohl Formalstruktur als auch die konkrete Interaktionsgeschichte das Rollen- und Extrarollenverhalten der Organisationsmitglieder, so gibt es eine persönliche und unpersönliche Ebene der Verhaltenssteuerung.

Gemeinsam tragen diese Dimensionen dazu bei, dass sich so etwas wie Strukturen im weiteren Sinn entwickeln: An der Oberfläche werden diese als Entscheidungsstrukturen sichtbar, also eine Gemengelage an Erwartungen und Erwartungserwartungen, die die Entscheidungen in Organisationen beeinflussen und bestimmen: Wer darf worüber mit wem und wann wie entscheiden? Was wird überhaupt als Entscheidung behandelt? Diese Struktur hat allerdings noch ein anderes Gesicht, eines, welches sich nicht an der Oberfläche zeigt und hier als latente Struktur oder Tiefenstruktur bezeichnet wird. Auch sie bestimmt, welches Verhalten von wem belohnt oder bestraft werden darf, und wer welche Chancen zum Aufstieg oder zur Durchsetzung seiner eigenen Interessen bekommt. Diese Autoritäts- und Belohnungsstruktur ist so etwas wie die dunkle Seite der Organisationsstruktur. Chancengleichheit muss hier kein Kriterium sein, eine wesentli-

---

[9] Die vielerorts übliche Differenzierung in Struktur und Kultur ist also nur dann sinnvoll, wenn mit Struktur lediglich die Formalstruktur gemeint ist, wie sie bspw. in Statuten und Organigrammen festgehalten wird. Verwendet man einen allgemeineren Strukturbegriff und versteht darunter alle Erwartungen und Erwartungserwartungen, die – über Normen oder über Wissen – das Verhalten, Handeln und Entscheiden in Organisationen leiten, so ist auch die Organisationskultur Teil dieser Struktur.

che Aufgabe von Organisationen ist es ja gerade, Ungleichheiten zu schaffen und zu stabilisieren.[10]

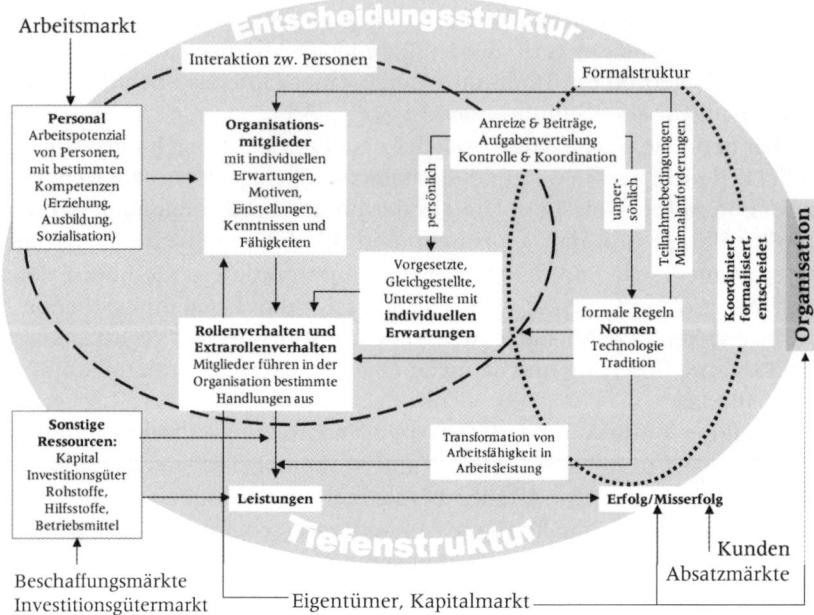

Abb. 4: Dimensionen der Organisation

Wenn wir in der Folge einige zentrale Fragen ansprechen, die wir als wichtig für die Analyse von Organisationen erachten, so ist das eine Auswahl, die wir vornehmen und verantworten. Wir behaupten damit, dass eine profunde Organisationsanalyse Antworten auf diese Fragen geben muss

---

[10] Das ist eine Anmerkung des deutschen Soziologen Niklas Luhmann (1927–1998). Luhmann gilt als wichtigster Vertreter der soziologischen Systemtheorie und hat sich in seinen unzähligen Publikationen immer wieder mit Organisationen beschäftigt (z.B. Luhmann 1964, 1973, 1988, 2000) – dies hängt wohl auch damit zusammen, dass Luhmann keine klassische akademische Karriere durchlief, sondern nach seinem Jusstudium in Freiburg erst einmal elf Jahre als Verwaltungsjurist arbeitete – und über das Erleben von Organisationen auf den soziologischen Geschmack kam. 1960/61 erhielt er dann ein Stipendium für Harvard, ließ sich als Verwaltungsbeamter in Lüneburg beurlauben, und stieg erst dann in den Universitätsbetrieb ein. Die hier zitierte Anmerkung zur Funktion von Organisationen (Luhmann 1994) meint, dass auf Ebene der Gesellschaft eine Rhetorik der Gleichheit (zumindest der Chancengleichheit) herrscht, und den Organisationen die „Drecksarbeit" bleibt, für die in jeder Gesellschaft erforderliche Ungleichheit zu sorgen.

bzw. diese Fragen vorher bedenken sollte – und wir lassen unzählige andere Fragen unerwähnt. Wie wir diese ausgewählten Fragen beantworten, ist eine zweite Auswahl. Organisationsforschung stellt heute ein sehr heterogenes, möglicherweise sogar ein multiparadigmatisches[11] Feld dar, und es ist somit wenig verwunderlich, dass es noch eine Menge anderer Fragen und Antworten gäbe. Unsere Fragen lauten also:
1. Was verstehen wir unter Organisation?
2. Woraus bestehen Organisationen?
3. Was leisten Organisationen für ihre Umwelt, also für Menschen, für andere Organisationen, für die Wirtschaft, für die Gesellschaft?
4. Was tun Menschen in Organisationen?
5. Worin unterscheiden sich Organisationen?

Diese Fragen sind für die Organisationsanalyse zentral: Sie stecken den Bereich ab (1), zeigen Ansatzpunkte für die Analyse (2), erklären die Existenzvoraussetzungen jeder einzelnen Organisation (3), verweisen auf die zentrale, aber doch spezifische Bedeutung von Menschen für Organisationen (4), und weisen auf die Unterschiede zwischen Organisationen hin (5).

1.3 Organisationsbegriff

Ganz bewusst heißt die Frage nicht: „Was ist eine Organisation?" Gemeinhin würde man annehmen, dass über einen in Wissenschaft, Wirtschaft und Gesellschaft weit verbreiteten Begriff wie Organisation Klarheit herrscht. Das ist aber nicht der Fall, sehr verschiedene und teils widersprüchliche Bedeutungen existieren nebeneinander.

---

[11] Womit nicht der ohnehin inflationären Verwendung des ursprünglich von Thomas S. Kuhn (1922–1996) eingeführten und ganz spezifisch gefassten Konzeptes „Paradigma" Vorschub geleistet werden soll. Thomas S. Kuhn war ein amerikanischer Wissenschaftstheoretiker, der mit seinem Buch „Die Struktur wissenschaftlicher Revolutionen" (1962) das bis dahin geltende Bild erschütterte, Wissenschaft entwickle sich kontinuierlich in einer evolutionären Art, in dem Wissen angehäuft wird und schlechtes Wissen durch besseres ersetzt wird. Kuhn hingegen sieht Wissenschaftsgeschichte als Wechselspiel zwischen Phasen der Normalwissenschaft und der wissenschaftlichen Revolutionen. Ein wichtiges Konzept ist hierbei das des Paradigmas. Eine Revolution ist nach Kuhn stets mit einem Paradigmenwechsel verbunden. Paradigmen von Theorien, die durch eine Revolution getrennt sind, bezeichnet Kuhn als unvereinbar, nicht mit gleichem Maß messbar. Pointiert könnte man behaupten, dass ein altes Paradigma erst dann durch ein neues ersetzt wird, wenn die Vertreter des alten gestorben sind. Paradigmen in der Organisationsforschung können als eine Art Leitdifferenz verstanden werden, die die Forschung jeweils dominiert, z.B. Teil/Ganzes, System/Umwelt, Ziel/Mittel.

Der Begriff hat unterschiedliche Bedeutungen, die ihren Ursprung in verschiedenen wissenschaftlichen Disziplinen haben. In der *Betriebswirtschaftslehre* wurde darunter traditionell die dauerhafte Strukturierung von Arbeitsabläufen verstanden (instrumenteller Organisationsbegriff – Ablauforganisation), aber auch die Anordnung von Stellen in Unternehmen, die Weisungsbeziehungen und die Zusammenarbeit zwischen diesen Stellen (Aufbauorganisation). Beide Verwendungen stehen in der praktisch-normativen Tradition der BWL, die sich besonders klar in der Instrumentalthese zeigt: So wird das gesamte Unternehmen als Instrument zur Realisierung der Ziele der Eigentümer verstanden, und Organisation ist wiederum eine der Funktionen, die hier innerhalb des Unternehmens geleistet werden müssen. Sowohl die optimal zieldienliche Anordnung der Stellen wie auch jene der Aufgaben sind Instrumente im Zuge der Verfolgung der Unternehmensziele.

Die *Soziologie* verwendet Organisation zur Charakterisierung eines bestimmten Typs sozialer Systeme, die auf der Mesoebene, also zwischen einfachen Interaktionen, Familien, Gruppen und der Gesellschaft als ganzer liegen. Unterschiedliche Merkmale sind es, die diesen Systemtyp von anderen unterscheiden: formal festgelegte Regeln, formale Mitgliedschaft und ein konsolidiertes Auftreten nach außen (kollektive Akteurschaft) sind die meistgenannten. Formale Mitgliedschaft ist für Personen damit verbunden, ganz bestimmte Rollen übernehmen zu müssen.[12] Unter Organisation werden dann so unterschiedliche Gebilde wie multinationale Konzerne und Kirchen, Patentämter und die Pfadfinder subsumiert.

Die industrielle Revolution war von einem unglaublichen Siegeszug der Organisation begleitet. Während vorindustrielle Produktionsformen am Oikos, der Hauswirtschaft ansetzten – in Handwerksbetrieben wurde wie heute noch in vielen Familienunternehmen kaum zwischen Produktions-

---

[12] Die soziologische Rollentheorie wurde von Ralph Linton („The Study of Man") 1936 begründet, nachdem der bekannte amerikanische Philosoph und Soziologe George Herbert Mead (1863–1931), der die Chicagoer Schule der Soziologie begründet hat, den Begriff 1934 in die Soziologie eingeführt hat. In der deutschsprachigen Soziologie war es Ralf Dahrendorf (1929–), der in seinem „Homo Sociologicus" 1958 das Konzept der Sozialen Rolle etablierte. Heinrich Popitz (1925–2002) definiert soziale Rolle als Bündel von Verhaltensnormen, die eine bestimmte Kategorie von Gesellschafts- bzw. Gruppenmitgliedern im Unterschied zu anderen Kategorien zu erfüllen hat. Verhaltensnormen sind dabei Verhaltensweisen, die von allen oder einer bestimmten Kategorie von Gesellschafts- oder Gruppenmitgliedern in einer bestimmten Konstellation regelmäßig wiederholt und im Fall der Abweichung durch eine negative Sanktion gegen den Abweichler bekräftigt werden (Popitz 1975). Die Leistung des Rollenkonzeptes besteht vor allem darin, dass es die Verbindung zwischen Individuum und Familie, Organisation, Gruppe und Gesellschaft erklärt. Eine ähnliche Leistung erbringt in der BWL der Begriff der Stelle.

sphäre und Privatsphäre unterschieden – basiert die industrielle Produktion auf einer Trennung zwischen Privathaushalt (Familie) und Organisation, der dann nur noch die Arbeitsleistung geschuldet wird. Der Produktivitätsgewinn beruht nicht zuletzt auf erhöhter Flexibilität und Mobilität der Individuen, weil in der Organisation nicht mehr die gesamte Person auf alle Zeiten als Element inkludiert ist und das soziale System nicht verlassen kann, wie dies bei der Familie der Fall ist. Erst mit der Entstehung von Organisationen macht die Unterscheidung zwischen „Arbeitsleben" und „Privatleben" Sinn.[13]

Organisationen treten dann als „korporative Akteure" auf (Coleman 1979, 1986): Basierend auf dem Rechtsinstitut der juristischen Person, der eingeschränkten Teilhaberhaftung entwickelten sich Organisationen zum Motor der Industrialisierung – und erhielten damit eine ungeheure Machtfülle.

Der soziologische Organisationsbegriff setzt sich zunehmend auch in den Nachbardisziplinen durch. Der Bedarf, jene „kollektiven Akteure", die sich durch formalisierte Regeln konstituieren und über Mitgliedschaft definieren, mit einem einheitlichen Begriff zu treffen, war offensichtlich groß genug. So nennen sich Unternehmensberater meist Organisationsberater, um auch jene öffentlichen Verwaltungs- und Nonprofit-Organisationen anzusprechen, die sich nicht als „Unternehmen" verstehen.

Der Begriff hat gegenüber verwandten eine Reihe von Vorteilen:
(1) Im Unterschied zu „Unternehmen" beschränkt er sich nicht auf erwerbswirtschaftliche Einheiten, sondern gibt einen Sammelbegriff für Produktions- und Dienstleistungseinrichtungen im privatwirtschaftlichen, öffentlichen und Nonprofit-Sektor ab.
(2) Während „Unternehmen" die wirtschaftliche Dimension, „Betrieb" den Standort und „Firma" die Rechtsform und korrekte Bezeichnung in den Vordergrund rückt, betont „Organisation" den Sozialsystemcharakter des Phänomens, also die Anordnung der Elemente und die Beziehungen zwischen ihnen. Recht ist für Organisationen Umwelt – nicht nur gesellschaftsrechtliche Regelungen, die ihnen die Form von Einzelunternehmen, Personengesellschaften, Kapitalgesellschaften, Vereinen, etc. geben, sondern beispielsweise auch arbeitsrechtliche Regeln, die das Verhältnis zwischen der Organisation und ihren Mitglieder bzw. ihrem Personal beeinflussen.
(3) Unternehmen als wirtschaftliche Einheiten mit rechtlich geprägter Grenzziehung umfassen auch externe Organe wie beispielsweise Aufsichts- und Verwaltungsräte, evtl. die Eigentümer in der Hauptver-

---

[13] Sinnarm bleibt aber die „Work-Life-Balance", suggeriert sie doch, dass Arbeit nicht zum Leben gehört – eine interessante Unterscheidung ist das allemal, sagt sie doch einiges über den, der sie anwendet.

sammlung, auch wenn sie nicht oder nur selten in Entscheidungen Einfluss nehmen (wie beispielsweise Kleinaktionäre). Die Grenzen des Unternehmens sind nicht klar gezogen. Organisationen hingegen entstehen durch soziale Grenzziehung und stellen viel stärker auf die soziale Konstruktion von Zugehörigkeit ab. Dies verweist aber bereits auf die nächste Frage.

Damit soll jedoch nicht der Eindruck entstehen, dass es innerhalb der Konzeption „Organisation als Sozialsystem" Einhelligkeit gibt. Verschiedene Theorien legen ganz unterschiedliche Schwerpunkte: Organisationen als Ressourcenpools, als (manchmal) transaktionskostenoptimale Koordination individueller Aktivitäten, als umweltoffene und adaptive Systeme, als Legitimationsadressen, etc. Grundlegende Einigkeit besteht aber darüber, „dass Organisationen dauerhaft ein Ziel verfolgen und eine formale Struktur aufweisen, mit deren Hilfe die Aktivitäten der Mitglieder auf das verfolgte Ziel ausgerichtet werden." (Kieser/Walgenbach 2007, 6)

Nachdem jede Definition Gefahr läuft, auch Konfession zu sein[14], braucht auch diese Definition zwei Ergänzungen: Erstens meint ein Ziel zu verfolgen keineswegs permanente Zielorientierung oder gar Rationalität. Organisationen müssen sich auf Nachfrage aber auch über Ziele legitimieren können, sie müssen also, wenn sie gefragt werden, Ziele nennen können, die ihre Existenz rechtfertigen und ihre Umwelten, also beispielsweise die unterschiedlichen Märkte, zu Unterstützungsleistungen motivieren.[15] Zweitens verfügen Organisationen zwar immer über formale (und informale) Strukturen, was aber den Blick auf die dynamische Seite, die Prozesse nicht verstellen soll. Gerade in den letzten Dekaden sind die Prozesse – z.B. in Form von Kern- und Supportprozessen – ins Zentrum des Interesses gerückt. Unter Prozess soll hier einmal jede zusammenhängende, gekoppelte Folge von Einzelentscheidungen in Organisationen verstanden werden (vgl. zum Begriff der Kopplung Fußnote 6).

Die Zielbildung in Organisationen ist ein Aushandlungsprozess zwischen mehreren Organisationsmitgliedern bzw. Interessensgruppen mit ungleich verteilten Chancen zur Einflussnahme (Cyert/March 1963). Die Dauerhaftigkeit ihrer Ziele unterscheiden Organisationen von Gruppen oder ähn-

---

[14] Dies behauptete der deutsche Philosoph und Literaturwissenschafter Ludwig Marcuse (1894–1971), der „große, unbedankte Aufklärer der Deutschen" – nicht zu verwechseln mit Herbert Marcuse (1898–1979), dem deutsch-amerikanischen Soziologen und neomarxistischem Philosophen und Ideengeber der Studentenrevolte 1968.

[15] Die Erkenntnis, dass Ziele von Organisationen nicht in erster Linie dazu dienen, rationale Entscheidungen zu ermöglichen, sondern die Organisation zu legitimieren, stammt vom amerikanischen Soziologen John W. Meyer, einem der Begründer des Neoinstitutionalismus (vgl. z.B. Meyer/Rowan 1977).

lichen Zusammenschlüssen von Personen genauso wie die formale Struktur, die sich in Stellenbeschreibungen und Anordnungen niederschlägt und formale Rollen mit entsprechenden Verhaltenserwartungen für jedes einzelne Mitglied formuliert.

Für die Analyse von Organisationen könnte sich beispielsweise die Frage stellen, ob jene Ziele, die zur Legitimation nach außen kommuniziert werden, tatsächlich auch Maßstab interner Entscheidungen sind. Organisationsziele sind selten so operational formuliert, dass ihr Erreichen oder Nichterreichen überprüft werden kann. Dennoch wirken sie als Metaentscheidungen, die leicht revidiert werden, wenn sie sich als zu ambitioniert oder auch sozial als zuwenig tragfähig erwiesen haben.

Weiters ist für die Organisationsanalyse wichtig, dass formale Strukturen ein Charakteristikum von Organisationen sind. Diese werden sich beispielsweise zwischen einer Armee und einer Werbeagentur, zwischen der Freiwilligen Feuerwehr und einem internationalen IT-Konzern unterscheiden. Gemeinsam ist diesen so unterschiedlichen Organisationen, dass sie formale Mitgliedschaftsregeln haben. Bei Armee, Werbeagentur, Feuerwehr und IT-Konzern kann man nicht einfach „mitmachen", man muss beitreten. Die Mitgliedschaft kann auf unterschiedlichen juristischen Normen (Arbeitsvertragsrecht, Vereinsrecht, Militärgesetze, Kirchenrecht) aufbauen.

Die Frage, ob Organisationsmitgliedschaft bloß auf außerrechtlichen, also nicht kodifizierten Normen beruhen kann, die unserer Rechtsordnung vielleicht sogar widersprechen (z.B. Mafia), ist nicht einfach zu beantworten, da wir uns hier im Grenzbereich zwischen formalen Organisationen und Netzwerken befinden: Der Begriff Netzwerk beschreibt soziale Interaktionen (Kanten des Netzwerkes) unterschiedlichen Typs zwischen Akteuren (Knoten des Netzwerkes), die über eine gewisse stabile Struktur bzw. über ein Muster verfügen – also nicht bloß einmalig und spontan interagieren.[16] Zen-

---

[16] Der Begriff Netzwerk wurde zuerst in der englischen *Social Anthropology* von J. Clyde Mitchell (1918–1995) eingeführt, um lose Selbstorganisationen von einzelnen Zuwanderern in kolonialen Industriestädten zu beschreiben. Das Nützliche dieses Ansatzes war, dass „soziale Netzwerke" gerade keine „Hauptziele" haben. Eine frühe Anwendung zur Analyse sozialer Netzwerke bestand in der klassischen Soziometrie, auf die später näher eingegangen wird (vgl. 6.3.1). Während die frühen ethnologischen Arbeiten vor allem die Auswirkungen von Kohäsion, also besonders dicht geknüpfter Netzwerke untersuchten (Barnes 1954; Bott 1957a, 1957b; Kapferer 1969; Mitchell 1969), wandte sich Mark Granovetter später den Vorteilen schwacher Sozialbeziehungen zu (Granovetter 1973, 1982), Ronald Burt schließlich untersuchte die Funktion gänzlich fehlender Beziehungen, sog. struktureller Löcher, und die Vorteile, die Akteuren erwachsen, wenn sie solche Löcher überbrücken (Burt 1992b, 1992a, 1997). Damit ist gemeint, dass jene Akteure strategisch wichtige und erfolgsversprechende Positionen in Netzwerken innehaben, die auf Kontakte zu „Nicht-Mitgliedern" verweisen können, also strukturelle Löcher überbrücken.

trale Unterschiede zwischen Netzwerk und Organisation sind die explizite Zielorientierung und die Formalisierung der Mitgliedschaftsregeln.

In den meisten Fällen wird ein Vertrag zwischen Organisation und Individuen abgeschlossen, in denen letztere als Organisationsmitglieder verpflichtet werden, Handlungen zu setzen, die dazu beitragen, dass die Organisationsziele erreicht werden. Manchmal – wie z.B. beim Militär – passiert das auf öffentlich-rechtlicher Basis. Freilich sind die vertraglich festgelegten Erwartungen nur ein – meist geringer – Teil all jener Erwartungen, die das Individuum als Organisationsmitglied auf sich nimmt. Eine Vielzahl von Regeln und Normen werden nicht vertraglich fixiert, sind dennoch verhaltenswirksam und werden von Organisationsmitgliedern als Teil der Mitgliedschaftsbedingungen in Kauf genommen (z.B. ein Grossteil der unter dem Begriff „Organisationskultur" laufenden Normen). Dafür hat sich auch der Begriff des „psychologischen Vertrages" entwickelt: Demzufolge wird beim Eintritt in eine Unternehmung neben dem formalrechtlichen implizit ein psychologischer Vertrag zwischen der Organisation und dem Individuum geschlossen. Damit werden alle gegenseitigen Erwartungen und Ansprüche beider Seiten – aufgrund der wahrgenommenen Informationen während des Personalauswahlprozesses – für die Zeit der Beschäftigung „geregelt". Dieser Vertrag ist nicht statisch, sondern unterliegt dynamischen Veränderungen. Die „Verletzung" des psychologischen Vertrages ist zwar nicht justiziabel, sie kann aber durch entsprechende Verhaltenskonsequenzen ökonomische Wirkungen nach sich ziehen (beispielsweise innere Kündigung, Dienst nach Vorschrift).

1.4 Elemente von Organisationen

Der oft bemühte Hausverstand liefert auf diese Frage eine klare Antwort: Organisationen bestehen aus Menschen. In Bezug auf diese Frage hat sich aber die Theorie besonders weit vom Hausverstand entfernt und bietet eine hoffentlich überlegene, jedenfalls aber kontraintuitive Antwort:

Organisationen bestehen aus Entscheidungen. Diese Antwort zeigt im Vergleich zur Hausverstands-Alternative eine Reihe von Vorteilen: Erstens wird damit das Problem gelöst, das entsteht, wenn eine Person Mitglied mehrerer Organisationen, beispielsweise einer Stahlfabrik und eines Fußballvereins ist – das ist aber nicht das Hauptargument, weil hier schon die Mengenlehre andere Lösungen böte (z.B. sich überschneidende Mengen). Zweitens sind Menschen nie in ihrer Gesamtheit, mit Haut und Haaren, Taten und Träumen, Sein und Seele in Organisationen. Es sind immer nur bestimmte Handlungen oder Verhaltensweisen, die sie in Organisationen leisten und die dort von ihnen erwartet werden. Insofern sind Personen zwar Mitglieder einer oder mehrerer Organisationen, niemals aber deren Elemente. Organisationen bestehen nicht aus Menschen, Menschen gehören zur Umwelt von Organisationen. Die „menschenleere" Organisation erschrickt nur auf den ersten Blick. Bei näherer Betrachtung zeigt sich, dass damit Individuen ein prominenterer Platz eingeräumt wird. Indem sie nicht Teil der Organisation bleiben, werden sie eben nicht von ihr verschlungen, weder können sie durch Organisationen determiniert werden noch determinieren sie selbst die Organisation. Diese theoretische Konzeption ist also keineswegs menschenverachtend, ganz im Gegenteil, sie spricht dem Menschen in seinem Verhältnis zu Organisationen prinzipiell Autonomie und Freiheit zu.

Obwohl offensichtlich dem Alltagsverständnis zuwiderlaufend, hat diese Konzeption in der Organisationsforschung lange Tradition: formale Organisationen etwa als System kooperativer Beziehungen (Barnard 1938) oder als Kommunikations-, Handlungs- und Entscheidungssystem (Luhmann 1964, 1973, 1981, 1988; Heinen 1971b, 1971a).[17]

Als erster formuliert Chester I. Barnard diese Überlegungen wie folgt:

> „Was wir ‚Organisation' nennen, ist (...) ein System, das aus den Tätigkeiten von Menschen besteht. Diese Tätigkeiten verschiedener Personen werden durch Koordination zu einem System. Insofern sind ihre wichtigen Aspekte nicht-persönlicher Natur. Sie werden nach Art, Grad und Zeit durch das System bestimmt. (...) Wenn wir sagen, wir befassen uns mit einem System koordinierter menschlicher Anstrengungen, so meinen wir daher, dass unter dem für das Studium kooperativer Systeme wichtigen Aspekt die Handlung nicht-persönlich ist, obgleich Personen Träger der Handlungen sind. Ihre Beschaffenheit wird durch die Erfordernisse des Systems oder die das System sonst beherrschenden Kräfte bestimmt." (Barnard 1970, 73)

Aus soziologischer Perspektive sind formale Organisationen eine Form der Sozialstruktur mit folgender Besonderheit, die der amerikanische Soziologe James Coleman mit folgender Metapher beschreibt:

> „Diese Sozialstruktur existiert unabhängig von den Personen, die Positionen in ihr besetzen, wie eine Stadt, deren Gebäude unabhängig von ihren spezifischen Bewohnern existieren. Das Umfeld der Wohnungen steht fest, und Individuen können ein- und ausziehen. Der Unterschied zwischen einer Sozialstruktur aus miteinander verknüpften Positionen und einer Sozialstruktur aus Beziehungen

---

[17] In der deutschen BWL war es vor allem der Münchner Edmund Heinen (1919–1996), der diese Gedanken in seinem entscheidungsorientierten Ansatz übernahm (Heinen 1971b, 1971a), wobei es Heinen weniger um eine Organisationstheorie als vielmehr darum ging, der BWL eine nicht bloß normative, sondern auch empirische Entscheidungsforschung nahe zu legen.

zwischen Personen entspricht dem Unterschied zwischen einer Stadt mit festen Wohnungen und einem Nomadenstamm, dessen Zelte nicht an einen festen Ort gebunden sind oder die von ihren Besitzern unabhängige Beziehungsmuster aufweisen, sondern die nur Besitztümer sind, die mit ihren Bewohnern ziehen." (Coleman 1992, 135)

Wie kann man sich aber dann die Elemente von Organisationen, eben diese Entscheidungen vorstellen? Wir folgen hier im Wesentlichen der Theorie des Niklas Luhmann (1984b): Grundlegende Elemente aller sozialer Systeme sind Kommunikationen, Kommunikation ist also so etwas wie das Atom des Sozialen.[18]

Organisationen bestehen aus ganz speziellen Kommunikationen: Entscheidungen (Luhmann 1981, 1984a). Es sind jeweils die Beobachter und damit die Organisation selbst, die feststellt, dass eine Kommunikation zur Organisation gehört. Regelmäßig ist das daran gebunden, dass diese Kommunikation vor dem Hintergrund der nicht realisierten Alternativen gesehen wird und auf einen ganz spezifischen Erwartungsdruck reagiert. Entscheidungen sind eben nicht Routinen oder habitualisiertes, also gewohnheitsmäßiges Verhalten, bei dem keine Alternativen gesehen werden – obschon eine Handlung für den Akteur Routine sein kann, die Beobachter sie aber als Entscheidung sehen. Hier ist nun der Blickwinkel der konkreten Organisation relevant, womit sich wiederum ein interessanter Ansatzpunkt für die empirische Organisationsanalyse zeigt: Was wird von einer konkreten Organisation als Routine, was als Entscheidung behandelt? Wenn eine Abteilungsleiterin mit ihrem Team gemeinsam Mittagessen geht, kann das Routine sein – oder aber es wird als Entscheidung betrachtet: Sie geht in ein Lokal, hätte aber auch eine Teambesprechung durchführen oder ein Teambuilding-Seminar buchen können. Die ausgeschlagenen Alternativen und der besondere Erwartungsdruck sind es, die Entscheidungen als Elemente der Organisation konstituieren.

Entscheidungen brauchen Strukturen und bilden selbst Strukturen. In ihrer Abfolge bilden sie Prozesse. Organisationen bestehen zwar aus diesen kleinsten Bausteinen „Entscheidung", für die Organisationsanalyse ist aber zu beachten, dass sich diese Entscheidungen an Strukturen orientieren und wiederum zu Strukturen beitragen, d.h. in bestimmten Situationen fallen,

---

[18] Wie das Atom ist auch Kommunikation weiter teilbar, sie besteht aus drei Komponenten: Informationen, Mitteilungen und Verstehen. Bei diesen drei „Stufen" wird der Auswahlcharakter betont: Man könnte über so vieles informieren, wählt aber ein Thema aus. Mannigfache Formen der Mitteilungen böten sich an – für sprachlich und künstlerisch Begabte mehr als für Unbegabte – aber nur eine Mitteilungsform wird ausgewählt. Schließlich gibt es eine Vielzahl an Möglichkeiten, Mitteilungen zu verstehen – wiederum wird eine ausgewählt und zum Anschlusspunkt neuer Kommunikation gemacht (vgl. Luhmann 1984b, 191ff.).

die nicht zufällig sind und auf vorhergehenden Entscheidungen aufbauen. Was kann man nun unter Strukturen verstehen? Auch hier liegt der Fokus bei der Selektivität, also der Funktion von Strukturen, eine Auswahl zu treffen (Luhmann 1988): Formale Strukturen in Unternehmen wählen aus, welche Entscheidungen welche Stelle und welche Stelleninhaber treffen sollen und dürfen. Wenn die Leiterin der Controllingabteilung die Einführung der Balanced Scorecard (BSC) beschließt, ist dies eine strukturdeterminierte Entscheidung – die übrigens, wie dies BSC-Erfahrene bestätigen werden, einen Rattenschwanz an weiteren Entscheidungen auslöst. Dieser Rattenschwanz lässt sich als Entscheidungsprozess beschreiben. Strukturen, ob sie nun formalisiert sind oder informell bleiben, sind eine Art Meta-Entscheidung oder Entscheidungsprämisse, die den Spielraum für weitere Entscheidungen einschränken. In einem weiteren Verständnis sind somit Strukturen nicht bloß die Formalstruktur, die Meta-Entscheidungen in Bezug auf die Autoritätshierarchie, die Arbeitsteilung und die Vorgabe von Arbeitsverfahren (Kieser/Walgenbach 2007, 71 ff.) trifft – es sind alle formalen und informalen Regeln und Normen, die den Entscheidungsspielraum einschränken, und zwar in Hinblick auf:
- die Inhalte (Muss überhaupt entschieden werden? Was wird entschieden?)
- die Kompetenz (Wer hat in welcher Form der Beteiligung anderer zu entscheiden?) und
- die Zeit (Bis wann muss entschieden werden?)

Im klassischen Verständnis (z.B. Lawrence/Lorsch 1967b, 1969) sind es vor allem fünf Funktionen bzw. Selektionsleistungen, die die Organisationsstruktur zu erfüllen hat (Kieser/Walgenbach 2007, 77 ff.):[19]
1. Spezialisierung/Arbeitsteilung: Welches Prinzip und welche Form der Spezialisierung, Arbeitsteilung und damit der Stellenbildung werden in einer Organisation gewählt?
2. Koordination: Wie werden die gebildeten Stellen in der Folge koordiniert? Durch persönliche Weisungen, Selbstabstimmung, Programme, Pläne, interne Märkte, standardisierte Rollen oder Kultur?
3. Konfiguration/Leitungssystem: Wie werden die Stellen angeordnet? In Liniensystemen oder Stab-Liniensystemen, in Form von Projekt- oder

[19] Innerhalb dieser Dimensionen, die ganz wesentlich von der Aston-Group entwickelt wurden (vgl. 1.7), systematisiert die klassische Organisationstheorie eine ganze Reihe von Alternativen an – ohne dabei jemals ein „Optimum" gefunden zu haben. Jede Variante – z.B. geringe oder starke Spezialisierung, totale Zentralisierung oder Delegation der Entscheidungsbefugnisse – hat Vor- und Nachteile, so dass die Organisationsforschung – wenn sie nach Ratschlägen für die Praxis gefragt wird – meist beim „situativen Ansatz" verharrt (z.B. Kieser 1993, Staehle 1999): „Es kommt darauf an."

Produktmanagement, mit welcher Gliederungstiefe, Leitungsspanne und Stellenrelation?
4. **Entscheidungsdelegation und Kompetenzverteilung:** Welche Beziehung besteht zwischen Weisungs- und Entscheidungsbefugnissen, wem gegenüber ist eine Stelle verantwortlich, worin besteht der Unterschied zwischen Delegation von und Partizipation bei Entscheidungen – und wo wird delegiert, wo partizipiert?
5. **Formalisierung:** Wie weit geht die schriftliche Fixierung organisatorischer Regeln (Strukturformalisierung), die Formalisierung des Informationsflusses (Aktenmäßigkeit) und die Leistungsdokumentation?

Die Struktur einer Organisation trifft in all diesen Dimensionen eine Auswahl, beantwortet also beispielsweise die hier angeführten Fragen und bestimmt damit ganz wesentlich den Spielraum aller weiterer Entscheidungen. Ihrerseits wird aber auch die Struktur durch jede einzelne Entscheidung tangiert, sie wird bestärkt oder verändert. Ein Beispiel zur Formalisierung: Wenn sich eine Abteilung entscheidet, vom bisherigen Standard einer schriftlichen, periodischen Dokumentation ihrer Leistungen, z.B. in Form eines Tätigkeitsberichtes abzugehen und diese Entscheidung insofern folgenlos bleibt, als diese Abteilung von der Organisationsleitung zu keinerlei Nachreichen eines Berichtes angehalten wird, kann diese Regel erodieren, das Beispiel Schule machen und die Strukturkomponente „formalisierte Leistungsdokumentation" sukzessive verschwinden. Jede einzelne Entscheidung stärkt oder schwächt daher die Struktur einer Organisation: Sie stärkt sie, wenn sie als strukturkonform, sie schwächt sie, wenn sie als abweichend, aber nicht sanktioniert wahrgenommen wird.

Wie die Strukturen hinsichtlich der fünf Dimensionen zu beschreiben sind, kann Aufgabe einer deskriptiven Organisationsanalyse sein, um sich ein umfassenderes und systematischeres Bild einer konkreten Organisation zu machen. In der Mehrzahl der Fälle werden aber Zeit, Energie und Geld lediglich dazu reichen, einige dieser Aspekte empirisch zu beleuchten.

Welche Kommunikationen von einer Organisation als ihre Entscheidungen „einverleibt" werden, bestimmt sie selbst durch ihre Strukturen. Die Strukturen bestimmen damit auch die Grenzen der Organisation. Während in der einen Organisation der gemeinsame „After-work-Barbesuch" als eine Entscheidung inkludiert wird und dort weiterhin entschieden wird und an die Bar-Entscheidungen am nächsten Tag angeschlossen wird, gehört dieses soziale Setting in anderen Organisationen definitiv zum „organisationsfreien" Raum (in dem aber die Organisation sehr wohl Thema sein kann). Die Grenzen der Organisation werden oft erweitert, wenn Unternehmen beispielsweise eine spezifische Überstundenkultur entwickeln oder Einfluss in das Privatleben ihrer Mitglieder nehmen, in dem sie bestimmte Formen des Freizeitverhaltens oder der Intimbeziehungen beobachten und sanktionieren.[20]

Ob eine Entscheidung zur Organisation gehört, hängt auch davon ab, welcher Stelle bzw. welchem Gremium, welcher Abteilung etc. sie zugerechnet wird. Formale Mitgliedschaftsregeln leisten hier zwar Vorauswahl, regeln aber nicht alle Detailfragen. So bestimmen vor allem Hierarchie und Stelle, was als Entscheidung aufgenommen wird und was nicht. Pförtner können noch so beherzt strategische Entscheidungen treffen, sie werden nicht als Unternehmensstrategie aufgenommen werden, so viel ist klar. Unklarer wird die Lage bei Personengruppen wie Eigentümern, Aufsichtsratsmitgliedern in Kapitalgesellschaften, Vereinsmitgliedern bei Sportvereinen und Kunden. Letztere werden über Kundenbindungsprogramme und Customer-Relationship-Management (CRM) immer mehr einbezogen, damit aber gleichzeitig in einer subtilen Form auf Distanz gehalten. Im Zuge von Corporate Governance werden sogenannte Key-Stakeholder – also nicht mehr nur Eigentümer – in Gremien gebeten und zum strategischen Mitentscheiden eingeladen und damit auch mitverantwortlich gemacht.[21] Auf der anderen Seite gibt es gegenläufige Tendenzen: Der klassische Arbeits- oder Dienstvertrag büßt seine Dominanz als vertragliche Basis von Organisationsmitgliedschaft zunehmend ein. Auch bei Personen, die nicht über langfristige Verträge an Organisationen gebunden sind, können Organisationen Mitgliedschaft zumindest temporär konstruieren (Mayrhofer/Meyer 2002). All dies hat zur Folge, dass die Grenzen zwischen Mitgliedern und Nichtmitgliedern sich verändern und zunehmend unschärfer werden. Zusätzlich werden Anforderungen und Kompetenzen einzelner Stellen in modernen Strukturen weniger präzise und vollständig

---

[20] Es ist wohl nur historisch zu erklären, dass das manchen Organisationen nachgesehen wird, anderen nicht. Kirchen und politische Parteien ziehen die Grenzen hier traditionellerweise weiter. Über die „blurring boundaries" zwischen beruflicher und privater Sphäre gibt es eine Reihe empirischer Untersuchungen. Ruth Simpson bspw. untersucht, wie die Kultur von „long hours", also von Überstunden in Organisationen die Karrierechancen von Managerinnen untergräbt (Simpson 1998).

[21] Corporate-Governance-Überlegungen basieren auf der Agenturtheorie, einer Variante der neuen Institutionenökonomie: Die Agenturtheorie geht – grob vereinfacht – davon aus, dass es in Organisationen immer (auch) darum geht, informationsüberlegene Agenten, die im Auftrag von Prinzipalen handeln sollten, zu kontrollieren, um sie an einem Missbrauch ihrer Entscheidungsspielräume zu hindern. Prinzipale sind bspw. die Eigentümer, also die Shareholder, aber auch andere Stakeholder. Agenten sind bspw. Vorstände, Geschäftsführer, Manager und alle Angestellten. Corporate Governance meint nun, dass jene „Stakes", die über privatrechtliche Verträge nicht hinreichend geschützt sind, durch spezifische Maßnahmen, also bspw. durch Vertretung dieser Gruppen in Aufsichtsräten, abgesichert werden müssen (Rajan/Zingales 1998; Zingales 1998).

definiert werden als in traditionellen. Insgesamt wird damit die Beobachtung und Beschreibung von Grenzen eine immer komplexere Aufgabe für die Organisationsanalyse.

1.5 Funktion und Leistung von Organisationen

Organisationen übernehmen in unserer Gesellschaft immer mehr an Aufgaben. Bereits das letzte Jahrhundert kann mit Fug und Recht als das Jahrhundert der Organisationen bezeichnet werden, und eine Umkehrung des Trends, dass Organisationen immer mehr Kompetenzen und Aufgaben von Individuen und Familien übernehmen, ist nicht in Sicht. So gewinnen sie in der Kindererziehung, in der Altenpflege, in der politischen und zivilgesellschaftlichen Partizipation an Bedeutung. Die Genese sog. korporativer Akteure (i.S.v. Coleman 1979, 1986) lässt sich bis ins 13. Jahrhundert zurückverfolgen. In der Rechtsform der juristischen Personen haben Organisationen eine gewaltige gesellschaftliche Bedeutung bekommen, beginnend mit der Gründung von Handels- und Aktiengesellschaften im England des 18. und 19. Jahrhunderts, die es ermöglichte, die Haftung einzelner auf ihre ursprünglichen Investitionen einzuschränken.

Dies zeigt, dass Organisationen nicht nur Leistungen für ihre Umwelt erbringen, sondern auch Leistungen seitens der Umwelt benötigen, also auf vorgelagerte Institutionen wie das Gesellschaftsrecht oder das Wettbewerbsrecht, die ihrerseits wieder von Organisationen entwickelt werden, zurückgreifen (Picot et al. 1997). Ob die Entstehung moderner Organisationen lediglich über ökonomische Faktoren, also Transaktionskostenvorteile gegenüber anderen Formen erklärt werden kann (Williamson 1985), ist zwar fraglich.[22] Der Vorteil der mit der Form *Organisation* verbundenen

---

[22] Die Transaktionskostentheorie möchte erklären, warum bestimmte Transaktionen in bestimmten institutionellen Arrangements, also Organisationsformen des Tausches, mehr oder weniger effizient abgewickelt und organisiert werden. Oliver E. Williamson, der Begründer der Transaktionskostenökonomie, differenziert zwischen ex-ante Transaktionskosten, wie etwa Informations-, Verhandlungs- und Vertragskosten, also Kosten, die vor Zustandekommen des Vertrags anfallen und ex-post Transaktionskosten, wie Kosten der Kontrolle, Durchsetzung und nachträglicher Vertragsanpassungen, die nach Vertragsabschluss und Leistungsaustausch anfallen können (Williamson 1975). Transaktionen sind dann effizient, wenn die Akteure eine Organisationsform wählen, die in der Summe die geringsten Produktions- und Transaktionskosten aufweisen. Williamson unterscheidet drei Arten von Vertragsbeziehungen, die institutionelle Organisationsformen begründen: (1) klassische Verträge (z.B. Kaufverträge): Die Vertragsbedingungen sind vorab fix festgelegt, die Transaktion ist von kurzer Dauer und keiner der Partner rechnet mit nachträglichen Anpassungen des Vertrags. (2) neoklassische Verträge (langfristig): Hier handelt es sich um Transaktionen, bei denen die Vertragspartner nicht vorweg sämtliche Bedingungen in Verträgen festle-

langfristigen Verträge mit Sicherungsklauseln liegt aber in der Ermutigung langfristiger spezifischer Investitionen in solche Beziehungen.

Jedenfalls wurden formale Organisationen zum Motor der Industrialisierung. Korporative Akteure entwickelten bald eine Machtfülle, die jene natürlicher Personen bei weitem überstieg. Insbesondere können sich Organisationen in dieser Form vom nominellen Eigentümer emanzipieren, also Ziele verfolgen, die mit denen der Eigentümer zumindest mittelfristig nicht übereinstimmen müssen, weil sich bei bloß loser Kopplung mit den Eigentümerinteressen Strukturen unabhängig von diesen entwickeln können: Minderheitseigentümer von Kapitalgesellschaften sind – ähnlich wie Bürger eines demokratischen Staates – auf eine binäre Entscheidung zurückgeworfen: Sie können Eigentümer bleiben oder verkaufen (vgl. auch die Diskussion rund um Abbildung 1 und Fußnote 7). Selbst Mehrheitseigentümer von Kapitalgesellschaften können aufgrund juristischer Entkopplungen nicht direkt in Entscheidungen des Vorstandes eingreifen.

Die Begriffe *Funktion* und *Leistung* ähneln dabei den beiden Seiten einer Münze: Betrachtet man Organisationen aus der Sicht „übergeordneter" Systeme (Wirtschaft, Gesellschaft), so erfüllen erstere eine *Funktion* für letztere – und zwar, in dem sie (jetzt aus Organisationssicht) konkrete *Leistungen* erbringen. In modernen Gesellschaften gibt es kaum mehr eine Leistung, die nicht von Organisationen übernommen werden kann und tatsächlich auch übernommen wird – und zwar in fast allen gesellschaftlichen Teilbereichen, wenn man von dauerhaften Intimbeziehungen einmal absieht. Aber auch hier stellen Organisationen funktionale Äquivalente bereit. Organisationen begleiten Menschen von der Geburt bis zum Tod, sie sorgen für ein geordnetes Auf-die-Welt-Kommen, übernehmen die Betreuung der Kleinsten, treten uns vehement in der Form von Schulen gegenüber, geben uns nach erfolgter Ausbildung Arbeit und Einkommen, helfen uns, unsere Freizeit zu gestalten, sorgen dafür, dass wir bei Krankheit und Unfall gepflegt und geheilt werden, zahlen uns unsere Pensionen aus, pflegen uns im Alter und kümmern sich nach unserem Tod um eine artgerechte Endlagerung. So produzieren sie Geld, politische Entscheidungen, Bildung, Gesundheit, Kunst und weisen uns sogar den Weg in die Transzendenz. Organisationen leisten also weit mehr, als die Leute von der Straße fernzuhalten (Weick 1985) – obwohl auch diese Funktion nicht zu

---

gen können und deshalb mit Anpassungsbedarf rechnen. Dies erfolgt durch Sicherungs-, Anpassungs- und Garantieklauseln. Als Beispiele können Joint-Ventures oder Franchising genannt werden. Williamson nennt dieses institutionelle Arrangement die hybride Form. (3) relationale Vertragsbeziehungen (Abwicklung in Organisationen): Diese Vertragsbeziehung beschreibt eine komplexe soziale Beziehung, die gemeinsame Entscheidungen der Transaktionspartner und abgestimmte Anpassungen und Entwicklung erfordern.

unterschätzen ist, gerade wenn man den enormen Einfluss von Organisationen auf die Disziplinierung von Menschen und die soziale Ordnung bedenkt (Foucault 1976). Moderne Organisationen übernehmen immer mehr Funktionen, die früher von der (geschichteten) Gesellschaft geleistet wurden: Sie erziehen und geben Sozialisationschancen – verbinden also das Individuum mit dem Sozialen. Sie sorgen für Teilhabechancen, also für Inklusion – und damit auch für Exklusion. Organisationen sind heute die wesentlichen Promotoren gesellschaftlicher Ungleichheit (Luhmann 1994), was ihnen vielfach vorgeworfen wird: Auf der Ebene gesellschaftlicher Kommunikation gibt es Chancengleichheit zwischen Männern und Frauen, Organisationen hingegen zahlen Männer für die gleiche Arbeit besser und versehen sie mit besseren Aufstiegschancen. Auf gesellschaftlicher Ebene gibt es Chancengleichheit zwischen sozialen Schichten. Universitäten hingegen präferieren bildungsnahe Schichten und geben daher den Kindern von Oberschicht-Familien deutlich höhere Aufstiegschancen. Auf gesellschaftlicher Ebene trifft Umweltschutz uns alle. Unternehmen hingegen können Emissionszertifikate in ihre Finanz- und Produktionsplanung integrieren, womit differenzierte Verschmutzungsberechtigungen abgeleitet werden. Nur das Strafgesetz gilt – noch – für alle gleich, aber die Diskussion über ein eigenes Unternehmensstrafrecht beginnt bereits.

1.5.1 Organisationsziele, -aufgaben, -angebote und Funktionen

Für die Beantwortung der Frage nach der Leistung und damit der Funktion von Organisationen scheint es zentral zu sein, die manifesten und latenten Ziele der konkreten Organisation zu kennen. Welche Rationalisierungen, also Begründungen, die oft auch erst im Nachhinein geliefert werden, gibt es für Strukturen und Entscheidungen, welche Argumente können also im konkreten Einzelfall ins Spiel gebracht werden? *Formalziele* allein, also Gewinne, Rentabilitäten etc. reichen in den meisten Fällen nicht aus, um sich gegenüber der Umwelt zu legitimieren.[23] Dazu müssen vor allem die *Sach-*

---

[23] CSR (Corporate Social Responsibility) und Corporate Sustainability sind die neuen diesbezüglichen Trends. Sie meinen den freiwilligen Beitrag von Wirtschaftsunternehmen zu einer nachhaltigen gesellschaftlichen Entwicklung und stehen für verantwortliches unternehmerisches Handeln in der eigentlichen Geschäftätigkeit (Markt), über ökologisch relevante Aspekte (Umwelt) bis hin zu den Beziehungen mit Mitarbeiterinnen und Mitarbeitern (Arbeitsplatz) und dem Austausch mit dem Umfeld im Gemeinwesen (Gemeinwesen). Interessanter als diese Schlagworte selbst ist die Frage, warum diese Themen zu einer bestimmten Zeit hochkommen (Google findet Ende 2007 über 28 Mio Fundstellen zum Suchbegriff CSR, aber nur mehr knappe 3 Mio Fundstellen zum Suchbegriff Shareholder Value).

ziele als legitim erachtet werden. Die Legitimitätsfrage wird von organisationssoziologischen Theorien in den Mittelpunkt gestellt, von der ökonomischen Organisationstheorie aber vollkommen ausgeblendet: Ihr geht es lediglich um möglichst effiziente Ressourcenallokation. Beispielhaft kann man hier den bereits erwähnten Neoinstitutionalismus und die Transaktionskostentheorie gegenüberstellen. Beide würden ein Phänomen wie den Einsatz von Organisationsberatern vollkommen unterschiedlich erklären. Der Neoinstitutionalismus sieht darin eine von vielen Praktiken, die Organisationen anwenden, um ihre Rationalität und Professionalität nach außen zu demonstrieren und ihr Handeln und Entscheiden gegenüber der Umwelt zu legitimieren. Die Transaktionskostentheorie würde zuerst einmal vermuten, dass es kosteneffizienter ist, kurzfristige Verträge mit Beratern abzuschließen als die gleiche Expertise in der Organisation durch die Anstellung geeigneter Personen aufzubauen.

Im (betriebswirtschaftlichen) Sachziel oder (organisationssoziologischen) Organisationsziel werden jene Angebote summarisch und abstrakt beschrieben, die eine Organisation für ihre Umwelt leistet. Wobei sich dieses Organisationsziel empirisch nicht so leicht dingfest machen lässt, ist es doch nicht immer identisch mit jenen in offiziellen Strategiepapieren, Leitbildern und Mission Statements nach außen kommunizierten Zielen. Hier treffen wir wieder auf einen Unterschied, der an jenen zwischen „theories-in-use" und „espoused-theories" (vgl. Abschnitt 1.1) erinnert: intendierte und emergente Strategien. Erstere finden sich in den Plänen und werden nach innen und außen kommuniziert, letztere entstehen quasi im Entscheidungsprozess.[24]

Bei der Frage nach der Leistung von Organisationen sehen wir vordergründig zuerst einmal die immense Vielfalt an Produkten und Dienstleistungen, die von Organisationen geschaffen und angeboten werden. Dahinter liegt aber die Funktion, die Organisationen für ihre Umwelt erfüllen. Grundsätzlich kann man davon ausgehen, dass Organisationen, die keine Leistungen für ihre Umwelt erbringen, und dazu zählen auch ihre Mitglieder, nicht überleben können. Viele organisationstheoretische Ansätze konzipieren diese Organisations-Umwelt-Beziehung in Analogie zur Evolutionstheorie (z.B. die sog. Populationsökologie, Hannan/Freeman 1977): Innerhalb einer Population von Organisationen besteht ein Wettbewerb um Ressourcen, die sie für ihre Leistungen beziehen. Umweltbedingungen

---

[24] Die Unterscheidung zwischen „intended" und „emergent strategies" wurde vom kanadischen Organisations- und Managementforscher Henry Mintzberg eingeführt (z.B. Mintzberg/Waters 1985; Mintzberg 1994). Auf eine berühmte Studie von Mintzberg über das Verhalten von Managern und Managerinnen wird dann im Abschnitt über Beobachtungsmethoden (vgl. 6.4.3) eingegangen.

ändern sich laufend, diese Veränderungen werden meist durch andere Organisationen, manchmal aber auch selbst verursacht. So könnte beispielsweise eine NPO, die ein bestimmtes soziales Problem tatsächlich löst, ihre eigene Existenzgrundlage gefährden. Die Selektion innerhalb und zwischen den Organisationspopulationen erfolgt also über Legitimation und Wettbewerb.

Aus betriebswirtschaftlicher Perspektive kann das Angebotsprogramm von Organisationen Sachgüter und Dienstleistungen umfassen: Rohstoffe, kurzlebige und dauerhafte Konsumgüter, Investitionsgüter, Dienstleistungen mit Individualgutcharakter und Dienstleistungen mit Kollektivgutcharakter. Organisationen können hier spezialisierte Nischenanbieter sein, sich mit einem Produkt und einer Dienstleistung als Kostenführer und damit als günstigster Anbieter am Gesamtmarkt profilieren oder aber sich diversifizieren und Produkte und Leistungen differenzieren (Porter 1985). Die Frage, die sich für die Organisationsanalyse stellt: Machen die Charakteristika der angebotenen Produkte und Leistungen oder jene der Wettbewerbsstrategien einen Unterschied in der Organisationsstruktur? Doch dazu später.

Aus gesellschaftstheoretischer Perspektive tragen Organisationen zu unterschiedlichen gesellschaftlichen Subsystemen bei: Wirtschaft, Politik, Gesundheit, Wissenschaft, Bildung, Religion. In der Politik beispielsweise sind es Organisationen, die Einzelinteressen, z.B. jene von Asylwerbern, legitimieren und in den politischen Entscheidungsprozess, der kollektiv bindende Entscheidungen produziert, einbringen.

1.5.2 Die Wechselwirkung zwischen Organisation und Umwelt

Die Organisationsforschung, aber auch die Praxis arbeitet sich immer wieder am Verhältnis von Organisationen zu ihrer Umwelt ab. Organisationen sind ohne Umwelt undenkbar. Grundsätzlich geht es dabei um ein paar auf den ersten Blick simple Fragen: Wie wirken sich Umweltveränderungen auf Organisationen aus, bzw. wirken sie sich überhaupt aus? Welche Eigenschaften und Dimensionen von Umwelt sind es, die Organisationen in ihren Strukturen und Entscheidungen beeinflussen? Schlägt die äußere Umwelt hart auf die Organisationsinnenwelt durch oder verfügen Organisationen über so etwas wie Puffer und Filter, die die Wirkung von Umweltveränderungen mildern, verzögern oder gänzlich abschotten? Kann es einer Organisation gelingen, über Umwelt zu entscheiden, bestimmte Entwicklungen auszuwählen und von anderen unbeeindruckt zu bleiben, oder handelt es sich um „harte" Realitäten, die jedenfalls Einschläge im organisationalen Gefüge hinterlassen? Oder beeinflussen gar Organisationen ihre Umwelten?

Zuerst ist dabei ein asymmetrisches Verhältnis nahe liegend: Die Organisationsumwelt ist nicht nur um ein Vielfaches komplexer, sondern auch wirkungsmächtiger als die einzelne Organisation. Bestimmte Umweltmerkmale schlagen sich somit direkt auf die Organisationsstruktur nieder (Burns/Stalker 1961; Lawrence/Lorsch 1967a; Blau/Schoenherr 1971): Die verschiedenen Umweltsektoren unterscheiden sich durch den Unsicherheitsgrad in Abhängigkeit von der Klarheit der Informationen, der Unsicherheit über kausale Beziehungen und die Zeitspanne bis zum Feedback aus der Umwelt. Dies hat einen Einfluss auf das Verhältnis zwischen Differenzierung und Integration der Organisation. Je höher die Unsicherheit, desto langfristiger die Zeitorientierung und desto geringer der Formalisierungsgrad. Je unterschiedlicher die Umwelten der Organisation, desto differenzierter wird sie sein, womit die Integration zur wichtigsten Anforderung wird. Andererseits wird die Differenzierung immer auch von der Organisationsgröße abhängen, die Größe aber wiederum von der Umwelt. Die Analogie zur Entstehung der Arten wird dabei oft überstrapaziert. So wird seit Jahrzehnten das Ende der Dinosaurier-Organisationen, das Sinken der alten Schlachtschiffe mit suggestiven Bildern beschworen, es gibt sie aber noch immer. Große Organisationen scheinen ihre Langsamkeit und Unbeweglichkeit mit einer Reihe von Stärken, insbesondere ihrer Gestaltungsmacht und Finanzkraft, zu kompensieren (Lawler 1997).

Die Antwort auf die Frage, ob sich Organisationen quasi beliebig in ihrer Umwelt bewegen können, weil zwischen Umweltveränderungen und Struktur immer autonome Entscheidungen stehen (z.B. Child 1972), oder ob die Umwelt als Selektionsinstanz wirkt und die Möglichkeiten von Organisationen scharf beschränkt (z.B. Aldrich 1979), liegt wohl zwischen den Polen. Am ehesten wird man es mit Interdependenz zu tun haben: Die Entscheidungen von Organisationen beeinflussen ihre Umwelt, und die Eigenheiten der Umwelt wirken sich auf die Struktur und die Entscheidungen der Organisation aus. Vielleicht aber ist auch die Frage falsch gestellt, setzt sie doch eine von der Organisation unabhängige Umwelt voraus. Dabei werden Umwelten in vielen Fällen erst von der Organisation geschaffen, in dem durch Beobachtung und Selektion der Fokus auf ganz bestimmte Ausschnitte der Umwelt gelegt wird, die dann bei internen Entscheidungen berücksichtigt werden. Stakeholder-orientierte Ansätze des strategischen Managements weisen in genau diese Richtung (Mitroff 1983; Freeman 1984; Burgoyne 1994). Die Organisation selbst hat dann bei der Frage, durch welche Umwelt sie wie beeinflusst wird, ein gewichtiges Wort mitzureden. Dies soll wiederum nicht in reinen Konstruktivismus münden. Der endet nämlich spätestens dann, wenn Organisationen in Liquiditätsnöten sind und dann unabhängig von allen Stakeholder-Analysen im harten Regen der Gläubigerforderungen stehen.

Der Ressourcen-Abhängigkeitsansatz (Pfeffer/Salancik 1978) stellt eines der ausgefeilteren Konzepte innerhalb der Organisations-/Umwelt-Debatte dar (Knyphausen-Aufseß 1997; Schreyögg 1997): Organisationen befinden sich in einer ständigen Auseinandersetzung mit ihrer Umweltabhängigkeit, um einen anhaltenden Ressourcenfluss sicherzustellen. Dabei geht es um finanzielle Mittel, Personal, Rohstoffe u.ä. Die Umwelt besteht aus konkreten anderen Organisationen, die die Ressourcen mehr oder weniger kontrollieren. Die Abhängigkeit ist umso höher, je wichtiger die Ressourcen für die Organisation selbst sind, je geringer die Verfügungsmacht, je höher der Verbrauch und je stärker die Konzentration der Ressourcenkontrolle bei anderen Akteuren ist.

Zusätzlich zu dem, was man gemeinhin unter Ressourcen versteht, und was Organisationen über Märkte beziehen (vgl. Abbildung 4) spielt auch die Informationsabhängigkeit eine Rolle: Inwieweit ist das Verhalten der Akteure, die die relevanten Ressourcen kontrollieren, prognostizierbar? Wie viel Informationen gibt es über diese Akteure? Und welche Informationen gibt es darüber hinaus, welche Umweltfaktoren tragen weiters zur Sicherheit-/Unsicherheit bei (z.B. Konkurrenz)?

Insgesamt bestimmen beide Aspekte das Organisations-Umwelt-Zusammenspiel. Ob der Ressourcen- oder der Informationsaspekt dominiert, hängt damit zusammen, was von der Organisation jeweils als Engpass wahrgenommen wird. In beiden Fällen bestimmt jedenfalls die Organisation selbst ganz wesentlich mit, wie lose oder eng die Kopplung zu bestimmten Umwelten wird. Und, innerhalb bestimmter Möglichkeiten, kann sich jede Organisation auch entscheiden, ob sie sich als von ihrer Umwelt getrieben wahrnimmt oder sich selbst als die Umwelt beeinflussenden Akteur. Weltkonzernen wird letzteres leichter fallen als Einpersonenunternehmen.

1.6 Die Rolle von Menschen in Organisationen

Menschen sind, das wurde bereits diskutiert, nicht Elemente, sondern Mitglieder von Organisationen – und damit Umwelt für die Organisation, wenngleich eine ganz besondere Form der Umwelt, manche nennen sie „innere" Umwelt. Wir haben auf die Vorzüge dieser Konzeption hingewiesen. Die menschenlose Organisation ist damit zwar theoretisch gesetzt, dennoch ist sie undenkbar. Wie passt das zusammen? Eine Konzession an den Hausverstand? Wie bereits ausgeführt bestehen Organisationen aus Entscheidungen und Strukturen – das sind die charakteristischen Elemente des Systemtyps Organisation. Theoretisch betrachtet sind Menschen, egal ob als Mitglieder, Kunden, Eigentümer oder in welcher anderen Rolle auch immer, in der Umwelt. Sie liefern aber den entscheidenden Brennstoff für die Organisation: Arbeitskraft, Information und Wissen, Beteiligung an Interaktion etc.

Handeln und Entscheiden im Organisationskontext ist ein Phänomen, welches eine objektive und eine subjektive Seite hat (Littek 1982): Die objektive, also durch das einzelne Subjekt kaum veränderbare Situation wird durch die Arbeitsorganisation und die Technik bestimmt. Diese Arbeitsbedingungen äußern sich konkret in einer Reihe von Merkmalen, wie Arbeitsintensität, -inhalt, Entlohnung etc. Andererseits wird das Arbeitshandeln durch Elemente der subjektiven Struktur, Merkmale des Individuums bestimmt, wie etwa die Leistungsfähigkeit, Erfahrung, Motivation etc. Hinter diesen Merkmalen stehen zwei Faktoren (Arbeitsvermögen und Interessen), die für die Ausprägung dieser Elemente maßgeblich sind.

So hängt etwa das Ausmaß der Bereitschaft, sich anzupassen u.a. von den jeweiligen Interessen ab. Abbildung 5 stellt das Arbeitshandeln in den Mittelpunkt. Sie ist sozusagen ein vergrößerter Ausschnitt von Abbildung 4, die die gesamte Organisation schematisch darstellt, und präzisiert bzw. erläutert das Zusammenspiel zwischen Formalstruktur, individuellen Erwartungen und Rollenverhalten (= Arbeitshandeln).

Für individuelle Akteure zeigt sich das Zusammenspiel mit Organisationen vorerst einmal als Tauschverhältnis: Sie erbringen Leistungen – stellen ihr Arbeitspotenzial, ihre Ideen, ihre Zeit, ihre Loyalität zur Verfügung – und erhalten dafür Gegenleistungen – Geld, Status und Anerkennung, interessante Tätigkeiten, Einflussmöglichkeiten, gesellschaftliche Integration und vieles mehr. All dies ist Thema der Motivationsforschung und ihrer Ableger, der Arbeitszufriedenheits- und Commitmentforschung (vgl. z.B. Mayrhofer 2002, Martin 2003; Weller 2003). Ausgangspunkt ist dabei immer folgende Annahme: Die individuelle Wahrnehmung von Leistung und Gegenleistung – die so individuell nicht ist, weil beispielsweise ihrerseits durch Organisationsstrukturen beeinflusst – beeinflusst Arbeitsmotivation, Zufriedenheit und Commitment. Diese Triade wiederum trägt dazu bei, dass Individuen in Organisationen mehr leisten, also mehr zum Erreichen der Organisationsziele beitragen. Weil angenommen wird, dass sich die individuelle Wahrnehmung und Beurteilung von Leistung und Gegenleistung durch Entscheidungen der Organisation beeinflussen lassen, handelt es sich bei diesen Zusammenhängen um die Grundaxiome des Perso-

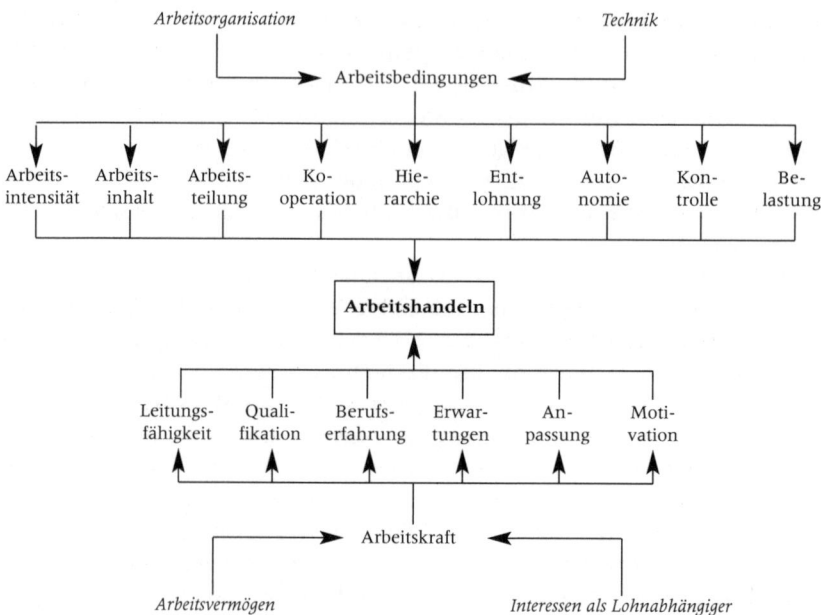

Abb. 5: Die objektive und die subjektive Struktur des Arbeitshandelns (Quelle: Littek 1982, 116)

nalmanagements. Empirische Befunde, die dies in Frage stellen, gibt es dennoch genug.[25]

Individuen lassen sich von Organisationen also nicht nur von der Straße fernhalten, weil sie sehr viel Zeit in ihnen verbringen – sie lassen sich von ihnen auch gratifizieren. Die meisten Menschen sind existenziell an Organisationen gebunden und von deren Gegenleistungen abhängig. Die Kopp-

---

[25] So zeigen Metaanalysen eher geringe Korrelationen zwischen Arbeitszufriedenheit und Arbeitsleistung, Extrarollenverhalten, Absentismus und Fluktuation (vgl. zusammenfassend Martin 2003, 29 ff.). Ähnliches zeigt sich bei Commitment (Weller 2003, 82). Metaanalysen versuchen mit statistischen Mitteln bisher durchgeführte empirische Analysen zusammenzufassen. Der Begriff wurde 1976 vom Psychologen Gene V. Glass in seinem für diese Methode begründenden Artikel „Primary, Secondary and Meta-Analysis of Research" eingeführt. Ziel ist es, über die Zusammenfassung bisheriger Studien zu einer Vergrößerung der Stichprobe zu kommen, und eine einheitliche Effektgröße zu messen. Die studienspezifischen Effektgrößen werden anschließend durch einen Signifikanztest auf Homogenität geprüft. Liegen heterogene Effektgrößen vor, so kann man Strategien anwenden, die die Untersuchungen mit heterogenen Effektgrößen in homogene Subgruppen teilen. Anschließend sollte der Einfluss von Moderatorvariablen auf die Heterogenität bestimmt werden, dies geschieht varianz- oder clusteranalytisch (Hunter/Schmidt 1991).

lung zwischen Menschen und Organisationen ist in vielen Fällen eng, die Abhängigkeiten sind zwar meist wechselseitig, aber selten symmetrisch. In Organisationen besetzen Individuen Stellen, und über diese Stellen erhalten sie Kompetenzen, z.b. über Budgets und Personal – die sich dann als Zuständigkeiten oder Verantwortlichkeiten niederschlagen.

Organisationen entwickeln dabei ganz spezifische Kategorien von Mitgliedern und Mitarbeitern, die sich durch unterschiedliche Macht und Einflussmöglichkeiten unterscheiden. Besonders ins Auge stechen dabei Manager. Sie sind aber ob ihrer Gehälter zunehmend im Brennpunkt der Kritik.[26] Schon vor dem zweiten Weltkrieg konstatiert James Burnham (1937) die „Revolution der Manager": Bei Publikumsaktiengesellschaften im Streubesitz erlangt das Management mehr und mehr Verfügungsrechte über das Kapital – den Eigentümern bleiben unwirksame Kontrollrechte – und damit Macht über das Unternehmen. Auch Chandler Jr. (1977) sieht amerikanische Großunternehmen nach 1920 durch Manager bestimmt, es entsteht professionalisiertes Mittel- und Top-Management und schließlich ein „Managerial Capitalism". Heute finden sich zu diesem Thema vor allem neoinstitutionalistische Forschungsarbeiten, die die Verbreitung von „Managerialismus" und betriebswirtschaftlicher Rationalität auf unterschiedliche Gesellschaftsbereiche und Weltregionen aufzeigen (Meyer et al. 2006). Offensichtlich handelt es sich dabei um eine starke Legitimationsbasis für Organisationen (Meyer/Rowan 1977; Brunsson 1985, 1989, 2000).

Die Rolle von Personen in Organisationen wird von unterschiedlichen Theorien verschieden beschrieben und erklärt: Koalitionstheoretische Ansätze sehen Organisationen als eine Koalition unterschiedlicher Personengruppen – z.B. Eigentümer, Management, unterschiedliche Arbeitnehmergruppen, Betriebsrat, Gewerkschaften, Kunden. Diese versuchen dann, Kompromisse über die zu verfolgenden Ziele und die einzusetzenden Mittel zu erreichen (Cyert/March 1963). Diese Theorie schärft den Blick für Konflikte, Interessensgegensätze, aber auch für Prozesse der Konsensfindung.

---

[26] Während in vielen Organisationen im Zuge von Reorganisationen und Schlagworten wie „Empowerment" Verantwortung von oben nach unten delegiert wird, gilt dies offensichtlich nicht für Einkommen. Jüngste Daten zeigen, dass das Einkommen der Dax-Vorstände, also der Vorstandsmitglieder der 30 umsatzstärksten Unternehmen an der Frankfurter Börse, im Jahre 2006 um 16,5 Prozent höher war als im Vorjahr. Das durchschnittliche Gehalt eines „einfachen" Vorstandes belief sich im vergangenen Jahr auf 2,5 Millionen Euro und lag damit um gut 16 Prozent über dem Vorjahr. Im Vergleichszeitraum stiegen die Durchschnittsgehälter um zwischen 1,5 bis 3,0 Prozent. Und das, nachdem schon in den letzten zwanzig Jahren die Managergehälter weit überproportional, nämlich um den Faktor 10 stärker als die Durchschnittsgehälter gestiegen sind (http://www.welt.de/wirtschaft/article1058384/).

Die Agenturtheorie (Jensen/Meckling 1976, siehe auch Fußnote 21) konzentriert sich hingegen auf zwei Rollen, die Personen in Organisationen spielen: Prinzipal und Agent. Der Prinzipal vergibt, um seine Interessen zu realisieren, einen Auftrag an den Agenten. Beide maximieren ihren Nutzen. Der Agent ist durch den Prinzipal nicht vollständig kontrollierbar und hat somit gewisse Freiräume. Organisationen sind demzufolge eine Kette von unterschiedlichen Prinzipal-Agenten-Beziehungen: Eigentümer-Management-Arbeitnehmer. Die Verträge zwischen Prinzipalen und Agenten sind unvollständig, d.h. nicht alle Aspekte der Tauschbeziehung können vertraglich abgesichert werden. Prinzipale können Agenten prinzipiell auf dreierlei Art beeinflussen: über direkte Verhaltenssteuerung, über Informationssysteme oder über eine Beteiligung der Agenten am Ergebnis.

In Bezug auf das Unterstellen von Eigeninteressen zeigen sich gewisse Ähnlichkeiten zwischen der Agenturtheorie[27] und einem ganz anderen Ansatz, der Organisationen als Macht-Spiel betrachtet (Crozier/Friedberg 1977; Küpper/Ortmann 1988b). In diesem Spiel sind Freiheit und Zwang vereint, Strukturen üben eine koordinierende, aber keine determinierende Funktion aus. Organisationen bestehen demzufolge aus Spielen und Kämpfen, sie geben hiefür die Arena ab, und die Personen sind die Spieler, sie orientieren sich an den Spielregeln (Strukturen), versuchen diese aber gewitzt in ihrem eigenen Interesse auszulegen. Unsicherheitszonen sind in diesem Spiel unvermeidbar, ja erhöhen sich sogar mit der Regelungsdichte. Damit kann ein bürokratischer Teufelskreis einsetzen: Um Unsicherheitszonen zu reduzieren, werden Regelungen eingeführt, die aber ihrerseits Unsicherheitszonen erhöhen und zu weiterem Regelungsbedarf führen.

Das Fußballspiel bietet sich als in vielen Punkten stimmige Metapher für Organisationen und die Rolle von Personen an:[28] Niemand würde behaupten, Fußball besteht aus den 22 Spielern – dennoch sind sie unverzichtbar für das Spiel. Jeder Spieler nimmt eine bestimmte Position ein (Stelle), die er aber frei gestalten kann. Dennoch wird der Tormann eher selten im gegnerischen Strafraum anzutreffen sein, und ein Verteidiger mit Manndeckungsaufgaben wird offensiv eher zurückhaltend agieren. Spielentscheidend sind die Interaktionen zwischen den Spielern – nicht zwingend die Kompetenzen der einzelnen Spieler. Diese Interaktionen basieren auf den

---

[27] Die Agenturtheorie zählt gemeinsam mit der Transaktionskostentheorie (Williamson 1975, 1985) und der Theorie der Verfügungsrechte (Alchian/Demsetz 1972) zu den sog. Institutionenökonomischen Organisationstheorien. Gemeinsam ist ihnen, dass sie mit wenigen Erklärungskonzepten ökonomischer Provenienz auskommen und ein ökonomisches Menschenbild zugrunde legen (Nutzenmaximierung).

[28] Alle Leser und Leserinnen, die mit dieser Metapher nichts anfangen können, bitten wir um Verzeihung. Mit Abstrichen ließen sich Organisationen auch an anderen Beispielen wie Tanz oder symphonischer Musik illustrieren.

Spielregeln und zeichnen die Struktur des Spiels. Strategien und taktische Entscheidungen können, müssen aber nicht aufgehen, weil deren Ergebnis allemal davon abhängt, wie die Gegner darauf reagieren. Die Umwelt ist zweifelsohne von Bedeutung (Heim- oder Auswärtsspiel, volles oder halbleeres Stadion etc.), ohne dass aber jemand deswegen das Ergebnis prognostizieren könnte. Manche Umweltsegmente haben mehr Einfluss – z.B. Trainer, Ersatzspieler, FIFA[29]-Vertreter – manche weniger – der einzelne Zuschauer, nicht aber Kollektive von Zuschauern; das meiste außerhalb des Stadions, nicht aber das Wetter oder die Stromversorgung. So mancher haushohe Favorit ist schon in Heimspielen gegen Abstiegskandidaten gescheitert. Einzelne Spieler können dem Spiel ihren Stempel aufdrücken, dennoch kann der Superstar ein Spiel nicht im Alleingang gewinnen, und beim nächsten Spiel kann er vollkommen auslassen. Der Trainer hat, ist das Spiel einmal angepfiffen, nur mehr beschränkte Einflussmöglichkeiten: Ihm bleibt vor allem der Austausch von Personen und die Redefinition der Stellenbeschreibungen – also die Vergabe neuer, geänderter oder zusätzlicher Aufgaben an einzelne Spieler. Regelmäßige Fußballzuschauer werden zustimmen, wenn beiden Interventionen eine eher mittelmäßige Erfolgswahrscheinlichkeit zugeschrieben wird. Ein Teil der Spielregeln ist formalisiert, ein Teil ist informell. Das Schiedsrichterteam – mittlerweile unterstützt von zusätzlichen Experten außerhalb des Spielfeldes – ist quasi das Corporate Governance Organ und überwacht die Regeleinhaltung. Trotz nunmehriger Zuhilfenahme von TV-Aufzeichnungen kann aber nur ein Bruchteil der Regelverstöße geahndet werden – das Spiel läuft trotzdem oder gerade deswegen.[30] Zweifelhaft ist auch der Einsatz von Motivatoren: Dass sich Spitzenvereine derzeit im Einsatz monetärer Anreize überbieten, bringt den Fußball insgesamt in wirtschaftliche Probleme. Doch das ist eine andere Geschichte.

Das Beispiel Fußball legt ein im Zusammenhang mit der Beschreibung und Erklärung von Organisationen besonders wichtiges Konzept nahe: Emergenz, also jenes Phänomen, dass sich bestimmte Eigenschaften eines Ganzen nicht aus seinen Teilen erklären lassen (Krohn/Küppers 1992; Luhmann 1992). Ein gutes Fussballspiel lässt sich nicht zur Gänze aus den Kompetenzen der einzelnen Spieler, nicht aus den einzelnen Spielzügen

---

[29] Die FIFA (Fédération Internationale de Football Association), also der Weltfußballverband.
[30] Wie auch in Organisationen Strukturen und Regeln so angelegt sein können, dass die Organisation nur bei permanenten Regelverstößen funktionieren kann, zeigen Bensman/Gerver (1963) in ihrer berühmten Fallstudie über den Einsatz des Gewindebohrers in einer amerikanischen Flugzeugfabrik. – Siehe dazu die genaue Beschreibung in Abschn. 5.2.7 (Beispiel 5).

und auch nicht aus der Begeisterung der Zuschauer erklären. Gleiches gilt für organisationale Phänomene, die sich nicht auf das Verhalten von Individuen reduzieren lassen. Emergenz bezeichnet das Auftreten von Merkmalen auf höheren Organisationsebenen, die nicht aufgrund bekannter Komponenten niedrigerer Ebenen hätten vorhergesagt werden können: „One cell isn't a tiger, nor is one atom of gold yellow and shiny".[31]

Was tun also Menschen in Organisationen: Sie spielen, arbeiten, reden, opfern Zeit,[32] bekommen dafür bezahlt, sie müssen sich mit vertrauten Strukturen anstatt mit ungewohnten Dingen herumschlagen, sie brauchen nicht auf die Kinder aufzupassen, haben Sozialkontakte und erhalten einen Platz in der Gesellschaft.

1.7 Unterschiede zwischen Organisationen

Im organisationstheoretischen Schrifttum schillern viele Typologien: Da wird zwischen mechanistischen und organischen Organisationen (Burns/Stalker 1961), Palast- und Zeltorganisationen (Hedberg et al. 1976), Maschinenbürokratien, Profiorganisationen, Einfachstrukturen, Adhocratien und divisonalisierten Organisationen (Mintzberg 1983) unterschieden.

Eine der bekanntesten empirischen Organisationstypologien geht auf die Untersuchungen einer Forschergruppe um Derek S. Pugh an der University of Aston in Birmingham zurück (vgl. z.B. Hickson et al. 1969; Pugh/Hickson 1969; Pugh 1985). Das Ziel der durchgeführten Studien in insgesamt 52 britischen Unternehmen war es, die Organisationsstrukturen der Firmen zu vergleichen und sie in Beziehung zu den Unterschieden in der Situation (z.B. Unterschiede in der Organisationsgröße, dem Markt, der Technologie etc.) zu setzen. Dem Projekt stand also ein kontingenztheoretisch inspirierter Grundansatz, also ein Modell, in dem Organisationsmerkmale etwas mit Umweltbedingungen zu tun haben, Pate (vgl. Abbildung 6).

Für die Organisationsstruktur wurden fünf Merkmale gemessen (vgl. auch Abschnitt 1.4):
1. *Spezialisierung*, d.h. das Ausmaß der Arbeitsteilung,
2. *Standardisierung*, d.h. die Anwendung bürokratischer Regeln und Verfahren,

---

[31] Dieses Zitat stammt vom amerikanischen Physiker Phillip W. Anderson (1923–), der 1977 den Nobelpreis für Physik für die grundlegenden theoretischen Leistungen zur Elektronenstruktur in magnetischen und ungeordneten Systemen erhalten hat.
[32] Beim Opfer handelt es sich übrigens um eine Urform des Tausches: Man gibt ohne Gewissheit der Gegenleistung – das könnte auch für das Engagement in Organisationen gelten.

Unterschiede zwischen Organisationen 49

3. *Formalisierung*, d.h. die Aktenmäßigkeit und Schriftlichkeit der Regeln,
4. *Zentralisierung*, d.h. die Verteilung der Entscheidungsgewalt,
5. *Konfiguration*, d.h. die Struktur der Über- und Unterordnungen in der Amtshierarchie. Pugh et al. untersuchten hier die Gestalt der Struktur, z.B. die Zahl der Positionen zwischen Leitungs- und Ausführungsebene oder den Prozentsatz der Bürokräfte.

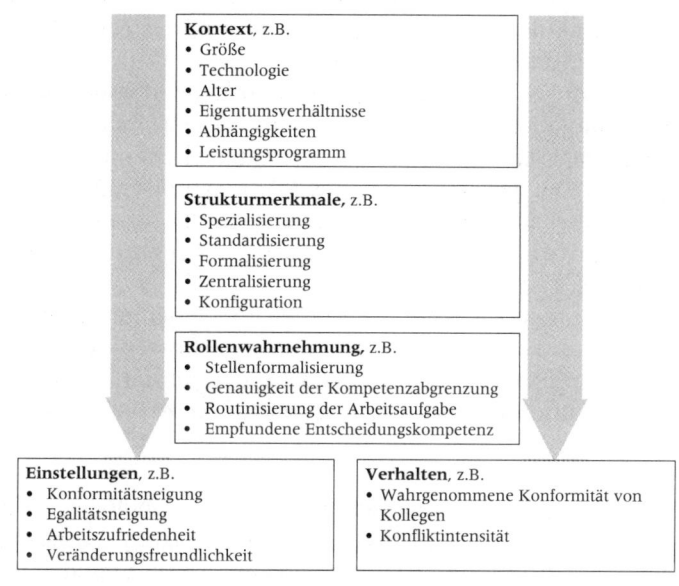

Abb. 6: Grundannahmen der Aston-Group

Ergebnis der empirischen Untersuchungen der Aston-Group waren schließlich sieben Typen von Organisationen, die sich hinsichtlich der oben angeführten fünf Strukturmerkmale unterschieden:
1. Die *Arbeitsprozessbürokratie* („workflow bureaucracy") bezeichnet einen Organisationstyp mit stark ausgeprägten Arbeitsprozessstrukturen. Er ist überwiegend in fertigungsorientierten Großbetrieben zu finden, in denen stark strukturierte Arbeitstätigkeiten vorherrschen (z.B. Produktionspläne, Gütekontrollen, Wartungsformulare).
2. Die *Personale Bürokratie* („personnel bureaucracy") bezeichnet Organisationstypen mit starker Autoritätskonzentration und wenig strukturierten Arbeitsprozessen. Entscheidungen werden von formalen Autoritäten zentral getroffen. Als Beispiele galten damals kommunale Schulämter oder öffentliche Verkehrsunternehmen.

3. Als *impliziert strukturierte Organisationen* („implicitly structured organization") werden Organisationstypen mit gering ausgeprägten Strukturdimensionen bezeichnet. Das bedeutet, sie haben eine geringe Autoritätskonzentration und geringe Arbeitsprozessstrukturierung. Als Beispiel kann man traditionsorientierte Klein- und Mittelbetriebe anführen, bei denen Leitung und Eigentum oftmals in Personalunion stehen.
4. Die *Totalbürokratie* („full bureaucracy") bezeichnet Organisationstypen mit stark strukturierten Tätigkeiten, konzentrierter Autorität und unpersönlichen Steuerungsmechanismen.
5. Die im *Entstehen begriffene Arbeitsprozessbürokratie* ist ein Organisationstyp, der dem der Arbeitsprozessbürokratie ähnelt. Hier finden sich jedoch in geringerem Maße strukturierte Tätigkeiten, und der Organisationstyp weist tendenziell eine kleinere Betriebsgröße auf.
6. Die im *Entstehen begriffene Totalbürokratie* ist ein der Totalbürokratie ähnlicher Organisationstyp, der jedoch geringer strukturierte Tätigkeiten aufweist.
7. Die *Vorbürokratie der Arbeitsprozesse* bezeichnet einen mit unstrukturierten Tätigkeiten versehenen Organisationstyp. Er weist ähnlich der (im Entstehen begriffenen) Arbeitsprozessbürokratie stark verstreute Entscheidungsautoritäten und unpersönliche Steuerungsmechanismen auf.

Wie dieses Beispiel zeigt, sind viele Organisationstypologien voraussetzungsvoll und empirisch nicht ohne weiteres dingfest zu machen. Die Typen der Aston-Group sind insofern unscharf, als sie auch den Entwicklungsaspekt beinhalten – und sie sind, das zeigen insbesondere die Beispiele, ein Kind ihrer Zeit.

Bevor man Organisationen analysieren will, sollte man sich aber mit der Frage beschäftigt haben, welche Typen von Organisationen sich wie unterscheiden. Nicht, dass es an dieser Stelle gelingen kann, eine allumfassende Liste zusammenzustellen. Einige der Kriterien erster Ordnung, die die Organisationsforschung bislang ins Auge gefasst hat, sollen jedenfalls angesprochen werden, dazu einige andere, die u.E. bislang (zu) wenig diskutiert wurden.

Im situativen Ansatz bzw. in der Kontingenztheoretischen Tradition waren es zuallererst vier Hauptfaktoren, die als maßgeblich für Unterschiede in der formalen Struktur erachtet wurden:[33]

---

[33] John Child identifiziert in seiner Kritik am situativen Ansatz (Child 1970, 1972) vier Schulen, die jeweils einen der folgenden Faktoren für besonders maßgeblich halten.

1. *Größe:* Je größer eine Organisation ist, desto „bürokratischer" wird sie, sie braucht mehr Hierarchieebenen, um allzu große Leitungsspannen zu vermeiden, was wiederum zu größerer Spezialisierung der einzelnen Stellen und zu mehr Delegation von Entscheidungsbefugnissen führt. Die Koordination erfolgt eher über Programmierung denn über Selbstabstimmung.
2. *Technologie:* Je höher der Anteil der routinemäßigen Tätigkeiten und je standardisierter die eingesetzten Verfahren sind, desto eher ist Spezialisierung sinnvoll. Stabile Aufgaben, die Massenfertigungstechnologien ermöglichen, erlauben auch technokratischere Koordinations- und Kontrollinstrumente. Formalisierung ist hier im Unterschied zur Einzelfertigung sinnvoll.
3. *Dynamik der Umwelt:* Ist die Häufigkeit und das Ausmaß der Veränderungen in relevanten Umwelten hoch, wird es für Organisationen wichtig, eine anpassungsfähige Struktur zu besitzen. Starke Spezialisierung, hierarchische Tiefe, Programmierung, Konzentration von Entscheidungsbefugnissen und Formalisierung führen dagegen eher zu starren Strukturen, die sich nur in stabilen, kontrollierbaren Umwelten bewähren.
4. *Bedürfnisse der Organisationsmitglieder:* Organisationsmitglieder werden nicht nur durch Geld und Statussymbole, sondern auch durch entsprechende Arbeitsbedingungen motiviert. Organisationen, die kreative Mitarbeiter haben, können sich bürokratische Strukturen schlecht leisten, wollen sie nicht diese Mitglieder verlieren.

Neben diesen klassischen Einflussfaktoren, die wohl keinen monokausalen und determinierenden Einfluss auf die Struktur haben, aber vielleicht gemeinsam (multivariat) helfen können, Unterschiede zwischen Organisation zu erklären, wird eine ganze Reihe anderer Faktoren diskutiert (Kieser/Walgenbach 2007, 221 ff.):

5. *Angebotsprogramm:* Je breiter und unterschiedlicher die Produkte und Leistungen sind, die eine Organisation herstellt, je stärker diese also diversifiziert ist, desto stärker wird der Druck in Richtung divisionalisierte Organisation sein, also einer Organisationsform, in der das Kriterium „Objekt", also eine Sparte oder ein Geschäftsbereich und nicht die Funktionen wie Beschaffung, Produktion oder Absatz, das Hauptkriterium für die Differenzierung der Organisationsstruktur darstellt.
6. *Internationalisierung:* Ob sich langfristig in allen Kulturen die gleichen Strukturen in Abhängigkeit von der Situation (Faktoren 1 bis 5) herausbilden (culture-free), ob sich Strukturen an nationale Kulturen anpassen müssen (culture-bound) oder ob die Globalisierung zu einer weltweiten Angleichung und Standardisierung von Organisationen und

ihrer Strukturen führt (standardization), ist umstritten. Es kommt wohl auf die Nuancen an. Viel spricht für die Standardisierungsthese (Meyer et al. 2006), aber für eine Beibehaltung nationaler Unterschiede, die quasi unter dem Mantel der globalisiert-rationalisierten Organisation weiter bestehen.[34] Jedenfalls aber muss sich die Organisationsstruktur in irgendeiner Art auf die Internationalisierung einstellen.

Darüber hinaus gibt es eine Reihe von Merkmalen, die von der kontingenztheoretisch inspirierten Forschung bislang weniger beachtet wurden. Vielfach handelt es sich um spezifische Kombinationen der sechs Basisfaktoren – manchmal kommen aber auch gänzlich andere Einflussfaktoren ins Spiel, die bei Organisationsanalysen jedenfalls Beachtung finden sollten, z.B.:

7. *Eigentümerstruktur:* Dabei handelt es sich um einen Faktor, den die neue Institutionenökonomie wohl als zentral erachten würde, der aber interessanterweise in der sozialwissenschaftlich orientierten Organisationsforschung wenig vorkommt. Zweifelsohne macht es beispielsweise einen Unterschied, ob Organisationen Einzelpersonen gehören, einigen wenigen „wichtigen" Shareholdern, ob sie sich im Streubesitz befinden oder ob sie überhaupt keine Eigentümer haben (z.B. Vereine, öffentliche Organisationen). Dies hat jedenfalls Einfluss auf die Macht der angestellten Manager – und wohl auch Einfluss auf die Koordinations- und Kontrollmechanismen (z.B. Aufsichtsräte, Corporate Governance). Die schon erwähnten Tendenzen des „Managerial Capitalism" werden in Eigentümer-dominierten Organisationen schwerer Eingang finden als in solche ohne Eigentümer, mit schwachen oder lediglich rendite-interessierten Anteilseignern.

8. *Alter:* Es wird wohl einen Unterschied auf die Struktur einer Organisation haben, ob es sich um ein über hundert Jahre altes Traditionsunternehmen oder um ein junges Start Up handelt – und das ohne Rücksicht auf die Korrelation zwischen Alter und Größe. Viele Organisationstheorien sehen typische Zusammenhänge zwischen Entwicklungsphasen und Strukturen (z.B. Greiner 1972; Glasl/Lievegoed 1993): Junge Unternehmen sind pionierhaft, meist durch starke Persönlichkeiten und Gründerteams geprägt, es folgen Formalisierungsphasen mit Erstarrungstendenzen, denen wiederum mit dezentraleren Teamstrukturen und Vertrauen auf Selbstabstimmung statt Programmierung begegnet wird.

9. *Branche:* Zugegeben, viele der Faktoren, die eine Branche konstituieren, sind bereits oben unter den Punkten 1 bis 6 erfasst. Das Angebotspro-

---

[34] Alfred Kieser und Peter Walgenbach (Kieser/Walgenbach 2007, 263 ff.) zeigen dies anhand unterschiedlicher Analysen deutscher, französischer, britischer und japanischer Unternehmen.

gramm, die Technologie, die Dynamik der Umwelt etc. Was auf diesem hohen Abstraktionsniveau aber zu kurz kommt, sind branchenkulturelle Faktoren. Sowohl ein Eisenbahnschienen-Erzeuger als auch eine Finanzbehörde bearbeiten vor allem Routineaufgaben, Massenproduktionstechnologien kommen zum Einsatz, es kommt zu hoher Standardisierung, es handelt sich möglicherweise um Einprodukt-Unternehmen, die Umweltdynamik und die Bedürfnisse der Mitarbeiter mögen unterschiedlich sein, können aber die deutlichen Unterschiede zwischen den Organisationen nicht erklären. Vielleicht sind sogar die Formalstrukturen sehr ähnlich, aber sicher nicht die übrigen Regeln und Abläufe, die Normen und Werthaltungen.

10. *Sektor:* Organisationen finden sich in allen gesellschaftlichen Bereichen. Einen wesentlichen Unterschied wird es machen, ob die zu untersuchenden Organisationen dominant im marktwirtschaftlichen Bereich, im öffentlichen oder im Dritten Sektor tätig sind. Hier haben wir es mit je spezifischen Eigentumsstrukturen, Produkt- und Dienstleistungscharakteristika, Umweltdynamiken und wohl auch Bedürfnissen der Organisationsmitglieder zu tun.

11. *Ressourcenabhängigkeit:* Wo sich die besonders kritischen Abhängigkeiten einer Organisation befinden, kann ebenfalls einen Unterschied zwischen Organisationen machen. Bestehen diese eher von Finanzmärkten, von Rohstoffmärkten, von Absatzmärkten oder vom Arbeitsmarkt? Unternehmen, die auf internationale Kapitalmärkte angewiesen sind, führen andere Koordinations- und Steuerungsmechanismen und Formalisierungsformen ein als solche, die beispielsweise von öffentlichen Auftraggebern oder von privaten Endverbrauchern abhängig sind. Kritische Abhängigkeiten von qualifizierten Arbeitskräften resultieren in anderen Strategien als Abhängigkeiten von Rohstoffen.

12. *Wettbewerbsstrategie:* Die Intensität und Prognostizierbarkeit des Wettbewerbes wurde zwar schon unter der Rubrik „Umweltdynamik" erfasst. Dennoch können Organisationen ganz unterschiedliche Strategien im Umgang mit Wettbewerb wählen. Setzen Organisationen beispielsweise eher auf Preis- oder Qualitätswettbewerb? Auf Kostenführerschaft, Qualitätsführerschaft, Nischenstrategien oder auf Diversifizierung? Der Umweltdeterminierung lässt sich hier die „strategic choice" (Child 1972; Porter 1980) gegenüberstellen.

Die Liste umfasst nunmehr zwölf Faktoren – das ist eine magische Zahl und das einzige Argument, sie hier zu beenden. Leicht ließe sie sich erweitern, und empirische Organisationsanalysen werden auch weitere finden (z.B. Standorte, Organizational Slack[35]). Dazu kommen die Typologien der Organisationstheorie, die zwar nicht auf einzelne Einflussfaktoren abzielen, aber das Spektrum möglicher struktureller Ausprägungen aufzeigen. Was kann nur der Nutzen dieser Liste und gängiger Typologien für spezifische Organisationsanalysen sein? Sie können im einen oder anderen Fall zumindest helfen, konkretere und begründete Annahmen zu Forschungsfragen zu formulieren, die man dann auf den empirischen Prüfstand schicken kann. Damit verringern sie das Risiko, durch etwas überrascht zu werden, was man mit ausreichendem Nachdenken schon vorher hätte wissen können.

---

[35] Organizational Slack wird in der Organisationstheorie spätestens seit klassischen Beiträgen wie denen von Chester Barnard (Barnard, 1938) oder James D. Thompson (Thompson, 1967) diskutiert. Das Hauptargument lautet, dass es eine zentrale Aufgabe des Managements ist, den organisationalen Kern vor Umweltveränderungen zu schützen bzw. abzupuffern und das durch ‚überschüssige Ressourcen' – eben: slack – passiert. Slack verhindert, dass Umweltveränderungen unmittelbar den organisationalen Kern betreffen und haben so eine Entlastungsfunktion. Zu wenig und zu viel Slack kann für Organisationen problematisch sein, da entweder ein erforderlicher Puffer verlorengeht oder zu viele Ressourcen ‚unnütz' gebunden sind.

2 Besonderheiten von Organisationsanalysen

2.1 Organisationsanalyse

Unter Analyse verstehen wir hier einen Prozess, in dem eine interessierende Frage in ihre Teile zerlegt wird, um eine Antwort zu bekommen.[36] Diese Zerlegung erfolgt bei Analysen, die nicht nur theoretische Überlegungen anstellen, sondern auch Daten verwenden, mit Hilfe empirischer Methoden. Wählt man diesen Weg, so heißt das immer, dass man die erfahrbare Wirklichkeit entweder als Prüfinstanz für theoretische Überlegungen akzeptiert oder aber die Realität systematisch beobachtet, um auf Ideen zu kommen.

Eine Organisationsanalyse liegt dann vor, wenn die systematische Untersuchung und Beschreibung von Merkmalen, Bedingungen, Strukturen und Prozessen in Organisationen der Gegenstand ist. Etwas genauer gefasst verstehen wir in diesem Buch unter Organisationsanalyse eine empirische Studie, in der
- organisatorische Entscheidungen und/oder
- Auswirkungen auf

oder Folgen von
- organisatorischen Strukturen,
  - organisationstypischen Prozessen und
  - deren Ergebnisse

untersucht werden.

Also ist beispielsweise die Frage nach dem Ausmaß der Zufriedenheit von Mitarbeiterinnen und Mitarbeitern in einem Unternehmen kein Thema für eine Organisationsanalyse. Fragt man danach, welche organisatorischen Arbeitsbedingungen das Ausmaß an Zufriedenheit und Unzufriedenheit beeinflussen und welche Konsequenzen das festgestellte Ausmaß für das Unternehmen hat, so sind wir im Geschäft. Jede Organisationsanalyse sollte also die Konsequenzen der organisierten Bedingungen und die Rückwirkung der dadurch provozierten Verhaltensweisen im Blick haben.

2.1.1 Der Gegenstand von Organisationsanalysen

Sozialwissenschaftliche Organisationsanalysen unterscheiden sich von allen anderen (empirischen) Untersuchungen dadurch, dass sie in forma-

---

[36] Diese Auffassung ist eine unter vielen möglichen und orientiert sich am vermuteten Interesse der Leserinnen und Leser: Aussagen über die in einer Organisation beobachtbare Realität machen zu können, Tatbestände (quantitativ oder qualitativ) so zu beschreiben und zu erklären, dass die Ergebnisse anderen vermittelt werden können.

len Zusammenhängen stattfinden und formalisierte Beziehungen zum Gegenstand haben. Fragen nach individuellen Gewohnheiten oder Einstellungen, wie sie etwa für Meinungsforschung üblich sind, wären ein Gegenbeispiel. Die Untersuchung einer Schulklasse kann Thema einer Organisationsforschung sein, die Befragung von Schülern ohne Bezug auf das konkrete Setting bzw. seine Auswirkungen zu nehmen, wäre keine Organisationsanalyse.

Die Analyse von Organisationen bedeutet die Auseinandersetzung mit einem mehr oder weniger formalisierten Gebilde. Analysiert man Familien, Vereine oder Unternehmen, so muss man zunächst unterscheiden, wer Mitglied des interessierenden Gebildes ist und wen die normativen Erwartungen nicht betreffen. In der Anfangsphase der Studie muss also der zu analysierende Zusammenhang definiert werden. Definieren heißt abgrenzen. Die ersten Bemühungen richten sich also darauf, die Grenzen der Organisation zu bestimmen oder den Bereich abzugrenzen, den man in die eigene Analyse einbezieht. Meist geschieht dies über Personen, die man als zugehörig zur Organisation ansieht. Man kann davon ausgehen, dass diese Personen Regeln (durch Befolgen oder Verstöße) beachten, die für dieses Gebilde typisch sind. Die vom System entwickelten Normen drücken sich in Strukturen aus, die die Interaktionen zwischen den Mitgliedern regeln, also ermöglichen und einschränken. Daraus ergeben sich Zusammenhänge und Regelmäßigkeiten, die dem Beobachter den Eindruck vermitteln, er habe ein abgrenzbares Gebilde vor sich, das in systematischer Weise Wirkungen nach außen herstellt, eine Identität besitzt und sinnhaft ist.[37]

All das unterscheidet die Analyse einer Organisation deutlich von jeder Beobachtung, die nicht-organisierte Zusammenhänge studiert, wie das Verhalten von Fußgängern an Kreuzungen oder das Warten bei Bushaltestellen. In diesen Fällen muss man sich bei der Untersuchung mit den üblichen Spielregeln der Gesellschaft arrangieren und berücksichtigen, dass man als Untersuchender aber nicht gleichzeitig formalen Bedingungen unterworfen ist, die über die aktuelle Situation hinaus wirksam sind.

---

[37] Wir verwenden hier den Begriff Beobachter für eine Person oder eine Organisation, die etwas wahrnimmt, somit eine Unterscheidung trifft und diese benennt. – Das Wort wahrnehmen hängt nicht mit Wahrheit zusammen, sondern leitet sich vom altdeutschen Wort „wara" her, Aufmerksamkeit. Der Begriff Beobachtung wird in zweifacher Weise verwendet: Als Bezeichnung einer Methode (im Unterschied zu Befragung u.a.). Meist bezeichnet der Begriff ganz allgemein die Aktivität, etwas wahrzunehmen (etwa: ein bestimmtes Verhalten) und die wahrgenommenen Unterschiede zu bezeichnen (etwa: befolgt Regeln/verstößt dagegen). Aus dem Zusammenhang müsste jeweils deutlich hervorgehen, in welcher Bedeutung der Begriff in diesem Buch verwendet wird.

Die Konsequenz ist also, dass sich jede Organisationsuntersuchung mit der für diese Organisation typischen Ordnung auseinandersetzen muss und die inhaltlichen Fragen auch darauf Bezug nehmen sollten. Ganz pragmatisch heißt das, Entscheidungen, Strukturen und Prozesse müssen zu den zentralen Begriffen der Analysefrage gehören, sie müssen in den Hypothesen (Annahmen) vorkommen oder als Kontext- oder Kontrollvariable berücksichtigt werden.

Und da jeder Analyseprozess, der über eine reine Beschreibung vorfindbarer Zustände hinausgeht, reflexiv sein sollte, ist die beobachtbare Ordnung nicht selbstverständlich, sondern erklärungsbedürftig. Will die Studie sozialwissenschaftliche Ansprüche erfüllen, so muss sie zumindest davon ausgehen, dass die beobachtbaren Strukturen und Prozesse sozial konstruiert sind. Erklärungen für die Aufrechterhaltung der Ordnung müssen bei der Suche nach Handlungsmustern (wiederkehrenden Interaktionen) beginnen, die diese Strukturen und Prozesse funktionsfähig erhalten. An einem Beispiel verdeutlicht: Es ist erklärungsbedürftig, dass sich 700 junge Menschen wochenlang Montag früh um 8 Uhr sich in einem Raum versammeln, um 90 Minuten einer Person zuhören, die – mit oder ohne Unterlagen – über einen Gegenstand referiert, den die meisten dieser Menschen vorher (und vielleicht auch: nachher) nicht verstehen. Einführungsvorlesungen sind also nicht nur, aber auch in dieser Hinsicht nicht selbstverständlich, sondern eben analyse- und erklärungsbedürftig. Genau diese Überlegung führt zum zweiten Charakteristikum von Analysen organisatorischer Zusammenhänge.

2.1.2 Der politische Gehalt von Organisationsstudien

Organisationsanalyse kann zu einem politischen Prozess werden und muss immer als solcher verstanden werden.[38] Bei der Untersuchung politischer Verbände, Einheiten der öffentlichen Verwaltung oder von Gewerkschaften ist das klar. Weniger offensichtlich ist der Bezug zu Politik bei Studien, die sich mit dem inneren Aufbau oder der Produktionsweise von Betrieben[39] befassen. Aber Politik ist nicht auf den staatlichen Bereich oder staatsnahe Einrichtungen beschränkt. Zumindest dann nicht, wenn man

---

[38] Besonders nachdrücklich geht dies aus dem Erfahrungsbericht von Lisl Klein 1983 hervor, die von 1965–1970 bei Esso als Sozialwissenschaftlerin angestellt war. Das Buch ist zugleich ein Beispiel für eine detaillierte Fallstudie.

[39] Wir verwenden die Bezeichnungen Betrieb, Organisation, Firma, Unternehmen aus stilistischen Gründen häufig synonym. Eine genaue Differenzierung dieser Begriffe enthält Abschnitt 1.3.

darunter Entscheidungen versteht, mit denen die sozialen Beziehungen und Handlungsweisen (in Organisationen) konstituiert, reguliert und transformiert werden.[40]

Die Konstituierung drückt sich in der Arbeitsteilung aus. Die Regulierung manifestiert sich zu allererst in den Regelungen des Arbeitsvertrags. Die Transformation macht aus Personen Organisationsmitglieder, Arbeitskollegen, Vorgesetzte oder Unterstellte. Diese Prozesse verwandeln Handeln in Arbeitshandeln, das bestimmten Normen unterliegt und sie verteilen Chancen: wer die Arbeitssituation den Lebensbedingungen anpassen kann (etwa durch Karenzregelungen), wer was lernen darf (an Qualifizierungsprozessen teilnehmen kann), wer welchen Anteil am Erfolg bekommt (etwa in Form von leistungsabhängiger Vorstandsvergütung).

Die Analyse von Arbeitsorganisationen ist immer „politikhaltig", wenn man betriebliche Transformationsprozesse (etwa von Arbeitsvermögen in Arbeitshandeln, von Investitionen in Gewinn) als Entscheidungen sieht, die als Ergebnisse der Produktions- oder Arbeitspolitik, zu verstehen sind.[41] Die betriebliche „politics in production" konkretisieren sich in den „Spielen", die unter „Mikropolitik" verstanden werden. Der Begriff bezeichnet nicht nur Intrigen, sondern umfasst die Auseinandersetzungen um Strategien des Unternehmens, Konsensbildungen und Machtkämpfe um Einflusszonen (auf die Lohn- oder Chancenverteilung) und Auseinandersetzungen um Kontrollmöglichkeiten; beispielsweise den Grad an Zentralisierung der IT.[42]

Die Argumentation lässt sich für unsere Zwecke in zwei Folgerungen zusammenfassen:
- Die Analyse von Organisationen, selbst solcher, die primär ökonomische Ziele verfolgen, sollte nicht auf die betriebswirtschaftliche oder die (produktions-)technische Sichtweise reduziert werden. Diese Perspektive würde zum Tunnelblick, wenn die Analyse Interaktionen zum Thema hat, also jene Verhaltensmuster untersucht, die für den Output wesentlich sind. Die in einem Unternehmen etablierte (Produktions-)Technik

---

[40] Diese hier wiedergegebene Auffassung von Frieder Naschold (1983) ist nicht ausschließlich eine Sichtweise von Politikwissenschaftlern. Beiträge von Betriebswirtschaftlern zu dieser Thematik finden sich etwa in dem von Küpper und Ortmann herausgegebenen Buch (Küpper/Ortmann 1988a).

[41] Die Differenzierung zwischen (der vorwiegend staatlichen) „politics of production" und der (vor allem betrieblichen) „poltitics in production", geht auf den amerikanischen Soziologen Michael Burawoy zurück. Eine Erklärung des Konzepts findet sich etwa bei (Naschold 1983: 53) und in dem Artikel von Jürgens (1983).

[42] Die Unterscheidung drückt sich etwa auch in der Differenz zwischen rechtlichen Regelungen und konkreter Praxis aus. Ein Beispiel dafür bieten die gesetzlichen Bestimmungen über die Beschäftigung Schwerbehinderter und die Anzahl an Betrieben, die tatsächlich Schwerbehinderte beschäftigen.

und die Geschäftsprozesse sind auch als soziale Prozesse bzw. als Ergebnisse von Aushandlungen aufzufassen, die in Interaktionen aktualisiert (und reproduziert) werden. Die Ordnung eines Betriebes, seine Struktur und der vorgesehene Ablauf der Tätigkeiten sind als Rahmen aufzufassen, der die Interaktionen der Organisationsmitglieder ermöglicht und eingrenzt. Durch diese Interaktionen wird die Struktur immer wieder erhalten und adaptiert. – Die Einhaltung der Betriebsordnung und tolerierte Abweichungen verfestigen die Betriebsordnung.

- Die zweite Folgerung ist, dass alle innerbetrieblichen Prozesse in Zusammenhang mit den (Macht-)Beziehungen in den relevanten Umwelten der Organisation zu sehen sind. Vom Sinn dieser Auffassung kann man sich sehr leicht überzeugen: man braucht nur den Wirtschaftsteil einer Zeitung aufzuschlagen und die Prozesse um Firmenübernahmen zu lesen. Dann sieht man sehr schnell, wie gesellschaftliche Verhältnisse mit Firmenpolitik verquickt sind. Dieser Anspruch, das muss auch gleich dazu gesagt werden, ist in den üblichen Organisationsanalysen nicht einzulösen; schon gar nicht, wenn die Studie als Auftragsarbeit gemacht wird.

Allerdings kommt man nicht umhin, Organisationsanalyse als politischen Prozess zu verstehen, da sie von den Macht- und Herrschaftsstrukturen der Organisation in zumindest zweierlei Weise abhängt: Wenn die Interessen- und Einflussstrukturen ein Thema der Analyse sind, so ist das offensichtlich. Wenn eine Analyse, was häufig der Fall sein wird, die gegebenen Einflussmuster aber nicht einbeziehen kann oder darf, so vergibt sie jede Chance, die Vor- und Nachteile der bestehenden Strukturen und ihre Beziehung zum jeweiligen Kernthema der Analyse zu diskutieren. – Sollte also etwa eine IT-Reorganisation das Thema sein, wird der Prozess unterbelichtet bleiben, wenn Veränderungen der Machtstrukturen und die Verteilung von Einflusschancen nicht in die Analyse einbezogen werden. Die Analyse ist dann insofern politikhaltig, als sie Vorgegebenes unreflektiert übernimmt.

Die bisherige Sichtweise skizziert die Perspektive dessen, der die Analyse betreibt: Wird die Frage, wie sich die Strukturen auf die Lebenswelten und Chancen der unterschiedlichen Gruppen von Akteuren auswirken, in der Studie behandelt oder als Selbstverständlichkeit verschwiegen? Nimmt die Untersuchung in ihrer Anlage und Vorgehensweise darauf Bezug, in dem etwa nicht nur einflussreiche Organisationsangehörige befragt werden, sondern auch die Sichtweisen anderer Eingang in die Ergebnisse finden?

Auf der anderen Seite bestimmt die Organisation bzw. der Auftraggeber den Politikgehalt einer Studie. Organisationsanalyse wird zu einem politischen Prozess gemacht, wenn der Inhalt der Untersuchung, ihre Durchführung oder ihre Ergebnisse Gegenstand innerbetrieblicher Auseinandersetzungen werden.

Abbildung 7 soll die hier unterschiedenen Perspektiven bei der Berücksichtigung politischer Aspekte darstellen:

		politische Prozesse werden in der Analyse behandelt	
		ja	nein
Analyse wird in der Organisation zum politischen Mittel	ja	Bestätigung oder Änderungsmöglichkeiten 1	„unreflektierte" Studie 2
	nein	„kritische" Studie 3	rein sachbezogene Studie 4

Abb. 7: Die unterschiedliche Berücksichtigung politischer Prozesse

In Feld 1 sind Studien einzuordnen, die politische Prozesse der Organisation oder der Umweltverflechtungen berücksichtigen und die auch von der Organisation als politisches Mittel eingesetzt werden. Die Organisationsanalyse soll also entweder aufzeigen, dass Strukturen zu ändern sind oder den Nutzen der bestehenden Verhältnisse belegen. Beispiel dafür sind etwa Studien, die in Arbeitskämpfen Verwendung finden. Ein anderes Beispiel ist eine Untersuchung, die einer der Autoren (S. T.) 1991/92 im Auftrag des Österreichischen Außenministeriums durchgeführt hat. Die Studie sollte die Arbeits- und Familiensituation von Angehörigen des diplomatischen und des konsularischen Dienstes darstellen und die Grundlage dafür bieten, dass dieser Bereich aus dem allgemeinen Beamtenschema ausgegliedert wird.

Der zweite Quadrant ist Analysen vorbehalten, die für Machtprozesse blind sind und auch nicht berücksichtigen, dass ihre Ergebnisse für politische Zwecke eingesetzt werden. Das geschieht etwa, wenn ein Umfrageinstitut den Auftrag erhält, die Arbeitszufriedenheit der Mitarbeiterinnen und Mitarbeiter zu erheben und die Organisationsleitung mit den Ergebnissen nur belegen will, dass die Zufriedenheit zugenommen hat (seit sie im Amt ist) und nur marginale Verbesserungswünsche bestehen.

Als „kritische" Studien (Quadrant 3) bezeichnen wir solche, die auch die politischen Prozesse einer Organisation in die Untersuchung einbeziehen, obwohl dies von der Organisation selbst nicht berücksichtigt wird. Sie sind im doppelten Sinne kritisch: einmal beurteilen sie die Machtstrukturen und die Einflussverteilung, andererseits wird die Analyse selbst deshalb kritisiert, also negativ beurteilt werden.

In das vierte Feld fallen Analysen, die politische Prozesse ausblenden und auch von der Organisation nicht als Einflussmittel benutzt werden. Das kann der Fall sein, wenn sich eine Organisation für eine wissenschaftliche Studie zur Verfügung stellt, bei der etwa ein bestimmtes Instrument erprobt wird. Oder aber die Organisation ist an einer ganz eng begrenzten Fragestellung interessiert und macht dazu eine Umfrage, etwa über die Einschätzung der Angebotspalette und des Preis/Leistungsverhältnisses der Kantine. Die Beispiele sollen darauf hinweisen, dass in diesem Quadranten eigentlich nur Studien zu finden sein werden, die sich mit einem sehr eingegrenzten Thema befassen und den Bezug zur Organisation, ihren Strukturen oder ihren Funktionen außer Acht lassen.

Analysen der Felder 1 und 3 leben von der Hoffnung, dass Fakten die Machtverhältnisse beeinflussen können. Studien der Felder 2 und 4 leben von der Illusion, dass Sachfragen mehr Bedeutung haben als Machtverhältnisse.[43]

Diese Unterschiede haben natürlich auch für die Anlage und Durchführung der empirischen Analyse Konsequenzen. Studien des Typs 1 werden eine höhere Aufmerksamkeit auf sich ziehen und daher wird wichtig, wer aller darüber (mit)entscheidet, ob die Analyse überhaupt gemacht wird und welche Fragestellung sie haben soll oder darf. Häufig werden, wenn die Analyse eine Auftragsarbeit ist, quantitative Ergebnisse erwartet. – Mit Zahlen belegte Resultate werden von Managern in großen, hierarchisch strukturierten Organisationen sehr viel eher akzeptiert als „weiche" Ergebnisse.[44] – Bei einer Studie dieses Typs sollte als eigenes Untersuchungsthema mitlaufen, zu welchen Daten, Bereichen, Funktionsträgern, Episoden (wie etwa Sitzungen) man Zugang bekommt. Bei der Gestaltung der Erhebungsinstrumente wird darauf zu achten sein, ob die Fragen, die man stellt, vorher genehmigt werden müssen oder ob bestimmte Fragen nicht gestellt werden dürfen oder ob die Zumutung besteht, sie in einer be-

---

[43] Deutlich wird dieses Spannungsfeld etwa in der sinngemäßen Aussage des früheren CEO von Netscape auf einer Firmenversammlung, die Pfeffer/Sutton (2006: 29) zitieren: „If the decision is going to be made by the facts, (then) anyone's facts, as long as they are relevant, are equal. If the decision is going to be made on the basis of people's opinions, then mine counts for a lot more."

[44] Das entspricht nicht nur unserer Erfahrung, sondern kommt auch in einigen Studien zum Ausdruck, wie etwa in einem Artikel von Skinner et al. (2000), der darstellt, welche „Forschung" Manager betreiben, wenn sie Probleme analysieren, Entscheidungen treffen oder Märkte analysieren.

stimmten Form zu stellen. Die innerorganisatorischen Einflussstrukturen wirken bis hin zum Analyseende: Wird der Bericht erst nach einer Kontrolle freigegeben? Wer ist bei der Präsentation dabei, wer bekommt den Bericht usw. Dieser gesamte Druck im Vorfeld und während der Analyse verschiebt sich bei Analysen des Typs 3 tendenziell auf Reaktionen im Nachhinein: die Studie wird entweder totgeschwiegen oder kritisiert. Die Aufregung kommt schon während der Erhebung, wenn entsprechend auffällig vorgegangen wird.

Im Falle einer „unreflektierten" Studie (2) wird man sich relativ gut mit den Erwartungen der Organisation arrangieren und im Zweifelsfall deren Bedingungen eher in Kauf nehmen als forschungsbezogene oder akademische Ansprüche durchzusetzen. Im Gegensatz dazu bietet Feld 4 die Möglichkeiten, eine „saubere" Analyse durchzuführen: Das eng formulierte Thema erlaubt eine präzise Fragestellung und die Studie könnte den Ansprüchen gerecht werden, die an eine sozialwissenschaftlich orientierte, anwendungsbezogene Forschung gestellt werden.

2.2 Unterschiedliche Zugänge

Es gibt weder „die" Analyse noch „den" richtigen Weg, wie eine solche durchzuführen ist. Innerhalb sozialwissenschaftlich orientierter Analysen sind sehr verschiedene Auffassungen auszumachen. Sie schlagen sich in verschiedenen Formen der Untersuchung nieder, im Analysedesign (siehe 3.2.2).

Die Unterschiede ergeben sich aus unterschiedlichen Erkenntnisinteressen und aus der Positionierung dessen, der die Analyse betreibt. Hinzu kommt, dass unterschiedliche Anlässe und damit auch Verwertungsinteressen zu unterscheidbaren Arten von Analysen führen. Die drei Aspekte sind übergeordnete Ebenen, auf denen mehr oder weniger bewusst Entscheidungen mit Folgen für die konkrete Arbeit fallen. In den kommenden Abschnitten skizzieren wir diese Differenzierungen. Die entscheidenden Auswirkungen der Analysefrage werden im späteren Verlauf immer wieder diskutiert.[45]

---

[45] Die Unterschiede, die sich aus dem noch größeren Zusammenhang, dem jeweiligen Thema oder Inhalt der Organisationsanalyse ergeben, werden in einem eigenen Band untersucht, der zentrale Themen der Organisationsanalyse genauer behandelt (Mayrhofer, W., Meyer, M., & Titscher, S. (Hg.). 2008 (in Vorbereitung). Praxis der Organisationsanalyse. Anwendungsfelder und Methoden. Wien et al.: facultas.

2.2.1 Erkenntnisinteressen: Beschreibung – Erklärung – Prognose

Der Analyseprozess ist eine Kette von Aktivitäten, mit denen auf unterschiedliche Weise Material in der beobachtbaren organisatorischen Realität gesammelt wird. Diese empirische Untersuchung kann sich (a) auf die Identifikation der Teile beschränken, aus denen die Frage besteht; dann liegt eine Beschreibung vor. Wie viele Mitarbeiterinnen und Mitarbeiter, die unser Karriereprogramm durchlaufen haben, machen welche Art von Aufstieg? Wenn man die Frage beantworten will, so muss man Aufstiege differenzieren und suchen gehen. Die Analyse kann (b) dem Zustandekommen des Problems gewidmet sein, das als Frage formuliert wurde; damit wird versucht, eine Erklärung zu liefern. Und schließlich (c) kann die Analyse auf die Feststellung möglicher Auswirkungen konzentriert werden, die in der Frage formuliert sind; dann versucht man einen zukünftigen Zustand zu erklären bzw. eine Prognose zu erstellen. Wird mit der Studie Neuland betreten, weil über den Analysegegenstand zu wenig bekannt ist, so muss man auf Entdeckungsreise gehen und eine so genannte explorative Untersuchung machen. – Auf diese Untersuchungsart kommen wir im Abschnitt über Fallstudien nochmals zurück.[46]

a) Beschreibung
Im ersten Fall mündet das Analyseergebnis in der Beschreibung eines Zustandes. Das ist oft ein wichtiger Ausgangspunkt; dann nämlich, wenn man wissen will, was überhaupt los ist. Wie zufrieden sind unsere Mitarbeiter mit dem neuen Entlohnungsschema? Wie stehen wir mit unserer Lagerverwaltung im Vergleich zur Konkurrenz da? Wie haben sich die Reklamationen seit Einführung des neuen Prüfverfahrens entwickelt? Hier werden die Antworten in Form von statistischen Verteilungen von Merkmalen zu liefern sein. Die Beschreibung muss aber nicht quantitativ ausgerichtet sein, sondern kann auch versuchen, den Sinn einer interessierenden Gegebenheit zu erfassen: Wie gut passt welches Logo zu uns?
Meist bieten die Antworten auf derartige Fragen aber Informationen, bei denen man nicht stehen bleiben will.
Wenn man beispielsweise auf Grund einer Analyse weiß, dass in einem Unternehmen in den letzten beiden Jahren an den verschiedensten Ecken eine ganze

---

[46] Der Begriff kommt aus dem Lateinischen, „exploratio" heißt Erforschung. Im Sprachgebrauch der klinischen Psychologie bedeutet Exploration die genaue Befragung eines Patienten im Rahmen der Diagnose. Die Differenzierung zwischen „explorativen" und anderen Studien ist eigentlich nur in der Forschung üblich, da diese Bezeichnung die Studie von anderen unterscheiden soll, die Hypothesen testen.

Reihe von Umorganisationen stattgefunden haben, keine aber den von den Initiatoren gewünschten Effekt gebracht hat, so wird diese Beschreibung weitere Fragen auslösen.

Aber nicht nur alle Ergebnisse, die eine Situation verbal nachzeichnen oder die zahlenmäßige Verteilung wichtiger Faktoren aufzeigen, sind Deskription. Auch wenn Zusammenhänge oder unerwartete Nicht-Zusammenhänge zwischen Merkmalen aufgezeigt werden, bleibt man im Bereich der Beschreibung. Eine Erklärung erreicht man nur, wenn die Zusammenhänge zwischen diesen Variablen mit theoretischen Annahmen plausibel gemacht werden können.

Die Beschreibung des Ist-Zustandes zeigt, dass viel Geld und Arbeitszeit in Trainings in Projektmanagement gesteckt wurde, die Zufriedenheit der Kunden mit der Abwicklung der Projekte ist aber nicht gestiegen. Diese Feststellung ist möglicherweise interessant, sie schreit aber förmlich nach einer Erklärung.

Einen völlig anderen Aspekt berührt die Behauptung, dass eine Organisationsanalyse vermeiden sollte, bei einer reinen Bestandsbeschreibung stehen zu bleiben. Warum? Einmal, weil auch hinter jeder scheinbar trivialen Feststellung des Ist-Zustandes mindestens drei Fragen stecken: Warum soll sie gerade jetzt gemacht werden? Wer hat Interesse an der Beschreibung? Warum ist gerade dieser Ausschnitt interessant?[47] Daraus folgt, dass aus jeder Beschreibung Schlüsse gezogen werden. Das heißt, der Auftraggeber oder die, die die Analyse gemacht haben, werden aus den Daten Informationen ableiten, indem sie die Zahlen, Tabellen oder Aussagen des Berichts interpretieren. Damit sind wir bei der Erklärung.

Ein zweiter Grund dafür, warum Analysen über eine reine Beschreibung hinausgehen sollten, liegt in der Gefahr, dass sie sonst das Gegebene leicht als unhinterfragbar und/oder unveränderlich ansieht/ausgibt. – Hier sind wir wieder beim Thema Politikhaltigkeit von Studien gelandet. – Wie muss man vorgehen, um diese Gefahren zu vermeiden? Alte Antworten auf diese Frage sind: Man sollte nach Funktionen suchen und alternative Strukturformen überlegen, anstatt Strukturen nur abzubilden. Man sollte unbeabsichtigte Nebenfolgen in die Untersuchung einbeziehen. Das setzt aber voraus (oder hat zur Konsequenz), dass man die beschriebenen Sachverhalte auch versteht. Also ist es unumgänglich, ihren Sinn zu begreifen und durch Annahmen zu erklären.

---

[47] Hier geht es um die Differenzierung von Erwartungen in eine zeitliche, soziale und sachliche Dimension. Diese Unterscheidung geht auf Niklas Luhmann (1976: 61 ff.) zurück; sie wird noch mehrmals verwendet werden.

b) Erklärung
Analysen, die eine Erklärung liefern, führen zu einer Antwort auf die Frage nach möglichen Gründen für einen Zustand.

Um das Beispiel fortzusetzen: Die Analyse kommt zu dem Ergebnis, dass viele als Entscheidungen bekundete Maßnahmen offensichtlich keine Entscheidungen waren; weil sie folgenlos blieben und sich auch niemand an sie erinnert. Die Belegschaft leistet keinen Widerspruch, nimmt die von der Firmenleitung jeweils propagierte Änderung aber auch nicht so ernst, dass sie deshalb ihr Verhalten ändert. Über viele Beobachtungen und Schlussfolgerungen kommt die Analyse zur Feststellung, dass diese Verhaltensweisen durch folgende Momente zu erklären sind: Die Mutterfirma greift phasenweise stark in die Strategie der Tochter ein und agiert sprunghaft. Das Management der Tochterfirma ist dynamisch und erfolgsorientiert, will die Entwicklungen in einem Maße beschleunigen, das der Eigentümerfirma zu riskant erscheint. Große Teile der Belegschaft der Tochterfirma wählen Unverbindlichkeit als Überlebensstrategie und formulieren sie in eine Tugend um: sie bezeichnen sich als flexibel.

Damit wird der zu erklärende Sachverhalt (hier: Wirkungslosigkeit von Reorganisationsentscheidungen) als Effekt bestimmter Faktoren dargestellt und aus Annahmen (über die Aktionen des Eigentümers und des Managements der Tochterfirma) abgeleitet. Diese Erklärung, das soll aus dem kurzen Beispiel hervorgehen, bezieht die Perspektive der Mitarbeiterinnen und Mitarbeiter mit ein, benützt also auch subjektive Sichtweisen, um Analyseergebnisse aus einer Beobachterperspektive vorzulegen.

c) Prognose
Die dritte Art des Erkenntnisinteresses führt zu einer Prognose. Man will, dass das Ergebnis der Analyse die Vorhersage eines zukünftigen Zustandes ermöglicht. Prognosen setzen genaue Kenntnisse der Faktoren voraus, die das zu prognostizierende Ereignis bestimmen. Und selbstverständlich muss man auch die Anfangs- oder Randbedingungen kennen, unter denen diese Faktoren diese Wirkung erzielen. – So werden etwa Konjunkturprognosen immer nur unter der Annahme (Randbedingung) getroffen, dass die nicht in den Annahmen berücksichtigten Größen gleich bleiben oder sich in der berechneten Form verändern, dass keine unerwarteten Ereignisse eintreten, die das System in Frage stellen etc.[48] – Insbesondere bei sozialwissenschaftlich orientierten (Organisations-)Analysen müssen alle Aussagen über zukünftige Situationen mit zwei Möglichkeiten der Eigendynamik rechnen: Allein schon durch die Tatsache, dass sie veröffentlicht werden, können die Behauptungen

---

[48] Diese so genannte „ceteris-paribus-Klausel" (lateinisch: „wenn das Übrige gleich ist") schützt davor, dass man mit Aussagen über zukünftige Situationen allzu weit daneben liegt.

Gegenreaktionen hervorrufen und damit die Vorhersagen zerstören („self-destroying" oder „suicide-prophecy"). Der umgekehrte Fall („self-fulfilling-prophecy") tritt ein, wenn eine Behauptung zu bestätigenden Reaktionen führt und die Wahrnehmung erst durch die Behauptung zustande kommt. Vorurteile sind ein dafür typischer Fall.[49]

Man könnte annehmen, dass jeder Mensch tagtäglich Prognosen macht, Annahmen darüber trifft, was unter bestimmten Bedingungen in der und der Zeit passieren wird. Vorgesetzte gehen davon aus, dass ihre Entscheidung in absehbarer Zeit diese oder jene Wirkung haben wird. Aber das sind keine Prognosen, sondern Erwartungen. Hier gilt, was Historiker, wie Eric Hobsbawm (1994: 719), wissen: „Hoffnungen und Ängste sind keine Vorhersagen."

Im Unternehmensalltag sind Prognosen immer etwa dann Gesprächsthema, wenn von (externem) Benchmarking die Rede ist, also dem Vergleich mit anderen Organisationen, aus dem jene besten Praktiken abgeleitet werden sollen, die das eigene Unternehmen, wendet man sie an, in Zukunft erfolgreicher machen wird.

Allen drei hier unterschiedenen Arten von Analysen ist gemeinsam, dass sie im Kern aus zwei Teilen bestehen: aus einem bekannten und einem unbekannten Teil. Sie haben einen Ausgangspunkt und suchen nach etwas. Im einfachsten Fall, bei einer deskriptiven Studie, ist der Sachverhalt bekannt, gefragt sind entweder die Sicht von außen oder die Verteilung der Faktoren, die den Zustand zahlenmäßig beschreibbar machen.[50] Eine Erklärung geht

---

[49] Vorurteile sind Bewertungen, die sich vor einer hinreichenden Erfahrung verfestigen. Die Behauptungen haben eine Schutzfunktion. Sie sollen den, der das entsprechende Vorurteil hat, vor einer (seiner Meinung nach erwartbaren) schlechten Erfahrung schützen. Daher sind sie nur schwer durch empirische Fakten auszuhebeln. Aber auch andere Alltagsbegebenheiten sind Beispiele für „Sich-selbst-erfüllende-Prophezeiungen", wie etwa: Vorgesetzte werden oftmals Recht haben, wenn sie Mitarbeitern ein bestimmtes Verhalten zuschreiben und wenn er es nicht zeigt, so kann es durch oftmalige Behauptung mit einer gewissen Wahrscheinlichkeit produziert werden. – Ganz ähnlich funktioniert der „Versuchsleiter-Effekt"; er wird im Abschnitt über experimentelle Designs (5.2.4) behandelt.

[50] Geht man quantitativ vor, so braucht man dafür nur: eine genaue Definition des Sachverhalts (Begriffsklärung), einen Zählvorgang und eine Verrechnung der gezählten Ereignisse (beschreibende Statistik). „Dichte(re) Beschreibungen" gehen über das Festhalten von Fakten hinaus und konzentrieren sich nicht auf Zählen, sondern auf die akribische Angabe von möglichen Bedeutungen der beobachteten Alltagswelt. Das ist eine Methode der ethnographischen Feldforschung. Siehe dazu die viel zitierte Arbeit von Geertz (2002). Dies berührt, wie Miles/Huberman (1994) feststellen, ein chronisches Problem qualitativer Forschung: sie arbeitet mit Begriffen, nicht mit Zahlen. Und ein Begriff hat immer mehr Bedeutungen als eine Zahl. – Auch wenn z.B. „4" das Ergebnis von 380–376 sein kann oder der Wurzel aus 16.

von einem bekannten bzw. beobachteten Sachverhalt aus und sucht danach, welche Faktoren ihn bewirken (konnten). Die Prognose geht von Faktoren aus und sucht zu erklären, welche Wirkung sie haben werden.[51]

Das Grundanliegen jeder Analyse besteht wohl darin, jemandes Neugier bzw. Interesse zu befriedigen. Ergebnisse von Analysen sollen Orientierung geben, Sicherheit vermitteln. Forscher gewinnen mehr Sicherheit, wenn sie theoretische Erklärungen produzieren. Praktiker profitieren, wenn ihnen Hilfestellungen für den Umgang mit konkreten Problemen angeboten werden. Das heißt, für sie sind Analyseergebnisse dann nützlich, wenn sie die Basis für Entscheidungen abgeben können. Zumindest dann, wenn die Entscheidungen das Verhalten anderer Personen beeinflussen soll, sind (theoretische) Annahmen über die mögliche Wirkung dieser Entscheidung wichtig: „Man interveniert erst, wenn man sicheren Boden unter den Füßen hat." (Deissler 1986)[52]

> Unter diesem Aspekt ist der Gegensatz von Organisationsanalyse Aktion. Und das kann z.B. in folgenden drei Formen geschehen: durch (a) traditionales Verhalten, (b) Nachahmung oder (c) sofortige Entscheidung. Sind die überlieferten Regeln übermächtig (a) oder wird an sie bedingungslos geglaubt, so wird man keine Untersuchung der Situation brauchen, um zu wissen, was zu tun ist. Nachahmen (b) kann man entweder das Verhalten, das in der eigenen Umgebung bzw. Gruppierung gängig ist oder man kopiert die Verhaltensweisen, die einer erfolgreichen Person nachgesagt werden, etwa einem Unternehmens-"führer" oder einem Guru. Nachahmung ist dann angebracht, wenn sich in der Umwelt wenig Veränderung abzeichnet, die Konsequenzen riskant sind und man auf das, was man tut, kein Feedback erwarten kann, also die mögliche Korrektur von außen entfällt.[53] Sofortiges Entscheiden (c) kann als deutlicher Gegensatz zu Analysen angesehen werden, da diese immer Entscheidungen aufhalten.

Solche Eingriffe gehen immer mit einer bestimmten Absicht einher. Interventionen sind Eingriffe, mit denen man zwischen (inter) bestehende Verhaltensmuster treten (venire) will.[54] Damit sind wir aber bei der Pla-

---

[51] Dies gilt für kausale Prognosen, nicht für jene, die in der Logik einer Hochrechnung auf einer Fortschreibung von Ereignissen aus der Vergangenheit beruhen.
[52] Jede Organisationsanalyse hat gewisse Ähnlichkeiten mit detektivischer Arbeit. Daher kann man den entsprechenden Romanen Nützliches entnehmen; etwa die Behauptung von Sherlock Holmes: „It is a capital mistake to theorize before one has data." Und er setzte fort: „Insensibly one begins to twist facts to suit theories, instead of theories to suit facts." (Doyle 1992: 4)
[53] Genaueres dazu enthält das Buch von Gigerenzer (2007: 230 ff.). Diese Gesichtspunkte werden bei der Anwendung des „best-practice"-Konzepts, das ja auf Nachahmung setzt, oft vergessen.
[54] Interveniert ein Politiker, so geschieht dies, um einen regelgesteuerten Entscheidungsablauf in andere Bahnen zu lenken. – Der Begriff ist in der Therapie und in der Beratung geläufig. Siehe dazu etwa die Unterscheidung und Begründung unterschiedlicher Arten von Interventionen (Titscher 2001).

nung von Maßnahmen angelangt. Analyseergebnisse können auch verwendet werden, um anzugeben, mit welchen Maßnahmen man welchen Zustand erreichen oder vermeiden kann: Ausgangspunkt ist ein zu einem Zeitpunkt oder zu einem bestimmten Zeitraum gewünschter Zustand, gefragt wird nach den Maßnahmen, die zu setzen sind, um dieses Ziel zu erreichen.

Das Erkenntnisinteresse kommt in der Analysefrage zum Ausdruck oder soll in ihr erkennbar sein. Meist ist die Ausgangsfrage zu schärfen; so lange, bis klar ist, wer an welcher Art von Antwort interessiert ist und wozu die Antwort verwendet werden soll. Erst wenn die Verwertungsinteressen deutlich sind, kann eine entsprechende Analysestrategie bzw. ein angemessenes Untersuchungsdesign entwickelt werden.

2.2.2 Die eigene Position

Kaum jemand wird bestreiten, dass das Fernglas, durch das man blickt, beeinflusst, wie man was sieht. Wie stark es vergrößert und wie groß der Durchmesser des Objektivs ist, sind beispielsweise zwei Kriterien, die das Sehfeld und die Qualität mitbestimmen. Analogieschlüsse sind zwar keine Beweise, der Hinweis mag aber doch verständlich machen, dass das, was ein Organisationsanalytiker beschreibt, nicht ganz unabhängig ist von den Qualitäten und Ansichten, die er mitbringt. Hier endet der Vergleich und wir setzen anders fort: Das, was bei einer Organisationsanalyse gesehen und festgestellt wird, hängt von den Überzeugungen dessen ab, der die Analyse durchführt und von den Instrumenten, die er, seinen Überzeugungen entsprechend, einsetzt.[55]

Wir gehen dabei nicht auf die Weltsicht ein oder die Frage, wie man glaubt zu Erkenntnissen zu kommen. Das sind zwar wichtige zugrunde liegende Auffassungen, sie sind aber vielleicht zu weit weg und der Zusammenhang mit der Analyse einer Organisation ist zu lose. Wir reduzieren die Thematik auf vier einfache Dimensionen und stellen im Folgenden (Abbildung 8) jeweils die Pole der möglichen Auffassungen dar. Zwischen den jeweiligen Eckpunkten sind selbstverständlich differenziertere Positionen möglich.

Das Bild, das man von Organisationen hat, wird für die Herangehensweise an das Objekt der Analyse ausschlaggebend sein. Teil 1 des Buches

---

[55] Belege kann man aus der sozialwissenschaftlichen Forschung, konkreter, aus der sozialpsychologischen Laborforschung, beziehen, die sich mit bereits erwähnten „Versuchsleiter-Effekten" befasst. Wir gehen im Abschnitt über experimentelle Designs darauf ein (5.2.4).

bringt eine ganze Reihe von unterschiedlichen Theorien, die nicht folgenlos sind, da sie unterschiedliche Zugänge und Analyseansätze bedingen. Allerdings sind diese Zusammenhänge häufig nicht leicht zu sehen und wenn die Theorien nur gelerntes Wissen sind, so werden sie auch nicht direkt in den Aktionen einer Analyse umgesetzt werden. Argyris/Schön (1999) unterscheiden zwischen „theories in use" und „espoused theories" (vgl. Abschnitt 1.1). Wir orientieren uns also weniger an dem, was man kundgibt, vielleicht, weil man es so gelernt hat oder glaubt, dass man diese Meinung vertreten muss. Wir werfen vielmehr einen Blick auf die handlungsleitenden Ansichten, stellen also die Ansichten gegenüber, die sich in der Praxis, im konkreten Tun, niederschlagen.[56]

Die Auffassung, welche Funktion eine Analyse hat, ist ebenfalls ein Faktor, der die eigene Arbeit mitprägt. Am linken Pol findet sich jemand, der einer Analyse die Bedeutung einer übergeordneten Instanz zumisst und bestrebt sein wird, die Ergebnisse nicht aus Ansichten abzuleiten, sondern nur Fakten verarbeiten will. Dem steht eine Ansicht gegenüber, die der offiziellen Seite weniger Gewicht beimisst und eher darauf baut, dass das Ergebnis in einer neuen Sichtweise liegt, die bei entsprechender Diskussion die Handlungsoptionen erweitern kann. Freiräume gewinnt eine Organisation etwa dadurch, dass die unbeabsichtigten Nebenfolgen von Aktionen diskutiert werden.

Die dritte Frage, welche Vorstellungen man von der eigenen Rolle hat, ist am leichtesten als Versuch zu erkennen, mit diesen Dimensionen die Selbstreflexion dessen anzustacheln, der eine Analyse betreibt. Wir haben hier nur einen Aspekt dieser wichtigen Frage berührt. Man kann ihn noch deutlicher fassen: Auf dem linken Pol ist jemand einzuordnen, der im Hinterkopf ein ziemlich genaues Bild davon hat, was die Organisation, der er sich gegenübersieht, besser machen könnte, ja müsste. Das ist eine für junge Berater nicht untypische Haltung. Auf dem anderen Ende des Einstellungskontinuums ist jemand einzuordnen, der vor allem neugierig ist und lernen will.

Die vierte und letzte Frage richtet sich auf den Stellenwert, den man den Ergebnissen der eigenen Analyse beimisst. Man kann der Meinung sein, eine sauber durchgeführte Untersuchung biete ein Abbild der Realität und sei, da unter neutralen Gesichtspunkten durchgeführt, nicht von Interessen oder einem bestimmten Blickwinkel geprägt. Dem entgegengesetzt ist die Vermutung, dass auch eine gewissenhaft durchgeführte Studie nur eine

---

[56] Argyris und Schön verknüpfen diese Unterscheidung mit organisatorischem Lernen. Das wird maßgeblich von der Organisationskultur geprägt. Als Ergebnis bilden sich die handlungsleitenden „theories in use" heraus. – Siehe dazu auch die entsprechenden Hinweise in Kapitel eins.

Besonderheiten von Organisationsanalysen

Das Bild, das man von Organisationen hat:	
Organisationen, insbesondere Unternehmen, sind geplante Gebilde, die vorgegebene Ziele mittels vorgegebener Prozesse erreichen sollen. Die Verhaltensweisen der Akteure haben den vorgegebenen Strukturen und Prozessen zu folgen. Handeln sie anders, so ist das eine störende Abweichung. Zielerreichung entsteht aus dem Verfolgen der vorgegebenen Ziele. Daher muss man vor allem die offizielle Seite der Organisation genau beschreiben und das, was daran leistungshemmend ist.	Organisationen sind sozial konstruierte Systeme, die von individuellem Handeln verselbständigt sind. Sie haben eine Eigendynamik, die sich z.b. im Wechselspiel zwischen formalen und informellen Mustern zeigt. Will man das Funktionieren einer Organisation verstehen, so muss man das Wechselspiel zwischen (formaler) konstruierter Ordnung und Interaktionsgeschehen herausbekommen. Eine Analyse muss die gegebene Struktur mit den Interpretationen der Betroffenen vergleichen.
Die Auffassungen von der Funktion einer Organisationsanalyse:	
Eine Analyse ist dazu da, um Abweichungen des Ist-Zustandes von einem Soll-Zustand festzustellen. Das, was zählt, sind Fakten. Eine Analyse soll diese möglichst objektiv erfassen und vorlegen. Im günstigsten Fall kommt sie zu Verbesserungsvorschlägen.	Eine Analyse soll erklären können, wie der gegebene Zustand aufrechterhalten wird, und welchen Sinn mögliche Abweichungen von der formalen Ordnung haben. Das, was zählt, sind Ergebnisse, die zu Diskussionen führen. Eine Analyse soll die Sichtweisen erweitern.
Die Vorstellung von der eigenen Rolle:	
Mit der Analyse muss ich meine Kompetenz beweisen. Der Bericht soll zeigen, wie nützlich das Wissen ist. Ich bin neugierig, wie meine Ergebnisse ankommen.	Bei der Analyse kann ich viel lernen, besonders dann, wenn ich gut zuhöre und genau beobachte. Ich bin neugierig, was in dieser Organisation so alles läuft und wie man das verstehen kann.
Der Stellenwert der eigenen Ergebnisse	
Die Analyse erstellt ein mehr oder weniger wirklichkeitsgetreues Bild der Organisation bzw. der untersuchten Ausschnitte. Das ist ein solides Fundament für weitere Maßnahmen.	Das Ergebnis einer Analyse zeigt eine von mehreren möglichen Sichtweisen. Wie weit sie realistisch ist, zeigen die nachträglichen Aktionen der Beteiligten.

Abb. 8: Vier Beispiele für persönliche Auffassungen, die die Analyse beeinflussen

unter mehreren Sichtweisen darstellt und real nur das sein wird, was wirkt, also durch die Betroffenen in Aktionen umgesetzt wird.

Diese oder ähnliche Überlegungen sind zu Beginn einer Organisationsanalyse wichtig. Die eigene Überzeugung wird nämlich ziemlich schnell mit dem Anlass konfrontiert, der zur Untersuchung geführt hat. Das heißt, die eigene Ansicht gerät unter Druck.

2.2.3 Unterschiedliche Anlässe

Welche Funktion eine Studie haben soll, hängt mit dem Anlass zusammen: Hat die Organisationsanalyse einen Auftraggeber, so sollen die Ergebnisse meist eine vom Auftraggeber als problematisch definierte Situation untersuchen und Ansatzpunkte dafür liefern, wie man vom unerwünschten Ist-Zustand zum angestrebten Soll-Zustand kommen kann.

Im Unterschied dazu haben Organisationsforschung und wissenschaftliche Organisationsanalysen ihren Ursprung in Fragen der Wissenschaft und sollen den Wissensbestand der jeweiligen Disziplin erweitern. Derartige Vorhaben sind also von dem Zwang befreit, nützliches Wissen für eine ganz konkrete Problemlage oder Organisation bereit zu stellen. Sie müssen verallgemeinerbare Erkenntnisse liefern und müssen ihre Arbeit nach den Spielregeln ihrer Disziplin durchführen. Halten sie sich nicht an diese Standards, so liefern sie keinen qualifizierten Beitrag zur Testung von Hypothesen oder Theorieteilen. Dann wird ihre Arbeit nicht als nützlich für die Entwicklung einer Theorie angesehen oder als nicht hinreichend qualifiziert, um für weitere Modellbildungen eine Referenzuntersuchung, einen Bezugspunkt, auf den man sich berufen kann, abzugeben.[57]

Theorie und Praxis werden hier als Kürzel für zwei gesellschaftliche Bereiche benützt. In der Welt „der Wissenschaft" werden unterschiedliche Formen der Erkenntniserweiterung eingesetzt, um zu verallgemeinerbarem Wissen zu gelangen. Im Unterschied dazu ist „die Praxis" daran interessiert, eine Absicherung ihrer Entscheidungen in konkreten Situationen zu bekommen. Fragen, die sie an die Forschung hat, werden aus einem aktuellen Problem abgeleitet und sollen im Interesse dessen, der das Problem

---

[57] Unter der Hand haben wir hier eine weitere Variante der Typisierung von Forschungsstrategien genannt, die zu zwei Arten der Forschung führt: Die deduktiv vorgehende Hypothesentestung und die interpretativ vorgehende (qualitative) Forschung. Als Kurzbeschreibung für die hier relevanten Unterschiede beider Richtungen kann man anfügen: Erstere will allgemeine Aussagen an konkreten Fällen überprüfen, die interpretative Forschung will die Begründung für immer wieder beobachtete Ereignisse finden und in einem Modell abbilden. Genaueres dazu siehe etwa in Abschnitt 5.2.1.

sieht oder lösen soll, beantwortet werden. Angewandte Auftragsforschung kann die Spielregeln der Forschungswelt nur soweit hoch halten, als dies der Auftrag zulässt. Diese Mittellage ist für viele Organisationsanalysen typisch.[58]

Keine Organisationsanalyse geschieht aus purem Selbstzweck. D.h. sie hat immer ein äußeres auslösendes Moment und das ist mit einem mehr oder weniger klaren Interesse verbunden: Die Analyse soll „etwas" bringen. Diese Funktion, die sie erfüllen soll, wird nicht nur alle Entscheidungen beeinflussen, die bei der Planung und Durchführung der Studie fallen, sie wird auch die Art der Darstellung bestimmen, die Präsentation der Ergebnisse steuern und die Reaktionen darauf beeinflussen. Daher kann gar nicht oft genug betont werden, dass sich jeder, der eine Organisationsanalyse beginnt, genau überlegen sollte, wer welches Interesse an diesem Projekt hat. Meist reicht Überlegen alleine nicht, man muss die Personen interviewen, die das Vorhaben initiiert haben und/oder jene, die den Zugang zum Analysematerial kontrollieren und selbstverständlich auch die, die für die Akzeptanz der Ergebnisse wichtig sind. Das ist keine Empfehlung, Erwartungen in vorauseilendem Gehorsam zu erfüllen, sondern ein Hinweis darauf, mit welchen Einflussgrößen man bei einer Organisationsanalyse zu rechnen hat. Und je wichtiger die Ergebnisse sind, desto größer werden Versuche der Einflussnahme sein.

Wie lassen sich die Wichtigkeit bzw. Folgenlastigkeit abschätzen? In dem man zunächst überlegt, welche Gründe es für die Datensammlung gibt. Aus der Sicht eines Praktikers (DeMarco 1997: 24) gibt es dafür drei Motive: Erkenntnisse über die Welt zu gewinnen, Handeln zu steuern oder Verhalten zu ändern.[59] Das hat unmittelbare Auswirkungen auf die Untersuchung, weil eine nicht entsprechende Messung wahrscheinlicher ist, wenn sie mit der Absicht verbunden ist, die Ergebnisse für Verhaltensänderungen zu verwenden. Diese Gefahr ist bei dem vergleichsweise harmlosen Interesse, Erkenntnisse zu sammeln, geringer. „Wenn Sie Daten eigens erheben, um zu beweisen, was Sie bereits beschlossen haben, so ist das nicht Wissenschaft, sondern Marketing."

Da diese Überlegungen das Schicksal jeder Organisationsanalyse stark bestimmen, in der Hitze des Gefechts aber gerne vergessen oder heruntergespielt werden, kombinieren wir den Anlass für eine Analyse mit dem Interesse. So lassen sich, etwas vereinfacht, vier Typen unterscheiden (Abbildung 9):

---

[58] In Abschnitt 7.8 behandeln wir diese Unterschiede in Hinblick auf die Abfassung des Analyseberichts genauer.

[59] DeMarco unterscheidet nicht zwischen (sinnhaft auf andere bezogenem) Handeln („behavior") und Verhalten (als Oberbegriff für jede Form der Reaktion, „action").

Interesse

	Erkenntnisse gewinnen	Verhalten anderer zu steuern
extern	Forschungs-arbeiten, Orientierung gewinnen 1	Kontrollstudien 2
intern	Status quo feststellen 3	Auftragsstudien, Eigenanalysen 4

Anlass

Abb. 9: Analysetypen nach Anlass und Interessen

Die Felder eins und zwei haben gemeinsam, dass sie Studien bezeichnen, die durch einen „externen Anlass" ausgelöst werden. Wer oder welche organisationsexterne Instanz kann daran Interesse haben, Erkenntnisse gerade über diese Organisation zu bekommen?

1. Im ersten Feld können nur Einrichtungen als Interessenten auftreten, die keinen Einfluss auf die Organisation auszuüben beabsichtigen bzw. dazu auch nicht in der Lage sind. Also fallen hier Forschungseinrichtungen hinein, die Daten dieser Organisation im Rahmen einer größer angelegten Erhebung sammeln. Beispiele dafür sind etwa Betriebsstättenzählungen oder ähnliche Aktivitäten statistischer Ämter oder vergleichende Studien von Wirtschaftsforschungsinstituten. In diese Kategorie fallen auch Analysen, die ausschließlich Forschungsinteressen verfolgen und die konkrete Organisation nur als Beispiel nehmen. – Grenzfälle sind Analysen, die zur Darstellung der Firmengeschichte führen sollen und von außen initiiert werden.

Wird die Organisation bzw. ein Organisationstyp als „Fall" behandelt, so steht dieser für etwas, das beschrieben und erklärt werden soll. Ein Beispiel dafür wäre etwa der Versuch, das Scheitern einer Neuorganisation zu erklären. Der Fall der Busproduktion bei Volvo in Schweden soll im Detail erklären, wie so etwas geschehen kann.

Ende 2003 wurde klar, dass das neue Arbeitsmodell in der Busproduktion von Volvo gescheitert ist. Ziel war die Flexibilisierung der Arbeit: Im gesamten Arbeitsbereich sollten teilautonome Teams eingerichtet werden, um die Produktivität zu erhöhen und die Arbeitssituation der Beschäftigten zu verbessern. Der Misserfolg erklärte sich u.a. damit, dass zwar viel Geld in das technische System gesteckt wurde, sehr wenig aber in das soziale. So gab es beispielsweise zu wenig Kommunikation zwischen den Bereichen; allein schon deshalb, weil die einzelnen Gruppen keine gemeinsame Pausenzeit hatten; damit wurde auch wechselseitige Hilfe erschwert. – Genaueres ist der Analyse von Margareta Oudhuis (2004) zu entnehmen.

Ein anderes Beispiel ist die Studie des Fraunhofer-Instituts zur Frage, wie in Unternehmen Teamarbeit erfolgreich eingeführt werden kann. Bullinger et al. (1995) führten dazu in 53 deutschen Unternehmen Untersuchungen durch, die Teamarbeit in der Produktion und im indirekten Bereich (Verwaltung, Produktentwicklung) erfolgreich eingeführt haben. Wie schon der Titel der Analyse signalisiert „Wie führe ich Teamarbeit erfolgreich ein?", liegt eine angewandte Forschung vor, die als so genannte „best practice"-Studie angelegt ist.

Einen Sonderfall gibt ein Berufsanfänger ab, der in eine Organisation eintritt und das Neue zu verstehen versucht, damit er weiß, wie man sich hier verhalten muss, um nicht anzuecken etc. Das wäre eine Alltagsbeobachtung, die man mehr oder weniger geschickt und mit mehr oder weniger Erkenntniswert betreiben kann. Die Absicht, mit diesem Wissen das Verhalten anderer steuern zu können, wäre verfehlt.

2. In Feld zwei fallen Untersuchungen, die mit Kontrollabsichten verbunden sind. Als externe Instanzen kommen dafür nur übergeordnete Einrichtungen in Frage, wie etwa der Aufsichtsrat oder ein neuer Eigentümer, Finanzbehörden oder die Finanzmarktaufsicht etc. Wer auch immer diese Analyse durchführt, sie folgt eigenen Regeln und hat, wie etwa im Falle einer „due dilligence" oder einer Kreditwürdigkeitsprüfung, meist eine standardisierte Liste an Fragen, die abgearbeitet werden.

In den Situationen eins und zwei hat man also damit zu rechnen, dass die Analyse nicht allen willkommen ist: Im ersten Fall orientiert sie sich nicht an den Interessen der Beteiligten, im zweiten Fall macht sie zusätzlich noch Angst. Beides erfordert entsprechende Überlegungen, wie die Wahrscheinlichkeit für eine konstruktive Mitarbeit erhöht werden kann.

3. In die Felder drei (und vier) fallen Studien, die einen organisationsinternen Anlass haben. Da der Auslöser in diesen Fällen fast immer ein definiertes Problem ist, wird der dritte Quadrant nur dünn besiedelt sein. Was wäre ein Beispiel für diese Art von Analyse? Eine Ist-Analyse, mit der jemand einen Überblick über die Organisation bekommen will und noch nicht weiß, ob er daraus Konsequenzen ziehen wird oder nicht.

4. Für den vierten Quadrant ist der typische Fall eine Auftragsstudie. In der Organisation entsteht der Bedarf, Material für ein Programm zu bekommen, mit dem das Arbeitsverhalten der Mitarbeiter verändert werden kann. Analysen im Zuge einer ISO-Zertifizierung gehören beispielsweise hierher. Sind keine Externen (etwa wegen eines Audits) notwendig, so können derartige Analysen auch in Eigenregie erfolgen. Eine Erhebung

für eine einzuführende Balanced Scorecard wäre ein Beispiel, ebenso die routinemäßige Befragung der Mitarbeiter oder eine Kundenbefragung, um eine Außensicht des Unternehmens zu bekommen. Auch jede strategische Planung basiert auf mehr oder weniger fundierten Eigenanalysen. In all diesen Fällen ist ein Veränderungsinteresse der Auslöser.

Wird die Umsetzung strategischer Ziele in die Tagesarbeit als unbefriedigend angesehen, so kann man hoffen, die Situation durch den Einsatz einer Balanced Scorecard zu verändern. Die Anwendung dieses Instruments erfordert eine Reihe von Überlegungen, die ganz analog zu quantifizierenden empirischen Forschungsarbeiten entschieden werden müssen: Zunächst sind Erhebungsinstrumente zu entwickeln, die eine aus der Strategie des Unternehmens ableitbare Erfolgsmessung ermöglichen. Das erfordert immer eine Voruntersuchung, damit die vier üblichen Kategorien (finanzielle Perspektive, interne Geschäftsprozesse, Lernen und Entwicklung, Kundenperspektive) und eventuelle zusätzliche Aspekte in unternehmensspezifische und aktuelle Begriffe (Indikatoren) übersetzt (operationalisiert) werden können. Die Analyse wird sich dabei an der Durchführbarkeit orientieren und auch das methodentechnische Thema streifen, wie Anwortvorgaben in einem Fragebogen formuliert werden sollen (verständlich, überschneidungsfrei, vollständig etc.). Das Ergebnis werden etwa vierteljährlich durchgeführte Messungen sein, die nicht nur eine Beschreibung liefern, sondern auch die Beurteilung der Mitarbeiter oder sogar deren Entlohnung beeinflussen.[60]

Ein klassisches Beispiel für eine Eigenanalyse ist eine SWOT-Analyse: Dabei werden, wie die Bezeichnung ausdrückt, Stärken (Strengths), Schwächen (Weaknesses), Chancen (Opportunities) und Risiken (Threats) einer Organisation festgestellt, um daraus abzuleiten, wie die Entscheider weiter vorgehen sollten.

Beide Beispiele sind insofern typisch, als in der betrieblichen Praxis standardisierte Vorgehensweisen oder Instrumente dominieren. Das ist verständlich, weil zwei Aspekte im Vordergrund stehen, die sich aus den Verwertungsinteressen herleiten: Die Ergebnisse müssen vergleichbar sein und schon deshalb ist eine möglichst genaue Messung erforderlich. Die herrschende Auffassung lässt sich mit folgendem Zitat aus einem

---

[60] Das Konzept der Balanced Scorecard (BSC) geht auf Kaplan/Norton (1997) zurück, aktuelle Informationen findet man auf der Homepage: http://www.balancedscorecard.org/ (05-11-07).
Kritische Einwände bringen etwa Pfeffer/Sutton (2006): Das Konzept ist zwar vom Ansatz her vernünftig, wirft aber u. a. folgende Probleme auf: Es ist kompliziert und braucht viele Einzelmessungen, die konkrete Umsetzung ist dann (trotz Quantifizierung) oft sehr subjektiv. Der gewichtigste Einwand ist, dass gerade die präzise Messung schwer zu beschreibende Elemente der Organisationsleistung vernachlässigt, die für den langfristigen Erfolg wichtig sind.
Ein Beispiel für eine sozialwissenschaftliche Studie, die Daten der BSC verwendet, liefert der Artikel von Kirkman et al. (2004) in dem beschrieben wird, wie in einer Reiseagentur an Hand derartiger Daten die Leistung von (virtuellen) Teams gemessen wird.

Handbuch für Praktiker (Scholtes et al. 2000: 2–9) zusammenfassen:
„Data can help you:
- Separate what you think is happening from what is really happening
- Establish a baseline so you can measure improvement[61]
- Avoid putting expensive solutions in place that don't solve the problem."

Was folgt aus diesen Überlegungen? Es ist kaum wahrscheinlich, dass eine Organisationsanalyse, die von der Organisation selbst (also entscheidenden Funktionären) veranlasst wird, nicht auch mit Veränderungsinteressen einhergeht.

Wer eine Organisationsanalyse betreibt, kann damit rechnen, einer Haltung zu begegnen, die oft mit dem gängigen Spruch von Peter F. Drucker "If you can't measure it, you cannot manage it." zum Ausdruck gebracht wird.

In welchen Quadranten fällt eine akademische Abschlussarbeit, die als Organisationsanalyse konzipiert ist? Meist wohl entweder in Feld eins, drei oder vier. Konfliktträchtig sind Diplom- oder Doktoratsarbeiten durch die Besonderheit, dass sie sowohl den Ansprüchen des Beurteilers entsprechen müssen, als auch den Erwartungen entscheidender Personen in der Organisation. In diesem Sinne sind Verfasserinnen und Verfasser einer wissenschaftlichen Abschlussarbeit, insbesondere wenn ihre Studie in Quadrant 4 fällt, Dienerinnen oder Diener (mindest) zweier Herrn. Manchmal ist alleine schon die Fähigkeit, zwischen diesen Ansprüchen zu vermitteln das wichtigste Lernfeld.

---

[61] Diese Ausgangslinie ist auch für zwei Funktionen von Datensammlung wichtig, die DeMarco genannt hat: Handlungsteuerung und Verhaltensänderung. Der Begriff „Baseline" spielt bei experimentellen Designs eine wesentliche Rolle (siehe Abschnitt 5.2.4).

3 Der Analyseprozess im Überblick

Der grobe Ablauf einer empirischen Organisationsanalyse entspricht im Wesentlichen dem, der in jeder guten Einführungsliteratur für empirische Studien empfohlen wird. Allerdings gibt es zwei wesentliche Unterschiede, die für die Konzeption, für die Planung und damit auch für die konkrete Durchführung große Auswirkungen haben oder haben sollten: das formale Setting und die spezifischen Interessen.

Einmal gibt die Organisation, in der die Untersuchung durchgeführt wird, einen Rahmen vor, der die Vorgehensweise mitbestimmt. Das zeigt sich auf einer einfach zu beobachtenden Ebene, wie etwa bei den Zeiten, die man berücksichtigen muss, den Bekleidungsstandards und den Umgangsformen. Das betrifft aber auch Mechanismen, die nicht direkt beobachtbar sind, die in der Tiefenstruktur liegen: Wie die Lernchancen und Belohnungen verteilt sind, wird möglicherweise die Einstellung zur Studie beeinflussen, da diese Regulationen bestimmen, wer von den Ergebnissen etwas erhoffen und wer eventuell etwas zu befürchten hat. Was wie wirkt, hängt vom konkreten Thema der Studie, dem Anlass etc. ab. – Damit kommt man in die paradoxe Situation, bei der Durchführung der Analyse die Aspekte berücksichtigen zu müssen, die erst als Ergebnis der Studie zutage treten. Im Zuge der Erhebung, etwa wenn man Interviews führt, und besonders bei der Präsentation der Analyse hat das Gesagte einen Sinn, der nur vor jenem Hintergrund zu verstehen ist, den die Organisation abgibt, den sie zur Verfügung stellt.[62]

Der zweite Punkt wurde ebenfalls bereits benannt: Organisationsanalysen stehen in der Regel unter einem stärkeren Verwertungsdruck als viele andere sozialwissenschaftliche Studien. Der Anlass selbst kann schon mit der Erwartung verknüpft sein, dass ein organisatorisches Problem beschrieben wird, die Gründe dafür analysiert oder vielleicht auch künftige Entwicklungen abgeleitet werden. Berechtigterweise kann aber auch eine Gegenleistung dafür erwartet werden, dass man die Arbeitszeit für eine Untersuchung quasi zur Verfügung stellt oder dafür, dass die Mitarbeiterinnen und Mitarbeiter ihre Arbeitszeit für eine Untersuchung zur Verfügung stellen. Die Gegenleistung wird zumindest darin bestehen, dass man einen

---

62 Wir gehen also davon aus, dass bei der Analyse von Organisationen die Kontrollmöglichkeiten der Daten und der Datensammlung viel geringer sind als in vielen anderen „Feldern". – Das muss kein Nachteil sein; dann z.B. nicht, wenn man diese Bedingungen in die Untersuchung einbeziehen kann. – Es gibt sehr viel mehr Bedingungen, denen man sich anpassen muss. Das wird sofort plausibel, wenn man etwa Studien über Operationsteams in einem Unfallkrankenhaus mit Forschungen über den Internetgebrauch Jugendlicher vergleicht.

Bericht liefert, der der Organisation für sie nützliche Informationen liefert. Diese gewundene Formulierung soll darauf hinweisen, dass man zu entscheiden hat, wem die Ergebnisse Informationen liefern sollen: dem Management, den Mitarbeiterinnen und Mitarbeitern oder beiden Seiten.

Es gibt nur wenige Ausnahmen, in denen diese beiden Besonderheiten unwichtig sind. Der Verwertungsdruck und der organisatorische Rahmen verlieren beispielsweise an Bedeutung, wenn man eine Organisationsanalyse macht, ohne mit der Organisation in Kontakt zu treten, sie also nur von außen beobachtet, nur externe Daten heranzieht. Noch eine Ausnahme gibt es: Wenn Neueintretende die Organisation möglichst schnell „durchschauen" wollen und versuchen, mit fremdem, quasi ethnologischem Blick durch die Firma zu gehen. Sie können wahrscheinlich schneller und gründlicher als andere erkennen, worauf es hier ankommt, welche inoffiziellen Standards wirken, wie man sich „klug anpasst" und nach welchen Kriterien in dieser Organisation das „impression management" abläuft.

> Dieser Begriff des amerikanischen Soziologen Erving Goffman (1922–1982) bezeichnet die Form der Selbstdarstellung, mit der man bei anderen einen positiven Eindruck hinterlassen bzw. deren Bild von einem manipulieren will. Dazu gibt es situationsabhängige und gruppenspezifische Strategien und Taktiken, die mit Hilfe mikrosoziologischer Beobachtungen entschlüsselt werden können. – Wir verweisen auch deshalb auf diesen Begriff, weil er bei der Analyse wichtig ist: Wer eine Organisationsstudie macht, muss überlegen, wie er auftritt, welches Konzept in dieser Organisation angemessen ist, um den Analyseprozess möglichst wenig störanfällig zu gestalten oder von Nebengeräuschen frei zu halten.

Jeder Analyse liegt, da es um Zergliederung geht, die Frage zugrunde: Welche Informationen bekomme ich, wenn ich welche Unterschiede mache? Meist wird die Frage in dieser Allgemeinheit nicht gestellt.[63] Auf das Thema dieses Kapitels angewendet heißt das: Mit welcher Art des Überblicks bekomme ich welche Informationen? Wir bieten zwei Perspektiven an.

Eine Zergliederung der Organisationsanalyse in die einzelnen Arbeitsschritte führt zu einem Strukturplan. Er soll Fortschritt dadurch ermöglichen, dass man in einem Überblick darstellt, was alles getan werden muss und in welcher Reihenfolge diese Menge abgearbeitet werden muss. Also

---

[63] In Details geschieht das natürlich schon. Wenn man beispielsweise das Messniveau einer Variablen festlegt, so muss man entscheiden, ob es beispielsweise reicht, erfolgreiche von erfolglosen Studenten zu unterscheiden, oder ob man mehr Informationen braucht und die Abfrage auf Noten ausrichtet, um an Stelle einer nominalen Unterscheidung Rangdaten zu bekommen. Auch hinter jeder Überlegung, wie die zentralen Begriffe einer Hypothese zurecht zu schneiden sind, steckt die Überlegung, was man damit erfahren bzw. testen will. Wirklich ausgefeilt wird dieser Gedanke verwendet, wenn man Differenzpaare als Untersuchungswerkzeug einsetzt und sich fragt, welches der möglichen Differenzpaare welchen Blickwinkel eröffnet. – Die Checklisten im Anhang (6) bieten eine Auswahl an Unterscheidungen an.

wird der zunächst unübersehbare und verwirrende Haufen an Arbeit in Teile zerlegt, die eine Unterscheidung unter dem Gesichtspunkt vorher/nachher ergeben. Dieser mehr arbeitstechnisch orientierte Überblick ist Inhalt von Abschnitt 3.2. Geht man so vor, verliert man notwendigerweise anderes aus dem Blick.

Eine andere Perspektive gewinnt man mit der Unterscheidung Theorie/Empirie. Dabei steht nicht die Frage im Vordergrund, wann was gemacht werden muss, damit man mit der Untersuchung weiter kommt. Jetzt geht es darum, welche Arbeitsschritte unter theoretischen Gesichtspunkten und welche aus Erfordernissen der Empirie gemacht werden müssen. Und es geht um die Frage, welche Regeln für welchen Arbeitsabschnitt gelten. Wenn man einen Überblick bekommt, der diese Fragen klärt, so hat man damit eine gute Basis für die Strukturierung des Arbeitsprozesses. Oder anders argumentiert: Die Ergebnisse einer Analyse können nicht besser sein als das, was man zu Beginn an Theorie hineingesteckt hat. Dieser grundlegende Überblick kommt daher zuerst.

3.1 Die Verbindung von theoretischen Überlegungen und Feldarbeit: der Analysekreislauf

Um den Zusammenhang zwischen theoretischer Arbeit und der Arbeit vor Ort, im empirischen Feld, darzustellen (siehe Abbildung 10), greifen wir auf eine Darstellung von Krohn/Küppers (1989) zurück und modifizieren sie für Organisationsanalysen.

Der linke Teil der Abbildung fasst die Schritte der Theoriearbeit zusammen, der rechte Teil ist der Erhebungsarbeit gewidmet. Die einzelnen Elemente werden im nächsten Kapitel besprochen. In der linken Seite geht es um Argumentieren und meist um Schreibtischarbeit. Im rechten muss man etwas tun, das fast immer nach außen hin unmittelbar wirksam ist, man muss mit den Organisationsmitgliedern Gespräche führen, sie beobachten, um Daten bitten etc. Hier spielt sich also das Leben mit anderen ab.

Die theoretische Arbeit – das Studium der Literatur, das Aufstellen der Hypothesen, später dann die Interpretation der gesammelten Daten, um daraus Informationen zu gewinnen – folgt dem Leitgedanken, dass man wahre von falschen Annahmen unterscheiden muss. Man kann die Hypothesen (logisch oder inhaltlich) falsch bilden, unangemessene Literatur (z.B. veraltete, nicht zum Thema passende, nicht fundierte) heranziehen, man kann die Daten falsch verknüpfen und falsch interpretieren. Welche Absichten mit der Analyse auch immer verbunden sind, nie wird sie ohne intellektuelle Anstrengungen auskommen. Die Denk- und Schreibtischar-

Der Analyseprozess im Überblick

beit wird ausführlicher sein müssen und anderen Regeln folgen, wenn sie zu Forschungszwecken durchgeführt wird. Diese „theoretische" Arbeit besteht aus Überlegungen, d.h. Versuchen, Gedanken aneinander anzupassen: Das geschieht beispielsweise auch, wenn Manager überlegen, wie sie die fällige Umstrukturierung angehen könnten. Dazu stellen sie entsprechende Überlegungen an, greifen eventuell auf Managementbücher zurück, orientieren sich an Vorbildern und Moden, holen sich eventuell Rat bei Beratern. „Theoriearbeit" in diesem Sinne geschieht, wenn jemand, der eine Organisation analysieren will, zunächst überlegt, wie man dieses Thema untersuchen sollte.

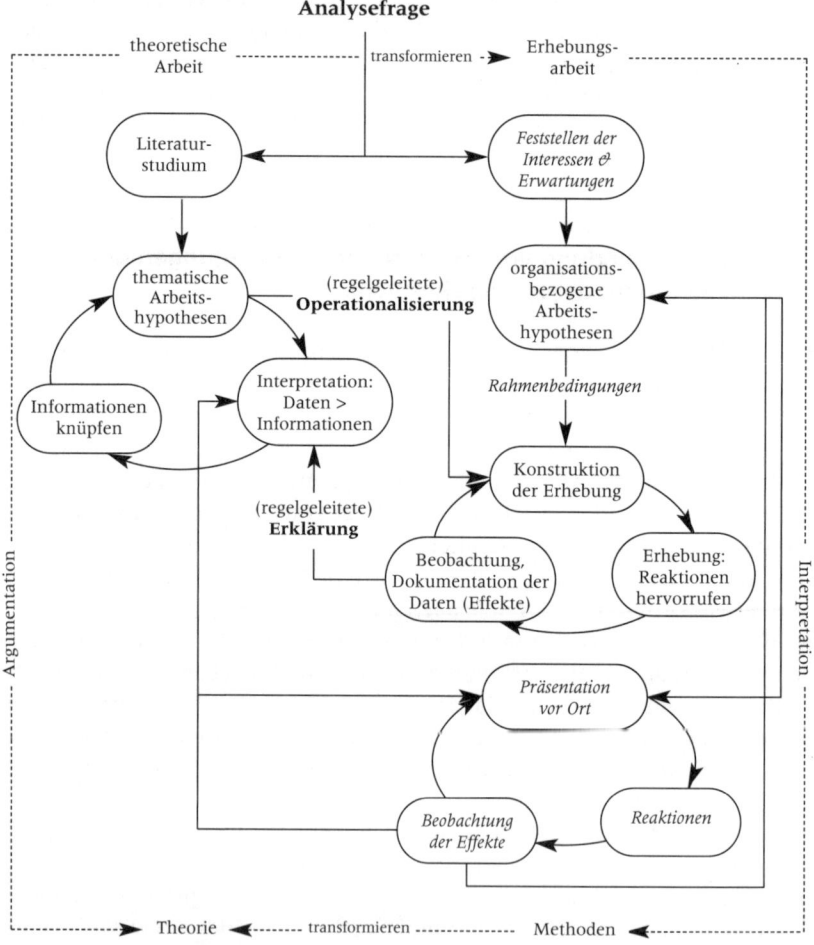

Abb. 10: Der Analysezirkel

Egal ob man eine Forschungsarbeit macht, eine Auftragsstudie durchführt oder eine akademische Abschlussarbeit beginnt, immer steht Theorie am Anfang. Einmal mehr, einmal weniger. Man beginnt mit einer gedanklichen Auseinandersetzung und überlegt, wie man diese Organisation zu diesem Thema analysieren könnte. Diese theoretischen, mehr oder weniger wissenschaftlich fundierten Überlegungen muss man in die Erhebungsarbeit überführen. Das ist ein Balanceakt, weil man einerseits derartige Vorannahmen braucht, andererseits aber für möglichst Unerwartetes offen sein soll. Das führt dann zu dem Rat: Bilden Sie fundierte Annahmen, halten Sie an ihnen fest, glauben Sie aber nicht, dass sie richtig sind.

Die große Klammer für diesen Transformationsprozess bildet die Analysefrage: Als Leitfrage leitet sie die theoretische Arbeit an, steuert die Literatursuche und gibt auch die Generallinie für die Datensammlung vor.

Der rechte Teil der Abbildung stellt die empirische Arbeit schematisch dar, die Konfrontation dieser Überlegungen mit den beobachtbaren Ereignissen: Man trifft Annahmen, stellt Arbeitshypothesen auf (linker Teil) und schaut, ob man in der Alltagsrealität Hinweise finden kann, die mit diesen Annahmen in Einklang stehen oder ihnen widersprechen.

Diese Ansicht folgt der Auffassung des Physikers Ernst Mach (1968: 165): „Die Anpassung der Gedanken an die Tatsachen (…) bezeichnen wir als Beobachtung, die Anpassung der Gedanken aneinander aber als Theorie. Auch Beobachtung und Theorie sind nicht scharf zu trennen, denn fast jede Beobachtung ist schon durch die Theorie beeinflusst und äußert bei genügender Wichtigkeit andererseits ihre Rückwirkung auf die Theorie."[64]

Aber die Erhebungsarbeit folgt einem anderen Grundprinzip als die theoretischen Überlegungen. Hier geht es zunächst um die Frage, ob die Datensammlung erfolgreich ist oder keine hinreichenden Informationen zu Tage fördert. Für Interviews, um ein Beispiel zu nehmen, ist entscheidend, ob sie den Analysierenden in die Lage versetzen, die Ausgangsfrage zu beantworten oder ob die Befragungen in diesem Sinne zu wenig erbracht haben. Das kann passieren, wenn die Befragten mauern, wenn die Fragen nicht zum organisatorischen Umfeld gepasst haben oder der Interviewer zu wenig nachgefragt hat und die Antworten daher unergiebig waren.

Ob eine Studie mehr oder weniger erfolgreich durchgeführt wird, hängt wesentlich von der Art ab, wie man sich auf die zu untersuchende Organi-

---

[64] Breiter bekannt als sein Beitrag zur Erkenntnistheorie ist das von Mach (1838–1916) entwickelte und nach ihm benannte Maß für Geschwindigkeit (im Verhältnis zur Schallgeschwindigkeit). – Hier wird also eine etwas andere Sicht des Verhältnisses von Fakten/Theorie vertreten als von Sherlock Holmes. Aber wichtiger als dieser Unterschied ist, dass in dem Zitat von Mach klar zum Ausdruck kommt, dass keiner der beiden Instanzen (Theorie/Empirie) ein Vorrang einzuräumen ist.

sation einstellt. Daher muss man die Interessen und Erwartungen herausbekommen und Annahmen darüber treffen, wie man die Besonderheiten dieser Organisation bei dieser Erhebung berücksichtigen muss. Das sind wichtige Rahmenbedingungen, die die Möglichkeiten für die Feldarbeit bestimmen und daher auch das Raster abgeben, das bei der Konzeption zu berücksichtigen ist.

Beide Seiten der Analyse sind durch die äußeren Verbindungslinien miteinander verkoppelt: Die theoretischen Überlegungen müssen in Erhebungsarbeit transformiert werden. Erhebung bedeutet, mit den Organisationsangehörigen in Kontakt zu treten: Nach den Regeln der Befragung, der Beobachtung oder anderer reaktiver Erhebungsmethoden interagiert der Analysierende mit den Organisationsmitgliedern. Das Ergebnis dieser Aktionen (etwa: Antworten oder auch Gegenfragen auf Fragen eines Interviewers) muss in theoretische Überlegungen übergeführt werden. – Hier wird, vereinfacht ausgedrückt, nicht getan (nach außen gehandelt), sondern argumentiert (innerlich gehandelt). – Damit schließt sich der Kreislauf, der im Inneren von zwei Prozessen zusammengehalten wird: Operationalisierung und Erklärung. Die Operationalisierung übersetzt die Begriffe in Analyseoperationen (Wie stellt man fest, welche Lernchancen wahrgenommen werden?). Im Prozess der Erklärung werden die beobachteten Effekte (Welche Weiterbildungsangebote wie genützt werden?) übersetzt und interpretiert, um sie mit den theoretischen Annahmen in Verbindung bringen zu können.

Der Übersetzungsprozess wird durch bestimmte Regeln angeleitet: So müssen etwa die Ergebnisse, um als Forschungsergebnisse akzeptiert werden zu können, zuverlässig (reliabel) und gültig (valide) sein.

> Diese beiden Hauptanforderungen an empirische Untersuchungen werden je nach erkenntnistheoretischem Standpunkt unterschiedlich definiert. Im Wesentlichen bedeuten die Forderungen: Zuverlässig ist die Erhebung – beispielsweise der Arbeitszufriedenheit –, wenn dasselbe Instrument (etwa ein Fragebogen zur Messung der ...), eingesetzt von einem anderen Forscher, unter gleichen Bedingungen zu gleichen oder zumindest ähnlichen Ergebnissen führt. Die Gültigkeit (Validität) hat zwei Seiten: (a) die interne Validität ist dann gegeben, wenn mit der Untersuchung tatsächlich das untersucht wird, was man untersuchen will. Dazu muss die Übersetzung des theoretischen Begriffs (Arbeitszufriedenheit) in Messoperationen (Fragen und Antwortmöglichkeiten im Fragebogen) stimmig sein; die Erhebung muss auch das gemeinte Konzept erfassen. (Die Daten sollten etwa nicht durch die Unzufriedenheit mit der neuen Arbeitszeitregelung der Regierung „verunreinigt" sein.) Die andere Seite der Gültigkeit ist die (b) externe Validität: Sie ist in dem Maße gegeben, in dem die Ergebnisse auf andere Populationen, Situationen und Variablen übertragbar sind. Sowohl für die Validität als auch die Reliabilität gibt es Überprüfungsverfahren, die den Zusammenhang zwischen theoretischer und empirischer Arbeit enger gestalten sollen. Genauere Hinweise zu dieser Thematik bietet jede Einführung in die Methoden der empirischen Sozialforschung, wie etwa das Buch von Diekmann (2007: 304 ff.).

Ein scheinbares Detail, das weniger oft erwähnt wird, ist uns wichtig: Das Kästchen „Erhebung: Reaktionen hervorrufen" in der rechten Spalte von Abbildung 10 soll darauf hinweisen, dass jede Untersuchung dem Prinzip einer experimentellen Anlage entsprechen sollte: Man trifft eine Annahme und versucht eine Reaktion hervorzurufen, an der man die Stimmigkeit der Annahme (für diese Situation) überprüfen kann. So wie in Unternehmen überlegt wird, d.h. eine Annahme darüber getroffen wird, welche Reaktion Kunden zeigen werden, wenn Maßnahme XY umgesetzt wird. Hält man diese Ausgangsüberlegung fest, um sie dann mit den tatsächlichen Effekten vergleichen zu können, so hat man ein Gedankenexperiment geprüft und sich Lernmöglichkeiten verschafft.[65] Auf eine Analyse angewendet heißt das etwa, dass man vor jeder Befragung genau überlegen müsste, welche Antworten auf jede der gestellten Fragen zu erwarten sind.

Wenn man die Daten im Feld erhoben hat, so müssen die beobachteten Unterschiede interpretiert werden. Man muss beispielsweise eine Erklärung dafür finden, warum höhere Führungskräfte viel mehr auf Trainings ihrer Mitarbeiter Wert legen als die Adressaten dieser Absicht.[66]

Besonders hinzuweisen ist auf jene Elemente in Abbildung 10, die für Organisationsanalysen spezifisch sind: Die Erhebungsarbeit beginnt mit der Feststellung der Interessen und Erwartungen, die an die Studie gerichtet werden. Danach sind organisationsbezogene Arbeitshypothesen aufzustellen, also Annahmen darüber, wie die Erhebung in dieser Organisation gestaltet werden sollte. Untersuchungen in nicht-formalisierten Feldern oder Systemen haben (a) inhaltliche Annahmen zu treffen und (b) den Regeln zu folgen, die für den Einsatz der gewählten Untersuchungsmethode gelten. Werden hingegen Formationen untersucht, die eine eigene Geschichte haben, so muss man, wie bereits in Kapitel 2 festgestellt, auch Vermutungen darüber anstellen, welche Vorgehensweise diesem System am ehesten entsprechen würde. – Diese „organisationsbezogenen Arbeitshypothesen" stehen den thematischen Hypothesen auf der linken Seite gegenüber.

Und am Ende der Erhebung kommen noch drei spezifische Elemente: die Präsentation, die Reaktionen darauf und die Beobachtung der Effekte. Diese

---

[65] „Der Mensch sammelt Erfahrungen durch Beobachtung der Veränderungen in seiner Umgebung. Die für ihn interessantesten und lehrreichsten Veränderungen sind jedoch jene, welche er durch sein Eingreifen, durch seine willkürlichen Bewegungen beeinflussen kann. Diesen gegenüber hat er nicht nötig, sich rein passiv zu verhalten, er kann sie aktiv seinen Bedürfnissen anpassen; dieselben haben für ihn auch die größte ökonomische, praktische und intellektuelle Wichtigkeit. Darin ist der Wert des Experimentes begründet." (Mach 1968: 183)

[66] Eine nahe liegende Erklärung dafür ist etwa das gut bekannte Muster, dass höhere Führungskräfte sich für die Struktur mitverantwortlich fühlen und daher im Zweifelsfall viel eher die Mitarbeiter in Trainings schicken als die Organisationsstruktur zu reparieren.

Trias ergibt sich einerseits aus der Verpflichtung, Erhebungsbefunde den Betroffenen/Beteiligten auch zugänglich zu machen, andererseits aus den Ansprüchen reflexiver Sozialforschung. Das ist bei Organisationsstudien ein wichtiger Abschnitt. Selten wird man allerdings die beobachteten Effekte, wie der Pfeil in die linke Seite der Abbildung symbolisiert, auch als Information werten und als Teil der Studie sehen, der die theoretischen Überlegungen ergänzen oder revidieren kann. Das ist aber zumindest dann sinnvoll, wenn man damit rechnet, öfters Organisationsanalysen durchzuführen.

3.2 Die Strukturierung des Analyseprozesses: der Strukturplan

Der zweite Überblick, den wir anbieten, folgt einer ganz anderen Logik. Wie schon angekündigt, geht es jetzt um den Ablauf einer Organisationsanalyse, die Planung der einzelnen Abschnitte und Arbeitsschritte. Unser Schema ist zwar in vielen Punkten mit üblichen Designs empirischer Studien vergleichbar, wir konzentrieren uns aber wieder auf die spezifischen Bedingungen, die eine Organisationsanalyse berücksichtigen sollte.

Wenn wir Analyse als Prozess begreifen, so verstehen wir darunter eine Kette von Interaktionen, die durch Entscheidungen miteinander verknüpft sind. Sie sind umkehrbar, laufen aber in einer Struktur ab, die nicht umkehrbar ist: Jeder Analyseprozess braucht eine Auswertung (wie auch immer) gesammelten Materials und vor einem Auswertungsschritt muss ein Erhebungsschritt kommen. Diese beiden Arbeiten sind in einer für die jeweilige Analyse spezifischen Form miteinander verzahnt. Diese Abschnitte strukturieren den Verlauf; auch wenn sie sich meist etwa in folgender Kette wiederholen werden: Vorerhebung → Auswertung → Analyse → Erhebung → Auswertung → Erhebung → …

Trotzdem wird es in den meisten Fällen sinnvoll sein, sich nicht einfach dahintreiben zu lassen, sondern den Ausgangspunkt zu definieren und sich den Endzustand (möglichst bildlich) vorzustellen. Danach gilt es, sich zu überlegen, welche Weggabelungen es auf dieser Strecke gibt, welche richtunggebenden Entscheidungen auf dieser Fahrt oder Wanderung auf einen zukommen werden.

Bei Vorhaben, die länger dauern, aufwändig sind und für andere Folgen haben, sind genauere Vorüberlegungen und eine intensivere Planungsarbeit sinnvoll. Unter welchen Bedingungen ist das der Fall?

- Eine Studie dauert in diesem Sinne lang, wenn im Verlauf der Überblick über die Details leicht verloren gehen kann.
- Der Aufwand bemisst sich nach den benötigten Ressourcen (Personen, die an dem Vorhaben arbeiten; Umfang der Erhebung; Materialaufwand

und benötigte Software; Anzahl der Tage, die man vor Ort verbringen muss; Wegstrecken, die zurückzulegen sind etc.).
- Die Folgenlastigkeit kann abgeschätzt werden an Hand: des Grades des Interesses des Auftraggebers, seiner Absichten und Erwartungen; an Hand der möglichen Konsequenzen, die die Ergebnisse für Organisationsmitglieder haben. Nicht zuletzt ist für die Sorgfalt der Vorüberlegungen auch die Bedeutung ausschlaggebend, die das Vorhaben für einen selbst hat. – Je wichtiger es Ihnen zum Beispiel ist, das Studium bis zu einem bestimmten Zeitpunkt abzuschließen, desto nützlicher ist es, die noch zu erledigenden Schritte vom Ende her aufzurollen, also zu planen.

Eine genauere Planung ist auch dann besonders wichtig, wenn man noch nicht so viel Erfahrung hat, um in kritischen Situationen Faustregeln bei der Hand zu haben. Jede Planung eines Analyseprozesses muss zwar hinreichend detailliert, in entscheidenden Punkten aber auch abänderbar sein. Eines kann man von vornherein annehmen: Der Plan wird sich nicht 1:1 in die Wirklichkeit übertragen lassen. Die Landkarte ist die eine Sache, die reale Landschaft eine andere. Man muss sich nicht zwischen Berthold Brecht (Ja, mach nur einen Plan ...) und Sigmund Freud („Denken ist Probehandeln") entscheiden, sondern kann beide Überlegungen für sich nutzen.[67]

Welchen Mittelweg man wählt, wie genau man sich also festlegt und wie weit man es schafft, die Analyse ein Stück offen zu halten, Erfahrungen im Laufe der Untersuchung einzubauen und damit auch den weiteren Verlauf abzuändern, das hängt zunächst von der Fähigkeit ab, Unsicherheit zu ertragen. Nur dann kann man neugierig sein. Und wenn man nicht neugierig ist, was bei der Analyse herauskommt, so wird man nur das finden, was man sucht und mehr Aufwand betreiben als das Resultat rechtfertigt. In vielen Fällen wird es sinnvoll sein, sich an Erfahrungen des Projektmanagements anzulehnen und zumindest einige Grundbegriffe zu übernehmen und anzuwenden.[68] Unsere Empfehlungen lauten:

---

[67] „Ja, mach nur einen Plan/sei nur ein großes Licht!/Und mach dann noch 'nen zweiten Plan/gehn tun sie beide nicht. ..." (Bertolt Brecht, Lied von der Unzulänglichkeit menschlichen Strebens). Der Satz von Sigmund Freud kommt in seinen Werken, z.B. in den Wiener Vorlesungen, in unterschiedlichen Varianten vor.

[68] Es ist zwar üblich, Forschungsvorhaben als Forschungsprojekte zu bezeichnen, es ist aber unüblich, daraus die Konsequenz zu ziehen und die Techniken aus diesem Bereich einzusetzen. Auf einer anderen Ebene könnte man mit gutem Grund die zunehmende Projektförmigkeit der Forschung auch kritisch betrachten; zum Beispiel weil sie damit, durch das klar definierte Ende, kurzatmig wird, in übersichtlichen Happen durchgeplant werden muss und einem Verwertungsdruck unterliegt. – Es reicht, wenn man sich einen Überblick verschafft. Siehe dazu etwa die Ausführungen bei Titscher/Stamm (2006b).

Machen Sie so bald wie möglich einen Projektstrukturplan. Gliedern Sie das Vorhaben in große, voneinander abgrenzbare Blöcke. Dazu eignen sich Phasen des Projekts, die auch inhaltlich voneinander abgrenzbar sind. Diese werden zwar inhaltlich eng zusammenhängen, aber insofern unterscheidbar sein, als der nachkommende Abschnitt von Entscheidungen abhängt, die im vorherigen zu treffen sind. – So wird etwa vor der Konzeption eine Klärung der wichtigen Ausgangsfragen notwendig sein.

Dieser Strukturplan ist in mehrere Ebenen zu gliedern, so tief, dass sachlich abgeschlossene Tätigkeitszusammenhänge oder Arbeitspakete die kleinsten Einheiten (und unterste Gliederungsebene) bilden. – Zu den wichtigen Ausgangsfragen zählt sicherlich die Identifikation des Anlasses: Warum will wer diese Analyse. Dieser Schritt unterscheidet sich vom Literaturstudium, das in einzelne Abschnitte unterteilbar ist, wie etwa die Wahl des Archiv- oder Dokumentationssystems für die Literatur, die Festlegungen der Zitierregeln, der Suchstrategie und der Medien (Internet, Bibliothek etc.).

Erst wenn Sie den Entwurf der gesamten Analyse haben, können Sie die erforderliche Zeit abschätzen: Wie lange ungefähr welcher Arbeitsabschnitt dauert bzw. wie lange Sie sich dafür Zeit nehmen (können) und wann ungefähr welcher Schritt kommen wird. Ist das geschafft, so sind die Kosten leichter abzuschätzen und erst dann können Sie eine Vorstellung davon entwickeln, welche Ressourcen das Vorhaben brauchen wird.

In Abbildung 11 stellen wir einen – notwendigerweise sehr allgemeinen – Projektstrukturplan für eine Organisationsanalyse vor. Wie stark strukturiert man vorgeht, wird, wie schon angemerkt, von einer ganzen Reihe von Faktoren abhängen, im Wesentlichen aber von den Anlässen und der eigenen Erfahrung. Generell gilt, dass bei Analysen in Organisationen meist eine wesentlich genauere Planung erforderlich ist als bei vielen anderen Arten von Studien, bei denen man sich nicht an formale Standards des Untersuchungsfeldes anpassen muss und nicht mit einer Praxis konfrontiert ist, in der Vorhaben in Plänen konzipiert werden. Daraus folgt, dass man wahrscheinlich gut daran tut, den Grad der eigenen Planung mit den Usancen des Analyseumfelds abzugleichen. In Verwaltungs- oder Industriebürokratien, die kontinuierlich eigene Erhebungen durchführen, wird man den Ablauf einer Studie durch Externe mit anderen Augen betrachten als in einem relative jungen und kleinen Unternehmen, das sich das erste Mal auf ein derartiges Unterfangen einlässt.

Und nun kommt unser letzter Ratschlag in diesem Zusammenhang: Wenn Sie den Projektstrukturplan erarbeitet haben, so nehmen Sie ihn nicht zu ernst. Er trennt Arbeitsschritte, die nicht entkoppelt werden sollen und täuscht einen glatten Verlauf vor. Er ist eine Krücke mit einer wundersamen Eigenschaft: sobald Sie sie für sich angepasst haben und damit umgehen können, werden Sie sie nicht mehr brauchen.[69]

Dieses Doppelspiel ist für wenig erfahrene Organisationsanalytiker besonders schwer zu verstehen und zu leben: Einerseits braucht man ein genaues Ziel und eine genaue Vorstellung von den Wegen, wie man dorthin kommt; das wird im Strukturplan abgebildet. Andererseits muss man flexibel und offen genug sein, um die Erfahrungen, die man im Zuge der Feldarbeit macht, in die Analyse einzubauen. Die Verarbeitung der Erfahrungen ist nicht allein Sache des Auswertungsprozesses. Man muss schon im Laufe der Erhebung das, was man sieht und hört, als mögliches Korrektiv für den weiteren Verlauf der Analyse verstehen und nutzen. Also: Flexibilität ist notwendig, sie macht aber das Rückgrat nicht obsolet. Ein genauer Plan macht Abweichungen möglich und erleichtert die Rückkehr in die Zielgerade.

Für die Korrekturen und Rückbezüge gibt es zwei grobe Anhaltspunkte: (a) Am Ende jeder Phasen des Ablaufs bietet sich eine gute Gelegenheit, den Verlauf zu kontrollieren und eventuell zu revidieren. (b) Jeder Kontakt mit der Organisation sollte als Gelegenheit wahrgenommen werden, zu überprüfen, ob der eigene Plan der organisatorischen Realität angemessen ist und ob eventuelle zusätzliche Forderungen mit der Gesamtkonzeption vereinbar sind. Zu diesen beiden Punkten bringen wir je ein Beispiel:

(ad a) Am Ende der Vorklärungsphase ergibt sich die Möglichkeit, die Analysefrage nochmals zu überprüfen bzw. die Abweichung zwischen dem ursprünglichen Anlass und der mittlerweile erarbeiteten Frage zu überlegen. Unserer Erfahrung nach muss eine Veränderung eingetreten sein; wenn nicht, so war die mittlerweile geleistete Arbeit zu oberflächlich. Wenn man über die konkret einzusetzenden Verfahren entscheidet, so ist ein Rückblick auf die Arbeitshypothesen und die Definition der Begriffe unerlässlich. Konkret heißt das beispielsweise: Wenn man einen schriftlichen Fragebogen verwendet, so sind die Antwortvorgaben nochmals darauf hin zu überprüfen, ob damit auch wirklich das Antwortspektrum erfasst wird, das man für die Messung der Ausprägungen des theoretischen (und dann

---

[69] Fasst man eine Organisationsanalyse als Entdeckungsprozess auf, so ist er „zielgerichtet, aber nicht geradlinig oder linear", wie Kleining (1994) formulieren würde. Jede Trennung in Phasen ist eine Übung im Kopf, die nützlich ist, um den Überblick zu bekommen, die schädlich ist, wenn man sie als unbedingt einzuhaltende Norm auffasst. Die in der Forschung häufig anzutreffende Unterscheidung zwischen „Entdeckungs-" und „Begründungszusammenhang" war vom Namensgeber (dem Physiker und Erkenntnistheoretiker Hans Reichenbach, 1891–1953) nicht als streng zu trennende Phasen des Erkenntnisprozesses in den Anlass der Forschung und die untersuchende Begründung gedacht.

übersetzten) Begriffs braucht. Ähnlich verhält es sich bei der Konstruktion eines Kategorienschemas, wenn man Dokumente oder Texte auswerten will: Man wird – nach der Definition der Analyseelemente – entweder ein System von Begriffen entwickeln, auf die man den Text hin untersuchen will oder man wird im Text nach Begriffen suchen, die zu Oberbegriffen (Kategorien) zu verdichten sind. In beiden Fällen wird man oftmals zwischen der Verfeinerung des Instruments und der Analyse des Textes hin und her pendeln und Änderungen vornehmen. Ein noch offensichtlicheres Beispiel ist der Pretest: Schon der Name legt nahe, dass man diese Vorerhebung macht, um etwas zu überprüfen, das (mit hoher Wahrscheinlichkeit) nach der Auswertung dieses Probelaufs geändert werden muss.

(ad b) Da man keine erfolgreiche Organisationsanalyse betreiben kann, wenn man nicht die Rahmenbedingungen und ihre Auswirkungen auf die Analyse beachtet, sind alle Kontakte mit der Organisation potenzielle Anlässe für Änderungen im Analyseplan, bei Verfahren, den Instrumenten, der Stichprobe und dem Zeitplan. Erfährt man, um ein offensichtliches Beispiel zu nehmen, dass die jährlichen Mitarbeitergespräche vorgezogen werden und genau zu der Zeit angesetzt werden, in der man Interviews geplant hat, stellt sich die Frage, ob man die Erhebung nicht verschieben sollte. Nicht nur die Doppelbelastung der Leute wäre ein Grund dafür, sondern auch die mögliche Ausstrahlung dieser Gespräche auf die Analyseinterviews. Diese Ausstrahlung wird, abhängig von der Fragestellung der Analyse, die Gültigkeit mehr oder weniger stark beeinträchtigen.

Die folgende Abbildung 11 gibt einen Leitfaden für die Überlegungen zu den einzelnen Analyseschritten. Der detaillierte Überblick soll die Möglichkeit bieten, den Prozess an die konkrete Situation anzupassen: Schritte auszulassen, intensiver zu bearbeiten etc.

Die Strukturierung des Analyseprozesses: der Strukturplan

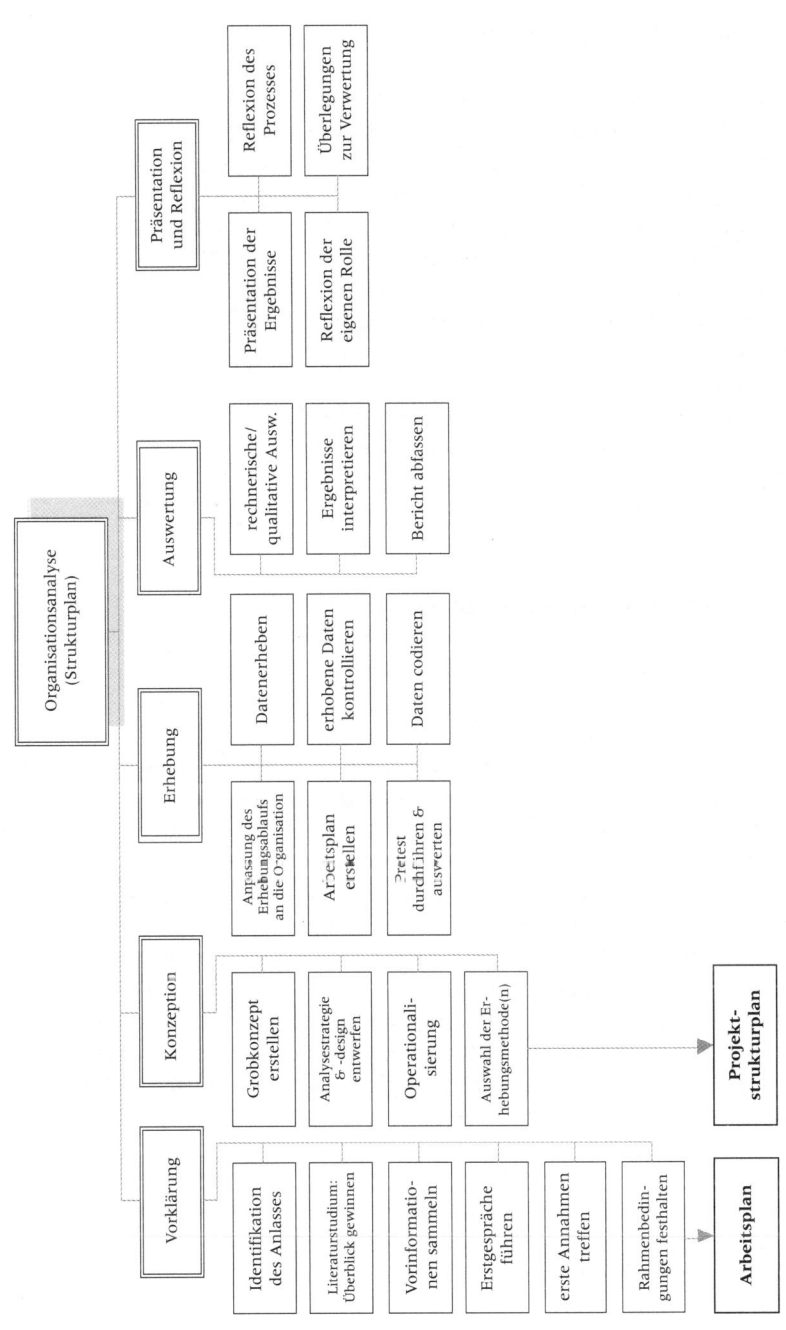

Abb. 11: Allgemeiner Strukturplan für eine Organisationsanalyse

4 Vorüberlegungen

Dieser erste Abschnitt dient dazu, sich das nötige Wissen anzueignen, um in dieser Organisation eine Analyse durchführen zu können. Man sollte also am Ende dieses Teilabschnitts – wenn entschieden ist, dass die Analyse durchgeführt wird – über alle Informationen verfügen, die es möglich machen, einen Arbeitsplan zu erstellen. Dieser Arbeitsplan muss wissen, bis wann Ergebnisse vorliegen sollten, aus welchem Anlass die Analyse zu welchem Thema, in wessen Interesse, unter welchen Rahmenbedingungen durchzuführen ist und wer von der Erhebung und den Ergebnissen betroffen wäre.

4.1 Identifikation des Anlasses

Keine Studie sollte ohne entsprechendes eigenes Interesse gemacht werden. So selbstverständlich dies scheinen mag, so ist doch allen, die eine Auftragsforschung durchführen oder die Analyse im Rahmen einer akademischen Abschlussarbeit verfassen, der Rat zu geben: Machen Sie keine Untersuchung, die sie vom Thema oder von der methodischen Durchführung her nicht interessiert. Warum? Weil unter diesen Bedingungen der Aufwand im Verhältnis zu den Lernmöglichkeiten unverhältnismäßig groß ist und weil die Erfolgschancen beeinträchtigt sind.

Liegt der Analyse ein Forschungsinteresse zugrunde, so empfiehlt es sich, rechtzeitig Antrags- und Bewertungsrichtlinien für die Einreichung von Projekten bei Förderungsfonds zu berücksichtigen. Das ist nicht nur wichtig, wenn man eine finanzielle Förderung braucht. Auch die Reputation, die mit der Förderung durch eine angesehene Institution einhergeht, kann nützlich sein. Nicht zuletzt sind die Bewertungskriterien auch eine nützliche Information über die Standards, die man bei der Konzeption und Durchführung der Studie eventuell berücksichtigen sollte.

Ist das Interesse eines Auftraggebers der Anlass, so gelten die Überlegungen, die wir vorher angestellt haben. Schon in dieser Vorphase sollte man überlegen, wie wichtig die Analyse für wen ist. Allerdings hat auch dieser Anfang eine Vorgeschichte, die sich durch die Antwort auf eine einfache Frage skizzieren lässt: Wie ist man mit dieser Organisation in Kontakt gekommen?[70] Wird beispielsweise eine Diplomandin oder ein Diplomand vom Betreuer der Arbeit an eine Firma verwiesen, so sollte sie/er abklären, welche Art von Kontakten zwischen dieser Organisation und dem Betreuer bestehen und abschätzen, was sich daraus für die Arbeit ergibt. Dann kommt die Frage, wer sich welchen Nutzen verspricht und welche Folgen daraus für die Anlage der Studie, die Datensammlung und die Präsentation der Ergebnisse abzuleiten sind. Ergebnis dieser Überlegungen sollte eine Liste von Fragen sein, die man dem Auftraggeber in dem Erstgespräch oder in einem ersten Interview stellen will, um die eigenen Annahmen über die Konsequenzen der Ausgangslage überprüfen zu können.

4.2 Literaturstudium

Kaum eine Analyse kann auf die Aufarbeitung von Büchern, Artikeln in Fachzeitschriften oder wissenschaftlichen Journalen und von Dokumenten aus dem Internet verzichten. Aber warum muss man lesen? Die Auseinandersetzung mit Literatur vor Beginn einer Organisationsanalyse hat drei Funktionen: (a) die Aneignung von Wissen (Informationen), (b) die Verringerung der eigenen Unsicherheit und (c) die Unterstützung der Suche nach weiterführenden Fragen und neuen Aspekten. Meist konzentriert sich die Nachforschung zu Beginn auf die Frage: Gibt es vergleichbare Studien? Sucht man nach Vergleichen, so sollte man sich entweder an prominenten bzw. bekannten Studien orientieren oder recherchieren, welche Standards in der Gruppe herrschen, mit der die eigene Arbeit verglichen wird. Dazu muss man sich entweder vergleichbare Diplomarbeiten und Dissertationen ansehen oder einschlägige Berichte ausheben oder, wenn es um eine Forschungsarbeit geht, Artikel in einschlägigen Journals durchforsten oder die Regeln erfragen, denen Berufskollegen folgen; letzteres gilt etwa für Berater. – Im Anhang finden Sie eine Zusammenstellung von Leitfragen für das Literaturstudium.

---

[70] Diese Frage ist nicht nur für Auftragsstudien wichtig, sondern für jede Art von Organisationsanalyse.

4.3 Sammlung von Vorinformationen

Dient das Literaturstudium vorwiegend der Ausarbeitung der Fragestellung, so ist die Sammlung von Vorinformationen vorwiegend auf die zu analysierende Organisation gerichtet. Meist reichen in diesem Stadium die Antworten auf zwei Fragen aus: Was erfahre ich im Internet über diese Organisation? Und was davon kann für die Analyse von Bedeutung sein? Welche Informationen bieten Zeitungen und einschlägige Zeitschriften? Solche und ähnliche Recherchen sind wichtig, um die Antworten in Erstgesprächen besser verstehen zu können, um fundierte Fragen stellen zu können und um einen zusätzlichen Blickwinkel zu bekommen. Die Gefahr ist, dass man sich durch die Vorinformationen zu sehr auf eine bestimmte Sichtweise einlässt und damit die selektive Wahrnehmung zu früh in eine bestimmte Richtung fokussiert. Dagegen hilft unserer Erfahrung nach nur, sich ständig daran zu erinnern, dass alles was man hört und liest nur bestimmte Ansichten wiedergibt.

Diese Überlegungen zu den Informationen, die man über die Organisation bekommen kann, sind durch Fragen nach Informationen, die man von der Organisation über sich selbst bekommen kann, zu ergänzen. Die Fragen nach dem Zugang zu derartigen Daten sollten bereits in Erstgesprächen gestellt werden.

4.4 Zugang und Erstgespräche

Nach diesen Arbeitsschritten müsste man gut gerüstet sein, um die ersten Gespräche (nach dem Erstkontakt) zu führen. Das ist eine heikle Sache. Aaron Cicourel[71] fasst zusammen, worauf es dabei ankommt und verweist

---

[71] Wir zitieren Aaron Cicourel deshalb öfters, weil er ein besonders wichtiger Repräsentant einer bestimmten Richtung der verstehenden Sozialwissenschaften ist, der „Ethnomethodologie". Dieses Kunstwort wurde von Harold Garfinkel (geb. 1917) in den 60er Jahren des vorigen Jahrhunderts geprägt. Garfinkel studierte u.a. bei Alfred Schütz. Nachgezeichnet wird die Entwicklung dieser Schule von Mullins (1981: 98), der den Grundgedanken folgendermaßen definiert: „Die Ethnomethodologie ist (...) das Studium derjenigen Methoden, die von den Mitgliedern einer Gruppe zum Kommunikationsverstehen, zur Entscheidungsfindung, zum rationalen Verhalten, dem Abwägen von Handlungen usw. verwendet werden." Der Frage nachzugehen, wie handelnde Personen einer Situation und den ihr zugrunde liegenden Regeln Sinn verleihen, erfordert, sich einen Blick anzueignen, der nicht aus der Wissenschaft stammt, sondern dem Alltagsverständnis entstammt. – Die sehr penetrante Methode des „Krisenexperiments" soll deutlich machen, welche Normen in einer Situation wirksam sind. „Garfinkeln" wird mittlerweile als Bezeichnung für das absichtliche Brechen von stillschweigenden Regeln verwendet. Das Wort Krisenexperiment selbst

auf das bereits erwähnte Konzept des „impression management" von Erving Goffman:

> „Der Zugang zu einer Organisation oder Gruppe, die untersucht werden soll, erfordert eine Einschätzung der Position des Beobachters relativ zu den untersuchten Personen, der Zugangsmittel und wie der Zugang die Beziehungen zu den Personen affizieren wird. Wie stellt man sich vor anderen dar? Dies wird eine grundlegende Frage. Wie gewinnt der Beobachter seinen anfänglichen Kontakt mit den Personen, die ihm Zugang verschaffen, mit den zu untersuchenden Personen, kurz mit jeder Person, die Gegenstand seiner Studie wird? Neben anderen betrachtet Goffman diese Frage als entscheidend für jede soziale Interaktion." (Cicourel 1974: 91)

Bevor man aber einen guten Eindruck machen kann, muss man in die Organisation hineinkommen. Das Erstgespräch oder die Vorgespräche führt man meist mit einem „Gatekeeper" oder jemandem, der einem die Personen benennt, die darüber entscheiden, ob man die Organisation, unter welchen Bedingungen, als Feld benutzen kann oder ob eine Untersuchung nicht in Frage kommt. Dieser Punkt ist im Falle guter Beziehungen oder dann, wenn die Organisation die Studie selbst will, noch relativ leicht zu überwinden. Das Weiterkommen ist in den meisten Fällen nicht so einfach und verlangt einem einiges ab. Zum Trost kann man sich sagen, dass der Zugang selbst bereits einiges darüber aussagt, wie die Organisation mit

---

bricht mit der üblichen Verwendung des Begriffs Experiment (s.u.). – Das Wort „Ethnomethodologie" ist analog zu Ethnografie gebildet, der Beschreibung der Gewohnheiten einer Ethnie. Dieser mikrosoziologische Ansatz hat für das Verständnis von Interaktionen und Verhaltensmustern einen großen Wert, er ist aber nicht gut geeignet, Zusammenhänge auf der Makroebene (zwischen Organisationen und ihren Umwelten bzw. gesellschaftlichen Verhältnissen) zu analysieren. Das zitierte Buch von Cicourel war eine Art Manifest dieser Gruppe und zählt zu den „klassischen" Werken soziologischer Arbeiten über empirische Methoden. Das programmatische Werk richtete sich vor allem gegen die streng quantitativ (standardisiert) arbeitende Soziologie und stellte den Ausgangspunkt für eine fundierte qualitative Forschung dar. – und leider auch für diese Zweiteilung. Die Angriffe der Ethnomethodologen erwiderte vor allem James Coleman (1926–1995), dessen Arbeiten wir ebenfalls öfters zitieren. Er untersucht ebenfalls u.a. die Entstehung sozialer Normen und ist nicht nur als Theoretiker bekannt, sondern durch Studien über amerikanische Gewerkschaften und vor allem wegen des sog. „Coleman-Reports" über Bildungschancen weißer und schwarzer Kinder, für den über 600.000 Schüler der USA befragt wurden. Näheres dazu findet sich etwa bei Diekmann (2007: 41 ff.). James Coleman hatte als prominenter Vertreter des „Rational Choice"-Ansatzes eine völlig andere Sichtweise als die interpretativen Soziologen. – Die „qualitative" Soziologie wird häufig von Studenten bevorzugt, weil man in diesem Gebiet nicht mit Zahlen und Statistik arbeiten muss. Cicourel erzählte, dass er nur Doktoranden nimmt, die in Statistik sehr gut ausgewiesen sind. Einerseits um sein Gebiet nicht als Nische für derartige Flüchtlinge zu etablieren, andererseits, weil die Ausbildung in Statistik einen inhaltlichen Wert hat und Sichtweisen vergleichbar macht (persönliche Mitteilung, S.T.).

Außenstehenden umgeht. Daraus sollte man Schlüsse ziehen, sowohl für das eigene Verhalten als auch für die Analyse selbst. Was kann man inhaltlich erfahren? Zum Beispiel, mit welchen Maßnahmen und Motiven eine Organisation die Analyse entweder ablehnt oder mit welchen Begründungen sie als sinnvoll angesehen wird oder wie versucht wird, sie für ihre Zwecke herzurichten. Diese Versuche der Zurichtung betreffen sowohl den Zeitpunkt der Studie, als auch den Kreis derer, die in die Analyse einbezogen werden können, als auch die Vorgehensweisen und Inhalte der Studie („Also eine repräsentative Erhebung würden wir schon erwarten." Oder „Ich hoffe nur, dass Sie nicht zu viele Fragen stellen. Na ja, aber Sie zeigen uns das genaue Fragenprogramm sicherlich vorher." Oder „Das Thema Bezahlung wollen wir zur Zeit nicht anrühren, schließlich stehen Lohnverhandlungen vor der Tür."). Die fast immer auftretende Zurückhaltung ist verständlich. Schließlich bedeutet eine Analyse der Organisation, dass man sich auf einen unbekannten Prozess einlässt, der Aufwand mit sich bringt und selten einen klar erkennbaren Nutzen nach sich zieht. Oft haben Organisationen selbst eine gewisse Praxis mit eigenen Studien und daher weniger Bedarf an einer externen „Durchleuchtung". Außerdem haben sehr viele Organisationen schon mindestens einmal eine Ist-Analyse, z.B. von Unternehmensberatern, erlebt.

Wenn man doch den Zugang schafft, so stellen Organisationen mehr oder weniger klare Bedingungen für die Durchführung. Jeder sollte jedenfalls damit rechnen, dass der „Weg ins Feld" steinig ist und einen Aushandlungsprozess bedeutet.[72] Diese Hindernisse geben einen guten Grund ab, lieber organisatorische Themen in Feldern zu bearbeiten, die leichter zugänglich sind. Deshalb findet man häufig Studenten als Untersuchungspersonen oder Teilnehmer von Managementseminaren. Die werden dann zum Beispiel über die unterschiedlichen Charakteristika der formalen/informalen Organisation befragt. Der Preis für diese Erleichterung ist allerdings, dass man die organisatorischen Zusammenhänge auflöst.

In diesen anfänglichen Kontakten muss man sich jene Bedingungen schaffen, die für die Analyse wichtig sind. Zentral sind alle Aspekte, die den Prozess definieren, also vor allem: die Rolle, die man als Analysierender spielt, die Verantwortung und die Rechte, die man hat, die Zeit, die man brauchen darf und die organisatorischen Ressourcen, die man beanspruchen kann.

---

[72] Der Artikel mit diesem Titel (Wolff 2007) beschreibt einige Varianten des Zugangs und listet Schwierigkeiten auf, mit denen man konfrontiert werden kann. Er ist für die Planung von Feldstudien lesenswert. In Organisationsstudien findet man üblicherweise keine genaueren Angaben darüber, wie der Aushandlungsprozess gelaufen ist. Eine Ausnahme bildet etwa der bereits erwähnte Erlebnisbericht von Lisl Klein (1983), dem eine Reihe von Hinweisen zu entnehmen ist.

Darüber hinaus muss man in diesen Gesprächen alle Informationen erfragen und bekommen, die man braucht, um ein Konzept für die gesamte Analyse erstellen zu können. Dieser Entwurf wird sicherlich später abgeändert werden; aber irgendwo muss man anfangen und der Anfang sollte gut überlegt werden.

Dazu braucht man eine Liste von Fragen und jede Frage muss (a) auf einer Annahme aufbauen, sonst hat man keinen guten Grund, sie zu stellen und sie muss (b) mit einer Annahme über die Antwort ausgestattet sein, sonst bringt sie wenig Information. Am Beginn stehen immer, wie Cicourel 1974: 80) feststellt, Annahmen: „Der Feldforscher kann nicht anfangen, ein soziales Ereignis zu beschreiben ohne irgendeine Spezifikation seiner wissenschaftlichen Theorie, d.h. seiner Theorie der Objekte, seines Modells des Handelnden oder der Art der vorausgesetzten sozialen Ordnung." Also braucht man eine Organisationstheorie, der man glaubt, und Annahmen über die Spielregeln, nach denen die zu analysierende Organisation funktioniert.[73] Die gern geführte Debatte, ob man voraussetzungslos oder mit Annahmen an eine Analyse herangehen soll, beantwortet Siggelkow (2007: 21) lakonisch: "In my view, an open mind is good; an empty mind is not."

4.5 Erste Annahmen

Kaum hat man die erforderlichen Vorinformationen gesammelt und die Erlebnisse der Erstkontakte ausgewertet, sollten vorläufige Annahmen getroffen werden.[74] Für jede Organisationsanalyse gilt, dass dies möglichst früh geschehen sollte, da man sich erst mit einer gewissen Sicherheit auf fremdem Terrain bewegen kann, wenn man ein Bild vom Gelände hat. Man braucht Annahmen darüber, was dort – bezogen auf das Thema, zu dem die Analyse stattfinden soll – „los ist" und wie man vorgehen sollte. Man braucht also auf den Inhalt bezogene Hypothesen und Annahmen darüber, welches Analysedesign passen würde.[75]

---

[73] Siehe dazu die Ausführungen über die eigene Position in Abschnitt 2.2.2.
[74] Die Formulierung ist in dieser Weise irreführend, weil das ja schon passiert ist. Also geht es darum, die ersten Annahmen aus dem Kopf oder Hinterkopf aufs Papier zu bringen; das verändert sie. Wir gehen also – jetzt nicht mehr stillschweigend – davon aus, dass es keine Wahrnehmung geben kann, die nicht von theoretischen Annahmen oder Erwartungen durchsetzt ist. Daher sollte man sie sich auch, soweit das geht, bewusst machen.
[75] Ein Design „passt" in diesem Sinne dann, wenn es geeignet ist, weiterführende Informationen zu Tage zu fördern. Ernst Mach hat dies folgendermaßen zusammengefasst: „Die wesentliche Funktion einer Hypothese besteht darin, daß sie zu neuen Beobachtungen und zu Versuchen führt, wodurch unsere Vermutung bestätigt, widerlegt oder modifiziert, kurz die Erfahrung erweitert wird." (Mach 1968: 240)

Beispiel 1: Wie kommt man zu Annahmen?

Nehmen Sie an, Sie hören im Laufe der Vorinterviews oder der Erstanalyse in einem Produktionsbetrieb so oft den Satz: „Wenn der Kunde mit Auftrag droht, ...", dass er in diesem Unternehmen als „geflügeltes Wort" gelten kann.

Wenn Ihnen dieser Satz prominent erscheint, also auffällt, so sollte er Anlass für Überlegungen sein, also eine Annahme (Hypothese) provozieren.

Mit diesem Beispiel konfrontiert, kommt als erster Reflex häufig die Vermutung auf, dass die Leute in dieser Firma überfordert sind. – Annahmen, die in diese Richtung zielen, setzen nicht bei der Organisation an, sondern beim Personal.

Die zweithäufigste Vermutung ist, dass die Firma schlecht organisiert ist, dass wahrscheinlich der Vertrieb nicht funktioniert. – Diese Interpretation bezieht sich auf einen organisatorischen Aspekt und ist daher im Rahmen einer Organisationsanalyse eher angebracht als die erste Vermutung. Aber sie schießt übers Ziel hinaus, sie ist zu konkret, weil der Vertrieb adressiert wird. Damit macht diese Annahme einen bestimmten Bereich verantwortlich. Bleibt man bei der Folgerung stehen, es liege eine schlechte Organisation vor, so hat man zu wenig aus der Beobachtung herausgeholt.

Wendet man eine systemische Perspektive an[76], so ergeben sich andere Interpretationsmöglichkeiten: Ausgangspunkt ist die grundsätzliche Unterscheidung zwischen innen/außen bzw. zwischen Unternehmen und Markt. Kunden sind eindeutig dem Markt zuzurechnen. Wenn wichtige von außen kommende Aktionen, innen als Drohung aufgefasst werden, so sind diese Aktionen sicherlich nicht gewollt, d.h. nicht vom Unternehmen provoziert. – Wer organisiert sich schon Drohungen gegen sich selbst? – Daraus folgt, dass Kundenanfragen vom Unternehmen nicht als (gewünschte) Antworten auf unternehmenseigene Aktionen anzusehen sind. Und daraus folgt, dass das Unternehmen seine Märkte nicht entsprechend bearbeitet. Die Marktpolitik ist zu schwach, um das, was auf den relevanten Märkten geschieht, als vom Unternehmen herbeigeführte Aktionen zu sehen.

---

[76] Das Beispiel stammt aus einem der Workshops mit Niklas Luhmann, das S. Titscher anfangs der 80er Jahre mit einer Gruppe von Unternehmensberatern in Wien organisiert hat; der Fall stammt also aus diesem Praxisfeld. Direkt mit dieser Arbeit in Zusammenhang stehen einige Publikationen, wie z.B.: Exner et al. (1987) und Titscher (1990). Überlegungen, die aus dieser Zusammenarbeit hervorgegangen sind, hat Luhmann (1989) in einem Artikel veröffentlicht.

Was macht man mit dieser Interpretation?

Man ist zu einer Annahme gekommen, die auf einem Ereignis ansetzt, das auffallend war. – Das war der in Interviews immer wieder zu hörende Satz. – Also sucht man nach einer Erklärung. Nach den Regeln der *Abduktion* heißt das, man sucht nach einer Gesetzmäßigkeit, die diese auffallende Tatsache plausibel erscheinen lässt: Unter welchen Bedingungen ist verständlich, dass Kundenaufträge als Bedrohung erlebt werden?

Hat man eine Gesetzmäßigkeit gefunden, die eine plausibel erscheinende Begründung liefert, so hat man eine Annahme, die als ein möglicher Grund für das Auftreten der beobachteten Auffälligkeit angesehen werden kann. Ob er Erklärungskraft hat, muss dann noch geprüft werden. Diese Prüfung muss an einem Fall geschehen, den man in einem Gedankenexperiment überlegen und dann kontrollieren muss. In diesem Beispiel könnte man etwa die Annahme treffen, dass der Einfluss der marktbezogenen Führungskräfte gering sein wird oder aber, dass die Firma in ihrer aktuellen Strategie (wenn es eine gemeinsam abgestimmte gibt) die Marktdurchdringung nicht deutlich behandelt.

Der Prozess, der in diesem Beispiel abläuft, lässt sich schematisch folgendermaßen wiedergeben (siehe Abbildung 12):

Ausgangspunkte sind (1) theoretische Annahmen und entsprechende Vorerfahrungen. Die Theorie erfüllt drei Funktionen: sie bündelt allgemei-

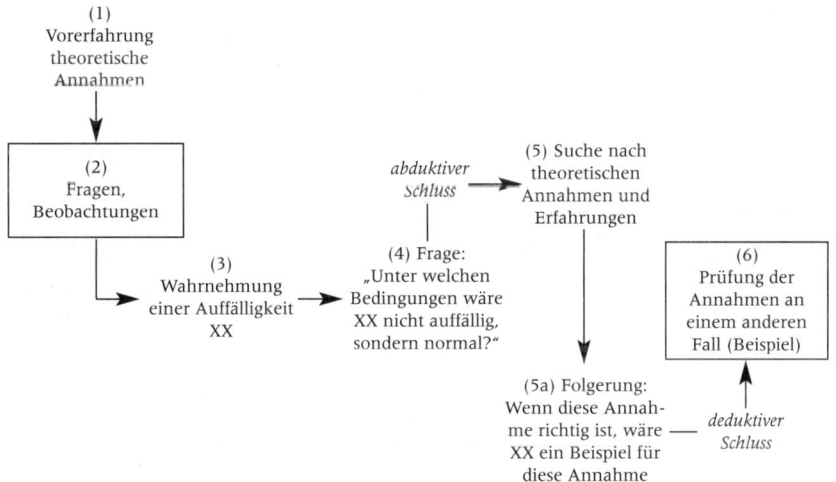

Abb. 12: Abduktive Folgerungen im Rahmen einer empirischen Analyse

ne, geprüfte Erfahrungen, auf die man zurückgreifen kann, steuert die Beobachtungen und sie ermöglicht damit dem Beobachter eine eigene Sichtweise, d.h. eine hinreichende Distanz zum Geschehen. Die eigene Lebenserfahrung bietet die Grundlage, sich in Situationen bewegen zu können, ohne anzuecken und macht es möglich, Fragen zu stellen, Dinge beobachten zu können (2). Andererseits sind genau die bisherigen Erfahrungen und Vorannahmen mögliche Blockaden, um Unerwartetes zu sehen. Das muss man nach Möglichkeit berücksichtigen, wenn man sich oder anderen Fragen stellt. Nur so kann man Auffälligkeiten wahrnehmen (3).

Bei dieser Beobachtung sollte man nicht stehen bleiben, man sollte nicht nur beschreiben, was man beobachtet.[77] Diese Beobachtung sollte die Suche nach einer Regel (Norm) auslösen (4), der zufolge das beobachtete Geschehen „normal", also nicht auffällig wäre. Das ist der sog. „abduktive Schluss" (5).[78] Er gelingt dann eher, wenn man seiner Intuition vertraut, viele theoretische Annahmen kennt und aus Erfahrung über Faustregeln verfügt. Dann kann man vermuten, in welcher Situation welche Regel nützlich ist. – Die Erfahrung „Auf jeden rollenden Ball folgt ein laufendes Kind" wird zwar auch für Spielplätze zutreffen, ist in diesen Situationen aber nicht nützlich, weil selbstverständlich. Wichtig ist diese Erfahrungsregel im Straßenverkehr. Die Regel: „Solange Dezimalstellen keinem bestimmten Zweck dienen, läßt man sie aus." von Hans Zeisel (1970: 28) gilt für Tabellen in einem Analysebericht, nicht an der Zapfsäule und nicht für Finanzgeschäfte. – Hat man eine fundierte Annahme über eine erklä-

---

[77] „Wenn man nur beschreibt, wie ein Apfel vom Baume fällt, so ist das noch keine Wissenschaft. Nur wenn man zugleich auch das dahinter stehende Prinzip, die Struktur oder das Gesetz, in diesem Falle das Fallgesetz, entdeckt, wird das bloß Anschauliche zur Wissenschaft." (Mannheim 1964: 633) – Wir benützen dieses Zitat aus dem Bereich der Wissenssoziologie, um in diesem Zusammenhang auf die Grenzen rein deskriptiver Analysen (siehe oben) zu verweisen. Dass diese Analysen nicht wissenschaftlich sind, ist aber nicht abwertend zu verstehen, sondern bedeutet nur, dass ihre Ergebnisse nicht verallgemeinert werden können.

[78] Der US-amerikanische Philosoph Charles S. Peirce (1839–1914) beschreibt diese, durch ihn wieder bekannter gewordene Form der Schlussfolgerung so: „Die Abduktion ist der Vorgang, in dem eine erklärende Hypothese gebildet wird. Es ist das einzige logische Verfahren, das irgendeine neue Idee einführt, denn die Induktion bestimmt einzig und allein einen Wert, und die Deduktion entwickelt nur die notwendigen Konsequenzen einer reinen Hypothese. Die Deduktion beweist, daß etwas der Fall sein *muß*, die Induktion zeigt, daß etwas *tatsächlich* wirksam *ist;* die Abduktion vermutet bloß, daß etwas der Fall *sein mag*. Ihre einzige Rechtfertigung liegt darin, daß die Deduktion aus ihrer Vermutung (suggestion) eine Vorhersage ziehen kann, die durch die Induktion getestet werden kann, und daß es, sollen wir überhaupt jemals etwas lernen oder ein Phänomen verstehen, die Abduktion sein muß, durch die das zustande zu bringen ist." (Peirce 1976: 5.171, S. 400) (kursiv in der Übersetzung)

rende Regel oder Gesetzmäßigkeit, so muss man diese überprüfen. Sie bietet also die Leitlinie für die folgende Datensammlung. Aus dem Beispiel ergibt sich etwa die Aufforderung, nach Indikatoren (Hinweisen) zu suchen, mit denen man die Annahme überprüfen kann. Zugleich lässt sich daraus ableiten, dass man unbedingt jene Bereiche in die Analyse einbeziehen sollte, in denen man nach diesen Hinweisen suchen muss. Untersucht man die Wirkung der IT, so kann man die Analyse nicht auf diesen Bereich beschränken. Aber so einfach wie dieses Beispiel ist die Untersuchungswirklichkeit nicht oft.

Der Kern des Vorganges besteht darin, dass man auf der Basis erworbenen Wissens den eigenen Alltagsverstand benützt und Alltagsformen der Schlussfolgerungen heranzieht, um mit selbst erfahrenen Faustregeln, „Pfadfinderweisheiten", Überlebensregeln Situationen erklären und verstehen zu können. So kommt man durch das Labyrinth der Organisationsanalyse.

> In einem Artikel des Spiegel (1991, 13: 267) über die Renaissance der Labyrinthe war zu lesen: „Die meisten Heckenwege sind in maximal 30 Minuten zu bewältigen, klaustrophile Japaner indessen stöbern gern, die Stoppuhr in der Hand, bis zu eineinhalb Stunden durch Holzgehege. Brücken und Aussichtstürme erleichtern die Positionsbestimmung, Hilfsdienste schleusen völlig verwirrte Geister durch Nottüren aus der Innenwelt wieder in die Außenwelt.
> Hartgesottene Labyrinth-Freaks verschmähen solche Handreichungen. Sie vertrauen auf Intuition und, notfalls, Pfadfinderweisheiten: ‚Wenn einem Besucher mit zufriedenem Gesichtsausdruck entgegenkommen', weiß ein Routinier, ‚dann ist man dicht am Ziel. Haben sie noch ein frisches Eis in der Hand, ist der Eingang nicht mehr weit.'"

Abduktives Denken ist nicht nur eine Technik, wie Reichertz (2003) in seinem Einführungsbuch über diese Form der Schlussfolgerung feststellt, sie ist das Ergebnis einer bestimmten Haltung gegenüber Beobachtungen und gegenüber dem eigenen Wissen. Welche Einstellungen sind für eine Organisationsanalyse günstig, die nicht bestimmte Ergebnisse bringen muss oder nur der Rechtfertigung dient? Man sollte neugierig sein, viel beobachten und überraschungsbereit sein, also nicht alles als bekannt abtun und nicht für alles gleich eine Erklärung haben. Die Beispiele sollen auch verdeutlichen, dass es wichtig ist, für Beobachtungen unterschiedliche Sichtweisen und Interpretationsmöglichkeiten zu haben.

4.6 Resümee der Rahmenbedingungen

Die schriftliche Zusammenfassung der Rahmenbedingungen muss die Einschränkungen und die konkreten Möglichkeiten auflisten, die bei der geplanten Studie zu berücksichtigen sind.

Bei jeder Organisationsanalyse ist man in einer Sandwich-Position; eingeklemmt zwischen den Standards, die man zu erfüllen hat und den Regeln und Usancen, die in der zu analysierenden Organisation gelten. Für Studentinnen und Studenten gibt es Anforderungen an akademische Abschlussarbeiten. Für Beraterinnen und Berater einer Beratungsfirma gibt es fast immer firmeneigene Standards für Ist-Analysen, die sagen, wie sie abzulaufen haben, was zu berücksichtigen ist, wie man vorgehen muss. Forschungsarbeiten müssen den Regeln entsprechen, die in dem jeweiligen Wissenschaftsbereich gelten. Von diesen inhaltlichen Aspekten abgesehen, wird es ein Zeitlimit geben oder verschiedene Zeitpunkte, die – vom Endtermin abgesehen – zu berücksichtigen sind.

Schwieriger zu identifizieren sind die organisationseigenen Restriktionen. Sie können sinnvollerweise an Hand der drei bereits benannten Dimensionen sortiert werden:

- Gibt es auf der zeitlichen Ebene Bedingungen, die einzuhalten sind? In diese Kategorie fallen der Abgabetermin, die durch die Arbeitszeitregelung, ev. Urlaube und durch Geschäftszyklen bestimmte zeitliche Erreichbarkeiten oder Engpässe etc.
- Auf der sozialen Dimension sind unter anderem (insbes. bei Gruppeninterviews oder -diskussionen) die Formen der Zusammenarbeit zu berücksichtigen, die Bedeutung der hierarchischen Ebenen, die Umgangsformen usw.
- Zu den thematischen Rahmenbedingungen zählen wir auch das Informationssystem einer Organisation, genauer: das, was die Organisation an Selbstbeschreibung zur Verfügung hat und was sie wie nutzt. Dazu gehören etwa Personal-, Produktions-, Verkaufsstatistiken und andere Aufzeichnungen, die ein Bild ergeben. Davon ist zu unterscheiden, welche Inhalte dem zugänglich gemacht werden, der von außen kommt und eine Organisationsanalyse machen will. Auch diese Unterscheidung kann als Information genutzt werden. Einschränkungen seitens der Organisation sind auch durch den Arbeits- oder Geschäftsbereich und die Arbeitsbedingungen gegeben. Diese Faktoren bestimmen, wen man was zu welchen Inhalten fragen kann, wo man worüber welche Daten bekommen kann.

Will man AußendienstmitarbeiterInnen befragen, so ist genau abzuklären, wann sie in der Firma anwesend sind. In Produktionsbereichen ist es wichtig, die Arbeitszyklen zu kennen, Lärmbelastungen einzukalkulieren etc. Die Anordnung und Aufstellung der Räume kann Interviews erleichtern oder erschweren, die Entfernung von Firmenteilen wird Zeit erfordern. Von diesen eher stabilen Bedingungen abgesehen, werden in vielen Fällen auch aktuelle Ereignisse die Untersuchung beeinflussen. Wenn etwa das Gerücht kursiert, es gäbe Interessenten für eine Übernahme der Firma, so wird jede Untersuchung sehr schnell unter diesem Aspekt gesehen werden. Dann werden besonders genaue Erklärungen und Informationen über die Studie erforderlich (aber von fraglichem Nutzen) sein, der Erhebungsvorgang, der vertrauliche Umgang mit Informationen und die Verwertung der Ergebnisse werden besonders sorgfältig überlegt und mit der Belegschaft diskutiert werden müssen.

Zu den Rahmenbedingungen gehören auch die kulturellen Besonderheiten und die politischen Vernetzungen, in die eine Organisation eingebettet ist, da sie die Ansichten, das Handeln und die Reaktionen der Akteure beeinflussen. Die Forderung nach einem reflexiven Umgang bedeutet in diesem Zusammenhang, dass der Analysierende mit seiner Studie nicht die eigenen Vorstellungen und Ansichten anderen überstülpt, sondern sich entsprechend herantastet. Alle Rahmenbedingungen sind auf ihre Bedeutung hin zu überlegen und bei allen Konzepten, Instrumenten und Begriffen muss man überlegen, wie sie in diesem Zusammenhang von anderen verstanden und „missverstanden" werden können. Dies gilt für jedes „Untersuchungsobjekt", dem man sich nähert, besonders aber bei der Untersuchung von Organisationen in anderen Kulturen.

So kann man beispielsweise Länder nach der dort vorherrschenden Ausprägung auf der Achse Kollektivismus <> Individualismus einteilen und mit dieser Einteilung in Befragungsstudien Unterschiede in der Führung feststellen. Zu den Fragen, welche Vorstellungen von Führung bestehen, welche Stile vorherrschen oder akzeptiert werden etc. gibt es eine ganze Reihe von Studien. Selten werden aber die Methode bzw. das Konzept selbst hinterfragt.[79] Dann kommt man nämlich zu dem Schluss, dass das Vorgehen selbst schon ein „westlicher" Export ist. Da unter diesen Begriffen beispielsweise in Japan, Thailand, Singapur oder Indien etwas ganz anderes verstanden wird, gehen derartige Untersuchungen zwar mit einem gut getesteten Instrument (meist einem standardisierten Fragebogen in entsprechenden Übersetzungen) vor, überprüfen aber nicht die Validität. Bei anderen Kulturen fällt der „fremde" Blick an sich noch leichter, die Forderung, eigene Konzepte und Denkraster nicht ungeprüft oder unreflektiert einzusetzen, gilt aber auch in an sich vertrauter Umgebung.

Wenn Sie eine Organisationsanalyse machen wollen, so müssen Sie (fast immer) in diese Organisation hinein. Die Tür, durch die Sie hineinkommen, das sind die Rahmenbedingungen. Je nach dem, wie gut Sie diese

---

[79] Dies ist ein Beispiel für den „blinden Fleck": Man sieht nicht, was man mit dem Beobachtungsinstrument nicht sieht. Das Konzept wird in Abschnitt 8.1 genauer behandelt.

kennen und beachten, fällt Ihr Auftritt aus.[80] Gut vorbereitet sind Sie, wenn Sie zwei Fragen beantworten können: Mit welchen Rahmenbedingungen für meine Studie habe ich zu rechnen? Welche und wessen Standards sind einzuhalten?

Wenn Sie darauf Antworten haben oder zumindest die Fragen aufgelistet haben, die Sie in den Erstgesprächen stellen müssen, können Sie eine wichtige Entscheidung treffen: Ob Sie dieses Vorhaben durchführen wollen und ob Sie das leisten können, was von Ihnen erwartet wird. Und die Vorfrage ist: Bis wann ist die Entscheidung zu treffen, ob die Analyse durchgeführt werden kann? – Eine Liste von Fragen, die für Erstgespräche sinnvoll sein können, enthält der Anhang.

---

[80] „Wenn man gut durch geöffnete Türen kommen will, muß man die Tatsache achten, daß sie einen festen Rahmen haben; dieser Grundsatz ... ist einfach eine Forderung des Wirklichkeitssinns. Wenn es aber Wirklichkeitssinn gibt ..., dann muß es auch etwas geben, das man Möglichkeitssinn nennen kann. Wer ihn besitzt, sagt beispielsweise nicht: Hier ist dies oder das geschehen, wird geschehen, muß geschehen; sondern er erfindet: Hier könnte, sollte oder müßte geschehen; und wenn man ihm von irgend etwas erklärt, daß es so sei, wie es sei, dann denkt er: Nun, es könnte wahrscheinlich auch anders sein. So ließe sich der Möglichkeitssinn geradezu als die Fähigkeit definieren, alles, was ebensogut sein könnte, zu denken und das, was ist, nicht wichtiger zu nehmen als das, was nicht ist." (Musil 1978: 16)

5 Konzeption

Die Konzeption einer Studie ist besonders entscheidend, weil in dieser Phase die gesamten Vorüberlegungen und Erstannahmen zu einem Gesamtbild gebündelt werden. Man kann sagen, hier wird die Melodie der Analyse entwickelt oder das Gesamtdesign entworfen und festgelegt. Kurz, die Entscheidungen der Konzeptionsphase haben weit reichende Konsequenzen.

Wenn Sie mit einem Strukturbaum oder Ablaufplan arbeiten, so ist jetzt die Gelegenheit, eine Verfeinerung vorzunehmen. Die Abbildung 11 hat zwei Ebenen unterschieden. Geht man eine Ebene weiter, so bekommt man eine Tiefengliederung, die Arbeitsschritte unterscheidbar macht. Dann kann man *Meilensteine* identifizieren, also Ereignisse (Zwischenergebnisse), die eine Entscheidung nötig machen, bevor man im Projekt zum nächsten Abschnitt (Arbeitspaket) übergehen kann. – So ist etwa die Zusammenfassung der Vorinformationen ein Meilenstein, der erledigt werden muss, bevor die Erstgespräche geführt werden können. In der Auswertungsphase ist die Datenkontrolle ein Meilenstein, da die Auswertung erst danach beginnen soll. Abbildung 13 stellt einen Ausschnitt aus einem detaillierten Projektplan vor und listet Beispiele für Arbeitspakete und Meilensteine des ersten Abschnitts der Konzeptionsphase auf. Meilensteine können, wenn sie als ganz konkrete Aktion oder Ereignis formuliert werden, die Funktion von „Implementierungsintentionen" übernehmen.

Auch wenn das Fundament noch etwas wacklig ist, alle Arbeitsschritte der Konzeptionsphase bauen auf dem vorher gewonnenen Arbeitswissen auf. Die gesamte Aufmerksamkeit sollte darauf ausgerichtet sein, am Ende einen Projektstrukturplan – wie grob oder detailliert auch immer – entwerfen zu können. In dieser Phase muss also die Analysefrage genau bestimmt werden und von diesem Ausgangspunkt her ist weitere inhaltliche Arbeit zu leisten. Ein glückliches Ende findet dieser Abschnitt, wenn man das Analysedesign schriftlich formuliert hat, also eine klare Vorstellung davon hat, wie die Untersuchung in welcher Form ablaufen muss, um bis zu dem festgelegten Endtermin eine Antwort auf die Analysefrage zu liefern.

Die gesamte Phase der Konzeption umfasst vier zentrale Abschnitte: Erstens ist ein Grobkonzept zu erarbeiten, in dem die Ausgangsfrage präzisiert wird und die darin enthaltenen Begriffe geklärt werden. Sind die Begriffe nicht klar, begreift man nicht, was man tut. Neben diesem grundsätzlichen Aspekt hat diese Arbeit an den Begriffen aber auch rein pragmatisch-technische Seiten, auf die wir unten zu sprechen kommen. Dieser Abschnitt mündet in die Formulierung von Arbeitshypothesen. Die zweite Frage ist, wie man zu empirischen Daten kommen kann, um diese Annahmen zu belegen, zu verfeinern oder zu überprüfen; man muss sich für eine Analyse-, d.h. Forschungsstrategie entscheiden. Hat man diesen Rahmen abgesteckt, so kann man zu den Annahmen zurückkehren und die darin enthaltenen Begriffe übersetzen. In diesem dritten Abschnitt der Operationalisierung werden Regeln entwickelt, um die Analyse von der Ebene der Begriffe auf die Ebene der Messung zu bringen. Der vierte Abschnitt ist das Analysedesign: Die Strategie hat das Was festgelegt, das Analysedesign führt dazu, dass man das Wie entscheidet. Extra heben wir die Kriterien für die Wahl der Erhebungsmethoden hervor, die an sich im Rahmen des Designs zu entscheiden sind. Dieser lehrbuchmäßige Verlauf ist in der Realität kaum in dieser Form gegeben. Das sieht man beispielsweise schon daran, dass die strenge Trennung zwischen Strategie und Design nicht durchgehalten werden kann.

Wie auch immer und in welcher Reihenfolge man vorgeht, in dem Bericht über die Analyse wird man zumindest vier Fragen beantworten müssen: Wie lautete die Ausgangsfrage? Von welchen Annahmen wurde ausgegangen? Wie wurden die wichtigen Begriffe in der Arbeit definiert? Welche Anlage der Studie wurde für die Analyse gewählt? Warum wurden welche Methoden und Vorgehensweisen bei der Erhebung gewählt? Da interessierte Leserinnen und Leser in einem Analysebericht nach Antworten auf diese (wie auch immer) formulierten Fragen suchen, sollte man sie in der Konzeptionsphase entsprechend genau bearbeiten.

5.1   Grobkonzept

Grundlage für den ersten Entwurf der Analyse ist der Arbeitsplan. Wie bereits oben festgestellt, sollte aus ihm hervorgehen, bis wann die Analyse fertig sein muss und was das heißt. Weiters müssen geklärt sein: der Anlass, das Thema, die dahinter steckenden Interessen, wer die Betroffenen sind und unter welchen Rahmenbedingungen die gesamte Veranstaltung durchgeführt werden muss.

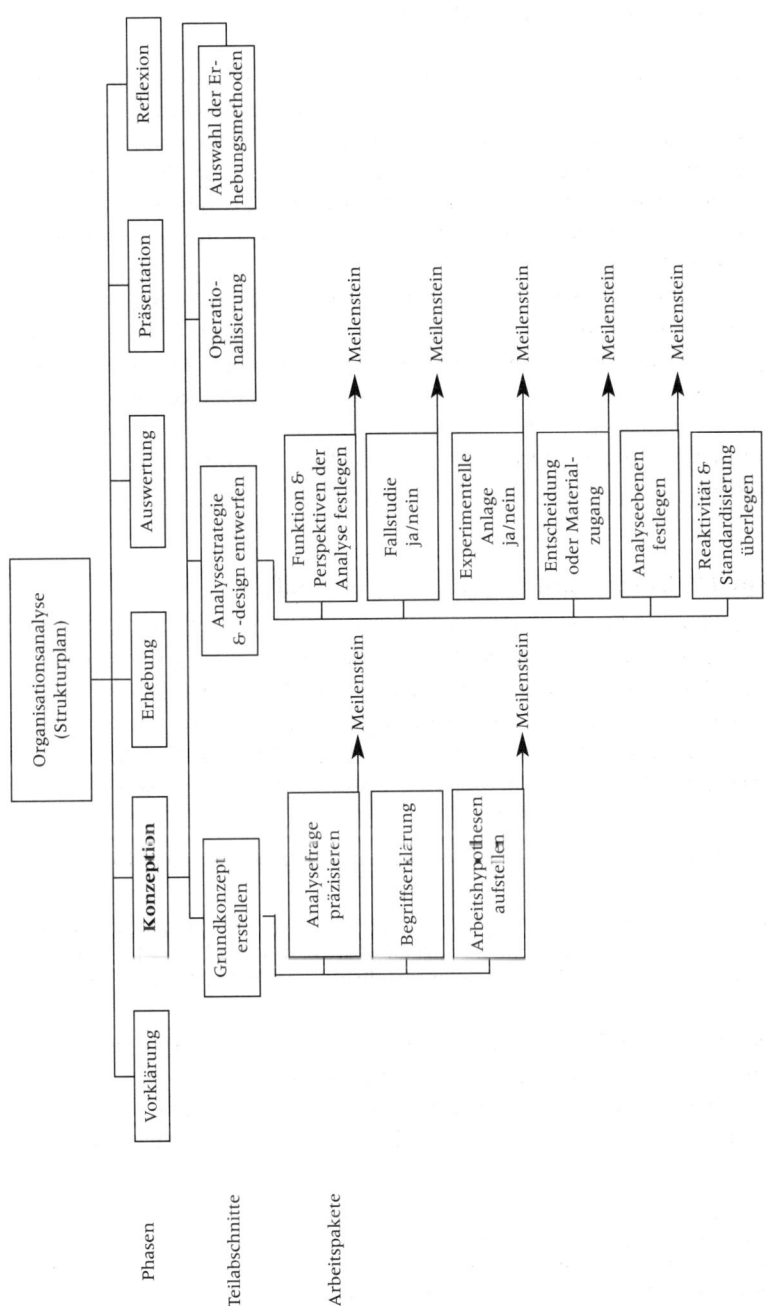

Abb. 13: Beispiele für Arbeitspakete der Abschnitte „Grobkonzept erstellen" und „Analysestrategie wählen"

5.1.1 Präzisierung der Analysefrage

Damit kann man zum Kernstück des Grobkonzepts vordringen, zu der Frage, die die Studie anleitet, zur Entwicklung der Analysefrage. Die gesamte nachfolgende Arbeit ist nichts anderes, als die Suche nach einer passenden Antwort auf diese Frage. Die Frage benennt das Problem. Wie wichtig dieser Arbeitsschritt ist, drückt die Ansicht aus: Besser eine ungefähre Lösung für das richtige Problem als eine exakte Antwort auf eine falsch gestellte Frage.[81]

Die Ausgangsfrage legt aber nicht alles weitere fest und setzt auch keinen Prozess in Gang, der zwingend zu einem bestimmten Design oder zu einer ganz bestimmten Methode führt. Um trotzdem aber eine Steuerungsfunktion ausüben zu können, sollte sie möglichst eindeutig sein und die zentralen Begriffe enthalten, die nachher in den Arbeitshypothesen vorkommen. Alle in der Frage vorkommenden Begriffe müssen genau definiert werden.

Beispiel 2: Die steuernde Funktion der Analysefrage

Aus der Analysefrage ergeben sich Weichenstellungen für die zentralen Begriffe der Untersuchung, die Verbindung zwischen diesen Konzepten und die Auswahl der Methoden. Anders ausgedrückt: Mit der leitenden Analysefrage beginnt der Prozess der Operationalisierung, die Übersetzung der theoretischen Konstrukte (Begriffe) in Begriffe, die in der erfahrbaren Wirklichkeit beobachtet und eventuell gemessen werden können.

Die Weichenstellung der Eingangsfrage lässt sich am Beispiel folgenden Artikels nachvollziehen:

Sudarsanam, Sudi/Mahate, Ashraf A., 2006: Are Friendly Acquisitions Too Bad for Shareholders and Managers? Long-Term Value Creation and Top Management Turnover in Hostile and Friendly Acquirers, British Journal of Management, 17: S7–S30.

Da der Titel als einfache Frage formuliert ist, geht aus ihm ziemlich klar hervor, was die Autoren interessiert: „In this article we seek to provide empirical evidence to answer the question whether hostile acquirers create more or less value than friendly acquirers." (Seite 26, Summary and implications)

---

[81] Den Satz hat u.a. der Statistiker John Tuckey in verschiedenen Formulierungen und Veröffentlichungen verwendet. Tuckey war an der Princeton University tätig und bei Bell Telephone Laboratories. Er führte 1946 den Begriff „bit"" für „binary digit" ein.

Diese Formulierung setzt mindestens drei wesentliche Markierungen:

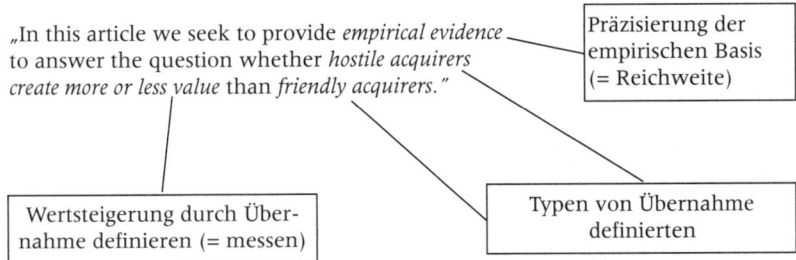

Es wird gesagt, dass eine *empirische Begründung* für eine Antwort gesucht wird. Also muss in der Folge genau angegeben werden, an Hand welchen Materials die Untersuchung durchgeführt wird:

From the *Investors Chronicle* and *Acquisitions Monthly* supplemented by *Extel News Summary* cards and *Financial Times Mergers* and *Acquisitions International* a list of all successful UK takeovers completed between 1983 and 1995 was compiled. From this initial list of over 1628 acquisitions, those involving a private (i.e. nonlisted), foreign-listed bidder and/or target, or where Datastream has missing share prices, dividends and MTBVs, were excluded, bringing the sample down to 696. Of the remaining acquirers, those acquisitions with a market value below £ 10 million in real terms in 1996 prices were also excluded. Furthermore, acquisitions in which acquirers have negative MTBVs are also dropped. This leaves a final sample of 519 acquirers." (S. 16, Data, Kursivsetzung im Original)

Hier gibt es eine genaue Beschreibung, also eine Eingrenzung. Die Aussagen der Untersuchung werden sich nicht auf Firmenübernahmen im Allgemeinen beziehen, die Reichweite der Aussagen ist auf erfolgreiche Übernahmen von Firmen einer bestimmten Mindestgröße in UK in der Zeit zwischen 1983 und 1995 beschränkt. Inwieweit die Ergebnisse etwa auf us-amerikanische Verhältnisse und andere Zeiträume übertragbar sind, wird in dem Artikel diskutiert, ist aber nicht Gegenstand der empirischen Untersuchung selbst.

Damit wird auch festgelegt, dass Übernahmen untersucht werden, also Übernahmen, die Erhebungseinheiten, somit Fälle sind. Die Daten über diese Fälle werden, wie aus der Beschreibung des Materials hervorgeht, in schriftlichen, veröffentlichten Dokumenten (Acquisitions Monthly etc.) erhoben. Also liegt ein bestimmter Typ von Untersuchung vor, eine non-reaktive Analyse. Es handelt sich nicht um eine Dokumentenanalyse, da nicht die Magazine untersucht werden, sondern nur die Daten daraus entnommen werden.

Die Bestimmung, dass Firmenübernahmen die Erhebungseinheiten sind, ist aber noch zu ungenau. Die erste Unterscheidung (freundliche/ feindliche Übernahmen) differenzieren die Autoren und kommen zu folgender Typologie:

„In this research we identify four types of successful bidders as follows:
- single friendly bidder (F) – the only bidder and it receives the recommendation of the target board
- single hostile bidder (SH) – the only bidder and it wins despite resistance by the target management.
- multiple hostile bidder (MH) – the bidder that wins in competition with another hostile bidder or a white knight.
- white knight bidder (WK) – a friendly bidder that wins in competition with a hostile bidder." (S. 9, Theoretical framework)

Es werden also vier Typen gebildet, die technisch gesehen Ausprägungen der Variable „successful bidders" sind. Vom Messniveau her handelt es sich um eine Nominalvariable, sie muss „nur" eines leisten: dass die untersuchten Übernahmefälle eindeutig in eine der vier Ausprägungen eingeordnet werden können. Die zugrunde liegende Annahme ist also, dass die Art der Übernahme den Wert beeinflusst, der mit der Firmenübernahme erzielt wird. Die (hier) unabhängige Variable Übernahmeart (mit vier Ausprägungen) beeinflusst den künftigen Wert der übernommenen Firma. Und diese (abhängige) Variable muss natürlich auch genau definiert werden:

"Acquirer's performance is assessed by the stock market returns i.e. share price changes. For each acquirer in our sample of successful bidders, we estimate the abnormal performance-index based returns for different event windows i.e. days surrounding the takeover bid announcement (called the 'event'). This requires the estimation of the returns to an appropriate benchmark considered the 'normal' return. The difference between the observed return to the acquirer and the return to the benchmark (called the 'abnormal return') compounded over the same event window gives us a measure of the return to the shareholders of the acquirer attributable to the acquisition. This measure is called the abnormal performance index return (APR)." (S. 15, Methodology and data)

In Laufe einer Analyse kommen selbstverständlich eine Reihe weiterer Differenzierungen hinzu, in diesem Artikel etwa die Veränderung der Zusammensetzung des Managements der übernommenen Firmen. Aber die Analysefrage selbst, stellt, wie wir zeigen wollten, bereits wesentliche Weichen, bestimmt die Zielrichtung und engt den Spielraum möglicher Wege, wie man dorthin kommt, ein.[82]

---

[82] Viele dieser hier dargestellten Ableitungen, lassen sich mit einiger Übung aus einer guten Zusammenfassung ableiten. Wir geben dazu das Abstract des hier als Beispiel verwendeten Artikels wieder:

Das Beispiel soll zeigen, was aus einer Analysefrage alles abgeleitet wird oder was man aus ihr ableiten sollte. Aber damit ist noch nicht geklärt, was eine gute Analysefrage ist. Gut ist sie dann, wenn sie einen dazu bringt, viel über wenig auszusagen, statt wenig über viel herauszubekommen. Also sollte die Leitfrage nicht nur einen selbst interessieren und der Organisation etwas bringen, die analysiert wird, sondern sie sollte auch eng formuliert sein. Sie sollte so formuliert sein, dass sie anleitet und nicht zu viel offen lässt, aber nicht so eingeschränkt sein, dass sie uninteressant ist oder zu keiner Analyse führt.

Ein Beispiel für eine zu weite Fragestellung ist folgende: Welche Faktoren beeinflussen organisatorische Veränderung? Wie kann man sie eingrenzen?

- Man kann den Umfang der beiden Begriffe inhaltlich einschränken.

„Organisatorische Veränderung" kann begrenzt werden, indem man einen Teil herausgreift, etwa „die Änderung einer Vertriebsstruktur" oder nur einen bestimmten Aspekt berücksichtigt, z.B. die „Akzeptanz". Man kann auch beide Fokussierungen einführen, hat dann aber eine deutlich andere Fragestellung: Welche Faktoren beeinflussen die Akzeptanz einer Änderung der Vertriebsstruktur?

In ähnlicher Weise kann man mit „Faktoren" spielen und sie durch Zusätze einschränken, wie beispielsweise: organisatorische, soziale, arbeitsbezogene.

- Auf der Zeitachse kann man die Fragestellung einengen.

Das gelingt, indem man sie an ein bestimmtes Ereignis bindet, etwa „nach einer Firmenübernahme". Eine Schärfung der Analysefrage kann

---

"The well-documented failure of the majority of acquisitions to create value is often identified in popular discussion with hostile acquisitions, whereas friendly acquirers seem to get a friendly press. The relative performance of friendly and hostile acquirers therefore warrants a rigorous empirical investigation. Clear evidence of superior value creation in hostile over friendly acquisitions allows us to judge the efficacy of the market for corporate control. In this article we examine the long-term shareholder wealth performance of four types of acquirers – friendly bidder, hostile bidder, white knight and hostile bidder facing a white knight or another hostile bidder. For a sample of 519 acquisitions of UK target firms during 1983–1995, we estimated the three-year post-acquisition gains to acquirer shareholders and found that hostile acquirers deliver significantly higher shareholder value than friendly acquirers. We found that friendly acquirers with high stock-market ratings destroyed more value than hostile acquirers with a similar rating. Friendly acquirer top managers suffered greater job losses than those of hostile acquirers, perhaps paying the price for their inferior value-creation performance. Our study provides evidence of the superior value-creation performance of hostile acquirers and makes the case against takeover regulatory rules that may impede hostile takeovers." – Eine Zusammenstellung einiger Fakten zu den Auswirkungen von Merger & Acquisitions findet sich bei Pfeffer/Sutton (2006: 162)

aber auch die Angabe eines Zeitkorridors bringen. Das geht aber bei diesem Beispiel nur schwer.
- Man kann die Analysefrage auch auf der sozialen Dimension präzisieren.
Das bedeutet etwa, sie nur auf eine bestimmte Gruppe zu beziehen: Welche Faktoren beeinflussen die Akzeptanz einer neuen Vertriebsstruktur durch den Außendienst? Anstelle des Außendienstes kann man aber auch Kunden anführen und diese wiederum auf die Kategorie A-Kunden einschränken.

Welche der Dimensionen als vordringliche Kandidatin für eine Präzisierung heranzuziehen ist, hängt von der Ausgangsfrage ab. Diese Überlegungen stellen ein einfaches Werkzeug dar, um mit einer Analysefrage so lange spielen zu können, bis sie angemessen eingeengt ist. Die Beispiele sollen auch zeigen, dass man damit der Ausgangsfrage sehr schnell eine andere Bedeutung gibt. Das ist einerseits ein Risiko, andererseits eine Chance, wenn die Analysefrage damit präziser wird und dem Sinn der Analyse entspricht.

5.1.2 Begriffsklärung

Hat man sich eine funkionsfähige Analysefrage erarbeitet, so müssen die Begriffe in der Fragestellung präzisiert werden. Wie man dabei vorgeht, dazu haben wir eine Anleitung in den Anhang gestellt: „Wie präzisiere ich die Begriffe meiner Fragestellung?" (siehe Anhang) [83]

Diese Arbeitsschritte verlangen genaue Überlegungen, weil sie die eigene Arbeit prägen, bis hin zu Internetrecherchen wirksam sind und bei der Suche nach Literatur helfen. Das ist aber nur die eine Seite.

In dem vorherigen Beispiel der Firmenübernahme wurde existierendes Material analysiert. Setzt man aber „reaktive" Methoden ein, muss man also im Feld arbeiten und bezieht man seine Daten aus den Reaktionen der Organisationsmitglieder (als Befragte, Beobachtete etc.), so müssen die Begriffe noch eine andere Qualität haben: Man muss sie nicht nur für sich selbst definieren, sie müssen auch von anderen im gemeinten Sinne verstanden werden können. Diese Überlegungen gehören in den rechten Ast des oben dargestellten Analysezirkels (siehe Abbildung 10).

---

[83] Eine sehr viel genauere Darstellung des Prozesses der Begriffsbildung und Präzisierung des Untersuchungsgegenstandes bietet etwa Kromrey in seinem Einführungsbuch über standardisiert verfahrende Sozialforschung Kromrey (2002).

Daher ist eine Gegenprüfung der Begriffe angebracht. Bevor man sie beispielsweise in Fragebögen oder Interviews benutzt, sollte man überlegen: Werden in der Organisation die (für die Studie) wichtigen Begriffe in diesem Sinne verstanden?

Von diesen Überlegungen ist zu unterscheiden, dass sich eine Organisationsanalyse in den Kontakten mit den Mitgliedern dieser Einrichtung nach Möglichkeit der dort üblichen Sprache bedienen sollte. Also sollte man überprüfen, ob diese Begriffsverwendung der entspricht, die in diesem Feld gängig ist.

> Es wäre ein Fehler, von „Gruppenleitern" zu sprechen, wenn es diese Titel nicht gibt. In manchen Organisationen ist dies noch komplizierter, wie beispielsweise im diplomatischen Dienst: Jemanden mit Botschafter oder Botschafterin anzusprechen ist nicht nur gewagt, weil manche erwarten, mit „Exzellenz" angesprochen zu werden, sondern auch deshalb, weil Botschafter entweder ein Titel ist oder eine Funktionsbezeichnung. Die Leiterin einer Botschaft ist eine Botschafterin, aus dem Ausland zurückgekehrt wird sie meist zu einer Gesandten. Derartige Spezialitäten weisen aber nicht nur staatliche Bürokratien auf, Industriebürokratien sind auf dem Gebiet auch ganz gut: So muss man Kürzel, wie CEO, CFO, CIO etc. kennen und unterscheiden können und man sollte auch wissen, was in der konkreten Organisation, in der man seine Analyse betreiben will, der Titel „Vice-President" tatsächlich bedeutet. Von Titeln abgesehen sind organisationsinterne Bezeichnungen zu beachten und zu lernen: „Vosi" ist manchmal das Kürzel für Vorstandssitzung, die „Springbock-Connection" bezeichnete (zur Zeit von Jürgen Schrempp) das Beziehungsnetz der Daimler-Benz Leute, die sich aus ihrer Zeit in Südafrika gekannt haben, „Goldfasan" kann die Bezeichnung für einen bestimmten Typ von Polizeioffizier sein (s.u. im Abschnitt über Gruppendiskussionen). Diese Dinge sollte man entweder kennen oder, wenn sie für die Analyse wichtig sind, sollte man ihre Bedeutung im Zuge der Untersuchung herausbekommen. Und dann muss man sich natürlich eine Menge „sachlicher" Kenntnisse aneignen, wie vielleicht: Welches SGF (Strategische Geschäftsfeld) wird als „Cash Cow" angesehen. Das ist wichtig, wenn in dieser Firma das Portfoliokonzept einen Denkraster abgibt. Wenn die Analyse auch betriebswirtschaftliche Aspekte umfasst, so muss man vielleicht wissen: Wie werden primäre und sekundäre Kosten (Belastungen, die durch andere Kostenstellen entstehen) abgegrenzt und definiert etc.

Die Begriffsklärung umfasst also zumindest vier Ebenen: Zunächst müssen die Wortbedeutungen in der Analysefrage genau ausgearbeitet werden. Dann müssen diese Begriffe operationalisiert werden (s.u.) und im Zuge dessen muss auch überlegt werden, wie diese Begriffe in der konkreten Organisation verstanden oder verwendet werden. Und nicht zuletzt muss man darüber hinaus den Sprachgebrauch der Organisation kennen, um sich während der Erhebung entsprechend verständlich machen zu können und um das Gesagte möglichst im gemeinten Sinn verstehen zu können. Wie tief und in welche Bereiche man dabei eindringen muss, hängt vom

Thema der Analyse ab und davon, welchen Ansatz man verfolgt: Wenn man eine standardisierte Erhebung macht, wird der gesamte diesbezügliche Aufwand in die Vorphase der Erhebung und den Pretest geschoben und relativ gering sein. Bei anderen Erhebungsformen, etwa unstrukturierten Interviews muss man sich genauer mit den Sprachgewohnheiten und ihren Bedeutungen auseinandersetzen, weil sie wichtige Informationen tragen.

5.1.3 Arbeitshypothesen

Hat man eine klare Fragestellung erarbeitet und sind die Begriffe definiert, so wird es Zeit, die ersten Annahmen (siehe 4.5) zu überarbeiten oder klarer zu fassen. Diese einzelnen Arbeitsschritte (Annahmen treffen, Analysefrage aufstellen, Begriffe klären, Arbeitshypothesen aufstellen) sind eng miteinander verzahnt. Wir müssen sie hier entzerren, um sie entsprechend darstellen zu können.

Arbeitshypothesen sind nichts anderes als inhaltliche Annahmen darüber, wie die einzelnen Begriffe der Ausgangsfrage miteinander verknüpft sind. Genauer: wie das, was die Begriffe bezeichnen, in der beobachtbaren Realität zusammenhängt.

Wenn man Arbeitshypothesen formuliert, so bauen sie auf den ersten Annahmen auf, wenn diese die Arbeit an der Analysefrage überlebt haben. Die Ausgangsannahmen werden also geändert oder umformuliert und in eine „testbare" Form gebracht. Je nach theoretischem Ansatz, dem die Analyse folgt, heißt das, die Begriffe der Arbeitsannahmen so zu formulieren, dass sie auf der Ebene der „Realität" messbar oder ohne Messinstrument beobachtbar sind bzw. nach ihrer Bedeutung gesucht werden kann.[84]

Wenn man nicht bereits existierende Hypothesen nochmals überprüfen muss, sondern eigene Arbeitshypothesen aufstellen kann, so empfehlen wir als ein mögliches Vorgehen, vier Elemente miteinander zu verknüpfen: Die Vorannahmen, die Analysefrage, ein Differenzschema und theoretische Annahmen.

Die Vorannahmen und die Analysefrage haben wir bereits abgehandelt. Die zwei anderen Komponenten müssen erklärt werden:

Ein Set von Unterscheidungen (Differenzpaaren) heranzuziehen und an die zentralen Begriffe der Analysefrage anzulegen, ist sehr empfehlenswert. Warum? Weil Unterschiede die Basis für Wahrnehmung sind. Man

---

[84] Später, bei der Frage, wie die Analyse an die Rahmenbedingungen und Gegebenheiten der Organisation angepasst werden können, muss man dann die organisationsspezifischen Annahmen (siehe Abbildung 10) berücksichtigen.

kann Dinge nur im Vergleich zu anderen beobachten. Daraus ergibt sich auch die Antwort auf die Frage: „Die Erde dreht sich mit 1.600 km/h um sich selbst. – Warum wird uns nicht schwindlig?"[85] Im Anhang (6) finden Sie einige Beispiele für grundlegende Unterscheidungen, die in vielen Organisationsuntersuchungen Anregungen geben können.

Ein Set von Theoriestücken ist ein nützlicher, oft notwendiger Hintergrund, den man entweder bereits hat oder aber sich im Rahmen der Arbeit an der Forschungsfrage erarbeiten muss.

Wir unterscheiden vier Arten von Erfahrungen, theoretischen Annahmen oder Forschungsergebnissen, die für eine Analyse von Organisationen wichtig sind:

a) Erkenntnisse und Ergebnisse, die es zu den Inhalten der Analysefrage gibt,
b) Konzepte, die zu einzelnen Begriffen der Forschungsfrage oder damit eng zusammenhängenden Begriffen vorliegen.
c) Theoretische Erkenntnisse allgemeiner Art, die bei der konkreten Untersuchung zu berücksichtigen sind.
d) Annahmen über den Typ von Organisation, in dem/über den die Analysearbeit stattfindet.

Die Teile (a) und (b) sind gegenstandsbezogenes theoretisches Wissen. Einen anderen Typ von Theoriestücken stellt allgemeine Versatzstücke oder Kernaussagen von Theorien (c) dar. Die sind nicht so einfach zu finden, weil sie nicht unmittelbar mit der Fragestellung zu tun haben, sondern allgemeine Bedingungen für die Antworten auf die Analysefrage darstellen oder Konzepte der zentralen Begriffe sind. In diese Kategorie fällt etwa der Kernsatz von „Rational Choice" Theorien: Personen wählen unter den von ihnen wahrgenommenen Handlungsmöglichkeiten jene aus, von denen sie sich den größten Nutzen erwarten.[86] Das ist insofern ein inhaltsleerer Satz, als er die Situation nicht spezifiziert, keine Angabe macht, wie Menschen ihre Nutzenerwartungen ordnen etc.

---

[85] „Die Erdrotation ist eine gleichförmige, unveränderliche Bewegung, und wir können nur Änderungen von Bewegungen (Beschleunigungen) wahrnehmen." Das sind Änderungen der Geschwindigkeit oder der Richtung, wie Wolke (2003) feststellt. Wir verzichten hier auf eine theoretische Begründung und verweisen nur darauf, dass z.B. die Systemtheorie Niklas Luhmanns differenztheoretisch konzipiert ist.

[86] Auf diese Ansicht kommen wir bei der Besprechung der Besonderheiten von Befragungen zurück (6.1.1), da sie eine der Theorien ist, mit der sich Wissenschaftler die Frage, ob Befragte „wahre" Antworten geben, erklären.

Beispiel 3: Von der Analysefrage zu Annahmen

In einem Betrieb wird die Erfahrung gemacht, dass es sehr unterschiedlich erfolgreiche Projekte gibt und gerade in letzter Zeit einige Schlüsselvorhaben den Bach runtergegangen sind. Daher kommt es – nehmen wir an im Rahmen einer Auftragsstudie – zur (noch sehr allgemeinen) Frage, die die Analyse auslöst:

Wovon hängt in diesem Unternehmen der Teamerfolg ab?

1. *Anwendung eines Differenzschemas*:
   Legt man die Unterscheidung von innen/außen an, so bekommt man zwei unterschiedliche Kandidaten für den Erfolg: interne Prozesse und externe Bedingungen. Einen Schritt vorher kann man von der Unterscheidung Erfolg/Misserfolg ausgehen und kommt damit etwa zur Frage, wer die Definitionsmacht hat, um zu bestimmen, ob etwas erfolgreich ist oder nicht.
   Ein wesentlicher Begriff in der Ausgangsfrage ist die Bezeichnung „Team". Als Gegensätze bieten sich an: Arbeitsgruppe, zufällige Zusammenkunft. Diese Überlegung führt dazu, dass mögliche Gründe für Misserfolge sein könnten: die mangelnde Abgrenzung gegenüber Linienabteilungen und/oder die nicht hinreichend geplante Einsetzung.
   Die letzte Frage in diesem Schritt: Was unterscheidet dieses Unternehmen von anderen? – Diese Frage führt zu diesem Zeitpunkt nicht weiter, wenn man das Unternehmen nicht spezifizieren kann. Das ist vielleicht vorschnell, wie man in Schritt 8 feststellen kann.

2. *Recherche in der Teamliteratur bzw. Gruppenforschung (Literatur vom Typ a)*:
   Welche Faktoren begünstigen, laut Forschungslage, den Erfolg eines Teams oder einer Gruppe?

3. *Suche nach Konzepten* zum Thema „Gruppenprozess" (*Literatur vom Typ b*):
   Definitionsarbeit und Auflistung von Merkmalen; zu bedenken ist aber, dass (laut der kleinen Differenzübung zu Beginn) die Fragestellung nicht auf die internen Faktoren eingeschränkt werden sollte.

4. *Recherche in der Organisationsforschung:*
   Welche Faktoren fördern die Weitergabe positiver Erfahrungen? (Weil erklärungsbedürftig erscheint, warum die Erfolge, laut Darstellung der Ausgangslage, nicht angehalten haben.) Hier bietet sich an, nach Ergebnissen in der Literatur über organisatorisches Lernen zu suchen. Dieser Weg wird aber als relativ aufwändig eingeschätzt und daher im Moment nicht weiter verfolgt.

5. *Vertiefung der Recherche durch einen „Ausflug" in sozialpsychologische Lerntheorien* (*Literatur vom Typ c*):
   Das kann etwa sinnvoll sein, um danach zu suchen, welche Faktoren erwünschtes Verhalten verstärken. – Hinter dieser Suche steckt beispielsweise die weitere Annahme, dass das Unternehmen positive Verstärkungen unterlässt oder falsch einsetzt.
6. *Suche in der Organisationsliteratur* (*Literatur vom Typ b*):
   Gibt es Untersuchungen zur Frage, was von wem als Erfolg angesehen wird?
   Diese Suche ist zu allgemein und wird zu nichts führen. Etwas besser ist es, in der *Führungsforschung* und/oder *Organisationsliteratur* zu recherchieren: Nach welchen Kriterien beurteilen Vorgesetzte etwas als positiv/negativ?
7. *Suche nach Konzepten* zum Thema „Erfolg" (*Literatur* vom Typ b)
   Hier kommt man zu einer ganzen Liste von Erfolgskriterien für Teams, wie z.B.: Einhaltung der Zeit und Kosten (Literatur aus dem Bereich Projektmanagement), Zusammenhalt des Teams und positive Selbsteinschätzung des Erfolgs (viele Gruppenforschungen); Akzeptanz und Wirkung der Ergebnisse.

Zwischenergebnis dieses Teils: Bei Erfolg geht es nicht um gut/schlecht an sich, sondern um einen Beurteilungsprozess. Das führt zu einer ersten Korrektur der Analysefrage: Nach welchen Kriterien beurteilt wer im Unternehmen, ob ein Team erfolgreich ist oder nicht?

Aber: Diese Frage würde „nur" zu einer Beschreibung führen. Der Auftrag lautet aber, eine Analyse durchzuführen, aus der die Gründe für die als misslich erachtete Situation hervorgehen.

Die Arbeitshypothese könnte daher lauten: Der Erfolg von Teams hängt von externen Faktoren ab, wird von teaminternen Prozessen beeinflusst und von den Beurteilungskriterien derer, die über das Ausmaß des Erfolges urteilen.

In den weiteren, daraus abgeleiteten Hypothesen wären dann die Faktorengruppen (teamexterne, teaminterne, beurteilertypische Einflüsse) aufzuzählen. – Oder, und das wäre eine oftmals bessere Variante, man fragt nach diesen Faktoren; zum Beispiel in Gruppeninterviews oder -diskussionen mit erfolgreichen und als erfolglos bezeichneten Teams.

8. Welche *Forschungsergebnisse* gibt es zur Projektabwicklung in Unternehmen dieses Typs? (*Literatur vom Typ d*)
   Diese Frage wird seltener gestellt. Wenn sie bedeutsam ist, so müsste die Antwort darauf vor Ausarbeitung der Arbeitshypothesen gesucht werden.

Inhaltlich heißt das, dass man nach bestimmten Kriterien den „Typ" von Organisation bestimmen muss. Als Gesichtspunkte der Unterscheidung kommen hier aber nicht allgemeine Charakteristika in Frage, wie etwa nach Größe oder Branche, sondern Typen von Projekten, die in dieser Organisation abgewickelt werden. Das lässt sich damit begründen, dass z.B. Projekte der Produktentwicklung ganz anders verlaufen als Reorganisationsvorhaben und diese unterschiedlichen Projektformen auch sehr unterschiedlich beurteilt werden; zum Beispiel, weil sie unterschiedlich schnell erste Effekte zeigen.

Ist man hier gelandet, so ist zu entscheiden, ob die Analysefrage nicht auch nach Projekttypen unterscheiden sollte. Üblicherweise wäre das aber bereits eine Frage, die man „im Feld" stellen muss und Thema von Erstinterviews sein könnte.

Die folgenden drei Beispiele bringen sehr allgemeine Annahmen, oben als (c) angeführt, die für fast jede Fragestellung bei Organisationsanalysen wichtig sind. Wie man leicht feststellen kann, hängt die Suche nach entsprechend passenden Versatzstücken immer auch mit der Differenzbildung zusammen, die man anlegt:

- Verhalten ist eine Funktion von Person und Umwelt: $V = f(P, U)$.[87]

Jedes Verhalten ist durch Persönlichkeitsfaktoren und Faktoren der Umwelt geprägt. Für das Verstehen und Erklären der Handlungsweisen von

---

[87] So lautet die „Verhaltensformel" von Kurt Lewin (1890–1947), einem der bedeutendsten Sozialpsychologen. Er war ein prominenter Vertreter der Berliner Gestalttheorie und entwickelte einen eigenen Ansatz, die „Feldtheorie". Die Formel besagt, dass jedes Verhalten das Ergebnis der in einem Feld („Lebensraum") wirkenden Kräfte ist, das durch Persönlichkeits- und Umfeldfaktoren bestimmt wird. Nach seiner Emigration in die USA begründete er mit seinen Experimenten am MIT (Massachusetts Institute of Technology) die Gruppendynamik: Aus Führungstrainings, in denen Vorarbeiter das nötige Rüstzeug erlernen sollten, um Kooperationsbereitschaft zu fördern, mit Disziplinarproblemen fertig zu werden etc. Einen Schlüssel dafür bildete die Erzeugung von Daten „im Hier und Jetzt", die die Grundlage für Feedback bildeten. Am Anfang dieser Arbeiten stand Lewins Auseinandersetzung mit dem Ansatz von F. W. Taylor. Sie führten zu einem umfangreichen Forschungsprogramm, in dessen Rahmen Lewin an der Lösung konkreter Probleme arbeiten wollte. Damit begann er auf Einladung einer Fabrik in Virginia. Das war (neben den Arbeiten von J. L. Moreno) eine der Wurzeln der „Aktionsforschung", wonach jede Forschung Aktion, die Einbeziehung der Betroffenen, bedeutet und es keine Aktion ohne Forschung geben sollte. Die Projekte beschränkten sich keineswegs auf die Industrie, sondern befassten sich u.a. auch mit dem Verhalten jugendlicher Banden, der Wirkung öffentlicher Wohnprogramme. Es gibt nur wenige Bereiche der Sozialpsychologie, die von Kurt Lewin, seinen Mitarbeitern und Schülern nicht beeinflusst wurden. – Näheres findet sich z.B. in dem Buch eines Freundes von Lewin, Alfred J. Marrow, der Geschäftsführer jenes Unternehmens war, in dem die Industrieforschung begann (Marrow 2002).

Akteuren müssen daher beide Komponenten (Merkmale der Situation und Merkmale der Person, wie Engagement, Fähigkeiten, berichtete Erfahrungen) herangezogen werden. Personen agieren quasi als „Figuren" vor dem Hintergrund (Situation, Organisation). Wenn sich eine Organisationsanalyse mit „organizational behavior" auseinandersetzt, sollte sie daher Typen von Situationen in die Studie einbeziehen: Will man Verhaltensmuster verstehen, so muss man die Situation analysieren. Die Situation versteht man, wenn man die Verhaltensmuster herausbekommt.[88] – Die Studie von Bensman und Gerver ist ein Beispiel für die enge Verflechtung zwischen situativen Faktoren und Verhaltensweisen.
– Jetzt könnte man noch einen Schritt weitergehen und diese Faktorenbündel weiter differenzieren. Also beispielsweise bei den Persönlichkeitsfaktoren die Motive unterscheiden und dabei zwischen „Um-zu-Motiven" und „Weil-Motiven" differenzieren.[89] Die „Um-zu-Motive" bezeichnen die Handlungsziele eines Akteurs, also etwa seine Einstellungen und vor allem seine Erwartungen, die er mit seiner Aktion verbindet. Die „Weil-Motive" bezeichnen das, was der Akteur als externe Bedingungen oder Zwänge („constraints") auffasst.

---

[88] Diese Annahme hat auch die Konsequenz, dass man bei allen Versuchen, das Handeln von Personen zu erklären, nicht mit Daten auskommt, die ebenfalls auf der individuellen Ebene liegen. Man muss also „Kontextvariable", Informationen einer höheren Ebene, einbeziehen. Man kann also beispielsweise die Akzeptanz des Vorgesetztenverhaltens nicht ausschließlich durch die Einschätzung seines Führungsstils durch die ihm unterstellten MitarbeiterInnen erklären, sondern müsste Situationsvariable einbeziehen. Eine mögliche Variable auf Strukturebene wäre die Wertschätzung unterschiedlicher Führungsstile in dem Unternehmen, also ein Merkmal der Unternehmenskultur. – Manchmal wird dieser Fehler (die falsche Erklärung von individuellen Daten durch andere Daten auf der individuellen Ebene) auch als „individualistischer Fehlschluss" bezeichnet. Meist versteht man unter dieser Art des Fehlschlusses aber die ungerechtfertigte Folgerung von Ergebnissen über Individuen auf die Merkmale des übergeordneten Kollektivs, dem die Individuen angehören: Man verwendet Merkmale (etwa: bestimmte Einstellungen) der Einzelnen zur Beschreibung der Organisation, der sie angehören; man schließt aus Merkmalen von Ärzten auf die Berufsgruppe etc.
Die Frage, wie man von der einen Ebene auf die andere schließen kann, ist auch ein Kernstück der erkenntnistheoretischen Position mit dem Label „methodischer Individualismus". Sie geht davon aus, dass soziale Zusammenhänge allein schon aus der Beobachtung individuellen Verhaltens erklärbar sind. Bekannte Vertreter dieser Ansicht sind so unterschiedliche Wissenschaftler wie z.B.: George C. Homans oder Karl-Dieter Opp; in der Betriebswirtschaft ist etwa Günther Schanz für diese Position bekannt.

[89] Diese Unterscheidung wurde von Alfred Schütz (1974) eingeführt. Schütz (1899–1959) war in Wien als Finanzjurist in einer Bank tätig, musste 1939 emigrieren und lehrte seit 1943 Soziologie in New York. Er beeinflusste eine Fülle bekannter Soziologen, wie schon erwähnt z.B. H. Garfinkel. Seine Arbeiten wurden einer der Grundlagen der phänomenologischen Sozialwissenschaft, der Analyse der von Menschen sinnhaft konstruierten und interpretierten Strukturen der Alltagswelt. – Der Titel seines Hauptwerkes benennt dieses Programm.

Ein einfaches Beispiel dafür, wie diese Unterscheidung bei einer Organisationsanalyse nützen kann: Beobachtet man in einer Firma eine auffallende Hektik, ein ständiges schnelles Hin- und Herlaufen, so kann man sich fragen: Laufen die Leute vor etwas davon oder laufen sie wohin? Für eine Diagnose macht es ja einen Unterschied, ob die Leute die Situation so definieren, dass sie glauben, weg zu müssen (z.B. das sinkende Schiff verlassen) oder ob sie Handlungsziele anstreben, also ein bestimmtes Ziel vor Augen haben (Umsatzziele, Marktführer etc.).

- Strukturen schränken ein und schaffen Vorhersehbarkeit.

Jede Person hat eine breite Palette an Verhaltensweisen bzw. -möglichkeiten. Dieser Spielraum wird durch Strukturen (Normen und Regeln) eingeengt. Struktur oder Ordnung (im Gegensatz zu Beliebigkeit) schränkt Handlungsmöglichkeiten ein und erhöht damit die Erwartbarkeit. Daher muss jede Analyse die Strukturen erfassen und ihre Wirkung beschreiben.

Das ist auch für den, der eine Analyse macht wichtig, weil diese Behauptung (bzw. soziologische Erfahrung) auch für ihn bzw. sie selbst gilt: Der Analysierende kann nur das bewirken, was die Strukturen zulassen. Eine der Fragen, die sich daran anschließen, ist, wem welche Effekte zuzurechnen sind bzw. was von den Effekten worauf zurückzuführen ist.

In Organisationsanalysen begegnet man diesem Thema etwa, wenn die alte Frage gestellt wird: Wie viel Einfluss hat ein Vorgesetzter oder eine Führungskraft? Sie ist vor diesem Hintergrund leicht zu beantworten: Ein Vorgesetzter hat so viel Einfluss, wie die Struktur zulässt. Anders sieht die Sache aus, wenn die Führungskraft zugleich Eigentümer ist. Aber nur scheinbar, denn hier kann sie/er dank der Strukturhoheit die Struktur stärker den eigenen Wünschen anpassen.

- Attributionen sind ein wichtiges Moment bei der Verknüpfung von Aktionen und Reaktionen.

Warum? Weil durch Attribuierung (Zuschreibung) eigenes und fremdes Verhalten begründet wird. Und üblicherweise führt die Benennung eines Grundes für etwas auch dazu, dass man selbst oder das Gegenüber darauf reagiert.

Der Vorgesetzte sagt zu einem Mitarbeiter: „No, das haben Sie aber gut gemacht, wo doch der Kunde heute so schlecht aufgelegt war." Der Mitarbeiter antwortet: „Tja, hab ich mal Glück gehabt."

Tendenziell erklären Akteure ihr Verhalten mit der Situation. Dagegen begründen Außenstehende beobachtete Verhaltensweisen meist mit Charakteristika, die sie Personen zuschreiben. Läuft die Attributionsrichtung anders, so kann Sympathie oder Antipathie vermutet werden.

Der Vorgesetzte sagt zu einem Mitarbeiter: „No, da haben Sie aber Glück gehabt, dass der Kunde heute so gut aufgelegt war." Der Mitarbeiter antwortet: „Wieso? Das war mir doch klar, was der heute wollen wird."

Dieser Wissensbestand ist u.a. wichtig, weil man sich nicht wundern darf, wenn im Rahmen einer Analyse die Befragten in dieser Weise (theoriekonform) antworten. Begründet die Spitze einer Organisation die Situation vorwiegend mit Branchen- oder Konjunktureffekten, so sollte man der Frage nachgehen, wofür sie Verantwortung übernimmt. Dazu liegen auch empirische Untersuchungen vor, die folgenden, für Organisationsanalysen nicht unwichtigen Schluss nahe legen: Werden Umweltereignisse, die man nicht kontrollieren kann, für negative Ereignisse verantwortlich gemacht, so korreliert diese Tendenz mit schwacher Leistung. Erklärt wird dies damit, dass ein Management wenig Anlass für eine strategische Neuausrichtung sieht, wenn es den geringen Geschäftserfolg vorwiegend auf externe Faktoren zurückführt. Dies belegt etwa ein Artikel von Cohen/ Bailey (1997: 276), in dem die Autorinnen 54 Studien über die Effektivität von Teams durchgearbeitet haben.

5.2 Entwurf der Analysestrategie und des Analysedesigns

Manchmal wird der Begriff „Forschungsstrategie" mit „Untersuchungsplanung" gleichgesetzt, manchmal, insbesondere in der Psychologie, wird unter Untersuchungsplanung das „Untersuchungsdesign" verstanden. Wir halten es für günstig, dass bei der Planung einer Analyse zunächst mehr strategische Überlegungen angestellt werden und dann die konkrete Anlage der Studie bestimmt wird, das Analysedesign. Aber wie auch immer die Systematik angelegt wird, die in diesem Abschnitt behandelten Fragen müssen in irgendeiner Form beantwortet werden, was offen bleibt, holt einen später ein.[90] Die Vorstellung, man könne auch ohne ein überlegtes Design einen Hit à la Casablanca landen, also auch ohne Drehbuch eine erfolgreiche Analyse abliefern, ist eine Illusion.

Wir befinden uns in einem Stadium der Analyse, das sich folgendermaßen zusammenfassen lässt:
- Ein Grobkonzept ist erarbeitet,
- die Fragestellung soweit geklärt, dass erste Annahmen getroffen werden konnten.
- Auch sind die Interessen und Erwartungen durch Antworten auf drei Fragen geklärt:
  – Ist die Analyse zu diesem Thema (von mir) leistbar?

---

[90] Der Artikel von Dieter Grunow (1995) analysiert 300 deutsch- und englischsprachige Artikel der empirischen Organisationsforschung und stellt fest, welche Lücken in der Beschreibung des Untersuchungsdesigns festzustellen sind. Besonders schwerwiegend ist die mangelhafte Verknüpfung von Forschungsfrage und Forschungsdesign.

- Ist sie in der vorgesehenen Zeit zu leisten? (Bis wann müssen die Ergebnisse spätestens vorliegen? Warum bis zu diesem Zeitpunkt?)
- Ist die Analyse den Betroffenen zumutbar und wessen Interessen sind wie zu berücksichtigen?

Wenn dieser Zustand erreicht ist, dann sollte eine Analysestrategie festgelegt werden. Darunter sind die Entscheidungen zu verstehen, die die Richtung der empirischen Arbeit bestimmen:

Welches Ziel man mit der Beantwortung der Leitfrage verfolgt, (1) welche Funktion die Analyse hat und (2) unter welcher Perspektive die Analyse betrieben wird, sind zwei generelle Aspekte. Ob man die Studie (3) als Fallstudie konzipiert oder als (4) Experiment oder experimentähnliche Untersuchung anlegt, hat schon etwas konkretere Auswirkungen und engt die Antwortmöglichkeiten auf die weitere Frage ein: (5) Mit welchem Material kann oder muss gearbeitet werden? Das bestimmt Antworten auf die Fragen: Worüber soll etwas ausgesagt werden, d.h. welche Reichweite muss die Studie haben? Soll die Analyse eine Momentaufnahme bieten oder Veränderungen im Zeitablauf abbilden? Wie komme ich zu meinem Untersuchungsmaterial?

Diese letzte Frage leitet zum „Wie" über, zum Design einer Studie, mit dem der Prozess der Datensammlung gesteuert wird. Hat man mit dem Entwurf einer Analysestrategie die Fragen nach dem Wozu beantwortet, geht es bei der Ausarbeitung des Designs um die Wie-Fragen. Wir sind noch immer auf der konzeptionellen Ebene, nicht bei der Datenerhebung selbst. Daher sind auch die drei Fragen nach dem Designentwurf noch relativ abstrakt: Welche Ebenen sind bei der Analyse zu berücksichtigen? Wie „reaktiv" soll, kann oder muss das Vorgehen sein? Wird die Analyse mit standardisierten Verfahren und Instrumenten arbeiten oder auch oder nur andere erfordern? Diese drei Fragen kann man vor der Auswahl der konkreten Methoden beantworten, weil sie nicht an bestimmte Methoden gebunden sind. Hier sind generelle Entscheidungen zu treffen, die keine Differenzierung nach Erhebungsmethoden bedeuten.

Strategie und Design einer Analyse verbinden das aus der Leitfrage entwickelte Konzept mit der konkreten Datensammlung und der späteren Auswertung. Diese Verbindungen sind mehr oder weniger eng oder locker. Stellt man Annahmen auf, die getestet werden sollen, bewegt man sich also mehr im Rahmen klassischer Forschung, die nicht unser primäres Thema ist, so ist die Kopplung eng. Geht man mehr auf die Suche und versucht das zu verstehen, was in der Organisation geschieht, so wird die Grenze zwischen Frage, vagem theoretischen Konzept und Erhebung keinen so zwingenden Verlauf haben. Das sind zwei Pole auf einem Kontinuum. Im Alltag werden oft Mittelwege gegangen. Davon gibt es aber nicht beliebig viele und auch wenn die Leitfrage eine Art Wegweiser ist, so können Konzeption und Analysedesign leicht zu Irrwegen oder Umwegen einladen.

Wie auch immer man sich entscheidet, das Wichtigste ist, dass man die Strategie und die Wahl des Analysedesigns nachvollziehbar beschreibt. Das ist für einen Auftraggeber wichtig, das ist für wissenschaftliche Veröffentlichungen und akademische Abschlussarbeiten wichtig. Nicht zuletzt klärt die Darstellung des Analysedesigns für den, der die Untersuchung macht, was er alles an konzeptioneller Arbeit und theoretischem Wissen in die Studie investiert hat.

Hat man alle hier behandelten Fragen (von 5.2.1 bis 5.2.9) fürs erste beantwortet, dann kann man zur Operationalisierung übergehen. Das ist die ganz konkrete inhaltliche Verknüpfung zwischen Konzept und Datenerhebung. Die klare Ausarbeitung der Analysestrategie, des Designs und der Operationalisierung ermöglicht erst die bewusste Wahl der Methode. Damit hat man Leitplanken für die Entscheidung über die konkret anzuwendenden Verfahren und Instrumente.

5.2.1 Funktionen der Analyse

An dieser Stelle sollte man sich nochmals an das Erkenntnisinteresse erinnern, das mit der Studie verfolgt wird (siehe 2.2.1). Warum das wichtig ist, lässt sich etwa am Beispiel einer Beschreibung zeigen: Man muss sich zunächst die Frage stellen, ob man mit den Ergebnissen eine oder mehrere Organisationen oder deren Teilaspekte beschreiben will. Das ist leichter zu beantworten als die Frage, wie tief oder genau diese Beschreibung sein muss. Aus dem Anlass und der Fragestellung sollte hervorgehen, ob das Umfeld der Organisation einbezogen werden muss oder ob man sich nur auf das Innenleben konzentrieren kann.[91] Eine derartige „deskriptive" Arbeit beschreibt einen Ist-Zustand. Die Ergebnisse geben, wenn sie quantitativ orientiert sind, Auskunft über Verteilungen, Mittelwerte, Abweichungen vom Mittel, die Stärke des Zusammenhangs zwischen Variablen (Korrelationen). Wahrscheinlich sind Beschreibungen des Ist-Zustandes die häufigste Form von Organisationsanalysen. Sie sind auch wichtig, da sie ein Bild des momentanen Zustands bieten. Außerdem bilden sie, wie wir schon ganz am Anfang festgestellt haben, den Ausgangspunkt für alle weiteren Überlegun-

---

[91] Dafür gibt es Anhaltspunkte, wie z.B.: Alle Fragen nach dem Erfolg oder der Zielerreichung müssen das Umfeld einbeziehen, weil sich nur dort die entsprechenden Effekte zeigen.

gen und sollten auch jeder Intervention, also beispielsweise Eingriffen von Führungskräften, vorausgehen. Mit der Wahl einer beschreibenden Analyse hat man zwei weitere Entscheidungen getroffen: Ein experimentelles Design scheidet aus, man macht eine Momentaufnahme.

Die Wahl einer Analysestrategie und eines Analysedesigns geht nur dann von deutlich unterscheidbaren Arten des Erkenntnisinteresses aus, wenn sie im Rahmen eines wissenschaftlichen Forschungsprojektes erfolgt. Uns interessiert hier: Wie laufen die Entscheidungen bei praxisorientierten Analysen ab? Unserer Erfahrung nach gibt es drei Kriterien, die in erster Linie wichtig sind bzw. für die Entscheidung herangezogen werden:

a) Die Funktion der Organisationsanalyse: Jede Studie muss jedenfalls einen beschreibenden Teil beinhalten. Diese Beschreibung sollte den Adressaten und dem Auftraggeber den ihnen bekannten Zustand in einem anderen Licht, aus einer anderen Perspektive zeigen. Darauf aufbauen kann die Erklärung bestimmter Phänomene oder ein prognostischer Teil, in dem man Annahmen über künftige Ereignisse trifft. Wie die Inhalte aussehen und wie sie zu begründen sind, wird aber vor allem davon abhängen, wie stark die Ergebnisse der Analyse für die Adressaten oder die Verfasser eine Legitimationsfunktion erfüllen müssen. Oft gibt es – bei anwendungsorientierten Analysen – einen Auftraggeber, der mit den Ergebnissen etwas belegen will. Dann werden in aller Regel, in unserer Kultur, Zahlen gefordert. Bei wissenschaftlichen Arbeiten gibt es auch innerhalb der Scientific Community weite Kreise, die nur rechnerisch belegte Resultate akzeptieren.

b) Das Wissen über den Untersuchungsgegenstand: Wie man sich dem Analyseobjekt nähern kann, hängt stark davon ab, wie viel man über es weiß bzw. wie viel Wissen man sich über die Organisation beschaffen kann. Hier drei Beispiele für Faustregeln, die für Organisationsanalysen nützlich sein können:

- Was Leute denken und wie sie etwas interpretieren ist prinzipiell etwas, von dem man wenig weiß.
- Wissen über sachlich-inhaltliche Fakten kann man sich leichter beschaffen als Informationen darüber, wie diese interpretiert werden.
- Das organisatorische Geschehen wird von informellen Regeln und Mustern mindestens so stark bestimmt, wie von den offiziellen Aspekten; nur letztere sind relativ leicht erkennbar.

Ist viel über den Untersuchungsgegenstand bekannt, dann liegen meist auch getestete Instrumente vor. Dann sollte man selbstverständlich überlegen, ob diese nicht in die eigene Analyse eingebaut werden können und was man sich damit an theoretischen Vorüberlegungen und Konzepten einhandelt.

c) Die Vor- und Nachteile quantifizierenden bzw. interpretativen Vorgehens: Dieser pragmatische Prüfstein für die Wahl der Analysestrategie nimmt zunächst auf die Vorlieben und Abneigungen von Studentinnen und Studenten Rücksicht: Manche scheuen statistische Auswertungen wie der Teufel das Weihwasser, manche können einer interpretativen Vorgehensweise nichts abgewinnen, bei der sie sich mit Leuten und deren Weltsicht genauer und nicht wertend auseinandersetzen müssten. In Grenzen sollte man trotz aller Vorlieben beide Zugänge beherrschen, man muss sich aber in einer akademischen Abschlussarbeit nicht unbedingt mit einem Ansatz abquälen, der einem nicht entspricht.

Die Matrix der Abbildung 14 stellt die Verbindung zwischen diesen drei Kriterien dar und kann als Richtschnur für eine erste Entscheidung der Analysestrategie dienen.

		eigenes Wissen über den Gegenstand	
		groß	gering
Legitimationsfunktion der Analyse	wichtig	quantifizierende Analyse 1	quantifizierende und interpretative Analyse 2
	unwichtig	quantifizierende oder interpretative Analyse 3	interpretative Analyse 4

Abb. 14: Kriterien für die Wahl einer Analysestrategie

Das Feld 1 gibt eine klare Empfehlung: Weiß man genug über den Gegenstand und ist der Legitimationsdruck hoch, so spricht das für eine quantitative Studie. Das Wissen sollte genutzt werden, um Materialien statistisch auszuwerten und interpretieren zu können oder um ein Instrument (etwa einen Fragebogen) entwickeln zu können, das verrechenbare Daten bringt.

Feld 4 führt dagegen zu einer interpretativen Analyse: Man weiß zu wenig, um im Vorhinein Instrumente zu entwickeln, die der Situation entsprechen und man hat auch nicht den Druck, „harte" Ergebnisse liefern zu müssen, mit denen etwas als richtig oder berechtigt ausgewiesen werden muss. Das, worüber man trotz entsprechender Vorstudien zu wenig weiß, sind meist die Sichtweisen derer, die das organisatorische Geschehen bestimmen und derer, die in diesen Strukturen arbeiten.

Anders sieht das in Quadrant 2 aus: Die hohe Bedeutung von Legitimation („Legitimationszwang") wird oftmals dazu führen, dass man Zahlen liefern muss, die als harte Belege gelten können. Um das bewerkstelligen zu können, braucht man jedenfalls eine Vorstudie. – Das ist die gängige Situation, in der mit Interviews eine schriftliche Befragung vorbereitet wird. – Hier hat man aber meist eine Bandbreite, innerhalb der man die Bedeutung und Gewichte der beiden Abschnitte oder Zugänge hin und her schieben kann. Auch ist hier noch nicht festgelegt, mit welchen Methoden und konkreten Verfahren man vorgehen muss.

Der dritte Quadrant beschreibt eine Situation, in der es keine Vorgaben oder Empfehlungen gibt. Dieser orientierungsarme Zustand wird für Studierende meist mit Vorgaben des Instituts oder der Betreuer der Arbeit beendet. Sonst sind zeitliche Beschränkungen oder Ressourcenknappheit treibende Faktoren.

Dieses Schema soll die Entscheidung unterstützen, welche Richtung man bei der Analyse einschlagen will bzw. welche Kombination an Vorgehensweisen in welcher Situation sinnvoll ist. Verfeinert werden diese Überlegungen durch Kriterien, die den Vorgang der Operationalisierung steuern (siehe Abschnitt 5.3). Vorher drängt sich aber noch die Frage auf, unter welchem Gesichtspunkt man Daten sammeln soll.

5.2.2 Perspektiven der Analyse

Da „die Organisation" nicht in ihrer Gesamtheit gesehen werden kann, muss man sich für einen Ausschnitt entscheiden, den man deutlich sehen will.[92] Um zu erreichen, dass man den interessierenden Ausschnitt genau durchdringt, bietet sich folgendes Vorgehen an:

Man nehme die Analysefrage und die Funktion der Analyse und überlege, unter welchen Gesichtspunkten die Untersuchung betrieben werden soll. Dann kommt es darauf an, ob man eine akademische Abschlussarbeit oder ein Forschungsprojekt betreibt oder diesen Standards nicht verpflichtet ist, sondern eine rein angewandte Analyse durchführt. Die Weggabelung führt entweder (a) zur Auswahl eines theoretischen Ansatzes oder (b) zur Wahl einer Perspektive unter mehr problembezogenen Gesichtspunkten. Beides sind Wahrnehmungsraster mit Vor- und Nachteilen. Die Frage ist, was den Analysezielen angemessen ist und was mit den Arbeitshypothesen vereinbar ist.

---

[92] Dann hat man eine Perspektive. Perspicere (lat.) heißt deutlich sehen oder mit dem Blick durchdringen.

Wählt man zunächst einen problembezogenen Gesichtspunkt, so kommen die theoretischen Annahmen erst ins Spiel, wenn man die Arbeitshypothesen aufstellt. Wählt man unter theoretischen Ansätzen, so hat man ein breites Feld an Möglichkeiten. Man kann beispielsweise von folgenden vier Annahmen ausgehen: „Organisationen bestehen aus Entscheidungen. Entscheidungen brauchen Strukturen und bilden selbst Strukturen. In ihrer Abfolge bilden sie Prozesse." Damit hat man einen Raster für die Analyse, da klar ist, wo man ansetzen muss: Nicht bei Einstellungen, Produktionsergebnissen, Umweltereignissen oder Büroeinrichtungen, sondern bei Entscheidungen. Also stellt man sich etwa die Frage, wie MitarbeiterInnen auf eine bestimmte (Klasse von) Entscheidung(en) reagiert haben oder welche Entscheidungen als Folge der Veränderung der Produktionsergebnisse getroffen wurden, mit welchen Entscheidungen auf Umweltereignisse reagiert wurde oder nach welchen Gesichtspunkten über die Büroausstattung entschieden wird. In die Analyse sind dann noch die Strukturen einzubeziehen, in denen diese Entscheidungen fallen und die Prozesse, die sie auslösen. Das ist ein Such- oder Analyseraster, der organisationstheoretisch begründet ist. – Teil 1 dieses Buches baut auf diesen Annahmen auf und gibt auch an, wie man beispielsweise die Leistung von Strukturen genauer betrachten kann.

Man kann die Wahl des theoretischen Ansatzes aber auch etwas mehr auf den Gegenstand beziehen. Will oder soll man zum Beispiel die Auswirkung unterschiedlicher Zusammensetzungen von Aufsichtsgremien untersuchen, so hat man mehrere Möglichkeiten: Ein Ansatzpunkt wäre die Annahme, dass diese Gremien eine wichtige Verbindung zur Umwelt darstellen und daher in ihrer Zusammensetzung ermöglichen sollen, die für die Organisation wichtigen Ressourcen zu kontrollieren. – Geht man von dieser oder einer ähnlichen Annahme aus, so verfolgt man einen Ressourcen-Abhängigkeitsansatz (siehe Abschn 1.5) und weiß, wonach man suchen muss. – Man kann aber auch davon ausgehen, dass das „soziale Kapital" eines Aufsichtsgremiums ausschlaggebend dafür ist, wie nützlich es für die Organisation ist. Damit begibt man sich auf das Feld der Netzwerkanalysen (siehe 6.3.2) und hat in der eigenen Studie ein ganz anderes Frageprogramm abzuarbeiten.

Viele dieser Überlegungen wurden meist schon in der Phase angestellt, in der Annahmen zur Analysefrage entwickelt wurden oder im Hinterkopf entstanden sind. Jetzt ist die letzte gute Gelegenheit, sie nochmals zu überprüfen.

Eine sehr einfache Möglichkeit, den Raster für die Perspektivenwahl zu entscheiden, entnehmen wir einer Arbeit von Erving Goffman (2007:

218 f.), in der er fünf Gesichtspunkte unterscheidet, unter denen eine Organisation untersucht werden kann.[93]

- Der „technische" Gesichtspunkt betrachtet eine Organisation unter dem Aspekt ihrer Wirksamkeit. Sie wird als Mittel angesehen, das bestimmte Zwecke zu erfüllen hat und die Frage ist, wie gut sie das schafft. Evaluationsstudien sind ein Beispiel dafür. Hier gehören auch alle Untersuchungen her, die betriebswirtschaftliche Fragen in den Vordergrund rücken oder sich mit den Kosten und Abläufen von IT-Prozessen befassen. Das sind typische Themen für Ist-Analysen von Consultants. Andere Beispiele sind arbeitsanalytische Studien, die sich nur auf die Auswirkungen technisch-organisatorischer Bedingungen konzentrieren.
- Die „politische" Perspektive legt ihr Schwergewicht auf die Untersuchung des Anweisungs-, Belohnungs-, Bestrafungs- und Kontrollsystem einer Organisation. Die im ersten Teil erwähnten Machtanalysen gehören in diese Rubrik. Weitet man die Aspekte auf das Umfeld aus, so kommt man über die Mikropolitik hinaus und landet bei Themen der „politics of production" (siehe 2.1.2). Dann ist möglicherweise die Frage, wie die gesetzlichen Karenzregelungen in der Firma gehandhabt werden und welche Folgerungen sich daraus für die Beschäftigten, insbesondere Frauen, ergeben.
- Der „strukturelle" Gesichtspunkt sieht die Statusunterschiede und die sozialen Beziehungen einer Organisation und führt etwa zu folgenden Fragen: Nach welchen Kriterien werden die Mitglieder unterschieden, welche Mechanismen setzen sie zur Regelung der Beziehungen ein? – Hier sieht man besonders deutlich, wie eng die Perspektiven zusammenhängen, da die strukturelle Dimension ohne die politische wohl kaum zu analysieren ist; und umgekehrt.
- Unter der „kulturellen" Perspektive versteht Goffman einen Teil dessen, was mittlerweile mit dem Etikett „Organisationskultur" versehen wird: die moralischen Werte, die die Tätigkeit der Organisation beeinflussen oder Wertsetzungen, die sich auf Fragen des Geschmacks, der Umgangsformen auswirken. Diese Perspektive betrifft aber auch die Regelung der Mittel, die eingesetzt werden. Heiligt der Zweck, den Standards der Organisation zufolge, die Mittel oder nicht?
- Die „dramaturgische" Perspektive ordnet eine Analyse nach wieder anderen Kriterien: sie studiert die Techniken der Eindrucksmanipulation. Das oftmals erwähnte organisationstypische „impression managment" gehört selbstverständlich hier her, ebenso wie die Frage, welche Gefühle

---

[93] Goffman spricht von Institution. Die Unterscheidung dieser beiden Begriffe ist je nach theoretischem Zugang unterschiedlich. In vielen Fällen werden sie gleichbedeutend eingesetzt, so wie hier.

man in welchen Situationen zeigen darf oder muss. Auch Machtausübung ist unter diesem Aspekt zu untersuchen, da Folgebereitschaft von der Dramaturgie beeinflusst wird und wichtige Anordnungen ihre Inszenierung brauchen.[94]

Die Wahl der Perspektive, unter der man eine Organisationsanalyse betreibt, kann als Schwerpunkt aufgefasst werden, den man setzt. So wie die Analysefrage eingeengt werden sollte, damit sie brauchbare Antworten liefern kann, sollte danach auch der Gesichtspunkt festgelegt werden, unter dem man die Arbeit betreibt. Er entscheidet auch darüber, aus welcher theoretischen Ecke man sich dann die Theoriestücke holt, die man für die Arbeitshypothesen braucht. – Arbeitet man ausschließlich auf der „technischen" Ebene, werden Ergebnisse der Forschung zur Unternehmenskultur ein Fremdkörper sein. – Welche der aufgezählten Möglichkeiten man wählt, ist eine Frage des eigenen Interesses, der eigenen Möglichkeiten und des Geschmacks.

Selten wird man nur mit einer Perspektive auskommen, da sich sonst der Blick zu sehr verengt. Auch greifen die Sichtweisen eng zusammen; analytisch (gedanklich) kann man sie trennen, im konkreten Geschehen sind sie miteinander verquickt: Die dramaturgische Perspektive ist beispielsweise für die Analyse einer Roadshow im Rahmen eines Börseganges durchaus angemessen, sie kann aber nur einen Aspekt beschreiben, der durch andere Faktoren bestimmt wird. Wann immer Erfolge oder Leistungen, allgemeiner: Bewertungen, untersucht werden, ist dies eine Sache, die zunächst auf einer „technischen" Ebene zu tun ist, in der es um Kennzahlen etc. geht. Andererseits ist dies eine Frage mit „politischer" Dimension, da es darauf ankommt, wer welche Ergebnisse wie bewertet. So wie auch jede Prüfungsleistung erst durch die bewertende Instanz mehr oder weniger gut oder schlecht gemacht wird.

Je mehr Perspektiven man kombiniert, desto reicher wird die Analyse. Dieser Reichtum führt andererseits zu einer notwendigen Verknappung, häufig zur Untersuchung eines einzigen Falles.

---

[94] „Macht jeder Art muss mit wirksamen Mitteln der Zurschaustellung verbunden sein und wird verschiedene Auswirkungen haben, je nachdem, wie sie dramatisiert wird." (Goffman 2007: 220) Das Thema kann man unter einem psychologischen Aspekt abhandeln, dann landet man etwa bei „Charisma", oder als Treibstoff des Kontrollzyklus der Unternehmensführung ansehen, dann kommt man zu einer Perspektive, die Pfeffer/Sutton (2006: 203) beschreiben.

5.2.3 Fallstudien

"You cart a pig into my living room and tell me that it can talk. I say, 'Oh really? Show me.' You snap with your fingers and the pig starts talking. I say, 'Wow, you should write a paper about this.' You write up your case report and send it to a journal. What will the reviewers say? Will the reviewers respond with 'Interesting, but that's just one pig. Show me a few more and then I might believe you.' I think we would agree that that would be a silly response. A single case can be a very powerful example." (Siggelkow 2007: 20)

Studierende sollten Schwein haben. Wir meinen damit, sie sollten, wenn sie eine Arbeit aus dem Bereich Organisationsanalyse schreiben, einen interessanten Fall haben und dabei über eine reine Beschreibung hinausgehen. – Wenn der Fall nicht eine besondere Ausnahme darstellt. – Wichtig ist zunächst, dass die Bezeichnung Fall nicht eine Organisation meinen muss, sondern ganz allgemein gefasst ist, also auch ein prominentes Ereignis bezeichnen kann. Wir kommen darauf noch zurück.

Fallstudien machen nicht nur viel Arbeit, sie haben auch einen schlechten Ruf. Das ist verständlich, weil Studien oftmals als Fallstudie deklariert werden, wenn die Forschungsfrage schwach definiert und der Forschungsprozess schlecht dokumentiert sind; damit will man sich meist gegen Vorwürfe immunisieren. Der häufigste Einwand von Kritikern dieses Vorgehens ist, dass in Fallstudien Forscher nur das herausfinden, was sie hineindenken oder -sehen. Zwei wesentliche Vorkehrungen gegen diesen Einwand sind: Dass man vor der Analyse die getroffenen Annahmen schriftlich festhält und das Vorgehen, das Design, genau darstellt. In der einschlägigen Literatur, die wir angeben, finden sich weitere Hinweise.

Der Begriff Fallstudie, Case Study, bezeichnet eine Untersuchungsstrategie, bei der ein bestimmtes Phänomen an Hand eines oder mehrerer Untersuchungsobjekte (Individuen, Gruppen, Organisationen, Texte etc.) in seinem real existierenden Zusammenhang (Kontext) studiert wird. [95] Das ist nicht selbstverständlich, da keineswegs alle Untersuchungen den Kontext einbeziehen. – Man denke nur an das Laborexperiment, das das gar nicht will und auch nicht soll (siehe dazu 5.2.4). – Das ist aber besonders wich-

---

[95] Davon abgesehen ist den meisten Studentinnen und Studenten der Terminus Case-Study wahrscheinlich als Methode des „aktiven Lernens" bekannt. Die Harvard Business School ist für diese Unterrichtsmethode bekannt. Das fallbasierte Lernen nimmt seinen Ausgangspunkt bei einem komplexen Einzelfall, dessen detaillierte Darstellung den Hintergrund für die Beantwortung von Fragen und die (meist in Kleingruppen erfolgende) Ausarbeitung von Lösungen abgibt. Aus der Lösung des (beispielhaften Einzel-)Falls wird dann (induktiv) auf das richtige Vorgehen in derartigen Situationen geschlossen.

tig, da jede Analyse, die Verhaltensweisen oder Entscheidungen in Organisationen erklären will, auf Faktoren des Kontextes zuruckgreifen muss. Nur so lässt sich der Einfluss der strukturellen Bedingungen erfassen. Die oft erwähnten strukturellen Bedingungen sind nichts anderes als Faktoren, die dem direkten Eingriff des Individuums entzogen sind. Umgekehrt muss aber auch die Wirkung von Verhaltensmustern auf organisatorische Strukturen oder das Verhältnis zwischen Organisation und Umwelten Gegenstand der Analyse sein. Bedenkt man die Komplexität, die sich aus Untersuchungsanlagen ergeben, die mehr als eine Ebene analysieren, wird die Zurückhaltung gegenüber Fallstudien verständlich. – Wir kommen in Abschnitt 5.2.7 darauf zurück.

Jemand, der eine Fallstudie durchführt, ist nicht an eine bestimmte Methode gebunden; vielmehr ist typisch, dass Case Studies kaum jemals mit einer einzigen Methode der Datensammlung das Auslangen finden. Das erklärt sich daraus, dass der Versuch, einen Fall umfassend zu analysieren, aus mehreren Perspektiven zu sehen, fast immer verschiedene Ebenen einbeziehen muss, die je unterschiedliche Erhebungsmethoden erfordern. Eine Organisation kann man nicht befragen, daher muss man für die Erfassung organisatorischer Merkmale andere Erhebungstechniken verwenden, z.B. die Analyse von Dokumenten (Geschäftsberichte, Personalstatistiken etc.). Die Reaktionen des Vorstands auf eine bevorstehende Firmenübernahme wird man dagegen nicht aus schriftlichem Material ableiten können, sondern erfragen müssen. Die Funktion von Netzwerken, erhoben durch Interviews, lässt sich möglicherweise erst vor einem strukturellen Hintergrund, etwa der Branchenstruktur, erklären.

Die Untersuchungseinheiten von Case Studies werden nicht aus einer definierten Population gezogen. Auswahlkriterium von Fällen ist ihre besondere Typik, ihre Zugehörigkeit zu der interessierenden Problemklasse. Insofern verfolgt diese Untersuchungsart ganz andere Ziele als eine auf Repräsentativität angelegte Studie und ist eine Alternative zum Ziehen von Samples. Daraus ergeben sich auch die Einwände gegen die Vergleichbarkeit und Repräsentativität der Ergebnisse dieser Studien, die mit N = 1 arbeiten. Von manchen wird ihnen nur eine „anekdotische Evidenz" zugebilligt.

> Diese Untersuchungsanlage hat eine lange Tradition: Der Psychologe Hermann Ebbinghaus (1850–1909) hat seine bahnbrechenden Gedächtnisexperimente an einem Fall (nämlich an sich selbst) durchgeführt. Bekannt ist, dass die Theorieentwicklung von Sigmund Freud (1856–1939) auf Fallstudien einzelner Patienten beruhte. Für Studien auf Gruppenebene sind zu erwähnen: der Klassiker von Whyte (1943) und die Theorieentwicklung von Homans (1950), der fünf Studien einer Sekundäranalyse unterzog (u. a. die von Whyte) und die Ergebnisse als Fallstudie präsentierte. Die klassische Studie von Marie Jahoda, Paul F.

Lazarsfeld und Hans Zeisel (1933) über die Arbeitslosen von Marienthal ist der seltene Fall einer Fallstudie, die als Totalerhebung (in einem Dorf) bezeichnet werden kann; von einigen Autoren wird sie dagegen als vollständig erfasster Cluster bezeichnet, da man Marienthal als natürlichen Cluster, stellvertretend für andere österreichische Dörfer, auffassen kann (Jahoda et al. 1975).[96]

In der aktuellen Sozialforschung spielt die Fallstudie durch einen bestimmten Ansatz wieder eine bedeutendere Rolle: Eine der Besonderheiten der Grounded Theory ist, dass sie von einem Fall als eigenständige Untersuchungseinheit ausgeht.

„Unter einem ‚Fall' wird hier eine autonome Handlungseinheit verstanden, die eine Geschichte hat. Das kann ein Krankenhaus sein, eine Familie, eine Person. Darunter fallen auch Sozialzusammenhänge, die Anselm Strauss ‚soziale Welten' nennt. Dies sind Diskursgemeinschaften wie z.B. die soziale Welt der AIDS-Kranken oder des Kanu-Sports, die zum ‚Fall' sozialwissenschaftlicher Forschung werden können. Das aus der Untersuchung eines Falles gewonnene Datenmaterial dient in der Grounded Theory nicht etwa zur Illustration theoretischer Überlegungen. Ein Fall wird immer zuerst in seiner Eigenlogik rekonstruiert, und dies bedeutet, den Fall als Fall zur Sprache zu bringen." (Strauss 1994: 12, kursiv im Original) – Die Grounded Theory wird genauer in Abschnitt 5.2.6 dargestellt.

Aus dieser Charakterisierung soll hervorgehen, dass Case Studies sehr unterschiedlich konzipiert sein können, und die Konzentration auf einen Fall nicht bedeutet, dass nur ein einzelnes „Objekt" untersucht wird; es können im Extremfall auch hundert sein. Werden in eine derartige Studie

---

[96] Aus der Arbeit von Ebbinghaus ist die „Vergessenskurve", der eine jahrelange Selbstbeobachtung zugrunde lag, nach wie vor gültig: Nach dem Vergessen erlernter Silben braucht man weniger Zeit, um sie erneut zu lernen. Die Vergessenskurve flacht ab. – Weniger Aufmerksamkeit hat das prospektive Gedächtnis als Forschungsthema, also das Erinnern von Vorhaben.
Die Untersuchung des amerikanischen Soziologen William Foote Whyte (1914–2000) ist dem Titel nach – ‚Street Corner Society. The Social Structure of an Italian Slum' – gut bekannt. Es handelt sich dabei um die Untersuchung eines Bostoner Vororts; die zweite Auflage erhielt einen Anhang, in dem Whyte auf die Methode (teilnehmende Beobachtung) und die Anlage der Untersuchung als qualitative Fallstudie eingeht. Untersucht wurden die Normen und Strukturen kleinkrimineller Gangs. Anders als die offizielle Meinung der Distriktverwaltung, stellte Whyte fest, dass nicht Desintegration der Grund für den Zustand des Slums ist, sondern dass die soziale Organisation des Viertels nicht zu der der Umgebung passt. Es handelt sich hier um eine sehr frühe, zuerst 1943 publizierte, Studie über Probleme jugendlicher Migranten (Whyte 1993).
Die Studie über die Arbeitslosen von Marienthal fasst Diekmann (2007: 552–560) zusammen.
George Caspar Homans (1910–1989) hat eine verhaltenstheoretisch orientierte Soziologie entwickelt, in der er soziale Phänomene auf psychologische Dispositionen (etwa gefühlsmäßige Einstellungen) zurückführt. Das ist, sehr vereinfacht ausgedrückt, einer der Kernpunkte des heftig kritisierten Reduktionismus (Homans 1950).

auch noch so viele einzelne Fälle einbezogen, so hat jede einzelne Case Study den Status einer eigenen Untersuchung zu haben.

Einzelfallstudien (Single-Case Studies), auf die wir uns hier konzentrieren, sind vor allem sinnvoll, wenn:
- ein besonders extremer, wichtiger oder bisher noch nicht untersuchter Fall
- beschrieben, dokumentiert und/oder analysiert werden soll (Deskription)
- und/oder an Hand dieses Falles Hypothesen aufgestellt werden sollen (Exploration)
- oder mit dieser Einzelfallstudie der Erklärungswert konkurrierender Theorien untersucht werden soll.
- Eine „One-shot-Case Study" soll, wie im Abschnitt über Experimente noch erläutert wird, die Frage klären, ob eine bestimmte Maßnahme eine Wirkung hat.

Typische Ausgangsfragen für Fallstudien sind die Fragen nach dem „Wie?" und „Warum?" Es geht darum, das untersuchte Objekt möglichst in seiner Gesamtheit zu erfassen bzw. zu verstehen, wie es „funktioniert".

Ein Beispiel dafür sind etwa die folgenden Ausgangsfragen von Ross/Staw (1993): „Much of organizational theory can be reduced to two fundamental questions – how do we get organizations moving, and how do we get them stopped once they are moving in a particular direction?"

Die beiden Forscher haben, um diesen Fragen nachzugehen die Entscheidungen zum Bau eines Atomkraftwerkes bzw. dessen Einstellung als Fall untersucht und daraus theoretische Annahmen über „eskalierendes Commitment" entwickelt.

> Im Mittelpunkt der Datensammlung stand die Analyse von Zeitungsberichten und Firmendokumenten, die durch 21 Interviews mit involvierten Personen abgerundet wurde. In der Fallstudie wurde das Projekt der Long-Island-Elektrizitätswerke, der Bau des Atomkraftwerks Shoreham, genau nachvollzogen: Am 14. April 1966 wurde eine Kostenschätzung von 65–75 Millionen Dollar vorgelegt, die Bauzeit wurde mit sieben Jahren veranschlagt. 23 Jahre und 5 Milliarden Dollar später wurde entschieden, das Vorhaben einzustellen. Und das, obwohl schon Jahre vorher hohe Verluste absehbar waren. Aus ihrer Untersuchung folgerten die Autoren, dass vor allem vier Kategorien von Faktoren einem Unternehmen erschweren, von einem einmal beschlossenen Vorhaben abzurücken: (a) psychologische und soziale Faktoren, wie etwa die Verpflichtung des Top Managements dem Vorhaben gegenüber; (b) organisatorische Voraussetzungen, also beispielsweise die volle Integration des Vorhabens in das Unternehmen; (c) Projektmerkmale, wie die hohen Kosten eines Projektabbruchs; (c) Umfeldfaktoren, beispielsweise politischer Druck.

Jede Art von Fallstudie, so stellt Yin (1994: 29) fest, muss in ihrem Design fünf Komponenten berücksichtigen und darstellen:
- die Forschungsfrage,
- die theoretischen Annahmen,
- die Analyse- bzw. Untersuchungseinheit(en),
- die logische Verbindung zwischen Annahmen und Daten und
- die Kriterien für die Interpretation der Ergebnisse.

Diese für die Fallstudie wichtigen Elemente lassen sich in der Logik unseres Forschungsablaufes wieder finden (siehe dazu Abbildung 10).

Besondere Bedeutung kommt dabei dem (bereits mehrfach angesprochenen) dritten Punkt zu, der Analyseeinheit bzw. dem „Fall" der Fallstudie: Was als Analyseeinheit zu definieren ist, hängt im Wesentlichen von der Formulierung der Forschungsfrage ab. – Beispiele bieten die Artikel aus der Literatur, die wir an verschiedenen Stellen dargestellt haben und auf die wir noch verweisen werden. – Und als weiteres, untergeordnetes Kriterium kommt noch hinzu, dass die Wahl der Untersuchungseinheit von der Literatur abhängt, die man zu Vergleichszwecken heranziehen will.

Häufig wird eine Einzelfallstudie eine günstige Vorgehensweise sein; insbesondere für Studierende. Das lässt sich damit begründen, dass eine Fallstudie dreierlei Funktionen hat: Sie kann einem helfen, sich zu motivieren, fördert die Inspiration und dient der Illustration (Siggelkow 2007: 21). Ein theoretisches Interesse kann zwar auch eine motivierende Wirkung haben, aber eine realistische Situation, eine Fallstudie, ist viel reicher. Die reichhaltigen Daten und Eindrücke können zur Inspiration genutzt werden und sind ein guter Nährboden für neue Annahmen. Fallstudien dienen der Illustration dann, wenn sie theoretische Begriffe und die Beziehungen zwischen diesen veranschaulichen. Dass sie anschaulich ist, ist also ein Vorteil, Illustration kann kein alleiniges Ziel sein.

Die Einzelfallstudie ist, so stellen Goode/Hatt (1966: 330) fest, „eine bestimmte Art, das Forschungsmaterial so zu ordnen, dass der einheitliche Charakter des untersuchten sozialen Gegenstandes erhalten bleibt". Mit dieser Bestimmung wird die Einzelfallstudie als Forschungsstrategie bezeichnet und von anderen Vorgehensweisen unterschieden, bei denen der einzelne Fall zu einem Datensatz wird, der in der Auswertung nicht mehr als Einheit aufscheint. – Wie beispielsweise bei einer schriftlichen Befragung, bei der jeder einzelne Antwortende faktisch in seine erfragten und angegebenen Merkmalsausprägungen zerlegt wird und in tabellarischen Darstellungen nicht mehr identifizierbar ist. – Es geht also immer darum, die Einzigartigkeit eines komplexen Falles zu beschreiben und herauszuarbeiten, wofür er typisch ist.

Die zitierten Autoren Good/Hatt (1966) geben vier Kriterien dafür an, wie man die Einzigartigkeit oder die „Ganzheit" (die immer ein gedankliches Konstrukt ist) eines Einzelfalles analysieren kann:

a) Die Breite der Angaben: Bei Einzelfallstudien müssen sehr viele Daten und Materialien gesammelt werden, weil der untersuchte Fall möglichst komplett erfasst werden soll. Vergleicht man beispielsweise die Globalisierungsstrategien von KMU's, so werden von jeder einzelnen Firma sehr viel weniger Angaben benötigt als bei einer Fallstudie, die jedes einzelne Unternehmen als Untersuchungsobjekt auffasst. – Die im Abschnitt über Beobachtung (6.4) dargestellte Studie von Henry Mintzberg (1973) führt im Detail vor, wie das umfangreiche und vielfältige Material zur Untersuchung des „sozialen Gegenstandes" Manager-Job gesammelt und zusammengeführt werden kann.

b) Abstraktion: Auch bei einem Einzelfall (etwa der Untersuchung einer einzelnen Organisation) muss der Kontext untersucht werden. Angaben über Umweltbedingungen und -beziehungen ermöglichen, dem Fall zusätzliche Facetten zu verleihen und das, was der Fall ist, auch mit Bedingungen der Umwelt erklären zu können. – Weiter unten (5.2.7) berichten wir von einer Fallstudie über die Port Authority of New Jersey, in der die Autorinnen Dutton/Dukerich (1991) die Wechselwirkungen zwischen Organisation und Umwelt in den Mittelpunkt stellen.

c) Bildung von Indices und Typen: Das heißt, man muss nicht nur herausbekommen, zu welcher Klasse von Phänomenen der untersuchte Einzelfall gehört, für welche Erscheinungsformen der Realität er typisch ist. Es ist auch wichtig, die für den Fall typischen Merkmale zu klassifizieren. – Ein Beispiel ist etwa die Typisierung der Funktionen der Besprechungen nach Übungsflügen von Kampfjetpiloten. In dem Artikel von Ron et al. (2006) werden die Funktionen dieser Besprechungen typisiert, weil sie ein zentraler Mechanismus für organisatorisches Lernen sind (siehe 7.6).

d) Wechselwirkungen in der zeitlichen Dimension: Einzelfallstudien entfalten ihre Aussagekraft, wenn sie nicht nur punktuelle Aussagen machen, sondern Veränderungen in der Zeit feststellen und analysieren. So kann man beispielsweise die Entwicklungsgeschichte eines Projekts (in einem Unternehmen) untersuchen und herausbekommen, wie welche Einflussfaktoren im Laufe der Zeit gewirkt haben, welche Reaktionen entwickelt wurden etc. Besonders deutlich wird dieser Aspekt natürlich bei Forschungsvorhaben, die schon von vornherein darauf angelegt sind, wie etwa bei der Darstellung der Geschichte einer Firma. – Die Studie von Isabella (1990) über die Konstruktion von Ereignissen von Managerinnen und Managern im Zuge einer organisatorischen Veränderung zeigt, wie in der praktischen Fallstudienarbeit die Zeitdimension berücksichtigt werden kann (siehe 6.1.2).

Einzelfallstudien unterliegen einer großen Gefahr: Da sie notwendigerweise eine sehr intensive Beschäftigung des Forschers mit seinem Fall erfordern, verfällt er leicht der Illusion, alles (oder mehr als nötig) über „seinen" Forschungsgegenstand zu wissen. Dieser falschen Gewissheit begegnet man am besten mit einem sehr genauen Forschungsplan. – Dazu gibt Yin (1993) entsprechende Hinweise. – Einzelfallstudien sind keineswegs Unterfangen, an die man unbekümmert heran gehen kann, bei denen man von genauem methodischen Vorgehen befreit ist. Üblicherweise assoziiert man mit Einzelfallstudien ausschließlich den Einsatz qualitativer Methoden – wie vielleicht auch der Verweis auf die Grounded Theory nahe legt. Dies ist aber keineswegs zwingend, wie etwa eine Studie über IT-Outsourcing-Verträge zeigt, die mehrere Fälle untersucht (Grimshaw/Miozzo 2006):

"This article explores the influence of the institutional context on the development of a fast-growing area of knowledge-intensive business services (KIBS) – the market for IT outsourcing – in the UK and Germany." (Grimshaw/Miozzo 2006: 1230) Es wurden dreizehn IT-Outsourcing-Verträge in vier IT-Dienstleistungsfirmen untersucht. Hier geht es also nicht um einen Einzelfall und auch nicht um vier Fälle, sondern um dreizehn. Warum sind Kontrakte ein Fall? Derartige Verträge sind sehr komplexe Gebilde: Es geht nicht nur um hohe Summen, sondern sie laufen auch über mehrere Jahre, übertragen wichtige Ressourcen (Staff und Infrastruktur) von der Klientenfirma zum Dienstleister und verändern auch die Kontrollen und Verantwortungen.

Für die Auswahl der Fälle wurden Vorinterviews in vier großen IT-Firmen geführt und Hintergrunddaten gesammelt (aus Firmenreports, Wirtschaftszeitungen, von Consultingfirmen etc.). An Hand dieser Informationen wurden in den beiden Ländern (Deutschland, Großbritannien) Firmen ausgewählt, die große IT-Outsourcingverträge haben und bei denen die Forscher Zugang zu einem maßgeblichen Ansprechpartner auf Seite der IT-Firma und bei der Kundenfirma hatten.

Die dreizehn Verträge wurden in einem frühen Stadium analysiert. Danach wurden 31 ein- bis zweistündige Interviews geführt, auf Band aufgenommen und transkribiert. Nachträglich wurden Informationen über Telefon und E-Mails eingeholt. Am Ende des Projekts haben alle Teilnehmer einen zusammenfassenden Bericht erhalten und hatten die Möglichkeit, ein Feedback zu geben. Wie ausgemacht, wurden zwar die untersuchten Organisationen genannt (die in den Tabellen des Artikels auch aufgelistet sind), die Vertraulichkeit der qualitativen Daten aber gewährleistet.

Die Datensammlung dauerte zwölf Monate und war durch einen ständigen Prozess gekennzeichnet, in dem die Auswertung der Interviews zu neuen zusätzlichen Themen in den folgenden Interviews führte. Die qualitative Arbeit wurde durch die Untersuchung unterschiedlicher rechtlicher Rahmenbedingungen und die Analysen des Outsourcing-Marktes in Westeuropa ergänzt. Für die Untersuchung dieses Kontextes wurden u.a. Branchenberichte einer Consultingfirma herangezogen. Damit konnten die Ergebnisse um Aussagen über diesen Industriezweig ergänzt werden bzw. wurde versucht, die beiden Ebenen zu verbinden.

Weiterführende Hinweise
Die üblichen Einführungs- und Überblicksbücher behandeln Fallstudien nicht oder nur ganz am Rande. Daher müssen alle, die sich über diese Form der Forschung näher informieren wollen, zu spezieller Literatur greifen.

Eine kurze und sehr pointierte Übersicht über wichtige Aspekte von Fallstudien bringt der eingangs zitierte Artikel:

Siggelkow, Nicolaj, 2007: Persuasion with Case Studies, Academy of Management Journal, 50(1): 20–24.

Die beiden Bücher von Yin (1993, 1994) sind „Klassiker", werden immer wieder zitiert und behandeln fast alle Fragen, die im Laufe einer Fallstudie, von der Planung bis zur Auswertung und Präsentation, auftreten:

Yin, Robert K., 1993: Applications of Case Study Research, Newbury Park, CA: Sage.

Yin, Robert K., 1994: Case Study Research. Design and Methods, 2. Aufl., Thousend Oaks, CA: Sage.

Die Probleme und Möglichkeiten, mit Hilfe von Fallstudien Theorien zu entwickeln, stellt der folgende Artikel dar. Die Autorinnen Eisenhardt/ Graebner (2007) formulieren knapp und deutlich die Bedingungen dafür, dass Fallstudien angemessene Akzeptanz finden: „careful justification of theory building, theoretical sampling of cases, interviews that limit informant bias, rich presentation of evidence in tables and appendixes, and clear statement of theoretical arguments." Der Begriff theoretical sampling wird in Abschnitt 5.2.6 erklärt.

Eisenhardt, Kathleen M./Graebner, Melissa E., 2007: Theory Building from Cases: Opportunities and Challenges, Academy of Management Journal, 50(1): 25–32.

5.2.4 Experimentelle Untersuchungen

Den Grundgedanken des Experiments drückt schon das Zitat von Ernst Mach aus: Erfahrungen sammelt man durch Beobachtung von Veränderungen und am meisten lernt man, wenn man mit Eingriffen in die Umwelt diese Veränderungen selbst herbeiführt. Der Begriff Experiment kommt aus dem Lateinischen (experimentum) und bedeutet Versuch oder, was für Organisationsstudien eher zutrifft, gewagtes Unternehmen.

Ein Experiment ist die einzige Untersuchungsanlage, mit der zuverlässig überprüft werden soll, ob ein Faktor die Ursache für einen anderen ist. Ein experimentelles Design wählt man also, wenn man eine Annahme über eine Kausalbeziehung überprüfen will. Erhöhen Entlassungen den Firmenwert?

In der Praxis experimentiert jede Führungskraft in dem Sinne, dass sie eine Maßnahme setzt, die sie als Grund für darauf folgende, erwünschte Aktionen ansieht. So gut wie nie werden allerdings vor der Initiative oder Anordnung die beabsichtigten Wirkungen beschrieben oder die erwünschte Abweichung vom Ausgangspunkt definiert. Meist entfällt auch eine angemessene Überprüfung der Wirkung. Das hat zur Folge, dass man daraus nichts lernen kann. Die zentrale Idee eines Feldexperiments kann jeder leicht für sich umsetzen. Studierende etwa damit, dass sie oder er etwa zwei Tage vor einer Prüfung auf einem Zettel aufschreiben, wie die Prüfung ausgehen wird und warum sie zu diesem Ergebnis führen wird. Diese kurze Aufzeichnung zieht man erst wieder hervor, nachdem man das Ergebnis erfahren hat. Mit diesem Vorgehen trifft also eine Annahme – wichtig ist, dass man sie schriftlich festhält – und vergleicht die eingetretenen Effekte mit dieser Annahme. Aus der Differenz kann man ableiten, welche möglichen Faktoren das Ergebnis verbessern würden oder welche möglichen Gründe für einen Erfolg mitverantwortlich waren. Daraus ergeben sich Handlungsanleitungen für die nächste vergleichbare Situation; bei der man dieses Spiel wiederholen sollte.

Experimente brauchen Erhebungsmethoden. Der Begriff bezeichnet also nicht eine Methode, sondern eine spezielle Vorgehensweise, eine Untersuchungsanlage, die durch einen speziellen Aufbau bzw. eine besondere Logik gekennzeichnet ist: Es werden Bedingungen (im Feld) gesucht oder (im Labor) hergestellt, die es ermöglichen, den kontrollierten Einsatz von Ursachen und deren Wirkung (häufig durch Beobachtung und/oder Befragung) zu messen. Warum das vielfach in eine Falle lockt, drückt Ludwig Wittgenstein (1984: 501) aus: „Das Verführerische an der kausalen Betrachtungsweise ist, daß sie einen dazu führt, zu sagen: ‚Natürlich, – so mußte es geschehen.' Während man denken sollte: so und auf viele andere Weise, kann es geschehen sein."[97]

Dazu kommt noch, dass die Jagd nach Gründen die klare Definition voraussetzt, was Ursache und was Wirkung ist bzw. was als solche angenommen wird; das gilt auch für Kreisläufe bzw. Wirkungsketten. Allerdings ist es oft nicht ganz einfach, die Richtung der Beziehung eindeutig festzulegen, sie muss aber irreversibel sein, darf sich nicht umkehren.[98] Ist Motivation Vor-

---

[97] Das Werk des Philosophen Ludwig Wittgenstein (1889 in Wien geboren, 1951 in Cambridge gestorben) setzt sich aus mindestens zwei sehr unterschiedlichen Phasen zusammen, deren Erklärung hier zu weit führen würde.

[98] Häufig hilft man sich mit dem Postulat: Was vorher kommt ist Ursache. Das was folgt, kann nicht der Grund für etwas sein, was zeitlich vorher liegt.

aussetzung und ein Grund für Leistung oder erhöht Leistung die Motivation oder gilt gar beides? Führt Lernen zu guten Noten oder führen gute Noten zu mehr oder effektiverem und effizienterem Lernen? Was trifft in welchen Fällen zu? Führt Partizipation zu höherer Leistung oder wenden Führungskräfte, deren Mitarbeiter mehr leisten, einen partizipativen Stil an?

In der Organisationsforschung findet man relativ häufig Untersuchungen vom Typ der „One-shot-Case Study": Es wird ein Ereignis beobachtet und dann wird die vermutete Auswirkung gemessen: Entlassungen werden mit dem Aktienkurs oder der Gesamtkapitalrendite der Firma einige Monate später verglichen. Mit dieser einfachen Untersuchungsanlage (Ereignis → Messung)[99] soll die Frage geklärt werden, ob die Maßnahme die vermutete Wirkung hatte, ob die unabhängige Variable (Entlassungen) die abhängige Variable (Gewinn) beeinflusst hat. Da aber keine Angaben über den Zustand vor dem Ereignis gesammelt wurden, kann mit dieser Untersuchungsanlage keine Veränderung untersucht werden.[100]

Daran würde sich auch nichts ändern, wenn man die Untersuchungsanlage (ohne ex-ante-Messung), um eine Gruppe anreicherte, die in möglichst allen Merkmalen mit den untersuchten Firmen übereinstimmt, aber keine Entlassungen durchgeführt hat. Diese hätte also die Funktion einer Kontrollgruppe.

Eine derartige Anordnung entspricht einem „ex-post-facto-Experiment" („after-only-design") und sieht je eine Messung bei einer Experimental- und einer Kontrollgruppe vor. Die Messung erfolgt nach dem Effekt (Stimulus, Treatment), dessen Wirkung untersucht werden soll; daher der Name. Dieses Vorgehen hat außer den erwähnten Nachteilen vor allem zwei Vorteile: Die Probleme des Einflusses unbekannter Faktoren über einen längeren Zeitraum, nämlich zwischen erster und zweiter Beobachtung, fallen weg. Zweitens muss man nicht der Frage nachgehen, welche eventuell störenden Effekte die „Vorher-Messung" hatte; es wird also der so genannte „Hawthorne-Effekt" (s.u.) vermieden. Ein Beispiel für einen derartigen Untersuchungsaufbau im Bereich der Organisationsforschung wäre etwa die Untersuchung nach Einführung eines neuen Produktionsverfahrens: Es werden Produktivität, Fluktuationsrate, Zufriedenheit etc. bei Arbeitern gemessen, die nach dem neuen Verfahren arbeiten (Experimentalgruppe) und dieselben Erhebungen werden bei Arbeitern durchge-

---

[99] Die üblichen Bezeichnungen lauten: X oder T für den experimentellen Stimulus („Treatment") und O oder M für die Beobachtung (Observation) oder Messung. Dieser Nomenklatur entsprechend ist die hier skizzierte Untersuchungsanlage ein XO- oder TM-Design.
[100] Zum Inhalt siehe etwa die bei Pfeffer/Sutton (2006: 163) referierten Ergebnisse über Auswirkungen von Personalfreisetzung.

führt, die nach dem alten Verfahren arbeiten (Kontrollgruppe). Die Differenz in den Ergebnissen kann dann als Wirkung des untersuchten Faktors interpretiert werden. Diese Untersuchungsform wird als quasi-experimentelles Design bezeichnet.

Will man strikt experimentell arbeiten, braucht man zwei Messpunkte: Einen, der die Ausgangslage (Baseline) vor dem Ereignis beschreibt, einen nach der Wirkung der unabhängigen Variable. Vergleicht man die Werte dieser beiden Messungen, so kann man Veränderungen feststellen (Aktienkurs (t_1) → Entlassungen → Aktienkurs (t_2)). Unklar bleibt aber bei dieser Untersuchungsanlage (M → T → M)[101], ob die Veränderung auf das Ereignis zwischen den beiden Messungen, den Stimulus, zurückzuführen ist. Diese Unsicherheit ergibt sich, weil z.B. andere Faktoren zwischen den beiden Zeitpunkten eingewirkt haben können. Die Ungewissheit wird umso größer, je länger der Zeitraum ist. Dazu kommt noch ein anderes störendes Moment: Wenn man etwa die Auswirkung auf Verhaltensweisen untersucht, kann schon die erste Messung alleine dadurch, dass sie durchgeführt wurde, bei den Personen eine Veränderung bewirkt haben.[102] Die Untersuchung kann sie etwa für Probleme sensibilisiert, die Aufmerksamkeit erhöht haben.

Das wahrscheinlich bekannteste Beispiel für experimentelle Untersuchungen in Organisationen sind die „Hawthorne-Experimente".[103] Das im Rahmen dieser

---

[101] Die im Abschnitt über Operationalisierung (5.3) dargestellte Untersuchung über die Auswirkungen unterschiedlicher Arten von Firmenübernahmen hat scheinbar diese Untersuchungsanlage. Als erste Messung wurde der Aktienkurs rund um das Ereignis (Firmenübernahme) festgestellt, die zweite Messung bestand in der Erhebung des Aktienkurses lange Zeit nach der Übernahme. Bei der ersten Messung ist unklar, inwieweit die bevorstehende Übernahme bereits den Kurswert beeinflusst hat, bei einer Messung drei Jahre nach dem Ereignis, kann oder wird eine ganze Reihe zusätzlicher Einflussfaktoren in die Ergebnisse hineinspielen. – Fairerweise muss man anfügen, dass diese Studie auch nicht als Feldexperiment angelegt war. Das Beispiel zeigt nur, wie schwer die Bedingungen für die Untersuchung von Kausalbeziehungen sind, wenn komplexere Zusammenhänge untersucht werden.

[102] Dieses Phänomen zeigt sich etwa beim Placebo-Effekt, der in der klinischen Forschung bekannt ist und in Experimenten auch genutzt wird. Ein Placebo (lat.: ich werde gefallen) ist ein Scheinmedikament, dessen Verabreichung an sich keine Wirkung haben sollte. Der Placebo-Effekt (die Verabreichung, nicht das Mittel) kann eine nachweisbare heilsame Wirkung haben.

[103] An den Hawthorne-Studien maßgeblich beteiligt waren: Elton Mayo (der als klinischer Sozialpsychologe auch z.B. das „indirekte" Interview, eine frühe Form der Gesprächstherapie, propagiert hat) und sein engster Mitarbeiter Fritz J. Roethlisberger (der sich in seinen Grundüberlegungen explizit u.a. auf die Arbeiten der Soziologen Emile Durkheim und Georg Simmel bezog), als deren Nachfolger gelten: Paul Lawrence, Jay Lorsch u.a. Einer der bedeutendsten Harvard-Organisationstheoretiker war der AT & T-Manager Chester Barnard (Initiator der gesamten Studie, Begründer der Anreiz-Beitrags-Theorie). Er beeinflusste z.B. George C. Homans, Herbert A. Simon und auch Talcott Parsons. Die Aufzählung dieser bekannten Forscher soll

jahrelangen Studien durchgeführte Beobachtungsexperiment erbrachte, dass sowohl die Verbesserung als auch die Verschlechterung der Lichtverhältnisse zu einer höheren Produktion der Arbeitsgruppen führten. Die ersten Folgerungen aus diesen überraschenden Befunden waren, dass die sozialen Beziehungen in der Gruppe für die Leistung maßgeblicher sind als die rein technischen Faktoren.[104] In weiterer Folge wurde der „Hawthorne-Effekt" für die Ergebnisse (mit)verantwortlich gemacht: Die Leistung stieg, weil sich die Arbeitsgruppen durch die Untersuchung in den Mittelpunkt des Interesses gerückt sahen. Dieser Effekt ist eine Auswirkung der Reaktivität, der durch nicht messbare Reaktion auf das Experiment zustande kommt. Das wird durch „Blind"-Versuche auszuschalten versucht, bei dem die Teilnehmer an einer Untersuchung nicht wissen, ob sie zu einer Kontroll- oder Experimentalgruppe gehören. Bei „Doppelblind"-Studien wird zusätzlich versucht, den Versuchsleiter-Effekt auszuschalten, indem auch den direkt mit den Versuchspersonen arbeitenden Versuchsleitern die Versuchsanordnung unbekannt ist.[105] Die zugrunde liegende anwendungsbezogene

einen Eindruck von der langfristigen Wirkung dieser Arbeiten vermitteln. Eine genaue und lesenswerte Darstellung der Hawthorne Studien und der hier nur angedeuteten Zusammenhänge bietet das Buch von Walter-Busch (1989).

[104] Die rein instrumentell-sachliche Sichtweise des Taylorismus wurde durch die Sichtweise der „Human-Relations" kontrastiert: Die sozialen Beziehungen sind das für die Führung entscheidende Faktum. Man kann diese Ergebnisse auch als Beispiel dafür nehmen, dass theoretische Arbeit die Realität erweitern kann. Durch Erkenntnisse kann man bisher nicht bekannte Bereiche sehen und untersuchen. Die Gegenüberstellung von Gruppe/Organisation führte zur seit damals gängigen Unterscheidung von formaler/informaler Organisation. Sie lebt auch in allen (gruppendynamisch orientierten) Ansätzen der Organisationsentwicklung fort, die Gruppen als tragende Elemente organisatorischer Veränderung ansehen.

[105] Der „Versuchsleitereffekt" bedeutet, dass das Ergebnis in wesentlichem Ausmaß von den Wünschen und Erwartungen der Person beeinflusst wird, die die Untersuchung durchführt und nicht allein auf die gezielte Variation der Bedingungen zurückzuführen ist. Die Untersuchungen zu diesem Thema gehen auf psychologische Experimente von Robert Rosenthal (etwa ab 1961) in Schulen zurück. Das bekannteste Werk in diesem Zusammenhang veröffentlichte er gemeinsam mit Leonore Jacobson: (Pygmalion in the Classroom, New York 1968). Die Bezeichnung „Pygmalion-Effekt" ist dem Titel der Komödie von George Bernard Shaw entnommen, in der Professor Higgins die Blumenverkäuferin Eliza in eine Dame der Gesellschaft nach seinen Vorstellungen ummodeln will. Noch bekannter ist die Musicalversion „My Fair Lady". Pygmalion war ein griechischer Bildhauer, der, Ovid zufolge, die lebensechte Statue einer Frau schuf, in die er sich verliebte und die von Venus zum Leben erweckt wurde. Das Ergebnis der Experimente von Rosenthal und seiner Kollegin wird für viele Leserinnen und Leser gut nachvollziehbar sein: Schüler zeigen mit der Zeit die guten oder schlechten Leistungen, die der Lehrer erwartet. – Der Effekt bezeichnet eine Form der „self-fulfilling-prophecy", durch die man sich das Bild erschafft oder zu erschaffen versucht, das man sich als Ideal vorstellt. Eine Kurzzusammenfassung der Experimente von Rosenthal bietet etwa das Buch von Diekmann (2007: 624–628).
Der Versuchsleitereffekt gehört zu den „Forschungsartefakten", also zu den verzerrenden Effekten, die durch die Untersuchung als solche bewirkt werden. Forschungsartefakte sind ein Beispiel für sog. nicht-intendierte (unbeabsichtigte) Nebenfolgen. – Die verallgemeinerte Behauptung, dass keine Beobachtung ohne Einfluss des Beobachters möglich ist, wird mittlerweile weitgehend akzeptiert.

Industrieforschung wurde von 1924–1932 im Hawthorne Werk der Western Electric Company (einer Tochtergesellschaft von AT & T) durchgeführt. Ausgangspunkt war eine tayloristische Perspektive, die Suche nach individuellen Faktoren, durch deren Veränderung Produktionssteigerungen erzielt werden können. Den Kern der Untersuchungen bildeten: die Studien über die Auswirkung von Beleuchtung am Arbeitsplatz; die berühmten Experimente im Relay Assembly Testraum, mit denen die Wirkung unterschiedlicher Arbeitsbedingungen untersucht wurden; die Studie im „Bank Wiring Observation Room"; ein Interviewprogramm in dem über 20.000 Werksangehörige zu ihrer Einschätzung der Arbeitsbedingungen befragt wurden und dessen Ergebnisse Grundlage für interne Vorgesetztenkurse waren. Da liegt also eine der Wurzeln betriebsinterner Trainings.

Ein experimentelles Design liegt dann vor, wenn die Untersuchungsanordnung folgende Bedingungen erfüllt:
- Es gibt (mindestens) eine Versuchs- oder Experimentalgruppe und eine Kontrollgruppe.
- Die Individuen oder Fälle werden diesen beiden Gruppen nach dem Zufallsprinzip zugeordnet.[106]
- Vor der Variation der unabhängigen Variablen bzw. dem Ereignis, dessen Wirkung untersucht werden soll, findet eine Messung statt, um die Baseline definieren zu können.
- Nachdem die Versuchsgruppe dem Ereignis ausgesetzt wurde, findet bei allen Gruppen eine zweite Messung statt.
- Der Vergleich zwischen erster und zweiter Messung zeigt die Wirkung der unabhängigen Variablen dann an, wenn die Situation so kontrolliert wurde, dass die Wirkung anderer Faktoren so gut wie ausgeschaltet werden konnte.

Besonders dieser zuletzt genannte Punkt ist der Grund dafür, dass man Experimente eher im Labor durchführt und nicht „im Feld". Feldexperimente weisen zwar tendenziell eine höhere externe Gültigkeit auf, Laborexperimente sind aber insofern „sauberer", als sie mögliche Störungen der Untersuchung besser in den Griff bekommen. Diese bereinigte Situation hat zur Folge, dass die interne Validität höher ist, also das Experiment tatsächlich das untersucht, was überprüft werden soll; allerdings um den Preis geringerer Übertragbarkeit auf andere Situationen; die externe Validität ist also eingeschränkt.

---

[106] Die Randomisierung ist eine Technik, die den Einfluss von Drittvariablen der Personen oder Objekte, die man gar nicht kennt oder beachten kann, aufheben soll. Erst werden Teilnehmer für das Experiment rekrutiert, dann werden diese nach dem Zufallsprinzip zugeordnet.

Organisationen bekommt man nicht ins Labor. Man kann allerdings für Organisationen wichtige Variable in derartigen Situationen nachstellen, wie etwa Variationen in der Aufgabenstruktur. Man kann aber auch organisatorische Bedingungen durch die Versuchspersonen herstellen lassen. So kann etwa ein Experiment als realitätsnahe Bewerbungssituation konstruiert werden, indem u.a. das Ausfüllen eines Bewerbungsformulars und die Lösung einer Aufgabe verlangt werden; die Teilnehmer bauen dann in ihren Köpfen die Organisationsstrukturen darum herum.[107]

Organisationsanalysen werden kaum jemals mit künstlich kreierten Situationen arbeiten. Dafür sind sie in aller Regel zu wenig an der Überprüfung von Kausalhypothesen interessiert und viel zu sehr auf den unmittelbaren Nutzen in einem konkreten Fall konzentriert.

Anders sieht die Lage aus, wenn man im Rahmen einer Organisationsanalyse die Auswirkung bestimmter Faktoren abklären soll. In diesem Fall geht es um die Suche nach den möglichen Auswirkungen eines Effekts auf abhängige Variable. Das ist das Grundgerüst der meisten Überlegungen, mit denen ein Benchmarking gestartet wird. Wie eine experimentell angelegte Feldforschung zu diesem Thema ablaufen kann und welche Schwierigkeiten sich dabei ergeben, soll das folgende Beispiel zeigen.

Beispiel 4: Auswirkungen eines internen Benchmarking – ein Feldexperiment

Mann, Leon/Samson, Danny/Dow, Douglas, (1998: A Field Experiment on the Effects of Benchmarking and Goal Setting on Company Sales Performance, Journal of Management, 24(1): 73–96.

Unter Benchmarking versteht man einen Prozess, mit dem die Arbeitsweise einer Organisation(seinheit) verbessert werden soll.[108] Da der Begriff, ebenso wie die später zu behandelnde „Triangulation", aus der

---

[107] Genaueres dazu bietet ein Artikel von Weick (1968b), in dem auch eine Reihe von Beispielen für derartige Untersuchungsanlagen beschrieben werden.

[108] Bekannt wurde die Methode vor allem durch die MIT-Studie über den transnationalen Vergleich der Automobilindustrie. Sie führte zur Verbreitung von „Lean Production" (ein Konzept, das Toyota über 20 Jahre hinweg entwickelt hat): „Die Lean-Production setzt weniger Personal ein, benötigt weniger Produktionsfläche, reduziert Investitionen und verringert die Lagerhaltung." (Womack et al. 1991: 19) Das Konzept wurde dann auf das Management („Lean Management") ausgeweitet und quasi als Fitness-Programm gegen die zu hohe Komplexität von Unternehmensorganisationen und mögliche Begründung für hohe Managergehälter angepriesen. Die vier von Womack in diesem Zitat aufgezählten Effekte sind so leicht zu realisieren, wie die Studie und Beratungsunternehmen versprachen. Unter anderem, weil die Übertragung von Faktoren in ein anderes Umfeld meist deren Wirkungsweise verändert. Auch deshalb wurde als Forderung für Benchmarking das Motto geprägt. „Copy the spirit, not the form."

Landvermessung kommt, kann man den Grundgedanken so beschreiben: Man sucht im Gelände einen Punkt, der als Vergleichsmaßstab dienen kann. Ein Benchmark ist also ein Standard oder ein Referenzpunkt, mit dem man Effekte, etwa die Qualität von Produktionsabläufen oder die IT-Kosten und -Nutzung, in Beziehung setzt. Wenn eine Firma ein externes Benchmarking einleitet, dann misst sie sich mit einer anderen, die besser im Geschäft ist und will die Faktoren herausfinden, durch die ihre Marktposition genauso gut oder besser wird als die des gewählten Vergleichsunternehmens. Benchmarking sollte ein kontinuierlicher Prozess sein, weil die Faktoren, die die „best practice" ausmachen nicht stabil bleiben, sondern sich verändern.

Die hier zusammengefasste Studie bezieht sich auf ein internes Benchmarking, stellt also keinen Vergleich zwischen unterschiedlichen Organisationen her. Der wäre wesentlich schwerer zu kontrollieren und daher für Forschungszwecke oder präzise Ableitungen noch weniger gut geeignet.

Mann et al. (1998) gehen von folgenden Hypothesen aus:
1. Gibt man nur Ziele vor, so hat das weniger Wirkung als ein Benchmarking.

   Das begründen die Autoren mit einigen Argumenten, wie z.B: Es ist unklar, welche Zeitspannen für Zielvorgaben günstig sind. Benchmarking beinhaltet Zielsetzungen, ist aber komplexer, weil es einige zusätzliche Faktoren beinhaltet, wie etwa den Vergleich mit anderen – in diesem Fall – anderen Niederlassungen der eigenen Organisation.

2. Setzt man „small wins" als Ziele, so hat das größere Effekte auf die Leistung als eine Zielsetzung, die einen „big bang" vorsieht.

   Die Begründung: Bei „small wins" bekommt man regelmäßig Feedback. Das fördert das Selbstvertrauen, bringt eine Selbstbelohnung und erhöht damit das Engagement, bei der Aufgabe zu bleiben.

3. Daher kommen die Autoren zu folgender Annahme: Benchmarking wird die stärksten Effekte haben, dann folgt die „small wins"-Zielvorgabe und danach die „big bang"-Zielvorgabe. Die Leistungen der Gruppen ohne Zielvorgabe werden keine Veränderungen aufweisen.

Die Studie wurde in einer Handelsgesellschaft für Elcktroartikel durchgeführt (Sitz in Melbourne, 1.200 Mitarbeiter, 199 Verkaufsniederlassungen in ganz Australien mit jeweils zwischen 2 und 15 Mitarbeitern). An der Studie haben 130 Verkaufsstellen teilgenommen. – Die zu kleinen, zu neuen und solche mit zu instabilen Verkaufszahlen wurden nicht einbezogen. Ebenso wurden 32 Niederlassungen nicht einbezogen, deren Manager nicht an der eintägigen Konferenz (Trainingstagung) zu Beginn der Studie teilnehmen konnten. – Diese Tagung stellte u.a. eine Reihe von Unterstützungsmaßnahmen für die Verkäufer zur Verfügung.

Die Anlage der Studie:

In einer dreimonatigen Vorperiode wurden die Verkaufszahlen gemessen, um eine Ausgangslage (Baseline) zu schaffen. Das Design sah vier Gruppen vor, denen die Niederlassungen nach dem Zufallsprinzip zugeordnet wurden:

- Die Benchmarking-Gruppen (31 Verkaufsstellen) haben am Ende des eintätigen Meetings vom Topmanagement die Vorgabe bekommen, nach vier Monaten eine Steigerung der Verkäufe um 10% gegenüber der Vergleichsperiode des Vorjahrs zu erzielen. Sie bekamen einen monatlichen Erfolgsbericht, monatlich eine Vergleichstabelle über die Verkaufserfolge der Niederlassungen in ihrer Gruppe („League Ladder") und eine Liste mit „best practice" Hinweisen, die einer der Autoren aus Telefoninterviews mit Managern von erfolgreichen Unternehmen der Branche abgeleitet hat. Ein Beispiel dafür: Halten Sie ein wöchentliches Meeting ab, um die Leistung der Verkaufsstelle zu diskutieren. – Das ist natürlich eine zusätzliche Intervention.
- Die „small wins"-Gruppen (29 Niederlassungen) haben als Verkaufsziele für den ersten, zweiten, dritten und vierten Monat eine Steigerung um 3%, 5%, 7% und 10% vorgegeben bekommen. Nach den vier Monaten sollten sie insgesamt eine Steigerung um 10% erreicht haben. Jede dieser Verkaufsstellen bekam einen monatlichen Bericht über den Erfolg, aus dem die Veränderung gegenüber dem empfohlenen Verkaufsziel des Vormonats hervorging.
- Die „big bang"-Gruppen (35 Verkaufsstellen) haben vom Management die Vorgabe bekommen, nach vier Monaten eine Verkaufssteigerung um 10% zu erreichen. Die Zielerreichung, so wurde ihnen gesagt, wird am Ende der Periode überprüft. Nach vier Monaten bekam jede Verkaufsstelle einen Bericht über das erreichte Verkaufsziel und die Abweichung zwischen Zielvorgabe und aktueller Verkaufsleistung.
- Die Kontrollgruppen (35 Niederlassungen) haben am Ende des eintägigen Managementmeetings keine Vorgabe (Intervention) bekommen.

Konzeption

Das experimentelle Design sah also folgendermaßen aus (S. 83):

Tab. 2: Das experimentelle Design und die fünf Interventionen

	Phase 1	Phase 2: viermonatige Intervention						Phase 3
	Messung vor der Intervention	Trainingstagung mit allen Managern	Vorgabe: Umsatzsteigerung um 10 %	monatl. Erfolgsvorgaben	monatl. Erfolgsrückmeldung	monatl. „League ladder"	„best practice" Hinweise	Messung nach 3 Monaten
Benchmarking	✔	✔	✔	✔	✔	✔	✔	✔
„small wins"	✔	✔	✔	✔	✔			✔
„big bang"	✔	✔	✔					✔
Kontrollgruppe	✔	✔						✔

Die oben beschriebenen und in der Tabelle festgehaltenen Interventionen können als operationale Definitionen der Konzepte angesehen werden, die von den drei Gruppen (und der Kontrollgruppe) repräsentiert werden. Wie gelungen diese Übersetzung ist, entscheidet über die interne Gültigkeit der Studie.

Die Hauptergebnisse:

- Die Benchmarking-Gruppen haben signifikant höhere Verkaufszahlen erreicht als die anderen Gruppen. Das lässt vermuten, dass nicht die Zielsetzung der ausschlaggebende Faktor war, sondern auch der Vergleich mit anderen und die „best practice" Hinweise an der Leistungssteigerung beteiligt waren. Allerdings kann nicht erklärt werden, warum die in der Statistik ausgewiesenen Verkaufserfolge im dritten Monat am größten waren.
- Die „small wins"-Experimentalgruppen haben, entgegen den Annahmen, nicht besser als die Kontrollgruppen abgeschnitten. Sie haben aber immerhin noch etwas besser als die „big bang"-Gruppen abgeschnitten. Bei diesen Gruppen haben sich keine Effekte eingestellt. Das ist ein eindeutiges Ergebnis, für das es keine eindeutige Erklärung gibt. Vielleicht, so mutmaßen die Autoren, war auch die Operationalisierung des Konzepts „big bang" nicht gut.
- Nachgehende Interviews mit 25 Managern der Niederlassungen haben keine weiteren Klärungen gebracht. Sie konnten sich auch die Veränderungen der Verkaufszahlen nicht erklären, außer mit großen Aufträgen, die ihre Kunden bekommen haben. – Das sind externe „Störfaktoren", die bei einem Feldexperiment schwer auszuschließen sind. – Die Veränderungen der Verkaufszahlen haben die Manager nicht mit den Interventionen des Feldexperiments in Zusammenhang gebracht.

Zwei Anmerkungen: Wie man sieht, ist der Aufwand, den eine derartige Studie erfordert, beträchtlich. Um ein derartiges Design durchziehen zu können, müssen die Forscher eine spezielle Beziehung zur Organisation gehabt haben, sonst hätten sie in dieser Form nicht intervenieren können. Leider schweigt sich der Artikel darüber aus.

Will man die Grundgedanken einer experimentellen Untersuchungsanlage, über Gedankenexperimente hinaus, in Organisationsanalysen anwenden, so können folgende Überlegungen nützlich sein:

- Ein Feldexperiment bietet sich eher an als eine kontrollierte Laborform. Die eben beschriebene Studie kann ein Beispiel dafür abgeben und auch ersichtlich machen, worauf man besonders zu achten hat.
- Damit verwandt ist ein „natürliches Experiment": eine Vorher/Nachher-Untersuchung unter Ausnützung des Auftretens eines „natürlichen" Ereignisses. Dafür müssen vier Bedingungen gegeben sein: Man muss die Möglichkeit haben, noch vor Beginn des Ereignisses eine Messung vorzunehmen und es muss sinnvoll sein, diese Untersuchung vor einem nicht zu erwartenden Ereignis durchzuführen. Außerdem müssen die Messungen zu den zwei Zeitpunkten mit demselben Erhebungsinstrument durchgeführt werden.
- Überlegenswert ist auch ein quasi-experimentelles Design, das die Untersuchung als „ex-post-facto-Experiment" anlegt. Die Vorteile wurden oben besprochen.

Jede dieser Varianten kann mit unterschiedlichen Methoden der Datensammlung durchgeführt werden. Einen besonderen Reiz haben Analysen, die mit non-reaktiven Methoden arbeiten. Ihre Attraktivität ergibt sich daraus, dass einige mögliche Störgrößen (Forschungsartefakte) entfallen, die sich aus der Erhebungssituation ergeben. Außerdem fordern derartige Untersuchungen die Kreativität der Untersuchenden heraus.

Für Organisationsanalysen und -studien ist aber noch ein spezielles Argument in die Überlegungen einzubeziehen: Wer mit experimentellen Studien arbeitet, also kausale Beziehungen untersuchen will, setzt auf das Konzept „enger Kopplung". Das heißt, er muss zwischen mindestens zwei Variablen eine Beziehung annehmen, die folgende Merkmale aufweist: schnell, direkt wirksam, eindeutig zuordenbar, messbar oder beobachtbar. Die gegenteilige Form der Beziehung ist die „lose Kopplung". Die meisten Manager, Politiker und/oder „Macher" setzen auf eine enge Kopplung zwischen ihren Aktionen und den Folgen: Sie ordnen etwas an und erwarten, dass es schnell und ohne Verwässerung umgesetzt wird und sichtbare Folgen hat. In Organisationen müssen die Beziehungen zwischen manchen

Ereignissen eng gekoppelt sein, wie etwa zwischen Kundenbeschwerde (wichtiger Kunden) und Reaktion darauf oder bei Zulieferungen: „Just in time" ist ein Begriff, der die Bedeutung direkte Kopplung gut wiedergibt. So einfach ist die Zuordnung allerdings nicht immer. Allgemein und fälschlicherweise wird eine enge Kopplung zwischen Arbeitszufriedenheit und Leistung angenommen. Der Zusammenhang kann sich erst zeitverzögert herausstellen, ja sogar die vermutete Richtung kann, wie im Falle des Zusammenhangs zwischen Motivation und Leistung, auch andersrum laufen.

In vielen Fällen ist eine lose Kopplung wichtig. Zahlungsfristen etwa versucht man zu dehnen, Fehlertoleranzen sind in vielen Fällen wichtig. Lose Kopplung drückt sich in der Schwerfälligkeit der Schulorganisation aus und ermöglicht, dass sie nicht alle Moden oder Forderungen von Politikern mitmacht. Der Zusammenhang zwischen Produktentwicklung und Markterfolg ist lose, da die Rückmeldungen der Verkäufer nicht direkt auf die F-&E-Arbeit zurückwirken soll. Programme von Börseanalysten wurden umgestellt, weil sie zu schnell reagiert haben bzw. zu schnell Reaktionen ausgelöst haben; hysterische Reaktionen sind Extrembeispiele für enge Kopplungen.

Keine der beiden Formen von Kopplung ist der anderen in allen Fällen vorzuziehen, beide haben ihre Vor- und Nachteile. Wenn man Prozesse organisiert, so ist es wichtig, zu unterscheiden, wo bzw. in welchen Fällen die Relationen eng sein sollten, wo eine abgepufferte Beziehung wichtig ist. Tendenziell setzen experimentelle Studien auf enge Kopplung. Sie können kaum anders, weil sie bei losen Zusammenhängen mit Störgrößen rechnen müssen. Von daher ist die Anwendung experimenteller Designs inhaltlich eingeschränkt. Wir wollen damit nicht gleich der Meinung eines spirituellen Sufi-Lehrers zustimmen: „Befreien Sie sich von den eisernen Ketten der Kausalität, sie reizen die Haut und verderben das Denken." (Trojanow 2007: 140) Aber uns ist der Hinweis wichtig, dass man sich mit der Idee, Kausalbeziehungen feststellen zu wollen, prinzipiell auf die Seite schlägt, die nur die eng gekoppelten Aspekte der Organisation zeigen kann.

Weiterführende Hinweise
Die Logik der „one-shot-case Study" und experimenteller Designs stellt etwa das Einführungsbuch von Jürgen Bortz und Nicola Döring auf wenigen Seiten übersichtlich dar:

> *Bortz, Jürgen/Döring, Nicola*, 2002: Forschungsmethoden und Evaluation für Human- und Sozialwissenschaftler, 3. Aufl., Berlin: Springer: 59 f. und 114 f.

Nicht behandelt haben wir das qualitative Experiment, da es außer vielleicht bei der planmäßigen Variation von Texten wegen des starken Interventionscharakters kaum für Organisationsanalysen verwendet werden wird. Diese Untersuchungsform geht auf Gerhard Kleining (1986) zurück: „Das qualitative Experiment ist der nach wissenschaftlichen Regeln vorgenommene Eingriff in einen (sozialen) Gegenstand zur Erforschung seiner Struktur. Es ist die explorative, heuristische Form des Experiments." Das zitierte Buch von Bortz/Döring behandelt diese Untersuchungsform auf den Seiten 392–394.

Auf das Laborexperiment sind wir nur kurz eingegangen, weil diese Untersuchungsanlage nur in der Forschung ihren Platz hat. Die Nützlichkeit von Laboruntersuchungen für die Organisationsforschung beschreibt Karl E. Weick (1968b) in einem bereits älteren Buchbeitrag. Wir empfehlen ihn, weil er eine andere Sicht auf herkömmliche Einwände gegenüber Experimenten hat, viele Beispiele aus der Forschung aufzählt und damit, quasi nebenbei, ein Verständnis für zentrale Variable von Organisationen vermittelt:

Weick, Karl E., 1968: Organizations in the Laboratory, in: Vroom, V. H. (Hg.): Methods of Organizational Research, 2. Edition, Pittsburgh: University of Pittsburgh Press: 1–56.

In einem kurzen Artikel stellt French (1956) mehrere Beispiele klassischer Feldexperimente zusammenfassend dar. Einer der Schwerpunkte seiner Darstellung ist auch die Zusammenarbeit zwischen Forschern und Praktikern:

French, John R. P., 1956: Feldexperimente: Änderung in der Gruppenproduktion, in: König, R. (Hg.): Beobachtung und Experiment in der Sozialforschung, Köln-Berlin: Kiepenheuer & Witsch: 259–273.

5.2.5 Strategische Aspekte des Materialzugangs

Wenn eine empirische Analyse gemacht werden soll, so muss man abklären, worin im konkreten Fall die Empirie besteht. Die generellen Aspekte umfassen zunächst Fragen nach dem prinzipiell vorhandenen und zugänglichen Material. Welches für die Studie geeignet ist, hängt davon ab, über welche Bereiche man etwas aussagen soll und welchen Zeitraum man für die Beantwortung der Leitfrage analysieren muss. Wenn das geklärt ist, kann man die Auswahl überlegen, d.h. entscheiden, wie man an das Material herankommt. In der Praxis erweist es sich als nützlich, diese Fragen noch vor jeder Methodenentscheidung zu erwägen.

5.2.6 Arten von Erhebungsmaterial

Bevor man in diesem Stadium des Analysedesigns eine Entscheidung trifft, sollte man zwei Fragen beantworten können. (a) Welche bereits vorliegenden Daten gibt es? Wie leicht ist der Zugang zu welchen Daten? (b) Muss eine eigene Erhebung gemacht werden oder reicht die Auswertung vorhandenen Materials aus? Muss keine eigene Erhebung gemacht werden, so entfallen alle Überlegungen zur Erhebungssituation und zur Reaktivität der eingesetzten Methode. Das bringt erhebliche Vereinfachungen, die allerdings relativ selten genutzt werden. Und das, obwohl eine Analyse, die sich auf vorhandenes Material stützt nicht weniger wert ist als eine, die sich auf eigene Daten stützt.

		Zugang	
		nur von innen	von außen
Erhebung	leicht	zugängliche interne und halböffentliche Daten, sichtbares Verhalten 1	veröffentlichte, offizielle Daten, Medienberichte, sichtbares Verhalten 2
	schwer	Gedanken (Ansichten & Einschätzungen), arbeitsbezogene (Inter-)Aktionen; inhaltlich komplizierte Unterlagen; vertrauliche Daten 3	vertrauliche Daten über die Organisation 4

Abb. 15: Kriterien für die Unterscheidung von Quellen

Die Matrix in Abbildung 15 verbindet zwei Dimensionen – die Richtung des Zugangs zum Material mit der Schwierigkeit der Erhebung – und soll einen Überblick über Materialarten geben, die weitgehend unabhängig vom konkreten Analysethema wichtig sind.

Als Beispiele für Feld 1 sind drei Arten von Material zu nennen: Einfach zu beobachtende Indizien, die fast ohne Beschränkungen zugänglich sind und daher für die Sammlung von Ersteindrücken wichtig sind. Dazu zählen die räumliche Struktur und Gestaltung in den öffentlich zugänglichen Bereichen und der Arbeitsalltag in diesen Ausschnitten. Leicht zu erhebende Daten, die man aber erst im Zuge einer Analyse bekommt, sind dokumentierte Richtlinien, wie etwa das Leitbild oder das Organigramm; das ist auch noch non-reaktives Material (5.2.8). Die dritte Art von Materialien ergibt sich im Laufe der Analyse und fällt unabhängig von der Fragestellung und den eingesetzten Methoden an: Die Reaktionen der Gesprächspartner auf Fragen, die Interaktionsmuster bei beobachteten Begegnungen oder die bei Interviews beobachtbaren Verhaltensweisen.

In Feld 2 fallen beispielsweise: die bauliche Fassade und die Gestaltung von Logos, die Präsentation der Organisation im Internet, Werbeauftritte und Geschäftsberichte; alle veröffentlichten Texte (Inhalte, Struktur, Typografie u.ä.) bieten Hinweise, aus denen man Schlüsse ziehen kann. Ebenso gehören in diese Rubrik die veröffentlichten und vor diesem Hintergrund auch die nicht präsentierten Kennzahlen. Aus diesen Angaben lässt sich viel über die Selbstbeschreibung einer Organisation bzw. das nach außen vermittelte „impression management" erfahren. Auch diese Daten haben ihren besonderen Wert, weil sie von jeder Analyse unbeeinflusst entstanden sind und leicht erhoben werden können. Daher bieten sie sich als Quelle für Annahmen an, die in der Erstphase aufzustellen sind. Eine andere Qualität haben veröffentlichte Aufzählungen von Kunden (Referenzlisten) und Angaben über Kunden. Dieses Material kann eine erste Analyse von Netzwerken anregen, wenn das zur Fragestellung passt. Berichte in Zeitungen sind klassisches Material für den Einsatz von Inhaltsanalysen, um etwas über Organisationen zu erfahren. – Die zitierten Fallstudien von Dutton/Dukerich (1991) und Ross/Staw (1993) arbeiten beispielsweise auch mit diesen Texten. – Fernseh- oder Radioauftritte und Zeitungsinterviews sind ebenfalls gut zugängliche Materialien, ihre Auswertung ist aber aufwändiger. Nicht zuletzt bieten öffentliche Sitzungen oder Gerichtsverhandlungen eine Fülle an Informationen. In derartigen Situationen muss man aber den Zusammenhang besonders genau beachten und in die Analyse einbeziehen. Sogar über bestimmte Aspekte des Arbeitsverhaltens kann man von außen Schlüsse ziehen: Im Abschnitt über Beobachtung berichten wir von Studien, in denen die Geschwindigkeit von Postbediensteten oder das Verhalten von Kassiererinnen in Supermärkten untersucht wurden (siehe dazu 6.4.4).

Feld 3 beinhaltet vier unterschiedliche Arten von Materialien: Die häufigsten Informationen lassen sich unter dem Stichwort Ansichten und Einschätzungen zusammenfassen und umfassen alles, was nur durch Befragung zu erheben ist. Eine andere Qualität haben arbeitsbezogene Aktionen oder Interaktionen: Im ersten Fall geht es um die Beobachtung von Arbeitshandeln (etwa die Bearbeitung von Werkstücken), im zweiten um Interaktionen am Arbeitsplatz (etwa in Sitzungen) bzw. in Räumen der zu analysierenden Organisation (wie etwa Raucherzonen oder Kantinen). In diesen Fällen ist Beobachtung angebracht. Interviews sind auch für eine besondere Art von Material erforderlich: für an sich zugängliche, aber schwer zu verstehende Unterlagen, bei denen man fachliche Unterstützung braucht, um sie überhaupt lesen zu können. Hier ist weniger der Zugang das Problem, sondern die angemessene Erhebung und Verwertung. – Man denke etwa an die Analyse der Zusammenarbeit eines Operationsteams, an die Tabellen einer Finanzierungsgesellschaft oder die Analyse der Kundenbetreuung einer Organisation der Arbeitsmarktverwaltung. In den meisten derartigen Fällen wird man ohne spezielles Wissen von den Inhalten der Aktivitäten nicht auskommen. – Zuletzt fallen in diesen Quadranten auch unterschiedlich vertrauliche Daten, bis hin zu Revisionsberichten oder Personalakten. Man braucht schon einen sehr guten Grund, um derartige Informationen überhaupt verarbeiten zu wollen.

In Feld 4 muss man sich Informationen von Kunden, Lieferanten oder Beratern über deren Klienten hineindenken, der Gegenstand der eigenen Analyse ist. Auch Informationen des Kontrollorgans (Aufsichtsrat etc.) fallen in diesen Quadranten. Für alle Materialien und Auskünfte dieser Art gilt, dass man sich zuerst beim eigenen Ansprechpartner das Einverständnis für diese Informationssammlung einholen sollte.

Die Matrix soll verdeutlichen, dass man beim Entwurf des Analysedesigns genau überlegen sollte, welche Art von Materialien es für die Beantwortung der Leitfrage gibt. Die Felder 1 und 2 der Matrix benennen Kategorien, die zumindest in der Vorphase jeder Untersuchung genauer durchforstet werden sollten. Außerdem gibt das Schema erste Hinweise auf Methodenkombinationen (siehe 5.4.4): Die Quadranten 1 und 2 enthalten Material, das mit einer Form von Textanalyse auszuwerten ist. Verwendet man daraus gewonnene Informationen nicht nur als Anregung[109], so wird man die eigenen Interpretationen durch mündliche Interviews abtesten. Die Verwertung bereits erhobenen Materials erfordert jedenfalls, dass dessen Zustandekommen berücksichtigt wird. Also sind Anlass und Funktion herauszubekommen und im Falle von Daten auch die Art der Datensammlung und die verwendeten Quellen.

Wenn man sich, z.B. an Hand dieser Matrix, einen Überblick über die Zugangs- und die Erhebungsmöglichkeiten der erforderlichen Materialarten verschafft hat, so bestimmen die folgenden Fragen die weiteren Entscheidungen:

a) Müssen die Ergebnisse Aussagen über Bedeutung und Auswirkung des untersuchten Themas für einen Teil der Organisation oder für die gesamte Organisation oder darüber hinaus zulassen? In engem Zusam-

---

[109] Zu Beginn des Abschnitts über Dokumenten- und Textanalyse (6.5) bringen wir ein Beispiel dafür.

menhang damit stellt sich die Frage: Ist es möglich, die „Grundgesamtheit" zu definieren und eine Stichprobe zu ziehen? Diese Fragen grenzen die Reichweite der Ergebnisse ab.
b) Über welchen Zeitraum müssen Aussagen gemacht werden?
c) Wie kommt man nicht nur zu einer hinreichenden Menge an Daten, sondern zu jenen Untersuchungs- bzw. Erhebungseinheiten, die für das Thema wichtig sind?

Zur Reichweite der Ergebnisse

Wenn die erste Frage nicht klar zu beantworten ist, muss man sich die Funktion der Untersuchung überlegen, die Analysefrage präzisieren oder sie nochmals mit dem Auftraggeber abklären. Meist gibt es nur drei Varianten: Entweder die Analyse bezieht sich auf die gesamte Organisation oder nur auf Teile oder auf eine Klasse von Ereignissen. Die vierte mögliche Variante, dass die Ergebnisse Aussagen zulassen sollen, die über die konkret zu untersuchende Organisation hinausgehen, setzt voraus, dass verallgemeinerte Aussagen gewonnen werden sollen. Das ist bei wissenschaftlich orientierten Forschungsprojekten der Fall oder bei manchen Branchenstudien großer Beratungsfirmen. Wir befassen uns mit Analysen, die gegenstandsbezogene Aussagen machen, sich also auf einen relativ eng begrenzten Bereich beziehen. Die Analysefrage fordert eine Antwort, die sich auf einen thematischen oder organisatorischen Ausschnitt, einen bestimmten Zeitraum und eine bestimmte Region beschränkt.

Ein Beispiel für eine Untersuchung, die über eine Organisation hinausgeht, bietet die Untersuchung von Sudarsanam/Mahate (2006), in der der Auswirkung verschiedener Arten von Firmenübernahmen auf den Firmenwert nachgegangen wird.[110] Die Frage der zu untersuchenden Fälle haben die Autoren gelöst, indem sie alle in vier einschlägigen Zeitschriften gelisteten Firmenübernahmen (mit bestimmten Eigentumsverhältnissen) zwischen 1983 und 1995 in die Studie einbezogen haben. Das Beispiel verdeutlicht, dass die Definition der Grundgesamtheit selten eine von vornherein so klare Sache ist wie bei Wählerbefragungen (die Gesamtheit der Wahlberechtigten) oder Erhebungen der Arbeitszufriedenheit (die Gesamtheit der zum Erhebungszeitpunkt in einem Arbeitsverhältnis stehenden Beschäftigten). Anders gewendet: Will man eine Stichprobe ziehen, so braucht man entsprechende Informationen, und die Güte wird davon abhängen, wie gut die entsprechenden Kriterien dokumentiert, aktuell und zugänglich sind.

---

[110] Wir beziehen uns hier auf die Studie, an Hand der wir die Präzisierung der Analysefrage (5.1.1) dargestellt haben.

Meist erfordert die Definition der Grundgesamtheit eine willkürliche Festlegung, die daher genau begründet werden muss. Man kommt damit in die theoretische Diskussion, wie eine Organisation zu definieren ist, wie man ihre Grenzen festlegt. – Diese Themen wurden im ersten Kapitel behandelt. – Praktisch heißt das aber auch, dass man bei der Untersuchung von Firmen entscheiden muss, inwiefern etwa Auslandstöchter, Zweigstellen etc. in die Untersuchung einzubeziehen sind. Darauf kann man nur antworten, dass dies aus der Analysefrage hervorgehen muss und diese wiederum aus der Funktion der Studie abzuleiten ist. Unserer Erfahrung nach werden Daten, die Schlüsse auf die Verteilung bestimmter Merkmalsausprägungen in der gesamten Organisation zulassen, nur dann gefordert, wenn die Ergebnisse der Studie etwas legitimieren sollen. Ansonsten ist der Versuch, der Erhebung eine repräsentative Stichprobe zu Grunde zu legen, in Organisationsanalysen meist fehl am Platz.[111]

Zeitraum der Aussagen

Alle Analysen, die Daten zu einem oder über einen Zeitpunkt erheben, können nur Aussagen über den Zustand zu diesen Zeitpunkt machen. Alle Querschnittsuntersuchungen bieten nur eine Momentaufnahme und sind daher ungeeignet, Aussagen über organisatorische Veränderung zu treffen, z.B. über das beliebte Thema Organisationswandel.

Verlangt die Analysefrage danach, die Daten zeitlich zu ordnen, so muss die Erhebung entweder mehrmals erfolgen oder aber mehrere Zeitpunkte betreffen. Letzteres trifft etwa zu, wenn man Dokumente oder andere Texte aus verschiedenen zeitlich vergangenen Perioden erhebt.

Panelstudien sind Untersuchungen, die zu mehreren Zeitpunkten an der gleichen Population oder Stichprobe durchgeführt werden. Mehrmals oder regelmäßig durchgeführte Befragungen der Mitarbeiterinnen und Mitarbeiter zur Arbeitszufriedenheit sind ein typisches Beispiel. Durch wiederholte Messungen an identischen Personen mit identischen Instrumenten werden Aussagen über Veränderungen an diesen Personen bzw. ihren Angaben möglich. Das Dilemma, vor dem man steht, lässt sich in diesem Punkt folgendermaßen zusammenfassen: Ändert man das Instrument, also z.B. den Fragebogen oder Teile desselben, so weiß man nicht, wie viel der Veränderung auf das umgearbeitete Instrument zurückzuführen ist. Hält man das Instrument gleich, so wird sich ein Lerneffekt einstellen; dessen

---

[111] Über Fragen, welche Kriterien beim Ziehen von Stichproben zu berücksichtigen sind, informieren die bereits mehrfach genannten Einführungsbücher (Bortz/Döring 2002), (Diekmann 2007) und in weiterer Folge die einschlägigen Fachbücher.

Stärke hängt von der Anzahl der Erhebungen und dem Abstand zwischen ihnen ab.[112]

Eine Trendstudie sieht von der verschärften Bedingung ab, dass die gleichen Personen oder Objekte untersucht werden müssen und führt die mehrmalige Erhebung an vergleichbaren Stichproben durch. Sie vermeidet damit das Problem der „Panelsterblichkeit", kauft sich dafür aber unsicherere Aussagen ein. Als Panelsterblichkeit wird der mit zunehmender Anzahl der Messungen zunehmende Verlust an verwertbaren Daten bezeichnet. Panelstudien haben darüber hinaus mit dem Faktum zu kämpfen, dass sie nicht mit anonymen Untersuchungseinheiten arbeiten können.

Für die anwendungsorientierte Organisationsanalyse sind im Wesentlichen drei Designvarianten möglich: Am häufigsten sind Querschnittserhebungen, wie sie für Ist-Analysen typisch sind. Für den Vergleich von Zuständen zu zwei oder mehreren Zeitpunkten gibt es nur folgende Begründungen: Man will die Auswirkung einer Maßnahme überprüfen und feststellen, welche Effekte sie hatte; dafür ist dann eine der besprochenen experimentellen Anlagen geeignet. Ein weiterer möglicher Grund ist, die Entwicklung einer bestimmten Gegebenheit zu analysieren; dann muss man auf Zeitreihen zurückgreifen, d.h. Material der Organisation durchforsten.

Zur Auswahl der Untersuchungseinheiten

Welche Kriterien hat man, um die Erhebungseinheiten auszuwählen? In der Praxis findet man häufig ein Vorgehen, das wir mit „Fischen gehen" bezeichnen: Man schaut, wen man leicht befragen kann und sammelt wie mit einem Schleppnetz Daten; nachher begutachtet man den Fang und versucht ihn zu sortieren.

Eine zweite, ebenfalls nicht sehr gut argumentierbare Vorgehensweise gilt für eine der häufigsten Erhebungsmethoden, die mündliche Befragung, und orientiert sich an der Faustregel: Frage die für das Thema wichtigen

---

[112] Ein Beispiel ist das deutsche Betriebspanel, bei dem seit 1993 jährlich dieselben Betriebe zu beschäftigungspolitischen Themen befragt werden. Die Beschreibung auf der Homepage führt u.a. aus: „Grundgesamtheit der repräsentativen Stichprobe sind alle Betriebe mit mindestens einem sozialversicherungspflichtigen Beschäftigten. ... Das Sample enthält derzeit fast 16.000 Fälle (rund 10.000 für Westdeutschland und fast 6.000 für Ostdeutschland). ... Erhoben werden mit dieser Befragung Niveau, Struktur und kurz- bis mittelfristige Beschäftigungserwartungen, wirtschaftliche Determinanten wie Umsatz, Erträge, Investitionen, Löhne, technischer Stand, Innovationen und organisatorische Änderungen, Arbeitszeitmuster, Entkoppelung von Betriebszeiten, Arbeitszeitflexibilitäten, Aus- und Weiterbildung, offene Stellen und Arbeitskräftenachfrage über alle Branchen und Betriebsgrößenklassen. Hinzu kommen jährlich wechselnde Themenschwerpunkte." http://betriebspanel.iab.de/ (05-11-07)

Leute und brich ab, wenn du nichts Neues mehr erfährst. Klingt gut und praktikabel, hat aber einige Haken: Erfahrungsgemäß spricht sich in einer Organisation herum, was bei dieser Studie gefragt wird; mit zunehmender Dauer der Erhebung werden die Antworten immer ähnlicher. Außerdem werden das selektive Hören und die Erwartungshaltung der Interviewer die Brauchbarkeit der Regel beeinträchtigen.[113] Diese Nachteile werden abgemildert, wenn man nicht alleine arbeitet, zwischen den Interviews eine Art Debriefing stattfindet und das jeweils gesammelte Material in relativ kurzen Abständen ausgewertet wird.

Wir beschreiben im Folgenden drei gut argumentierbare Zugänge, um das Spektrum an Möglichkeiten aufzuzeigen: Die erste Variante verweist auf eine theoriegeleitete Vorgehensweise aus der qualitativen Forschung, die zweite Option ist vorwiegend an der zu analysierenden Organisation selbst orientiert. Die letzte aufgezählte Variante ist bei betriebswirtschaftlichen Studien gängig.

a) Eine konzeptgeleitete Auswahl

Das „theoretische" Sampling der Grounded Theory wählt den Weg der Verzahnung von Erhebung und Auswertung. Das Prinzip der „constant comparison" fordert die Gleichzeitigkeit von Sammlung und Analyse der Daten. Das Überprüfungskriterium ist die Kontrolle der Beobachtungen an Hand weiterer Überprüfungen neuen Materials (statt des Falsifikationskriteriums von Karl Popper)[114] – der ständige Dialog zwischen Forscher und

---

[113] Dass mit zunehmender Anzahl der geführten Befragungen eine gewisse Interviewermüdigkeit eintritt, ist bekannt. Daher sollte man sich überlegen, wie viele Interviews man schafft, d.h. wie viele, etwa ein- bis eineinhalbstündige Gespräche, man in welcher Zeit zu führen in der Lage ist, ohne nur mehr das zu hören, was man hören will und zu wissen glaubt, was die Befragten antworten werden. Unserer Erfahrung nach liegt die Grenze bei etwa 10 Interviews. Aber das hängt vom Thema, der Erfahrung, dem Frageprogramm, der Aufnahme der Studie durch die Befragten etc. ab. – Erfahrungswerte aus Arbeiten mit Fokusgruppen legen die Vermutung nahe, dass nach zehn Sitzungen kaum mehr neue Informationen kommen. Siehe dazu Brewerton/ Millward (2001).

[114] Damit setzte sich die GT bewusst von rationalistischen Forschungsmodellen ab. Sir Karl Popper (1902–1994) emigrierte 1937 aus Wien nach Neuseeland, ab 1946 war er an der London School of Economics tätig. Popper gilt als Begründer des „Kritischen Rationalismus". In einem seiner Hauptwerke, „Logik der Forschung" (1934), stellte er u.a. fest: Theoretische Sätze müssen falsifizierbar, d.h. so formuliert sein, dass sie als falsch erkannt werden können. Die Eliminierung falscher Behauptungen ermögliche den wissenschaftlichen Fortschritt, Wahrheit sei nicht zu erreichen. Damit wendete sich Popper gegen den logischen Empirismus der Wiener Kreises, der davon ausging, Theorien müssten sich bewahrheiten (verifizieren) lassen. Bekannt ist auch der „Positivismusstreit", wie Theodor W. Adorno seine Auseinandersetzung mit Popper (begonnen 1961, fortgeführt von Jürgen Habermas und Hans Albert) über die Logik der Sozialwissenschaften, nannte.

Daten ist das Erfolgsrezept dieses Ansatzes. Was die Auswahl des Materials anlangt, so gibt die Grounded Theory eine Empfehlung, die ähnlich klingt wie das vorher genannte Abbruchkriterium: Man höre auf, wenn man nichts Neues mehr erfährt. Nur hat die Regel hier eine andere Wendung: Man soll nicht abbrechen, solange man Neues erfährt. Diese Empfehlung soll verhindern, dass man die Datensammlung vorzeitig abbricht. „Category saturation" bedeutet, so lange Daten zu sammeln, bis die einzelnen Konzepte, die im Laufe des Pendels zwischen Erhebung und Analyse entwickelt werden, hinreichend belegt sind. Das heißt, alle Kategorien müssen mit hinreichendem Material (z.B. Aussagen in Interviews) belegt werden. Daraus leitet sich die Bezeichnung „theoretical Sampling" ab. – Das ist, neben „constant comparison" der zweite Hauptpfeiler dieses Ansatzes. – Ausgangspunkt sind einige wenige Fälle (verschriftete Interviews oder andere Texte oder Beobachtungsergebnisse), aus denen Leitfragen entwickelt werden, die schrittweise beantwortet und vertieft werden. Die Auswahl der in die Untersuchung einzubeziehenden Fälle richtet sich nach den in den einzelnen Analyse- (= Auswertungs-)Schritten entwickelten Hypothesen. Eine grundlegende Frage, die dieses Verfahren beantwortet, lautet: „Welchen Gruppen oder Untergruppen von Populationen, Ereignissen, Handlungen ... wendet man sich bei der Datenerhebung als nächstes zu?" (Strauss 1994: 70) Eine ausführliche Darstellung ist der Arbeit von Strauss/Corbin (1996) zu entnehmen.

> Wie man daraus erkennen kann, ist die Auswahl des Materials keineswegs voraussetzungslos. Wie man welches Material sammelt, ist eine Frage der Analysestrategie. Deshalb, und weil die Grounded Theory häufig erwähnt wird, charakterisieren wir den Ansatz an dieser Stelle etwas näher. Sein Name ist Programm: „discover theory from data" haben die beiden „Erfinder", Barney G. Glaser und Anselm L. Strauss, formuliert. Bei der folgenden Darstellung der Grundzüge dieses Forschungsansatzes beziehen wir uns auf einen Artikel, der deutlich macht, was – aus Sicht des Autors Suddaby (2006) – Grounded Theory (GT) nicht ist. Dazu führt er gängige Missverständnisse auf:
> (1) GT ist keine Entschuldigung dafür, die Literatur zu ignorieren und (2) sie erschöpft sich nicht in der Präsentation von Rohdaten. (3) GT zielt weder darauf ab, Theorie zu testen noch bedeutet sie die Anwendung von Inhaltsanalyse oder das Zählen von Wörtern. GT ist nicht geeignet, vorgegebene explizite Hypothesen auf ihre „Wahrheit" hin zu testen. GT ist dann der Zugang der Wahl, wenn keine expliziten Hypothesen bestehen oder wenn sie zu allgemein sind, um in deduktiver Manier überprüft werden zu können. (4) GT bedeutet nicht die einfache Anwendung einer Routine von Techniken auf Daten. Viele Studien im Stil der GT sind durch eine übertrieben zwanghafte Anwendung des Kodierens gekennzeichnet. Auch andere Regeln (die erforderliche Sättigung ist nach 20–30 Interviews erreicht; schütte transkribierte Daten in ein Softwarepaket und du bekommst Ergebnisse etc.) sind nicht sklavisch zu befolgen. Erfolgreiche Forschung nach dem Ansatz der GT hat eine starke kreative Komponente. – Der aduktive

„Blitz der Erkenntnis" leuchtet von Charles S. Peirce herüber und erhellt die Szene. – Das erfordert eine hohe Toleranz gegenüber Unsicherheit. (5) GT ist nicht perfekt: Es besteht ein großer Auffassungsunterschied zwischen jenen, die GT praktizieren und jenen, die darüber schreiben. Letztere sind an methodologischen Fragen interessiert und stellen Regeln auf. Diese Unterschiede können nützlich sein, fundamentalistische Tendenzen sollte man aber meiden. (6) GT ist nicht einfach. Die Anwendung dieses Ansatzes setzt viel Erfahrung und Kenntnisse in GT voraus und bedeutet harte Arbeit. GT ist ein Entwurf für einen Forschungsablauf, unsichtbare oder verschwiegene Prozesse sichtbar zu machen. GT erfordert, dass der Forscher seine eigene Stellung in dem Prozess berücksichtigt und einbezieht. Das bedeutet, er muss öfters eine Sichtweise und Einstellung hinterfragen. Es gibt eine direkte Beziehung zwischen der Art des Kontakts, den der Forscher mit dem empirischen Feld hat, und der Qualität der Forschung. – Etliche dieser Punkte sind darauf zurückzuführen, dass manche Publikationen die Darstellung ihrer Vorgehensweise mit der Bemerkung abtun, sie seien nach den Prinzipien der GT vorgegangen. Das ist mehr Verschleierungstaktik als Information.

b) Ein organisationsbezogener Zugang
Der Zugang der Grounded Theory orientiert sich an bestimmten wissenschaftlichen Kriterien und ist einem bestimmten Kreis der Forschergemeinschaft verpflichtet. Ein anderes Vorgehen orientiert sich an der Organisation und dem Thema und sucht danach, welche Positionen oder Funktionen genau in dieser Organisation und für dieses Thema befragt werden müssen und welche Daten ergänzende Hinweise liefern.

Diese Methode hat sich in unserer Beraterpraxis gut bewährt. Das Kriterium für die Bewährung ist dabei, dass seitens der Organisation der Eindruck besteht, die Auswahl der Erhebungseinheiten sei stimmig. Dieses Vorgehen ist dann angebracht, wenn ein Auftraggeber existiert und die Fragestellung umfassend oder nicht sehr klar ist. Sonst bräuchte man nicht längere Auswahlprozeduren in Kauf zu nehmen. Das Vorgehen ist auch nur dann geeignet, wenn kein theoriegeleitetes Interesse die Datensammlung anleitet; sonst müsste man die Auswahl vorwiegend daran orientieren. Eine weitere Einschränkung: dieses Vorgehen bezieht sich ausschließlich auf den Teil der Analyse, der mittels Befragung durchgeführt wird. Eine Auswahl von Beobachtungssituationen oder Dokumenten muss anders ablaufen.

Wie lässt sich dieser Zugang begründen? Zunächst damit, dass man als Außenstehender nicht genügend Informationen hat, um die Auswahl der in die Analyse einzubeziehenden Bereiche und/oder Positionen (nicht Personen) fundiert entscheiden zu können. Zweitens gehen wir von der Annahme aus, dass die Akzeptanz der Ergebnisse durch „die" Organisation auch davon abhängen wird, wer aller in die Studie einbezogen wurde. Der nahe liegende Schluss daraus ist, den Auftraggeber und den Bereich, die einen guten Überblick über die von dem Thema Betroffenen haben müssten, zu befragen. Also empfiehlt sich (Tonband-)Interviews zu führen, deren Inhalt die Frage nach den Bereichen und Funktionsträgern ist, die für die Analyse befragt werden müssen, wenn man ein möglichst vollständiges Bild der Situation bekommen will. Ergänzende Fragen richten sich darauf, warum man diesen oder jenen Bereich, aus Sicht der Interviewten, nicht einzubeziehen braucht. Durch diese ein oder zwei Interviews führt faktisch das Organigramm. Zugleich bekommt man so eine sehr umfassende Sicht der Organisation vermittelt. Damit hat man auch die Anlaufstellen, die man für die weitere Vorgehensweise braucht. In der Regel führen wir dann Gruppendiskussionen durch. Dies ist die erste Stufe der Auswahl. Sie wird durch zwei Kriterien bestimmt: formale Nähe zur Analysefrage und Sichtweise der Organisationsleitung. In manchen Studien bekommt man auf Grund der Zwischenauswertung, der Interviews bzw. Gruppendiskussionen den Eindruck, dass das Bild zu glatt ist, d.h. die Ergebnisse zu wenig differenziert sind. Dann ist eine weitere Erhebungsrunde sinnvoll, in der Kontrastfälle ausgewählt werden. In diesem Stadium müsste man bereits wissen, welche Unterschiede für das Analysethema bedeutungsvoll sein können. Beispiele dafür sind: neu besetzte oder geschaffene Funktionen, aus der Karenz zurückgekehrte Mütter oder Väter, Außenstellen, Gleichbehandlungsbeauftragte etc. Bezieht man diese Personen ein, so kann man andere Reaktionsweisen auf Situationen (oder Maßnahmen) erfahren und schützt sich vor einer frühzeitigen Einengung des Blicks. Also gehören zum Fragenset der „ersten Runde" immer auch Fragen nach anderen Bereichen, Reaktionen anderer etc.

c) „Key Informants" als Datenlieferanten
Ein vor allem in der betriebswirtschaftlichen Forschung beliebtes Verfahren besteht darin, Schlüsselpersonen zu befragen, kompetente Key Informants. Die ins Auge springenden Vorteile sind: Man kann den Aufwand reduzieren und befragt wenige, aber sachlich kompetente Personen. Wie aus Untersuchungen zu entnehmen ist, geht das aber meistens ins Auge.
Aus den Ergebnissen seiner Untersuchung über Innovationserfolge hat Ernst (2003: 1268) unter anderem folgende Schlüsse gezogen: [115] Die Bewertung von Innovationsprogrammen wird je nach funktionaler Zugehörigkeit und hierarchischer Höhe sehr unterschiedlich eingeschätzt. Die Messfehler erhöhen sich bei mangelnder Qualität der Zusammenarbeit

---

[115] Es handelt sich um ein betriebliches Innovationserfolgs-Panel von Ernst (2003), bei dem im Jahr 2000 pro Firma sechs Key-Informants schriftlich befragt wurden; insgesamt haben 43 SGEs und über 200 Befragte teilgenommen.

zwischen den einzelnen Bereichen. Dies trifft bei Innovationsvorhaben insbesondere für die Bereiche F&E und Marketing zu. Problematisch ist dabei, dass der „Informant Bias", also die dem Auskunftsgeber zuzurechnende Verzerrung, eine größere Streuung (Varianz) der Antworten bewirkt als die Inhalte. In Anbetracht dieses unerfreulichen Befundes stellt der Autor die Frage, was man dagegen tun kann und gibt folgende Antwort: „Die ‚Kunst' des Befragens besteht demnach darin, Personen anzusprechen, die zum einen kompetent und zum anderen nicht direkt persönlich betroffen sind." (Ernst 2003: 1268) Diesen Überlegungen ist hinzufügen: Das Thema der Studie war die Bewertung von Innovationsvorhaben, die Frage nach Sachverhalten. Als Erhebungsverfahren wurde die schriftliche Befragung gewählt. Daher überlegte der Autor auch, ob nicht in vielen Fällen andere Methoden und Erhebungsverfahren (wie etwa eine Dokumentenanalyse) vorzuziehen wären.

Diese Ergebnisse sind nicht originell, weil schon seit langem bekannt ist, dass dieser Zugang zu Erhebungsmaterial mit erheblichen Verzerrungen verbunden ist. Verwunderlich ist eher, dass derartige Ergebnisse der weiten Verbreitung keinen Abbruch tun.[116] Beatrice Hurrle und Alfred Kieser (2005) geben in ihrem Artikel an, wie gängig diese Methode ist und dass sie mit einer Ausnahme – die wir eben zitiert haben – unkritisch eingesetzt wird. Als zusammenfassende Antwort auf die Frage des Titels: „Sind Key Informants verlässliche Datenlieferanten?" kann man sagen: wohl kaum. Und wir fügen hinzu: Warum sollten sie auch liefern?

Hurrle/Kieser (2005) zählen eine Reihe von Faktoren auf, die für die Verzerrungen verantwortlich sind. Darunter sind so bekannte Phänomene wie etwa die Selbstdarstellung des Befragten oder die Erwartungen, die man glaubt erfüllen zu müssen.[117] Aber auch schlecht formulierte Fragen, die dazu führen, dass die Befragten nicht wissen, ob sie ihre Meinung oder Fakten wiedergeben sollen, leisten ihren Beitrag zur Unsauberkeit der Ergebnisse. Von mehr allgemeinem Interesse ist, dass sich auch bei Fragen nach Tatsachen, wie etwa dem Umsatz des eigenen Geschäftsbereichs im letzten Jahr, große Abweichungen zwischen Befragungsangaben und objektiven Daten ergeben. Warum kennen Manager wichtige Daten ihres Unternehmens nicht? Weil die Fähigkeit, Probleme zu lösen, nicht von der Kenntnis der aktuellen Situation abhängt (Hurrle/Kieser 2005: 588). Eine weitere Erklärung ist, dass alle Kennzahlen eine Geschichte haben und nur als Indizien für etwas aufzufassen sind, also ein Symptom beschreiben.

---

[116] Auch der in Zusammenhang mit dem Thema Projekterfolg im folgenden Abschnitt über Operationalisierung zitierte Artikel von Bryde (2005) ist ein Beispiel für dieses Vorgehen. In den Unternehmen wurde jeweils eine Auskunftsperson befragt.

[117] Diese Aspekte kommen im Abschnitt über Befragung wieder zur Sprache.

Wenn Manager das wissen, was dahinter liegt, wird das in vielen Situationen wichtiger sein als das reine Faktenwissen.

Als Folgerungen aus diesem Zugang bzw. den Ergebnissen dazu kann man zusammenfassen: Wieder einmal zeigt sich, dass die Befragung nicht der „Königsweg" ist. Einmal mehr zeigt sich, dass die Fehler einer Erhebung in Kauf genommen werden, wenn man dafür scheinbar harte Fakten bekommt. Ein völlig anderer Ansatz wäre, die so genannten Messfehler als Information über die Logik der Bedingungen aufzufassen.[118] Eine triviale Feststellung am Ende: Informationen soll man dort holen, wo sie optimal abgebildet sind; reine Sachverhalte in Dokumenten, Einschätzungen der Situation bei den Leuten.

5.2.7 Unterschiedliche Analyseebenen

Denkt man an die Verhaltensformel, wonach jedes Verhalten eine Funktion persönlicher und situationsbezogener Faktoren ist, so ergibt sich, dass alle Erklärungsversuche der Handlungen von Organisationsmitgliedern die umgebenden Strukturen einbeziehen müssten. Organisationsanalysen sind in den meisten Fällen Kandidaten für eine Kontext- oder Mehrebenenanalyse.[119]

Selten berührt die Ausgangsfrage nur eine Ebene, selten kann sie beantwortet werden, ohne den umgebenden Zusammenhang einzubeziehen. Also kann man kaum jemals nur mit Merkmalen der Organisation (Marktanteil, Kennzahlen für die Größe, Anzahl der Hierarchieebenen) das Auslangen finden oder nur Variable erheben, die individuelles Verhalten oder personelle Einstellungen beschreiben. Dann muss man Untersuchungs- oder Erhebungseinheiten auf der Makro- und der Mikroebene berücksichtigen. Tabelle 3 gibt einige unterschiedliche Beispiele.

---

[118] Etwa im Sinne von Garfinkels „normale, natürliche Schwierigkeiten", wie im Abschnitt über Dokumentenanalyse ausgeführt wird.
[119] Kontext ist, was den Text umgibt. Allgemeiner: der Zusammenhang, in dem das steht, was interessiert. Er ist deshalb wichtig, weil erst dadurch die Bedeutung klar wird. Der Satz „Schließen Sie die Fenster auf Ihrem Schreibtisch mit der Maus." ist zwar grammatikalisch korrekt, aber ziemlich sinnfrei; wenn man nicht weiß (oder vermutet), dass er aus einem Handbuch stammt, das Anleitungen für eine Aktion auf dem Desktop eines Apple-Computers oder PC gibt.

Tab. 3: Beispiele für Untersuchungseinheiten und Variablen auf unterschiedlichen Ebenen

Makroebene		Mikroebene	
Untersuchungseinheit	Variable	Untersuchungseinheit	Variable
Schule	Klassenanzahl	Lehrer	Alter
Klasse	Anzahl der Schüler	Schüler	Notendurchschnitt in den einzelnen Fächern
Organisation	Börsenotierung	Vorgesetzte	variabler Gehaltsanteil
Branche	Eintrittbarrieren	Unternehmen	Eigenkapitalanteil
Region	Leistungsorientierung	Organisation	Leistungsorientierung
Außendienst	Verkaufsvolumen	Außendienstmitarbeiter	abgeschlossene Verkäufe

Die Beispiele in Tabelle 3 sollen auch veranschaulichen, dass nur aus der Fragestellung hervorgeht, was jeweils die Makro- und was die Mikroebene ist; das sind keine fixen Größen. So kann die Organisation die Makroebene sein, wenn man feststellen will, wie die variable Vergütung in börsenotierten und nicht-börsenotierten Organisationen gestaltet wird. Die Organisation wird auf der Mikroebene liegen, wenn man Vergleiche zwischen Unternehmen in verschiedenen Kulturen zieht. Untersucht man die IT-Outsourcing-Verträge, so werden die Unterschiede zwischen den in einzelnen Ländern abgeschlossenen Verträgen nur durch den Kontext verständlich, der etwa durch die rechtlichen Regelungen in den einzelnen Ländern geprägt wird.[120]

Die Makroebene ist meist der Kontext, der Zusammenhang, dessen Merkmale bestimmen, was auf der Mikroebene passiert. Man kann nicht gut die Arbeitsleistung der Außendienstmitarbeiter untersuchen, ohne zu berücksichtigen, wie der Außendienst in dieser Firma organisiert ist oder wie das Entlohnungsschema aussieht. Meist nimmt man an, dass der Kontext die unabhängigen Variablen enthält, also die Art des Entlohnungsschemas die Leistung beeinflusst und nicht umgekehrt. Das wird oftmals stimmen, das muss aber nicht sein. So kann etwa die Art der Vergütung als Re-

---

[120] Siehe dazu das Beispiel am Ende des Abschnitts über Fallstudien (5.2.3).

aktion auf zu geringe Leistungen verändert werden.[121] Auch die technischen Bedingungen bilden einen Kontext, der das Arbeitshandeln prägt. Gesetzliche Regelungen sind Rahmenbedingungen, die das Verhalten auf der Mikroebene, stark beeinflussen, etwa das individuelle Fahrverhalten im Straßenverkehr. Sie sind zugleich ein Beispiel dafür, dass die Verhältnisse auf der Makroebene, oft aus gutem Grund, schwerer zu bewegen sind.

Kontextanalysen sind keine Neuheit und es gibt dafür prominente Beispiele. Wir verweisen auf zwei Klassiker:

In seiner Studie über den Selbstmord (Le Suicide, 1897) stellte der französische Soziologe Emile Durkheim an Hand statistischen Materials mehrerer Länder fest, dass selbst eine so persönliche und private Tat soziale Ursachen hat. So hat u.a. die Abnahme der Integrationsfunktion der Familie einen Einfluss auf die Selbstmordrate.

Max Webers Klassiker „Die protestantische Ethik und der Geist des Kapitalismus" (1904) stellt die Behauptung auf, der Calvinismus begünstige, durch die von ihm vermittelten Werte die Ausbreitung des Kapitalismus. Das ist eine Annahme, die auf der Makroebene bleibt. – Sie könnte entweder durch einen Vergleich von Regionen untersucht werden, in denen der Protestantismus unterschiedlich stark verbreitet ist oder durch eine Längsschnittsstudie, d.h. mindestens dreimalige Messung der Verbreitung des Protestantismus und des Wirtschaftswachstums in einer Region. – Max Weber geht aber einen Schritt weiter und verknüpft das Merkmal auf der Makroebene (Protestantische Ethik) mit Werten, die sie bei ihren Anhängern bewirkt. Und auf dieser Mikroebene führen die protestantischen Werte (Stichwort: „an ihren Früchten werdet ihr sie erkennen") zu einem bestimmten ökonomischen Verhalten, der in diesem Falle abhängigen Variable. Sie bewirkt auf der Makroebene das Wachstum des Kapitalismus. Eine ausführliche Kritik der Logik dieser These bietet Coleman (1991: 7 ff.).[122]

---

[121] Derartige Annahmen werden als Kontexthypothesen bezeichnet. Sie bestehen aus einer unabhängigen Variablen, die eine Kontextvariable ist (Entlohnungsform des Außendienstes) und einer abhängigen Variable, einem Individualmerkmal (Anzahl der abgeschlossenen Verträge pro Außendienstmitarbeiter).

[122] Es ist unmöglich, die Arbeiten von Emile Durkheim (1858–1917) und Max Weber (1864–1920) in einer Fußnote entsprechend zu würdigen. Beide gehören zu den Riesen, auf deren Schultern eine Vielzahl nachkommender Forscher steht. Durkheim hatte wesentlichen Anteil daran, dass die Soziologie als eigenes Fach etabliert wurde. In unserem Zusammenhang ist wichtig, dass er gesellschaftliche Ereignisse nicht mehr auf individuelle Handlungsweisen zurückführte (reduzierte), sondern davon ausging, dass das Soziale eine eigene Realität hat („faits sociaux"). Die Auswirkungen sind in empirischen Untersuchungen nachweisbar. Ein Beispiel dafür ist die erwähnte Studie.
Max Weber etablierte eine „verstehende" Soziologie. Das geht aus seiner bekannten Definition hervor, die am Anfang seines posthum erschienen Werkes „Wirtschaft und

Ob man mit einer Ebene auskommt oder ob man eine Kontextanalyse machen muss, ergibt sich aus der Leitfrage. Da Organisationsanalysen selten bei der Verarbeitung von Daten über Verhalten stehen bleiben können und selten nur Organisationsmerkmale betrachten, ohne deren Auswirkung auf Verhaltensweisen zu verfolgen, sind Kontextanalysen gängig.

Ein Beispiel für eine Kontextanalyse, die auch als solche angelegt ist, bietet die bereits erwähnte Fallstudie über den zentralen Busbahnhof von New York (Dutton/Dukerich 1991), genauer: über den Umgang der Organisation (die privatisierte ehemalige Hafenbehörde von New York und New Jersey) mit den Obdachlosen. Der Artikel erarbeitet einen theoretischen Rahmen, der die Gestaltung der Beziehungen einer Organisation zu ihrer Umwelt verständlich macht. Ansatzpunkt ist ein „issue", hier das Problem

---

Gesellschaft" steht: „Soziologie (im hier verstandenen Sinn dieses sehr vieldeutig gebrauchten Wortes) soll heißen: eine Wissenschaft, welche soziales Handeln deutend verstehen und dadurch in seinem Ablauf und seinen Wirkungen ursächlich erklären will. Handeln soll dabei ein menschliches Verhalten (einerlei ob äußeres oder innerliches Tun, Unterlassen oder Dulden) heißen, wenn und insofern als der oder die Handelnden mit ihm einen subjektiven Sinn verbinden. Soziales Handeln aber soll ein solches Handeln heißen, welches seinem von dem oder den Handelnden gemeinten Sinn nach auf das Verhalten anderer bezogen wird und daran in seinem Ablauf orientiert ist." (Weber 1964: 3).

Unmittelbar für Organisationsanalysen sind seine Definitionen von Bürokratie und bürokratischer Herrschaft wichtig. Diese sehr anschaulichen Beschreibungen verführten dazu, die als idealtypisch konstruierten Begriffe in der Realität zu überprüfen. – Ein Idealtypus ist eine besondere Form von Definition, die komplexe Sachverhalte erfassen soll. Zu diesem Zweck werden Merkmale aufgezählt, die in der Realität nicht notwendigerweise gemeinsam vorkommen müssen, sehr wohl aber theoretisch begründbar zusammenhängen. Bei der Definition wird von allen Zufälligkeiten oder Irrationalitäten abgesehen; der Begriff wird bereinigt, es werden „reine Typen" (etwa der Bürokratie) konstruiert. Damit hat man ein Instrument, das es ermöglicht, den jeweiligen Einzelfall einzuordnen, man kann seine Besonderheiten vor dem Hintergrund des Idealtypus beschreiben. Technisch gesprochen ist ein Idealtypus eine Nominaldefinition, also eine Beschreibung, die einen Begriff, mit Inhalten füllt und angibt, mit welcher Bedeutung der Autor, der diese Definition aufgestellt hat, den Begriff versieht und wie er ihn verwendet. Das merkt man sehr schnell an der Verwendung der Wortgruppe „soll heißen", wie etwa in der Definition von Soziologie. – Der bürokratische Idealtypus war der Ausgangspunkt des Forschungsprogramms der interdisziplinär zusammengesetzten Aston-Group. Die Untersuchung von Unternehmen im Raum Birmingham ist ein Beispiel für eine Befragungsstudie, mit der versucht wird, Organisationsdimensionen zu messen. Die Daten wurden in Interviews gesammelt: beginnend mit dem „leitenden Direktor" und dann mit allen oder den meisten Abteilungsleitern jeder Organisation. In einer Zufallsstichprobe, nach Größe und Branchen geschichtet, wurden 46 Unternehmen im Raum Birmingham (von insgesamt knapp 300, die mehr als 250 Personen beschäftigten) ausgewählt; die Daten von sechs Unternehmen wurden in der Voruntersuchung erhoben. Die Angaben in den Interviews wurden, wo immer es möglich war, durch Daten aus schriftlichen Unterlagen ergänzt. – Siehe dazu die Ausführungen über die Aston-Group im ersten Kapitel.

mit den Obdachlosen. Ein „issue" wird als ein Ereignis, eine Entwicklung oder eine Tendenz definiert, von dem die Organisationsmitglieder annehmen, es werde für ihre Organisation Konsequenzen haben. Es ist eine soziale Konstruktion, die Aufmerksamkeit in der Organisation und in der Öffentlichkeit auf sich zieht. Dementsprechend wurden Daten auf beiden Ebenen gesammelt: Die Aktionen der Organisation wurden durch offene Interviews mit Angehörigen der Port Authority und Auswertung von Berichten, Memos, Veröffentlichungen der Organisation zur Obdachlosenfrage erhoben. Die Informationen über die Stimmung der Außenwelt wurden vorwiegend durch die Auswertung der Artikel zum Thema in Regionalzeitschriften über einen Zeitraum von zwei Jahren erhoben.

In vielen Fällen wird man aber nicht mit zwei Ebenen auskommen, sondern ein Design entwickeln müssen, das einer Mehrebenenanalyse entspricht. Dann verschärfen sich zunächst die Probleme, die man mit der Definition bzw. Konstruktion der Variablen hat. Tabelle 4 bringt Beispiele für mögliche Erfolgsmaße auf drei verschiedenen Ebenen. Diese oder ähnliche Indikatoren braucht man, wenn man die Zusammenhänge zwischen Leistungen von Teammitgliedern, Teams und dem Erfolg der Organisation untersuchen will. Zwei dieser Ebenen braucht man, wenn man etwa die Verbindung zwischen dem Erfolg von Projektteams und dem Unternehmenserfolg betrachtet.

Tab. 4: Beispiel für Erfolgsindikatoren auf unterschiedlichen Ebenen

Ebene		
Person	Gruppe/Team	Organisation
Verkaufsleistung, Bewertung in der Mitarbeiterbeurteilung,	Verkaufsleistung, Ressourcenverbrauch, produktionsbezogener Output, Akzeptanz des Ergebnisses	Verkaufsvolumen, Gewinn, Aktienkurs, Rangplatz der Firma im Vergleich mit anderen, Ruf

Das erste Beispiel in der Tabelle führt eine relativ leicht feststellbare Größe an, die noch dazu den Vorteil hat, dass sich in den meisten Fällen der Wert auf der höheren Ebene als Summe der Größen auf der oder den unteren Ebenen ergibt. Das ist keineswegs oft der Fall. Häufig haben Merkmale der einen Ebene kein verrechenbares Pendant auf einer anderen. So wird sich der Kurswert von Aktien kaum aus Leistungen von Personen ableiten lassen.

Bei Mehrebenenanalysen braucht man Annahmen über die Beziehungen der Elemente der einzelnen Ebenen zueinander und Annahmen, wie die Einflüsse zwischen den einzelnen Ebenen verlaufen.

Das folgende Beispiel soll einen Eindruck von der Komplexität und den Möglichkeiten einer Mehrebenenanalyse vermitteln. Wir verwenden dazu einen Artikel, der organisationsinterne Vorgänge besonders plastisch beschreibt.

Beispiel 5: Unterschiedliche Ebenen – verschiedene Spiele

Der Artikel von Joseph Bensman und Israel Gerver geht auf eine verdeckte teilnehmende Beobachtung (September 1953 bis September 1954) eines der Autoren als Monteur in einer Flugzeugfabrik in New York zurück.[123]

Bensman, Joseph/Gerver, Israel, 1973: Vergehen und Bestrafung in der Fabrik: Die Funktion abweichenden Verhaltens für die Aufrechterhaltung des Sozialsystems, in: Steinert, H. (Hg.): Symbolische Interaktion. Arbeiten zur reflexiven Soziologie, Stuttgart: Klett-Cotta: 126–138 (zuerst: American Sociological Review 1963 (28): 588–598).

Die Analyse beschreibt den verbotenen und tolerierten Gebrauch eines Gewindebohrers in der Abteilung, in der die Teile der Flügel zusammengesetzt werden. Dass der Gebrauch auch toleriert wird, zeigt sich daran, dass jeder Arbeiter einen derartigen Bohrer in seinem Werkzeugkasten, ganz unten, vorfindet. Der Einsatz eines Gewindebohrers kann Ungenauigkeiten übergehen, die in den vorherigen Arbeitsschritten begangen wurden. Gefährdungen der Stabilität werden in Kauf genommen, um die Produktionsziele zu erreichen und keinen Lohnabzug zu riskieren.[124] Das Netz an Kontrollen, mit dem dies verhindert werden soll, führt lediglich dazu, dass der Einsatz eines Gewindebohrers durch entsprechende Spiele und informelle Regeln abgesichert wird. Der Untertitel benennt den Plot: in dieser Konstruktion sind Verstöße gegen die Regeln zur Aufrechterhaltung des Systems wichtig.

---

[123] Siehe dazu auch eine Zusammenfassung dieser klassischen Arbeit (Bosetzky 2000).
[124] Man könnte auch sagen, dass die Gefährdung der technischen Stabilität einer Gefährdung der Stabilität der sozialen Ordnung vorgezogen wird: Gesetze brauchen Verbrechen, organisatorische Normen brauchen für ihre Berechtigung Abweichungen, alltägliche Ordnung braucht Peinlichkeiten. Auf allen drei Ebenen gibt es Irritationen mit der Funktion, das Normale abzusichern.

Die Studie ist eine „qualitative" Fallstudie, die mikrosoziologisch orientiert ist[125], also den Interaktionszusammenhangen besondere Aufmerksamkeit schenkt. Ein derartiger Ansatz hat darüber hinaus folgende Vorzüge und Nachteile: Auf der einen Seite enthält die Analyse eine sehr plastische, detailreiche Beschreibung der Zusammenhänge struktureller Vorgaben mit Handlungsmustern der zentralen Akteure; daraus werden – für dieses Beispiel geltende – Annahmen über die Funktion abweichenden Verhaltens für die Aufrechterhaltung der etablierten Normen abgeleitet. Andererseits ist es ziemlich schwer, die in der Analyse etablierten Variablen zu orten und zu definieren. Das erschwert die Vergleichbarkeit der Ergebnisse und schränkt die Reichweite der Aussagen ein. Auch fehlen Angaben über die konkreten methodischen Vorgehensweisen. Anders ausgedrückt: Die Nähe zum alltäglichen Geschehen schränkt die Abstraktionsmöglichkeiten ein oder macht zumindest die Schlussfolgerungen leichter angreifbar.

Die folgende Zusammenfassung magert die plastische Darstellung der Studie auf das Skelett von Variablen ab und konstruiert die Verbindung zwischen den einzelnen Ebenen:

Variable auf der Makroebene:

unabhängige:
- Technische Standards
- Norm („Handwerksregel"): keinen Gewindebohrer verwenden
- Kontrollsystem
- Produktionsnormen der Abteilung Produktionsanalyse (legen Arbeitsanforderungen pro Vorarbeiter fest)
- Produktionsablauf: Arbeitsfortschritt jeder Gruppe ist an den Arbeitsfortschritt der anderen gekoppelt
- Entlohnungssystem (Stücklohn)

abhängige:
- Produktionsziel
- Abweichungen über die Toleranzgrenze

---

[125] Genauer: Die Studie ist dem „symbolischen Interaktionismus" verpflichtet, der neben der erwähnten „Ethnomethodologie" eine der Theorien der interpretativen Sozialforschung ist. Symbolisch heißt sie deshalb, weil sie davon ausgeht, dass die Umwelt über Symbole vermittelt wird, vorwiegend über die Sprache, aber auch durch andere Zeichen; beispielsweise einen im Werkzeugkasten hinterlegten Gewindebohrer. Jene, die in einer (Organisations-)Kultur leben, teilen diese Symbole weitgehend, haben eine annähernd gleiche Auffassung von ihrer Bedeutung. Wie ist das zu erklären? Menschen handeln Dingen gegenüber auf Grund der Bedeutung, die diese für sie haben. Und diese Bedeutung entsteht (und verändert) sich in der Interaktion mit anderen. Daher erschaffen sich die Menschen die Bedeutung der Welt, in der sie leben. – Dieser, aus der amerikanischen Philosophie des Pragmatismus abgeleitete Theorieansatz geht auf George H. Mead (1863–1931) und Herbert Blumer (1900–1952) zurück.

Effekte auf der Mikroebene:
- heimlicher Gebrauch des Gewindebohrers („kriminelles Werkzeug")

Effekte auf der Mesoebene:
- „Spiele", Rituale zwischen Arbeitern – Vorarbeitern – Inspektoren führen zu kontrollierten Vergehen

Kontrolle geschieht durch:
- Vorarbeiter (vor Ort und persönlich); der Gewindebohrer kann ohne deren stillschweigende Billigung nicht eingesetzt werden; Rollenkonflikt: Zuständigkeit für Produktionsfortschritt/Kontrollorgan; abhängig von Leistung der Arbeiter
- Qualitätskontrolle der Firma (150 Fabriksinspektoren, die eigentliche Kontrollinstanz: sie kontrollieren jedes fertige Werkstück eines Arbeiters auf dessen Anforderung hin; stehen in einem Rollenkonflikt: „gute Kerls"/Polizisten) Qualitätskontrolle der Luftwaffe (entscheidet über die Abnahme der Werkstücke und kann Arbeiter vom Arbeitsplatz weg kündigen, wirkungslos, weil nur zwei Inspektoren; „Gestapo")

Tab. 5: Zentrale Variable der Studie von Bensman/Gerver (1973)

Kontrollorgan	Zuständigkeit	Interesse	Kontrolle über	Effekt
Vorarbeiter	Produktionsfortschritt	an Leistungserbringung der unterstellten Mechaniker, um keinen Lohnverzicht in Kauf zu nehmen	abhängig davon, dass die Mechaniker die Produktionsvorgaben erfüllen, an denen er gemessen wird	Rollenkonflikt eines „Sandwich-Vorgesetzten"
Fabriksinspektoren	Qualitätskontrolle	an guter Beziehung zu den Mechanikern, da sie auf deren Arbeit vertrauen müssen.	Abnahme der Werkstücke; keine faktische Kontrolle über die Qualität der Arbeit	Fraternisierung; Rituale zur Verbergung des Einsatzes von Gewindebohrern

Die zentralen Variablen der Studie liegen auf unterschiedlichen Ebenen: strukturelle Bedingungen (Makroebene) haben Auswirkungen auf einer mittleren Ebene und führen zu bestimmten Verhaltensweisen und Handlungsmustern auf der Mikroebene. Diese Effekte führen wiederum zu einer Bestärkung (Aufrechterhaltung) der Effekte, die auf der Makroebene dominant sind. Diese Variablen werden aber sehr unterschiedlich behandelt, da nur die Mikroebene untersucht wird. Die Faktoren auf der Makroebene werden nur beiläufig erwähnt.

Abbildung 16 gibt die Zusammenhänge zwischen drei Ebenen wieder, auf denen die in dem Artikel beschriebenen Variablen wirken.[126] Daraus lassen sich Antworten auf zwei Fragen ableiten: Wie verbinden sich die Handlungen der Akteure zu systemgerechten Interaktionen? Wie werden die Handlungen der Akteure durch jene Rahmenbedingungen des Systems bestimmt, die sie selbst mit erhalten?

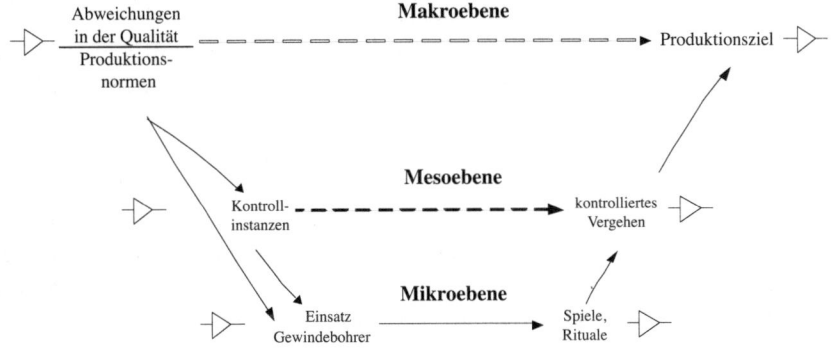

Abb. 16: Ein Beispiel für die Zusammenhänge verschiedener Untersuchungsebenen

Die Entlohnungsform stachelt das Nutzendenken (1) an. Das führt zum Einsatz des Gewindebohrers auf der Ebene der Arbeiter und zur Toleranz dieses Einsatzes seitens der Kontrollinstanzen.

Die Verbindung zwischen der unabhängigen Variable (Entlohnungsform) und den Handlungsweisen der Akteure (Arbeiter: setzen Gewindebohrer ein, Vorarbeiter tolerieren das in Grenzen) erfolgt durch eine generelle Annahme („Brückenhypothese"): Jede Partei will ihren Nutzen maximieren bzw. Lohnabzüge vermeiden. – Eine wichtige Frage bei derartigen Analysen ist immer, wie man von der generellen (Makro-)Ebene auf die Ebene der Handlungen kommt. Die Kluft wird durch „Brückenhypothesen" überbrückt. Sie sollen möglichst allgemein sein. Würden sie nur für diese Situation gelten, hätten sie ja keine Erklärungskraft, sondern würden nur den Fall beschreiben.

---

[126] Zur Darstellungsweise der „Coleman-Wanne" und zu den (entscheidungs-)theoretischen Überlegungen über die Verbindung zwischen Mikro- und Makroebene siehe die deutschsprachige Aufarbeitung bei Esser (1993). Das Buch von Esser ist eine umfangreiche Einführung in die Grundlagen der Soziologie und stellt u.a. die Verbindung zwischen Mikro- und Makroebene genau dar. Bei Diekmann (2007: 134–140) wird diese Thematik ebenfalls behandelt.

Der zweite Strang von oben nach unten stellt die Verbindung zwischen der Verbotsnorm und den Kontrollinstanzen her: Zunächst sind sie dazu da, die Einhaltung des Verbots zu überwachen (2), sofern sie allerdings durch die Entlohnungsform im selben Boot sitzen wie die Arbeiter, müssen sie den Einsatz der Gewindebohrer tolerieren, daher ist die Aufsicht nur Fassade (2a). – Hier gilt also dieselbe Annahme wie im ersten Punkt. Die Akteure folgen der „Logik der Situation" (Esser 1993: 94), sie folgen häufig den strukturellen Vorgaben.

In dem Artikel wird dieses Argument nicht gebracht, aber klar ist, dass auf beiden hierarchischen Ebenen der Umgang mit einer „double bind" Situation gefordert wird.[127]

Die Beteiligten (Arbeiter, Vorarbeiter und Fabriksinspektoren) müssen also mit einer widersprüchlichen Situation umgehen. Das führt zu widersprüchlichem Handeln, zu Aktionen, die augenzwinkernd gemacht werden und sich in Mustern, in rituellen Spielen verfestigen. Etwa unter dem Motto: „Schau weg, ich mach etwas, das Du nicht siehst." Die „Doublebind"-Hypothese verknüpft also diese Aktionen (3).

Der nächste Schritt (4) besteht in der Lösung der Frage, wie man von dieser Ebene wieder „hinauf" kommt. Technisch gesprochen muss man von der Individualebene zu Kollektivmerkmalen kommen. – Darauf geht der Artikel nicht ein. So scharf die Beobachtungen auf der Mikroebene sind, Folgerungen auf das Geschehen auf Makroniveau sind nicht immer Sache dieser Theorierichtung. – Wir können hier nur darauf hinweisen, dass man eine Regel braucht, wie man von den Spielen zur organisatorischen Ebene kommt, also beispielsweise zur Erklärung, dass damit die Produktionsziele eingehalten werden. Diese Vermutung ist plausibel, sonst würden die Muster nicht so ablaufen können. Geht man die Argumentation strenger an, so bräuchte man eine Aggregationsregel

---

[127] Das Konzept (bzw. die Hypothese) wurde 1956 von Gregory Bateson entwickelt und bezeichnet eine Situation, in der (a) die beteiligten Personen aufeinander angewiesen sind, (b) widersprüchliche Mitteilungen machen bzw. damit umgehen müssen und (c) nicht entscheidbar ist, welcher Teil der Botschaft richtig oder falsch ist. Nicht jede widersprüchliche Mitteilung bedeutet also gleich eine Doppelbindung (Bateson 1981). Die Reaktionen auf diese Situation sind, da man ihr kaum entkommen kann, meist ebenfalls widersprüchliche Handlungsweisen, die die Mechanismen verfestigen. Das verbindet dieses Konzept mit der Frage des organisatorischen Lernens: „double-bind" verhindert Lernen. Die deutsche Übersetzung des Konzepts lautet meist „Beziehungsfalle". – Wir verwenden hier für die Erklärung eine allgemeine Hypothese, die nichts mit dem Gegenstand an sich zu tun hat. Das ist ein weiteres Beispiel für die Frage, wie man Hypothesen einbeziehen kann. In Abschnitt 5.1.3 wurde dies für Arbeitshypothesen abgehandelt, am anderen Ende, bei der Interpretation von Ergebnissen, spielt sich Ähnliches ab.

(oder Transformationsregel), mit der es möglich wird, die Auswirkungen individueller Merkmale (bestimmter Verhaltensweisen) auf der Systemebene zu begründen. In diesem Fall bräuchte man also eine Erklärung dafür, dass nur durch diese Spiele die Produktionsziele aufrechterhalten werden können. Das muss mit der internen Organisation der Produktion zusammenhängen, über die wir zu wenig wissen (5). – Offensichtlich gibt es keine „rückwärtsgerichtete Kontrolle": Dann hätte die Abteilung, die für das Zusammenschrauben der Tragflächenteile zuständig ist, das Recht, unpräzise gefertigte Teile zurückzuweisen (ohne dafür Nachteile in Kauf nehmen zu müssen). – Klar scheint nur, dass die Einhaltung der Produktionsziele nur über Verletzung von Qualitäts- oder Sicherheitsstandards möglich ist. Das würde wiederum bedeuten, dass es keinerlei oder immer nur verspätetes Feedback über die Konsequenzen des Einsatzes des Gewindebohrers gibt.[128]

Gehen wir vom konkreten Fall weg, so sind noch zwei Bemerkungen angebracht. Die Aggregationsregel ist immer mit dem Risiko behaftet, einen „individualistischen Fehlschluss" zu ziehen, d.h. unrichtigerweise von Daten über Beziehungen zwischen Merkmalen auf individueller Ebene auf Relationen auf der Ebene von Kollektiven zu schließen.

Beispiel: MitarbeiterInnen mit einer höheren Ausbildung haben ein höheres monatliches Einkommen als MitarbeiterInnen mit einem geringeren Ausbildungsstand. Der Fehlschluss wäre: MitarbeiterInnen in Organisationen, deren Mitglieder ein überdurchschnittliches Ausbildungsniveau aufweisen, haben ein höheres Einkommen als MitarbeiterInnen in Organisationen mit einem nicht so hohen Ausbildungsstand.

Bei der Formulierung des Gegenstücks, der „Brückenhypothesen" muss man aufpassen, keinen „Gruppenfehlschluss" (häufig auch „ökologischer Fehlschluss" genannt) zu begehen, d.h. Relationen zwischen Kollektivmerkmalen (etwa von Organisationen) auf Beziehungen zwischen Merkmalen von Elementen (z.B. Individuen) zu übertragen, die diesem System

---

[128] Noch ein kurzer Rückblick auf den technischen Inhalt des Falles. Die Studie ist so alt, dass manche Leserin und mancher Leser vielleicht auf die Idee kommt, so etwas könne es heute nicht mehr geben. Dem Artikel „Falsche Nieten" in der ZEIT (Nr. 43, 18.10.2007, S. 30) ist zu entnehmen: Die Auslieferung der Boeing 787 (Dreamliner) muss um mindestens sechs Monate, auf November 2008 verschoben werden. Und das, obwohl Boeing stolz darauf ist, dass von 22 Generationen von Flugzeugen, 21 nach Zeitplan ausgeliefert wurden. „'Wir hatten die falschen Nieten im Flugzeug" sagt Boeing-Sprecherin Yvonne Leach. Die winzigen Verbindungsstifte seien extra für den Dreamliner angefertigt worden. Bei der Premiere des Dreamliners hielten Tausende provisorische Bolzen das frisch lackierte Flugzeug zusammen, das direkt nach der weltweit übertragenen Show wieder zurück in die Fabrik rollte."

oder dieser Kategorie angehören. Die Folgerung kann richtig sein, sie ist aber nicht zwingend.

Die folgende Feststellung trifft eine Aussage über die Korrelation zwischen zwei Merkmalen auf Kollektivebene: „Hochinnovative Firmen haben einen überdurchschnittlich hohen Anteil kreativer MitarbeiterInnen." Bricht man diese Aussage auf das Niveau der Elemente (in diesem Fall Individuen) herunter, so kommt man zu dem Schluss: „MitarbeiterInnen innovativer Firmen sind kreativer als Mitglieder von Firmen ohne überdurchschnittliche Kreativität." Abgesehen davon, dass es schwierig ist, diese Begriffe zu operationalisieren und zu messen, kann die Folgerung stimmen, ihre Richtigkeit ergibt sich aber nicht aus der Behauptung auf der Kollektivebene.

Beide Probleme sind in der Volkswirtschaftslehre schon seit langer Zeit ein Thema.

5.2.8 Reaktivität der Analyse

„Die Reifen der Leichenwagen sind vollkommen abgefahren, ein Foto dieser bis auf den grauen Mantel abgeriebenen Reifen könnte als Symbol für diese Gegend dienen."

Mit diesem drastischen Bild beschreibt Roberto Saviano (2007: 103) die Wirkung der Camorra in der Region Neapel. In dem Zitat kommt das wesentliche Charakteristika so genannter non-reaktiver Vorgehensweisen zum Ausdruck: Das was beobachtet wird, wurde nicht durch die Erhebung erzeugt, wie etwa Antworten auf Fragen. Aber hier endet der Vergleich auch schon, weil Beobachtungen in Organisationen üblicherweise nicht so riskante Konsequenzen haben, wie die Bedrohungen des Journalisten durch die Organisation Camorra.

Ein gängigeres Beispiel ist die Auswertung von Abnutzungserscheinungen in Museen, aus denen man auf die Beliebtheit, Prominenz oder Anziehungskraft von Bildern oder anderen Objekten schließen kann. In keiner derartigen Aufzählung darf die „Lost-letter-Technik" fehlen, bei der man Briefumschläge adressiert und an öffentlichen Orten placiert. Aus der Anzahl der eingehenden Briefe will man dann auf die Reputation der in der Adresse genannten Institution schließen. Ein anderes Beispiel ist die Gehgeschwindigkeit von Passanten, die in einer Studie von Levine (1998) über die Zeitgewohnheiten in unterschiedlichen Ländern gemessen wird. Darauf kommen wir im Abschnitt 6.4.4 zurück.

Geht man non-reaktiv vor, so hofft man, die Gesetzmäßigkeit außer Kraft zu setzen, dass jede Beobachtung durch den Akt des Beobachtens beeinflusst wird. Das stimmt nur zum Teil, da das meiste Material, das zur

Analyse herangezogen wird, aus einem bestimmten Anlass fabriziert wurde, also eine Reaktion auf etwas ist. Dokumentenanalysen, allgemeiner: Textanalysen, sind ein Beispiel für non-reaktive Verfahren. Allerdings wurden fast alle diese Materialien nicht absichtslos erstellt. Daher muss man, wie etwa Harold Garfinkel so klar gezeigt hat, in die Analyse einbeziehen, welchen organisatorischen Bedingungen oder welcher Logik die Dokumentenerstellung folgt.[129]

Aber in vielen Fällen wird man tatsächlich auf Spurensuche gehen können, ohne selbst diese Zeichen mit verursacht zu haben. In den meisten anderen Untersuchungen sind die Informationen, die erhoben werden, ein „Kontraktgut", d.h. sie entstehen erst durch das Zusammenwirken zwischen Analysierendem und „Datenlieferant" oder in einer Austauschbeziehung. Insbesondere bei der Arbeit in Organisationen muss man sich dies vor Augen halten: Auskunft gebende Personen geben etwas her (Arbeitszeit, persönliche Erfahrungen, Wissen etc.) und gehen einen unausgesprochenen Kontrakt ein, der den Analysierenden auch zu etwas verpflichtet, wie etwa Vertraulichkeit, den seriösen Umgang mit den Informationen oder zum Zurückspielen der Analyseergebnisse.[130]

Wie wir schon beim Zugang zum Material gesehen haben: Je offenkundiger etwas ist, desto leichter ist es zunächst zu verwerten. In der Organisationsanalyse bieten sich dafür besonders bauliche Aspekte oder räumliche Anordnungen an: Fassaden, Einrichtungen oder die Anlage und Gestaltung der Büros. Organisationen signalisieren, gewollt oder ungeplant, Kunden und anderen Außenstehenden ein bestimmtes Bild bzw. eine bestimmte gewünschte Form der Beziehung. Ebenso wird mit all diesen Konstruktionen auch das Innenverhältnis reguliert. Das beginnt bei der Einrichtung des einzelnen Arbeitsplatzes: Ergonomische Aspekte haben auch den Effekt, dass sie bestimmte Haltungen nahe legen oder vorschreiben und damit auch bestimmte Gefühlslagen hervorrufen. Das setzt sich fort bei der Gestaltung der Beziehung zwischen den Mitarbeiterinnen und Mitarbeitern. Dabei stellt sich die Frage, welche Funktionen im Vordergrund stehen: Wird das Schwergewicht auf Zusammenarbeit gelegt, dann müssen die Distanzen zwischen denen, die kooperieren sollen, gering sein. Wird Privatheit zugestanden, dann kommt ein Großraumbüro nicht

---

[129] Darauf gehen wir bei der Besprechung von Dokumenten- und Textanalysen ein (6.5).
[130] Besonders teilnehmende, verdeckte Beobachtungen (siehe 6.4.1) sind unter diesem Gesichtspunkte ein heikles Vorhaben. Das Vorgehen ist vielen aus der Diskussion der Arbeiten („Rollenreportagen") des Journalisten Günther Wallraff bekannt.

in Frage.[131] Sollen die Mitglieder der Organisation in Ruhe arbeiten können, so ist eine Bürolandschaft weniger geeignet als Einzelbüros, die nur durch einen Korridor miteinander verbunden sind.[132] Selbstverständlich kommen in der Anordnung auch hierarchische Unterschiede zum Ausdruck, bzw. die Wertschätzung der Funktion durch die Organisation. An manchen Universitäten beispielsweise flammen nach wie vor Diskussionen darüber auf, welche Gruppe der Bediensteten wie viele Fensterachsen „haben" darf. Das alles wird noch durch individuelle Versuche überlagert, dem Arbeitsplatz eine persönliche Note zu geben, das eigene Revier zu markieren. Daher ist auch „office decor" eine Quelle für Beobachtungen, wenn man Statusunterschiede, Bindung an den Arbeitsplatz oder ähnliche Themen untersuchen will.[133]

Welche Erhebungsform man auch anwendet, in keinem Fall ist eine nonreaktiv angelegte Studie aber in der Lage, den Sinn eindeutig zu identifizieren, den die Akteure mit diesen Spuren gemeint haben. Das trifft auch für die einfachsten Analysen zu, die sich auf die Interpretation betriebswirtschaftlicher Kennzahlen beschränken. Auch sie müssen, wie das Lächeln der Mona Lisa, interpretiert werden und sind nicht selbstverständlich.

Kann man sich bei der eigenen Arbeit ausschließlich auf die Analyse bereits erhobener Daten beziehen, also eine Primärerhebung vermeiden, so erspart man sich alle Fragen zum Erhebungsprozess und kann sich auf die Planung der Studie, die Auseinandersetzung mit den Vorstellungen, die den vorliegenden Daten zugrunde liegen und die Auswertung konzentrieren. Daher empfiehlt es sich, wie schon vorher bemerkt, zuerst das vorhandene und zugängliche Material zu durchforsten und zu schauen, ob überhaupt eine eigene Erhebung erforderlich ist.[134]

---

[131] Allerdings können Großraumbüros auch mit weniger Arbeitsunterbrechungen in Verbindung gebracht werden: In der Beobachtungsstudie von Mark et al. (2005) wurde in einer IT-Firma festgestellt, dass Arbeitsunterbrechungen in Großraumbüros seltener sind als bei verteilten Einzelarbeitsplätzen. Die Erklärung dafür ist, dass die physische Anwesenheit die Wahrnehmung ermöglicht, ob jemand gerade sehr beschäftigt ist oder einen Eindruck macht, dass man ihn etwas fragen kann. Das ist ein anderer Aspekt fehlender Privatheit.
[132] Diese Thematik behandelt Johanna Hofbauer (2000) unter dem aussagekräftigen Titel „Bodies in a Landscape" und stellt auch einen theoretischen Bezugsrahmen dar, unter dem die hier nur angedeuteten Aspekte zu analysieren sind.
[133] In der hier zitierten Untersuchung zum Thema „office décor" geht Elsbach (2004) nicht non-reaktiv vor, sondern arbeitet mit Interviews, da es der Autorin u.a. darum geht, wie die ständige Einrichtung (Farbe, Büromöbel etc.) von den Bewohnern interpretiert wird.
[134] Die Bezeichnung für diese Art von Studien variiert: Manchmal wird eine Untersuchung, die eine vorliegende Studie ein zweites Mal analysiert, als „Sekundäranalyse" bezeichnet, manchmal wird dieser Begriff für Untersuchungen verwendet, die sich nur auf bereits erhobene Daten stützen.

5.2.9 Ausmaß der Standardisierung

Unter Standardisierung versteht man die Vereinheitlichung der Datenerhebung, meist der Erhebungsinstrumente. Das typische Beispiel sind Fragebögen, die schriftlich beantwortet werden sollen und bei denen die Fragen, deren Reihenfolge und Formulierung sowie die Antwortmöglichkeiten vorgegeben sind. Ein offenes Interview, das dem Interviewer nur wenige Themen vorgibt und darauf vertraut, dass in der Situation schon die richtigen Formulierungen gefunden und die entsprechenden Zusatzfragen gestellt werden, ist das andere Extrem. Jede Methode kann mit Hilfe mehr oder weniger standardisierter Verfahren durchgeführt werden. Gar nicht standardisiert ist etwa eine teilnehmende verdeckte Beobachtung: hier arbeitet der Forscher mit, ist für andere nicht als Beobachter erkennbar und macht außerhalb des beobachteten Feldes, etwa am Ende des Tages, seine Aufzeichnungen.

Diese Hineise auf spezielle Befragungs- bzw. Beobachtungsverfahren sollen deutlich machen, dass Standardisierung auf zwei Seiten eine bindende Wirkung hat: Die untersuchten Personen werden in ihrer Reaktionsmöglichkeit eingeengt, weil eben nur ganz bestimmte Ausschnitte interessieren, der, der die Erhebung durchführt wird in der Beschreibung seiner Eindrücke eingebremst und seine Wahrnehmung wird fokussiert. Das soll so sein, wenn Instrumente eingesetzt werden, die abgetestet sind und nicht verändert werden dürfen, wie etwa ein Intelligenztest oder Eingangstests an Hochschulen.

Die wichtigste Funktion jeder Standardisierung liegt in der Vergleichbarkeit der gewonnenen Daten. – Die Logik dahinter darf angezweifelt werden: Vergleichbar werden Daten dann, wenn sie bei sehr unterschiedlichen Personen gleichförmig erhoben werden. – Aber angekreuzelte Antworten kann man eben leichter vergleichen als Antworten, die auf Tonband festgehalten werden und völlig unterschiedliche Wortketten beinhalten. Gegen dieses Argument kann man einwenden, dass selbstverständlich auch unterschiedliche Texte in vergleichbare Aussagen umgewandelt werden können. Da das aber nur mit einigem zusätzlichen Aufwand geht, bleibt häufig nur ein ökonomisches Argument übrig, das für Standardisierung spricht. Die in der tabellarischen Auflistung angesprochene Angst ist üblicherweise unaussprechlich.

Die Frage, in welchem Ausmaß man die Erhebungsinstrumente der Analyse standardisiert, gehört aus mehreren Gründen in der Planungsphase entschieden: Wollte man von Fall zu Fall entscheiden, ob man in welchem Ausmaß den jeweiligen Erhebungsteil standardisiert, so werden sich in der Auswertungsphase entsprechende Schwierigkeiten einstellen, weil

Tab. 6: Vor- und Nachteile standardisierter Vorgehensweisen

mögliche Vorteile	mögliche Nachteile
Man kann sich auf bereits getestete Instrumente stützen.	Die Analyse kann nicht mehr herausbekommen als anfangs hineingesteckt wurde. Man findet nur Einwände gegen oder Bestätigung für Annahmen, die man hatte.
Damit wird zugleich eine gewisse Sicherheit gewonnen, da man sich nicht, z.B. in Interviews, direkt mit den Leuten auseinandersetzen muss.	Erhebungsinstrumente werden bei Organisationsanalysen oft als Instrumente zur Abwehr der Angst eingesetzt.[135] Damit gewinnt man nicht Objektivität, sondern verliert Informationen.
Die Auswertungsprozedur ist ebenfalls standardisiert, d.h. man verkürzt meist den Aufwand, jedenfalls verringert sich die Mühsal der Interpretation.	Normierte Auswertungen behandeln die Daten nach „Schema F". Die Interpretation wird auf die Phase nach der Auswertung verschoben, der kreative Teil der interpretierenden Auswertung geht verloren.
Die Ergebnisse sind verrechenbar, in Zahlen darstellbar und damit auch leichter nachzuprüfen und besser vergleichbar. Sie bekommen damit auch für Viele eine größere Glaubwürdigkeit.	Der Preis der Vergleichbarkeit liegt oft darin, dass wichtige Besonderheiten verloren gehen. Quantitative Ergebnisse täuschen darüber hinweg, dass man mit Zahlen nichts beweisen kann, sondern nur mit den Schlüssen, die man daraus zieht.

das Format der Daten nicht aufeinander abgestimmt ist. Von dieser technisch orientierten Überlegung abgesehen, gibt es einige theoretische Unvereinbarkeiten, wie z.B.: Will man Interpretationen bestimmter Ereignisse von Organisationsmitgliedern erheben, so geht das nicht über Vorgaben.

---

[135] Georges Devereux (1908–1985) war ein französischer Ethnologe und Psychoanalytiker. Das zitierte Buch kann als „Klassiker" bezeichnet werden, da es sehr früh die Stellung des Beobachters, des Untersuchenden, im Feld sehr grundsätzlich und aus einem unüblichen Blickwinkel, aus psychoanalytischer Perspektive, diskutiert hat: In der Untersuchungssituation laufen „Übertragungsprozesse" ab. Die untersuchten Personen bringen (gar nicht bewusst) Erfahrungen aus früheren Situationen in die Erhebungssituation mit und übertragen die mit solchen Situationen gekoppelten Gefühle (z.B. gegenüber Autoritätspersonen) auf den Untersuchenden. Das löst bei diesem bestimmte Gefühlslagen aus („Gegenübertragung"), die ihm ebenfalls nicht bewusst sind. Diese Prozesse kann man als irrelevant abtun (leugnen), als Störfaktoren bezeichnen oder, wofür Devereux (1976) plädiert, als Erkenntnisquelle nutzen. Also kann man in Interviewsituationen beispielsweise, wenn es gelingt, sich Elemente der Gegenübertragung bewusst zu machen, Anregungen und Informationen über die Bedeutung von Autoritäten in der untersuchten Organisation gewinnen.

Entscheidungen darüber fallen in der ersten Phase der Operationalisierung. Und nicht zuletzt ist die Wahl des Ausmaßes der Standardisierung von der eigenen Position abhängig (siehe 2.2.2).

5.3 Operationalisierung

Mit Operationalisierung bezeichnet man den Prozess, der eine Antwort auf die Frage geben soll: Wie komme ich von den zentralen Begriffen der Analysefrage zu Daten?

Da diese Frage für jede empirische Studie zentral ist, sind die einschlägigen Bücher voll von Ausführungen zu diesem Kernprozess und sie unterscheiden sich auch je nach ihrer Ausrichtung stark voneinander.[136]

Der Prozess ist faktisch das Scharnier zwischen theoretischer Ebene und Erfahrungswelt. In diesem Stadium der Analyse (über den der Text gerade spricht) kann man üblicherweise noch nicht die gesamte Operationalisierung vornehmen. Eine zweite Stufe kommt später, bei der Ausarbeitung der konkreten Erhebungsverfahren und Instrumente. Selbstverständlich sind beide Abschnitte nicht klar zu trennen. Ausgangspunkt sind immer theoretische, also abstrakte Begriffe (Motivation, Geld, Attribution, Gewinn etc.). Sie abstrahieren vom konkreten Einzelfall, ziehen, wie das Wort sagt, etwas heraus, heben etwas hervor. Damit ist man auf einer Ebene gelandet, die von konkreten Ereignissen absieht, weil sie möglichst eine Klasse von Phänomenen zusammenfassend bezeichnen soll. Kaum ist dies gelungen, muss man schauen, wie man wieder in die Niederungen empirisch wahrnehmbarer Dinge kommt. In diesem Sinne ist Operationalisierung der umgekehrte Weg einer Abstraktion.

Die Grundzüge einer möglichen Form von Operationalisierung führen wir zunächst an einem einfachen Beispiel vor.

Im Rahmen einer Untersuchung in einem Unternehmen wurden folgende Annahmen aufgestellt:[137]

> Das Verhalten von Vorgesetzten wird umso eher akzeptiert, je mehr mitarbeiterorientiert und zugleich aufgabenorientiert es eingeschätzt wird.

---

[136] Für standardisierte Erhebungen behandelt Kromrey diese Thematik ausführlich (Kromrey 2002). Kein Einführungsbuch ist das von Kelle (2007), der Vorschläge vorlegt, wie die übliche (und teilweise künstlich hochgehaltene) Spaltung zwischen quantitativer und verstehender Sozialforschung überwunden werden kann.

[137] Wir beziehen uns hier nur auf den Ausschnitt der Studie von Titscher (1977), der sich mit der Überprüfung verschiedener Tests auseinandersetzte. Dieser Teil der Analyse beruhte auf der schriftlichen Befragung von 415 MitarbeiterInnen in zwei Werken und im Verwaltungsbereich der Firma, das waren ein Drittel der Angestellten und ein Viertel der Arbeiter.

Vorgesetzte werden umso eher akzeptiert, je angesehener die eigene Abteilung im Werk ist.

Zunächst sind die Begriffe zu definieren und als Variable zu fassen. Aus Begriffen werden Variable, indem man sie so präzisiert, dass sie eine eindeutige Bedeutung haben und unterschiedliche Werte (Ausprägungen) annehmen können. Ein Begriff wird zu einem Merkmal, in dem man ihm Merkmalsausprägungen zuweist und diese Einteilung zur Unterscheidung von Untersuchungseinheiten heranzieht.

So wird etwa das Konstrukt „Führungsstil" zu einer Variablen, indem man es durch ein Messinstrument definiert und an Hand dieses Instruments die Untersuchten voneinander unterscheidet. – Damit ist man schon bei dem oben erwähnten zweiten Schritt der Operationalisierung gelandet. – In diesem Fall wurde ein Test zur Messung des Führungsverhaltens herangezogen, der in der Tradition der Ohio-Schule steht und zwei Dimensionen (Faktoren) des Führungsverhaltens unterscheidet: „Consideration" bezeichnet ein freundliches Verhalten, das vor allem auf die persönlichen Gefühle und Bedürfnisse der Mitarbeiter Rücksicht nimmt. „Initiating Structure" bezeichnet ein strukturierendes, aufgabenorientiertes Verhalten, mit dem auf Produktivität und die Erreichung der vorgegebenen Ziele gedrängt wird. Behauptet wird also, dass das Verhalten von Vorgesetzten an Hand dieser beiden Dimensionen hinreichend beschrieben werden kann und die Sichtweise der Mitarbeiter Wirkung zeigt. Die Sichtweise kann durch Befragung der jeweils unterstellten Mitarbeiter erhoben werden, indem man sie bittet, an Hand der einzelnen Vorgaben anzugeben, inwieweit jeder der (hier 39) vorgegebenen Behauptungssätze (Statements) für das Verhalten des eigenen Vorgesetzten zutrifft. Beispiele sind etwa die Vorgaben: „Er kommt seinen Mitarbeitern persönlich entgegen." Oder „Er entscheidet bis in Kleinigkeiten, was und wie etwas getan werden muss." Zu jedem dieser Vorgaben sollte auf einer Skala mit sechs Abstufungen (von „immer" bis „nie") angegeben werden, inwieweit das für den eigenen Vorgesetzten zutrifft.[138]

---

[138] Zu den Ergebnissen und zur Kritik derartiger Instrumente der Führungsforschung hat z.B. Neuberger (1990) ausführlich Stellung bezogen. Die Vor- und Nachteile standardisierten Vorgehens haben wir im vorherigen Abschnitt behandelt.
Technisch gesprochen liegt hier eine so genannte Likert-Skala vor: Eine Liste von Statements (Items) soll die Dimensionen eines Merkmals hinreichend beschreiben. Diese Items werden jeweils mit gleichen Antwortkategorien versehen (von „immer" bis „nie" oder von „stimme stark zu" bis „lehne stark ab" o.ä.). Die Antworten jedes Befragten werden summiert und ergeben einen Skalenwert. Deshalb heißt dieses Vorgehen, das ordinale Werte addiert, „method of summated ratings". Die Likert-Skala ist wahrscheinlich das am häufigsten eingesetzte Verfahren, um Personen Werte (z.B. unterschiedliche Einstellungen) zuzuordnen.
Rensis Likert (1903–1981) war ein US-amerikanischer Organisationspsychologe. Außer der nach ihm benannten Skala ist sein Konzept der „überlappenden Arbeitsgruppen" bekannt, das er 1961 veröffentlichte (New Patterns of Management). Das Konzept überzieht eine Organisation mit Gruppen, wobei der Leiter einer Gruppe jeweils Mitglied in einer hierarchisch höheren Gruppe ist. Diese „linking pins" sind der neuralgische Punkt, da sie unter besonders großem Druck stehen.

Tab. 7: Beispiele für die Operationalisierung von Begriffen

	Begriff oder Konstrukt	Führungsstil	Kapitalien
Theoretische Ebene	Begriffs-/Konstrukt-definition	Das von den Mitarbeiterinnen und Mitarbeitern wahrgenommene Ausmaß an mitarbeiterorientiertem und aufgabenbezogenem Verhalten des Vorgesetzten	Gesamtheit an Ressourcen
	Begriffs-/Konstruktdimensionen	Mitarbeiterorientierung, Aufgabenorientierung	Soziales Kapital Kulturelles Kapital Ökonomisches Kapital Symbolisches Kapital
Empirische Ebene	Art der Variablen/Indikatoren	Beobachtungsdaten Befragungsdaten	Biographische Interviews Beobachtungsdaten
	Variablen/Indikatoren	Freundliche Zuwendung und Respektierung Mitreißende, zur Arbeit stimulierende Aktivität Ermöglichung von Mitbestimmung und Beteiligung Kontrolle vs. laissez – faire	Größe des sozialen Netzwerks Formale Bildungsabschlüsse Einkommen
	Messung („Übersetzung")	„Er entscheidet bis in Kleinigkeiten, was und wie etwas getan werden muss." (1. immer ... 6. nie)"	Zahl der formalen Bildungsabschlüsse Höhe des Einkommens

Die Ebene der Theorie ist die Welt der Begriffe und der theoretischen Konzepte. Sie werden durch Definitionen und Hypothesen miteinander verknüpft. Man bezieht sie aus Erfahrungen oder, wie in diesem Falle, aus Theorien und Ergebnissen der Führungsforschung. Diesen analytischen Teil, die „Schreibtischarbeit" haben wir weiter oben im linken Ast der Abbildung 10 dargestellt.[139]

---

[139] Die Abbildung folgt der Logik des „H-O-Schemas", dem Hempel-Oppenheim-Schema wissenschaftlicher Erklärung. Das Bild selbst ist eine Übertragung einer verbalen Beschreibung von Hempel (1952). Carl G. Hempel (1905–1997) war Wissenschaftstheoretiker, ein prominenter Vertreter des „logischen Empirismus". Er veröffentlichte einige Arbeiten zusammen mit Paul Oppenheim (1885–1977), der ihm (nach seiner eigenen Emigration) zur Flucht aus Deutschland verhalf. Oppenheim war Privatge-

Der zweite Teil der Operationalisierung ist der Frage gewidmet: Wie kann man mit diesen theoretischen Begriffen in der „Realität" operieren? „Führungsstil" ist ein abstrakter Begriff, kein Mensch hat je einen gesehen (ebenso wenig wie eine Organisation). Die Übersetzung der Konstrukte soll gewährleisten, dass man das, was man beobachten (oder messen) will, auch tatsächlich sieht (und misst). Das ist manchmal leichter („Ich möchte zunächst gerne wissen, wie alt Sie sind. In welchem Jahr sind Sie geboren?") manchmal weniger direkt möglich. Der Weg zwischen der Ebene der Theorie und der der Realität kann manchmal kürzer oder länger, leichter oder schwerer sein, immer braucht man dazu Indikatoren und Regeln, die die Interpretation anleiten.

Indikatoren sind zentrale Elemente jeder empirischen Forschung. Die klassische Definition bezeichnet sie als empirische Äquivalente eines theoretischen Begriffs. Was entspricht meinem Konstrukt „Führungsstil" in der Empirie? Wie kann ich erfahren, welchen Führungsstil welche Vorgesetzte haben? Wenn ich Dinge nicht direkt beobachten kann, brauche ich irgendwelche Indizien dafür. Irgendwelche ist falsch. Ich brauche selbstständ-

---

lehrter und Industrieller. – Logischer Empirismus oder „logischer Positivismus" sind Bezeichnungen für die Erkenntnistheorie des „Wiener Kreises", der in den 20er Jahren des vorigen Jahrhunderts entstanden ist. „Positivismus" ist in diesem Falle die Bezeichnung für sinnlich erfahrbare Gegebenheiten, im Unterschied zu allem, was nicht durch Sinneseindrücke wahrgenommen und überprüft werden kann. Rudolf Carnap, Herbert Feigl, Kurt Gödel, Karl Menger, Otto Neurath sind einige der bekannten Vertreter. In Berlin war neben Hempel etwa Hans Reichenbach ein Verfechter dieses Paradigmas. Eine in unserem Zusammenhang wesentliche Behauptung war, dass Erkenntnisse nicht durch Erfahrung gewonnen werden kann; Erfahrung kann nur als Überprüfungsinstanz für empirische Aussagen herangezogen werden. Eine andere Konzeption verfolgen Forschungsrichtungen, die ihre Erkenntnisse empirisch grundgelegt sammeln, wie die Grounded Theory. Sie lässt sich, einer älteren, aber noch immer gebräuchlichen Unterscheidung nach, den „idiographisch" vorgehenden Wissenschaften zurechnen, die das Einzelne beschreiben („idios": eigen-, selbst-; ein Attribut, als Vorsilbe verwendet). Sie werden unterschieden von „nomothetisch" arbeitenden Wissenschaften, die Gesetze aufstellen und naturwissenschaftlich orientiert sind („nomos" = Gesetz).
Wendet man die drei Schritte des H-O-Schemas auf das obige Beispiel an, so ergibt sich: (1) Feststellung einer Ursache-Wirkungs-Beziehung: Je angesehener die eigene Abteilung ist, desto eher werden die Vorgesetzten akzeptiert. (2) Suche danach, ob die Ursache (Anfangs- oder Randbedingung) gegeben ist: Wie wird das Ansehen der Abteilungen eingeschätzt? (3) Feststellung der Wirkung: Bei geringerem Ansehen werden die Vorgesetzten akzeptiert. – Die Hypothese wird als „empirisches Gesetz" angenommen, beschreibt also einen Kausalzusammenhang. Die Schritte (2) und (3) erfordern dann eine entsprechend gültige und zuverlässige Messung. Das Ergebnis der empirischen Studie kann dann entweder lauten, dass die Anfangsbehauptung widerlegt wurde oder dass sie sich in dieser Situation bewährt hat. – Das Schema gibt also an, wie man vorzugehen hat, wenn man Erkenntnisse gewinnen will. Das Beispiel führt dies für eine hypothesentestende Untersuchung aus.

lich sichere Hinweise. Sie müssen gültig (valide) sein. Gültig sind Indikatoren dann, wenn mit ihnen das erfasst wird, was man erfassen (messen, erfragen, beobachten etc.) will.

Ein weiteres Beispiel setzt bei den Überlegungen an, die wir bereits angestellt haben: Wie kommt man von der Analysefrage zu Annahmen? (siehe 5.1.3) Diese Frage verbinden wir nun mit Überlegungen zur Operationalisierung. Sie könnte in Schritt 6 oder 7 einsetzen, bei der Suche danach, wie „Erfolg" in der Literatur nicht nur definiert, sondern auch erhoben (oder gemessen) wird.[140]

> So findet man etwa in dem Artikel von Thamhain (2004) eine lange Liste von Indikatoren, die dem Autor zufolge häufig von Managern als Indikatoren für einen Projekterfolg herangezogen werden. Diese Aufzählung enthält sehr unterschiedliche Dinge, wie z.B.: im Rahmen des vereinbarten Budgets bleiben, die Organisation möglichst wenig stören, eine entsprechende Projektmanagementstruktur entwickeln. Das sind Anregungen, die man ebenfalls in konkrete Messinstrumente (dem zweiten Schritt der Operationalisierung) übersetzen könnte.
> Ein guter Kandidat, um die Operationalisierung weiter zu treiben, ist eine Arbeit, die sich nicht nur mit der Definition von Projekterfolg befasst, sondern auch unterschiedliche Perspektiven der Erfolgsdefinition unterscheidet. Die Ergebnisse der Studie von Bryde (2005) lassen den Schluss zu, dass zur Bestimmung des Projekterfolges mehrere Dimensionen berücksichtigt werden sollten: Zeit, Kosten und Qualität (das so genannte „eiserne Dreieck") sind jeweils aus der Sicht der internen Auftraggeber und der externen Abnehmer zu beurteilen. Zu diesen sechs Faktoren kommen noch zwei teaminterne Erfolgskriterien hinzu: die Entwicklungsmöglichkeiten und die Vorteile des Projektes für die Teammitglieder. Auf dieser Basis könnte man einen Interviewleitfaden entwickeln, in dem diese Kriterien abgefragt werden. Will man den Projekterfolg dann tatsächlich quantifizieren, so könnte man Indizes bilden, d.h. die die drei internen und die drei externen Werte in eine Dimension zusammenfassen und einen Index für die teaminternen Kriterien generieren.[142]

Ein letztes Beispiel soll die Auswirkungen unterschiedlicher Operationalisierungen eines Konzepts verdeutlichen. Mit Konzept ist hier nichts anderes gemeint als die Annahmen, die der Definition eines Begriffs zugrunde liegen. Wir stellen dies kurz an Hand des Begriffs „Erfolg von Firmenübernahmen" dar. Inhaltlich setzen wir also das Beispiel fort, das zur Illustration der Bedeutung der Analysefrage verwendet wurde (siehe 5.1.1). Wir ziehen dafür zwei zusammenhängende Artikel heran.

---

[140] Siehe zum Thema und zu den in diesem Beispiel zitierten Arbeiten Titscher/Stamm (2006).
[141] Diese Arbeit ist ein Beispiel für eine Erhebung bei „Key Informants", einem Vorgehen, das oben besprochen wurde.
[142] Ein Index ist eine Variable (etwa: Projekterfolg), die aus mehreren anderen Variablen – (Zeit, Kosten, Qualität etc.) – errechnet wird. Die Frage, wie man einen Index bildet, behandelt etwa Kromrey (2002: 242–250).

> **Beispiel 6: Operationalisierung: Erfolg von Firmenübernahmen**
>
> Einem Überblick über 30 Jahre Forschung in dem Bereich M & A von Cartwright/Schoenberg (2006) ist zu entnehmen, dass im Jahr 2004 weltweit alle 18 Minuten ein Firmenzusammenschluss entschieden wurde. Diese kurze Feststellung der Autoren soll belegen, dass die Frage, wie erfolgreich diese Aktivitäten sind, von großem Interesse sein müsste. In einer Forschungsnotiz stellt Schoenberg (2006) fest, dass vier Konzepte zur Messung des Erfolgs von Firmenübernahmen gängig sind: (1) cumulative abnormal returns, (2) managers' assessments, (3) divestment data und (4) expert informants' assessments. Drei davon werden näher betrachtet:
>
> Das erste Konstrukt definiert den Akquisitionserfolg entsprechend der einschlägigen ökonomischen Literatur; vereinfacht ausgedrückt, als Abweichung der Aktienkurse von den erwarteten Werten. Dazu muss ein Zeitfenster rund um das zu untersuchende Ereignis (Firmenübernahme) definiert werden. Welche Überlegungen dabei anzustellen sind, wird ausführlich in dem oben besprochenen Artikel von Sudarsanam/Mahate (2006) diskutiert. Dieses Konzept führt insofern zu einem objektiven Maß, als es durch die Beteiligten nicht verzerrt werden kann, diesbezüglich keinen Bias hat. Allerdings hat das Messinstrument auch einige Schwächen, wie zum Beispiel: Es misst nicht wirklich den Erfolg der Firma, sondern die Erwartungen der Investoren. Damit wird die inhaltliche oder interne Validität beeinträchtigt, da ein Indikator herangezogen wird, dessen Inhalt nicht mit der Bedeutung der zu messenden Variable übereinstimmt. Außerdem können in die Schwankungen der Aktienkurse auch Effekte einfließen, die nichts mit der Übernahme zu tun haben. Das können Veränderungen der Rohstoffpreise, politische Ereignisse etc. sein. Derartige Faktoren können ebenfalls die Gültigkeit der Messung wesentlich beeinträchtigen.
>
> Das dritte Konzept (divestment) wird als relativ einfache Möglichkeit bezeichnet, Erfolg zu messen, da es keine detaillierten Informationen verlangt. Aber was das Maß tatsächlich anzeigt, wofür diese Werte ein Indikator sind, das ist ziemlich unklar: Desinvestitionen[143] können ein strategischer Fehler sein oder Ergebnis einer Ressourcenumschichtung

---

[143] Desinvestitionen sind das Gegenstück zur Investition. Oft werden in Anpassung an veränderte Rahmenbedingungen wie z.B. schrumpfende Absatzmärkte oder finanzielle Engpässe die in Vermögen gebundenen finanziellen Mittel freigesetzt. Ein Beispiel dafür ist der Verkauf von auf Grund mangelnder Nachfrage nicht mehr benötigter Maschinen im Rahmen der Stilllegung einer Produktionslinie.

Operationalisierung

als Reaktion auf Veränderungen von Märkten sein. Auch hier liegt also die Gültigkeit im Argen, weil unklar ist, was wirklich gemessen wird. Und zu allererst wird die Zuverlässigkeit der Messung nicht gegeben sein: unklare Definitionen (oder vage Formulierungen in Interviews und Fragebögen) führen mit ziemlicher Sicherheit bei einer Wiederholung der Messung zu unterschiedlichen Messergebnissen; damit ist auch die Reliabilität beeinträchtigt.[144]

Ein Blick auf das vierte der genannten Konzepte (expert informants' assessments): Hier werden entweder Daten von Finanzanalysten verwendet und/oder die Ratings von Finanzreports ausgewertet. Diese Informationen sind zwar nicht von subjektiven Einschätzungen von Managern „verschmutzt", können dafür aber den Bias der Experten widerspiegeln. Außerdem leiden diese Werte unter dem unterschiedlichen Verständnis oder der uneinheitlichen Definition von Erfolg der befragten Experten.

Was kommt bei diesen Analysen der Studien über den Erfolg von Firmenzusammenschlüssen heraus? Es gibt geringe Zusammenhänge zwischen diesen Messinstrumenten; allerdings mit einer Ausnahme: Die Sichtweisen der Manager und die Einschätzung der Experten korrelieren hoch. Das ist aber kein Wunder, da die Experten (vorwiegend Wirtschaftsjournalisten) ihre Informationen häufig vom Management der übernehmenden Firma beziehen. Die sonst sehr unterschiedlichen Perspektiven führen zu sehr unterschiedlichen Einschätzungen, ebenso die Informationsasymmetrie zwischen Management und Investoren. So populär diese Zusammenschlüsse sind, die Erfolge sind bestenfalls gemischt. Dafür gibt es drei mögliche Gründe: Die Akquisitionen werden von Motiven getrieben, die nicht mit Wertmaximierung zusammenhängen, die Empfehlungen der Forschung erreichen die Praktiker nicht oder die Forschung ist auf irgendeine Weise unvollständig. – Diesen letzten Punkt kann man jedenfalls unterstreichen, da die Zuverlässigkeit der Messungen und (damit) auch die Gültigkeit der Messungen meist nicht gegeben sein werden.

Operationalisierung haben wir als Scharnier zwischen theoretischer Ebene und Erfahrungswelt bezeichnet. Das Hauptproblem kann man auch mit

---

[144] Die Gütekriterien wurden bereits oben, in Zusammenhang mit dem Analysezirkel behandelt. Die Reliabilität wird üblicherweise als Voraussetzung für die Gültigkeit angesehen: Wenn ein Maßband heute für den Gegenstand eine andere Länge angibt als bei der gestrigen Messung (obwohl sich sonst nichts verändert hat), so wird es nicht zuverlässig sein und daher auch nicht in der Lage sein, gut zu messen. Konstanz der Messwerte bei wiederholter Messung ist eine einfache Definition (einer Form) der Reliabilität.

der Frage umschreiben: Wie kann man in diesem Prozess Transportschäden vermeiden? Im Wesentlichen gibt es dazu zwei Arten von Antworten:

- Man versucht, den Ausgangspunkt möglichst klar zu definieren, in Dimensionen zu zerlegen und diese unterschiedlichen Aspekte in Erhebungsinstrumente herunter zu brechen. Wenn man so vorgeht, also standardisierte Instrumente (z.B. einen Test zur Messung des wahrgenommenen Führungsstils) einsetzt, so kann man den gesamten Analyseprozess von der Fragestellung bis zur Übersetzung der zentralen Begriffe in Analyseoperationen klar strukturieren. In diesem Fall sind die klassischen Gütekriterien die Wächter über die Sauberkeit des Verfahrens.
- Die andere Variante geht davon aus, dass der Prozess der Operationalisierung keine Einbahnstraße ist, sondern zwischen den beiden Ebenen ein reger Austausch stattfinden sollte. Dann können Beobachtungsergebnisse die Begriffsinhalte auf der theoretischen Ebene oder auch die Beziehung zwischen den Variablen verändern. Auf diese Art kann die Analyse besser an die Erfahrung und Beobachtung herangeführt werden oder die Empirie die Analyse bestimmen. Dieser Vorteil kostet die Aufgabe klassischer Gütekriterien. Dafür handelt man sich, folgt man bei der Analyse dem Grundgedanken der interpretativen Sozialforschung, andere Qualitätserfordernisse ein, wie etwa: intersubjektive Nachvollziehbarkeit, also eine Darstellung des Analyseverlaufs, die so genau ist, dass andere die Arbeit kritisch nachvollziehen und eigene Ableitungen machen können. Konkret drückt sich dies darin aus, dass die Darstellung qualitativer Forschung meist sehr detailliert ist. Weiters muss die Verankerung der Analyse und der Ergebnisse in die Vorannahmen und Theorien klar gemacht werden. Ein Haupterfordernis ist Reflexivität. Darunter ist zu verstehen, dass die eigene Rolle im Analyseprozess überlegt und dargestellt werden muss.[145]

Jede der beiden Richtungen hat ihre Vor- und Nachteile und ist für unterschiedliche Zwecke geeignet. Um einige dieser Aspekte konkreter zu fassen, greifen wir auf zwei vorher benannte Themen zurück:

> Auf die Studie aus dem Bereich der Führungsforschung bezogen heißt das: Konzentriert man sich auf die Abfrage des Führungsstils, so kann man auf bewährte Vorlagen zurückgreifen und erspart sich die mühsame Operationalisierung. Zugleich hat man sich aber entschieden, andere Möglichkeiten nicht zu untersuchen; damit blendet man zugleich anderes aus.[146] In diesem Fall sieht die Untersuchung beispielsweise nicht, inwieweit die Wirkung von Vorgesetzten auf

---

[145] Siehe dazu die Darstellung der Grounded Theory (5.2.6) und Abschnitt 8.2.
[146] Der Maler René Magritte formulierte diesen Aspekt sehr einfach: „Sichtbare Dinge verbergen immer andere sichtbare Dinge ..." (Magritte 1985). Eine umfassendere Version dieses Themas wird in Abschnitt 8.2 präsentiert: der „blinde Fleck".

symbolisches Handeln zurückgeführt werden kann. Dieses alternative Konzept geht davon aus, dass Akzeptanz von Vorgesetzten durch ihre Mitarbeiter zu einem Gutteil davon abhängt, ob und wie sie sich Erfolge zuschreiben können und wie es ihnen gelingt, nicht für Misserfolge verantwortlich gemacht zu werden. Das ist eine völlig andere Sichtweise, gegen die man sich mit der Wahl der Operationalisierung (in Form eines standardisierten Fragebogens) entschieden hat; bewusst oder unbemerkt. In diesem Fall fiel die Entscheidung bewusst, weil die hier zitierte Studie vor allem verschiedene Instrumente testen sollte. Man könnte die Liste der nicht gesehenen Aspekte verlängern und z.B. die Interpretation der Beteiligten anführen.

Betrachtet man die Möglichkeiten der Operationalisierung am Beispiel „Projekterfolg", so lässt sich sagen: Es gibt eine große Anzahl sehr unterschiedlich gut bzw. schlecht quantifizierbarer Indikatoren; letzteres trifft etwa für den Faktor „Entwicklungsmöglichkeiten der Teammitglieder" zu. Außerdem werden Kriterien von den einzelnen Bezugsgruppen („Stakeholder") offensichtlich unterschiedlich definiert und verwendet. Daraus folgt, dass eine standardisierte Abfrage (Vorgabe einer Liste von Faktoren) ein ziemlich gewagtes Unterfangen wäre bzw. Gefahr liefe, Gütekriterien nicht hinreichend erfüllen zu können. Daher sollte man zu erkunden suchen, welche Inhalte der Begriff „Projekterfolg" für die einzelnen Gruppen hat.

Nicht immer ist man bei der Wahl, welchen dieser beiden Wege man geht, frei. Ob man die Operationalisierung „von oben" bzw. „von unten" betreibt, hängt von einigen Faktoren ab. Oft sind der Anlass und die Verwertungsinteressen unverrückbare Eckpfeiler, die etwa vorgeben, dass vergleichbare Zahlen und Berechnungen vorzulegen sind. Wenn man aber die Wahl hat, so helfen, von persönlichen Vorlieben abgesehen, drei einfache Fragen:
a) Gibt es für die Begriffe bewährte Instrumente und Analysefragen?
b) Können für die zentralen Begriffe Indikatoren erarbeitet werden?
c) Sind alle Indikatoren mess- bzw. beobachtbar?

In Abbildung 17 sind diese Fragen zusammengeführt. Im Wesentlichen führt sie die Matrix der Abbildung 11 weiter, in der zwischen quantifizierender und interpretativer Analyse unterschieden wurde.

Wenn es zur Frage (a) positive Antworten gibt, so liegt es nahe, die Analyse quasi als Nachahmung bewährter Vorgänger anzulegen bzw. die bereits entwickelten Instrumente zu übernehmen. Wenn die Situation, der Anlass, die Verwertungsinteressen etc. dies zulassen.

Die Antwort auf die nächste Frage (b) gibt an, ob man sich in der Lage sieht, Indikatoren für die zentralen Begriffe zu entwickeln. Oben haben wir zur Frage des Erfolgs von Übernahmen einige Varianten vorgestellt, die je unterschiedliche Indikatoren heranziehen. Bei der Besprechung der Methoden kommen etliche Beispiele vor, die Anregungen bieten. Sieht man sich in der Lage, entsprechende Hinweise in der Literatur zu finden und daraus entsprechende Indikatoren zu entwickeln, so steigt man in den Prozess der Operationalisierung ein. Wenn nicht, so ist eine explorative Studie angebracht, bei der man Texte analysiert oder Interviews führt, um die Bedeutung der Begriffe und die Zusammenhänge zwischen Begriffen herauszubekommen. Dann gibt es wieder eine Weggabelung: Entweder man geht diesen Weg weiter und führt eine explorative Analyse zu Ende oder man betrachtet diese Phase als Vorstudie, deren Informationen dazu dienen, Erhebungsinstrumente zu entwickeln, also beispielsweise einen Fragebogen oder ein kleines Beobachtungsschema zu konstruieren.

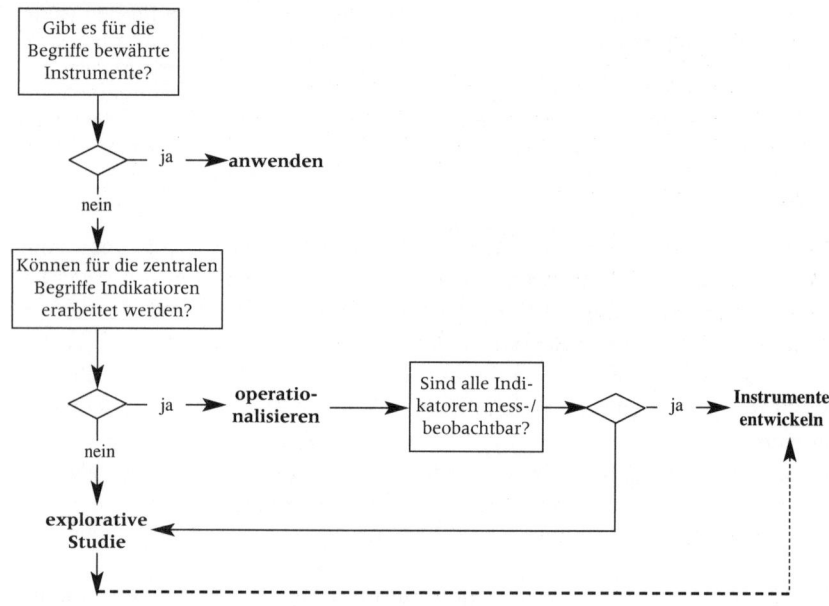

Abb. 17: Hilfsfragen für den Ablauf der Operationalisierung

Die letzte Frage (c) führt in die Zielgerade der Operationalisierung, da sie als Antwort die Angabe hat, mit welchen Methoden/Verfahren/Instrumenten was erhoben werden kann. Hat man Indikatoren erarbeitet, die in der organisatorischen Realität doch keine Entsprechung haben oder nicht beobachtbar sind, so muss man wieder eine Schleife machen und in die Exploration abbiegen, um die organisationsspezifischen Differenzierungen des interessierenden Begriffs zu erkunden. Angenommen, die Analysefrage enthält den Begriff Einfluss, so wird man nicht nur danach suchen müssen, welche Arten unterschieden werden, sondern auch herausbekommen müssen, woran sich ein unterschiedliches Ausmaß an Einfluss in dieser Organisation zeigt. In vielen Fällen wird man bei genauerem Hinsehen feststellen, dass unterschiedliche Begriffe auch andere Erhebungsverfahren nahe legen. Dieser Aspekt wird im Abschnitt über Methodenmix und Triangulation behandelt (5.4.4).

5.4 Auswahl der Erhebungsmethoden

5.4.1 Überblick

Das Methodenarsenal, mit dem Organisationen und „organizational behavior" untersucht werden können, also das Depot der empirischen Sozialforschung, ist ein großer Bauchladen oder Setzkasten. Je näher man hinsieht, desto größer wird die Vielfalt an Verfahren und Varianten der Befragung oder Beobachtung. Aber das ist bereits ein Ordnungskriterium: Methoden, Untersuchungswege, die eine Vielzahl von Ausprägungen (Verfahren) aufweisen. Welche Methoden gibt es noch? Solche, die zur Untersuchung von Artefakten eingesetzt werden. Darunter fallen Verfahren, die ihre Daten aus Spuren menschlicher Verhaltensmuster beziehen oder aus Gegenständen, die diese zum Ausdruck bringen. Diese Objekte dokumentieren etwas. So werden beispielsweise Texte der Organisation oder Objekte als Manifestation dieser Strukturen interpretiert. Darunter fallen aber auch so unterschiedliche Dinge, wie die verwendete Software, die Formulare, die Beschriftung und Beschilderung, architektonische Elemente, Raumausstattungsdetails oder die Raumanordnung als solche.

Unter diese drei Kategorien – Befragung, Beobachtung, Text- und Artefaktanalyse – kann man alle Verfahren einordnen, allerdings auch nicht eindeutig. So gibt es etwa Beobachtungsverfahren, die geeignet sind, Texte zu beobachten und beispielsweise die unterschiedlichen Rollen in Märchen und die Beziehungen zwischen den Rollenträgern zu analysieren und aufzuspüren.[147] Und als Texte können Dokumente, Firmenlogos, Webseiten oder die Büroeinrichtung verstanden werden. Will man Dokumente analysieren, so bietet sich dafür meist eines der zahlreichen Verfahren der Textanalyse an, Büroeinrichtungen kann man auch beobachten.

Diese Unterscheidung in drei unterschiedliche Gruppen von Methoden kann man also nur aus großer Höhe machen. Sieht man näher hin, unterscheiden sich die Verfahren der einzelnen Methoden erheblich und bieten

---

[147] Wie das unten (in 6.4.2) näher beschriebene SYMLOG (System for the Multiple Level Observation of Groups).

eine Fülle von Möglichkeiten, die den Bedingungen im Feld entsprechend ausgewählt oder auch adaptiert werden können und müssen.

Methoden sind Regelwerke, die grundsätzliche menschliche Fähigkeiten (sehen, hören, sprechen) in Bahnen lenken und eingesetzt werden, wenn sich Menschen die Welt in systematischer Weise aneignen wollen. Sie wollen etwas über die Umwelt erfahren, um die Ungewissheit für sich oder, wenn es um einen Auftrag geht, für andere zu reduzieren. Der aus dem Griechischen stammende Begriff Methode, bedeutet nachgehen, verfolgen. In unserem Sinne geht man einer Frage nach. Methoden sind Wege der Forschung: Vom eigenen Standpunkt oder Ausgangsort A (Annahmen) kommt man zu einem anderen Ort B (Beobachtung), indem man bestimmte Wege der Wahrnehmung wählt und Erfahrungen sammelt. Irrwege sind eher vermeidbar, wenn systematisch vorangeschritten wird. Methodisches Vorgehen kann Forschern wie ein Ariadnefaden den Rückweg sichern, um dann mit Hilfe auf dem Weg gesammelter Erfahrungen den Ausgangsort vielleicht anders zu sehen oder gar nicht mehr zurückzuwollen, sondern andere Orte interessanter zu finden. Wie auch immer die Forschungsreise ausgeht, methodisches Vorgehen erleichtert es, von den Erkundungen berichten und Erfahrungsberichte nachvollziehen zu können.

In der Praxis empirischer Untersuchungen wird oft zwischen Erhebungs- und Auswertungsmethoden unterschieden, zwischen Wegen der Datensammlung und Vorgehensweisen, die zur Analyse gesammelter Daten entwickelt wurden. Methodisches Vorgehen bei der Datensammlung organisiert die Wahrnehmung, Auswertungsmethoden regeln die Transformation von Daten in Informationen und schränken die Möglichkeiten der Schlussfolgerungen und der Interpretationen weiter ein; zugleich machen sie Aussagen erst möglich. Wir konzentrieren uns auf Erhebungsmethoden, weil nur hier Organisationsanalysen spezielle Bedingungen im Feld berücksichtigen müssen.

Feldarbeit bezeichnet jene Arbeitsschritte, die der Datensammlung vor Ort dienen. In den meisten Fällen bedingen sie eine direkte Auseinandersetzung der Forscher mit den Trägern bzw. Repräsentanten gesuchter oder zu untersuchender Muster und Strukturen, also mit Organisationsmitgliedern.

Welche Wege bei der empirischen Erhebung eingeschlagen werden, bestimmt sich zunächst aus dem Anlass und der generellen Fragestellung. Glaubt man, die Auswirkungen von Einstellungen untersuchen zu müssen, so wird sich Befragung eher anbieten als Beobachtung. Sollen konkrete nonverbale Verhaltensweisen erforscht werden, muss beobachtet werden. Will man zeitlich zurückliegende Interaktionen studieren, müssen Aufzeichnungen herangezogen werden oder Befragungen stattfinden. Steht die Prägung des Alltagsverhaltens durch organisatorische Bedingungen im Mittelpunkt des Interesses, scheiden Laborbedingungen aus.

Mit der Fragestellung nimmt man prinzipielle Einschränkungen in Kauf. Auf der erhebungstechnischen Ebene dadurch, dass nicht jede Vorgehensweise, wie die Beispiele andeuten, für die Beantwortung jeder Frage (gleich gut) geeignet ist. Innerhalb dieses Rahmens können dann zur Beantwortung einer Analysefrage mehr oder weniger ökonomische Vorgehensweisen gewählt werden. Abbildung 18 zeigt, wie die zentralen Elemente der Erhebung miteinander verzahnt und wie sie in den Gesamtablauf eingebettet sind.

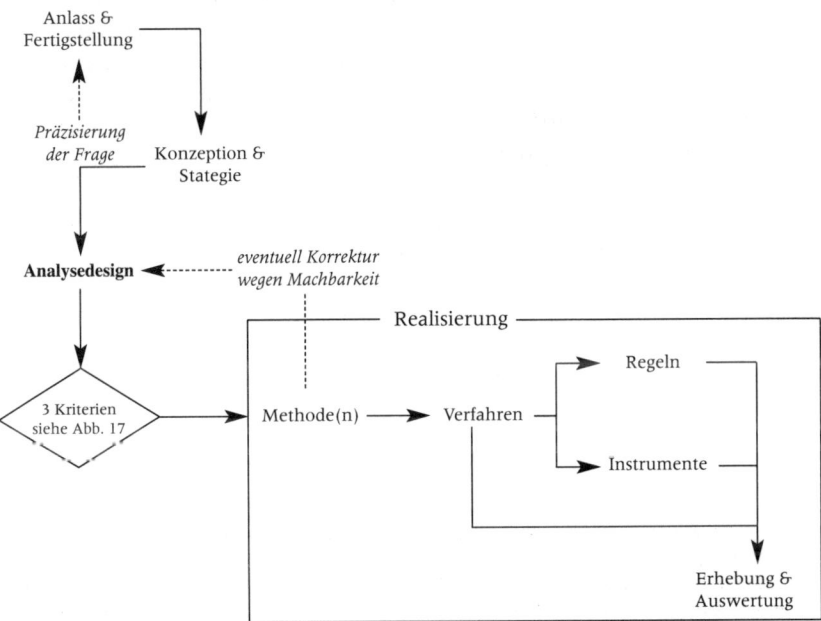

Abb. 18: Die empirischen Methoden im Analyseumfeld

5.4.2 Die Verbreitung empirischer Methoden

Welche Erhebungsmethoden werden bei Organisationsanalysen eingesetzt? Einen Beantwortungsversuch bietet eine Studie von Bronner (2002) über den Stand der Organisationsforschung aus betriebswirtschaftlicher

Sicht. Die Studie erfasste zehn Jahrgänge (1991–2000) von vier deutschsprachigen und fünf englischsprachigen Fachzeitschriften.[148]
> Von den insgesamt 4.320 Artikeln befassten sich 1.650 mit Organisationsforschung. In den deutschsprachigen Zeitschriften waren diesem Themenbereich 26% (550 Artikel) zuzurechnen, von den englischsprachigen Artikeln befasste sich die Hälfte mit Organisationsforschung (1.100 Artikel).
> Von den insgesamt 1.650 Artikeln aus dem Bereich Organisationsforschung waren 31% empirische Arbeiten. – Allerdings hat der Anteil deutlich zugenommen, in den Jahren 1996–2000 betrug der Anteil empirischer Arbeiten 57%. In der Studie von Bronner wurden die Zusammenfassungen bzw. Abstracts der 1.650 Artikel inhaltsanalytisch untersucht, konkreter: nach einem vorgegebenen Kategoriensystem eingeordnet und abgezählt. Die in unserem Zusammenhang interessanten Ergebnisse fassen wir kurz zusammen.

Das Forschungsziel kategorisiert der Autor nach vier Kriterien: Beschreibung, Erklärung, Prognose und Gestaltung. Die beiden zuletzt genannten Kategorien sind verschwindend gering besetzt (Artikel in deutschsprachigen Journalen enthalten mit etwa 11% häufiger Gestaltungsempfehlungen). Beschreibung und Erklärung kommen auf 43% bzw. 48%. Englischsprachige Artikel befassen sich stärker mit erklärender Forschung.[149]

Welche Methoden werden angewendet? Die folgende Tabelle ist das Ergebnis der Auszählung nach Kategorien von Methoden und bezieht sich auf 1.650 Artikel der Organisationsforschung:

---

[148] Die vier deutschsprachigen und die fünf englischsprachigen Zeitschriften sind: Die Betriebswirtschaft (DBW), Zeitschrift für Betriebswirtschaft (ZFB), Zeitschrift für betriebswirtschaftliche Forschung (ZFBF), Zeitschrift Führung und Organisation (ZFO); Administrative Science Quarterly (ASQ), Academy of Management Journal (AMJ), Journal of Management Studies (JMS), Journal of Organizational Behavior (JOB), Organization Studies (OS). – Im Anhang (s. Abschn 8) finden Sie eine Liste der Fachzeitschriften, die man durchsuchen sollte, wenn man eine akademische Abschlussarbeit in dem Bereich Organisation schreiben will oder an neueren Forschungen auf diesem Gebiet interessiert ist.

[149] Wir zitieren aus dem Bericht: „Eine Randbemerkung verdient noch das Ergebnis einer Gegenüberstellung der beiden zentralen Forschungsziele mit den drei vorrangigen Forschungsthemen: Bei Struktur- und Prozessanalysen dominiert in mehr als 60% der Beiträge die Beschreibung. Im erfreulichen Gegensatz dazu stehen in 80% der Arbeiten zu Führungsfragen systematische Erklärungen im Vordergrund, was offenbar dem sozialwissenschaftlichen Einfluß auf die empirische Organisationsforschung zuzurechnen ist." (Bronner 2002: 13)

Tab. 8: Häufigkeit der Verwendung empirischer Methoden in der Organisationsforschung (in %); Quelle: Bronner (2002: 14)

Forschungsmethoden	Gesamt	Deutsch	Englisch
schriftliche Befragung	24	19	26
mündliche Befragung	10	13	19
Inhaltsanalyse	19	21	18
Einzelfallstudie	12	18	10
mehrere Methoden	17	12	19
sonstige Methoden	18	17	18

Die schriftliche Befragung dominiert eindeutig,[150] ziemlich knapp gefolgt von der „Inhaltsanalyse". Wir setzen den Begriff in Anführungszeichen, weil aus der Studie nicht hervorgeht, was darunter genauer verstanden wird. Dann allerdings kommt schon eine Restkategorie, in der „Experimente" (mit 8%) dominieren. Die Kategorien der Tabelle bzw. der zugrunde liegenden Inhaltsanalyse beeinträchtigen die Interpretationsmöglichkeiten, da sowohl Einzelfallstudien als auch Experimente Erhebungsmethoden brauchen. Welche das in den Fällen sind, ist nicht feststellbar. Ebenso sind in der Kategorie „mehrere Methoden" einige Verfahren versteckt, die nicht identifizierbar sind. Diese Überlegung deutet auf die Vorteile und Nachteile von vorgegebenen Kategoriensystemen hin, wie sie in der klassischen Content Analysis (siehe 6.5) üblich sind: Sie erleichtern die Arbeit und erhöhen die Vergleichbarkeit; um den Preis, Unterschiede einzuebnen, die nachträglich nicht mehr aufgelöst werden können.

In einer Vorläuferstudie haben Bronner et al. (1998) Dissertationen aus dem deutschsprachigen Raum mit Doktorarbeiten aus den USA verglichen,

---

[150] Eine Untersuchung von drei Jahrgängen (1993–1995) von vier Top-Journals (Academy of Management Journal, Administrative Science Quarterly, Journal of Applied Psychology, Personnel Psychology) kommt zu dem Ergebnis, dass von 141 Artikeln, die ihre Ergebnisse aus empirischer Organisationsforschung ableiten, knapp die Hälfte ausschließlich mit schriftlicher Befragung gearbeitet hat (Rynes et al. 1999).
Ein Vergleich mit einem anderen Gebiet kommt zu ähnlichen Gesamtergebnissen: Diekmann (2007: 434 ff.) berichtet von einer Analyse der zwischen 1989–1993 erschienen Artikel in drei deutschsprachigen soziologischen Zeitschriften: Kölner Zeitschrift für Soziologie und Sozialpsychologie, Soziale Welt und Zeitschrift für Soziologie. Die Fragestellung lautete, welche empirischen Methoden in der wissenschaftlichen Sozialforschung angewendet wurden. 41% der Artikel stützen sich auf die Analyse empirischer Daten. „Eindeutig dominiert die Befragung, insbesondere die quantitative, strukturierte und persönliche Befragung." Sonst kommen noch inhaltsanalytische Methoden und Beobachtungsstudien etwas häufiger vor.

um den Stand der betriebswirtschaftlichen Organisationsforschung zu verorten. Ein Ergebnis war, dass die Hälfte aller deutschsprachigen Dissertationen empirische Methoden einsetzten, in den USA sind es zwei Drittel. Die Befragung ist immer die am häufigsten eingesetzte Methode, allerdings arbeiten amerikanische Doktorandinnen und Doktoranden wesentlich häufiger (zu 52%) mit mehreren Methoden als deutschsprachige (zu 28%).

Was kann man aus diesen Studien ableiten? Methodenvielfalt ist nicht gerade ein Merkmal der Organisationsforschung. Originelle oder innovative Verfahren dürften eher im Verborgenen blühen, also in „grauer" Literatur und in Zeitschriften, die nicht zum Mainstream gehören.

Diese Ableitungen werden aber in dieser Allgemeinheit nicht stimmen. Erstens beziehen sich die Ergebnisse nur auf die akademische Forschung, sie berücksichtigen also Diplom- oder Magisterarbeiten nicht. Wie schon der Titel der Arbeit sagt, werden auch andere Arbeitsbereiche (wie etwa Sozialforschung oder Arbeitswissenschaften) nicht einbezogen. Und nicht zuletzt ist zu erwähnen, dass das Academy of Management Journal etwa seit 2004 begonnen hat, regelmäßig Artikel über alternative Forschungsdesigns und Ansätze zu publizieren, wie etwa über qualitative Forschung, Fallstudien oder Grounded Theory.[151]

5.4.3 Generelle Kriterien für die Methodenwahl

Methoden stellen also gewissermaßen Familien verwandter Verfahren dar. Das Verwandtschaftsverhältnis ist durch eines oder mehrere gemeinsame Merkmale bestimmt, für die wir oben einige Beispiele gebracht haben. Allgemeiner ausgedrückt lassen sie sich unterscheiden
- durch ihren Objektbezug, d.h. welche Inhalte sie untersuchen können und
- durch ihre Leistungsfähigkeit bzw. durch ihre Beschränkungen.

In vielen Fällen halten die einzelnen Methoden unterschiedlich stark standardisierte Verfahren bereit. Interviewer haben vorgegebene Fragebögen, Beobachter ein mehr oder weniger starres Raster zur Einordnung ihrer Wahrnehmungen. Inhaltsanalytiker haben ein Kategoriensystem, um Textelemente möglichst einheitlich zuzuordnen.

---

[151] In diesem Zusammenhang ist auf den Artikel von Gephart (2004) hinzuweisen, der eine kurze Zusammenfassung der Prinzipien qualitativer Forschung bringt und sie mit der quantitativen (positivistischen) Richtung kontrastiert. Auf die Arbeit von Siggelkov (2007) über Fallstudien und auf den Artikel von Suddaby (2206) über Grounded Theory wurde bereits hingewiesen.

Für jedes Verfahren gibt es eine Reihe mehr oder weniger breit akzeptierter Regeln, die man einzuhalten hat, will man sich nicht dem Vorwurf aussetzen, nicht „sauber" vorgegangen zu sein. So dürfen beispielsweise bei Interviews die Befragten (durch Inhalt und Stil der Frage) nicht überfragt werden, die Anordnung der Fragen soll Ausstrahlungseffekte vermeiden etc. Bei soziometrischen Befragungen sollen die Wahlfragen positiv formuliert sein und nicht Ablehnung erfragen usw. Bei inhaltsanalytischen Verfahren oder Beobachtungen müssen die Kategorien so klar definiert sein, dass verschiedene Kodierer zu gleichen Einstufungen gelangen. „Dies bedeutet, daß die Kategorien durch eine Theorie und eine Reihe von Kodifizierungsregeln spezifizierbar sein müssen, Regeln, die der Interpretation des Benutzers gegenüber invariant sind." (Cicourel 1974: 210) Also braucht man überall dort, wo Kategoriensysteme benutzt werden, zunächst theoretische Annahmen, die begründen, warum man die Daten in dieser oder jener Weise differenziert. – Ein Beispiel ist das Beobachtungssystem von Bales, das auf umfangreiche theoretische Arbeiten zurückgeht und 12 Beobachtungskategorien umfasst. – Hat man so ein System, so muss bestimmt werden, wie es verwendet wird. So kann man etwa festlegen: Jedes Hochziehen der Augenbraue wird als Ausdruck der Frage gewertet und protokolliert. Bei Textanalysen kann man die Regel aufstellen, dass die kleinsten Sinneinheiten die Basis der Analyse abgeben. Also nicht nur Sätze oder Worte, sondern auch Pausen. Diese Regeln müssen so klar sein, dass sie von jedem, der die Daten im Rahmen dieser Analyse erhebt, in gleicher Weise angewendet werden. Das Aufstellen von Regeln setzt voraus, dass man viel über den zu regelnden Bereich weiß oder hinreichend Informationen über das Thema vorliegen.[152]

Die folgende Übersicht (Tab. 7) fasst allgemeine Kriterien zusammen, die bei der Entscheidung, welche Methode(n) und welche Verfahren bei der Analyse eingesetzt werden sollten, zu berücksichtigen sind. Die Systematik orientiert sich an der Unterscheidung einer zeitlichen, einer sozialen und einer sachlichen Dimension.

---

[152] Was machen Manager eigentlich den ganzen Tag? Im Abschnitt Beobachtung berichten wir von der Studie von Henry Mintzberg (1973), mit der er dieser Frage nachgegangen ist. Allerdings musste er sich die Kategorien erst im Laufe der Untersuchung erarbeiten, da das Thema Neuland war.

Tab. 9: Kriterien für die Methodenwahl

Die *zeitliche Dimension* betrifft die Zeitgebundenheit der Erhebung und die Zeitlichkeit der zu untersuchenden Phänomene
Beispiele: • *zurückliegende* Ereignisse können nur mit Methoden erfasst werden, die keine aktuelle Beobachtung erfordern; wie oft jemand im letzten Jahr im Krankenstand war, ist – als Faktenfrage – auch erfragbar; in anderen Fällen müssen bereits produzierte Materialien (schriftliche Dokumente, Film- und Tonbandaufzeichnungen) analysiert werden. Typische Fälle für Ungleichzeitigkeit sind etwa: Sekundär- oder Textanalysen. • *aktuelle* Ereignisse (z.B. momentan ablaufende Aktionen) können nur mit Methoden untersucht werden, die kein hergestelltes Material erfordern (wie z.B. Texte). Die jetzt erinnerte Vergangenheit wäre ein Thema, das durch Befragung erfahrbar wird, aber nicht unbedingt als Aussage über die Vergangenheit zu werten ist. • Vorstellungen über/Erwartungen von *künftigen* Zuständen können nur über Formen der Befragung erhoben werden oder aus Texten mit Absichtserklärungen erschlossen werden. • *Zeitverläufe* erfordern den Einsatz von gleichen (meist standardisierten) Methoden zu mehreren (mindestens drei) Zeitpunkten. Vorgehensweisen, die mit höherer Wahrscheinlichkeit nicht zeitresistent sind, scheiden aus, wie etwa wegen ihrer Originalität nur situationsbezogen einsetzbare non-reaktive Verfahren.
Die *soziale Dimension* betrifft die Beziehung zwischen Erhebendem und „Untersuchten"
Beispiele: • Die im Untersuchungsfeld wirksamen Normen geben den Rahmen für den Erhebungsvorgang ab. Reaktivität bedeutet die nicht kontrollier- oder messbaren Reaktionen auf die Untersuchung selbst, auf die, die die Untersuchung durchführen und/oder auf die verwendeten Instrumente • Alle reaktiven Methoden sind situationsgebunden. Sie sind u.a. dadurch gekennzeichnet, dass im Erhebungsprozess Beobachter und „Untersuchte" miteinander interagieren. • Der Grad an Reaktivität wird durch ein Zusammenwirken folgender Faktoren bestimmt: die Bedeutung des Themas für den Analysierenden und den „Untersuchten", die Situation der Erhebung und die Penetranz des Verfahrens. – Beispiele: soziometrische Fragen sind immer „heiß", offene teilnehmende Beobachtung ist störender als verdeckte, letztere aber meist moralisch bedenklich. – Die Bedeutung des Themas ergibt sich vor allem aus dem Anlass und den Verwertungsinteressen.

• Das soziale Setting wird etwa durch die Anwesenheit anderer, den Ort der Erhebung und die räumliche Anordnung beeinflusst. – Beispiele: Experimentelle Designs erfordern stärkere Reglementierung und Autoritätsausübung. Die Beziehung ist in belebten Zonen schwerer herzustellen als in Situationen mit geringer Ablenkung.

Die sachliche Dimension betrifft den Gegenstand der Studie und die Anlage der Untersuchung	
Beispiele:	• Generell gilt: Will man Sachverhalte erheben, so sind jene Methoden zu bevorzugen, die das am besten leisten: Analysen von offiziellen Daten oder Dokumentenanalyse. • Will man z.b. Interaktionen erheben, sind Einzelinterviews ungeeignet. Sie eignen sich auch nicht als alleiniges Vorgehen, um z.b. Teams oder Gruppen zu untersuchen, weil die Erhebung auf der individuellen Ebene verbleiben, die Aussagen aber auf eine soziale Kategorie bezogen werden. • Die Überprüfung von Studien erfordert Replikation (Wiederholung) und ist an die Methoden der Originalstudie gebunden. • Evaluationsstudien erfordern genau formulierte Zielsetzungen, um den Grad der Erreichung bewerten zu können und Erhebungen zu mindestens zwei Zeitpunkten. • Sollen Kausalzusammenhänge erforscht werden, bedarf es eines experimentellen Designs.

Folgt man der Annahme, dass empirische Sozialforschung immer nur Kommunikation untersucht bzw. ihre Untersuchungsobjekte als Kommunikation behandelt (z.B. die Grünpflanzen in einem Firmengebäude als etwas begreift, mit dem anderen etwas vermittelt werden soll), so lassen sich Methoden empirischer Sozialforschung entlang der Art, wie sie Kommunikation erfassen, festmachen. Und damit in Zusammenhang lässt sich auch feststellen, dass jedes Erhebungsverfahren nicht nur bestimmte Dinge sieht, sondern auch seinen spezifischen „blinden Fleck" hat,[153] also bestimmte Dinge nicht sehen kann. In Tabelle 10 gibt es dazu eine Reihe von Hinweisen.

---

[153] Der blinde Fleck ist jene Stelle, an der der Sehnerv aus der Retina (Netzhaut) austritt. Das ist jene Stelle, die Sehen erst ermöglicht und die Stelle, an der man nichts sieht. In der Systemtheorie bezeichnet diese Metapher jene Unterscheidung, mit der ein Beobachter beobachtet: Er muss eine Unterscheidung treffen, um etwas zu sehen, aber er sieht nicht, was er mit genau dieser Differenzierung nicht sieht. – Siehe dazu Abschnitt 8.2.

5.4.4 Methodenmix und Triangulation

Für welche Erhebungsmethode auch immer man sich entscheiden möchte, selten wird eine Organisationsanalyse mit einer einzigen auskommen. Das beginnt damit, dass Erstgespräche geführt werden. Werden die Inhalte als Informationen über die Organisation bzw. das zu untersuchende Thema herangezogen, wird also mündlich interviewt. Diese Interviews werden beispielsweise durch die schriftliche Befragung in der Hauptuntersuchung ergänzt. In diesem und in ähnlichen Fällen kann man von einem Methodenmix sprechen.

Beispiele für eine Methodenkombination mit einer Befragung als zentraler Datenerhebungsmethode sind etwa folgende Verbindungen:

- Schriftliche Befragung – mündliche Interviews:
  Diese Kombination ist für die Erstellung eines Fragebogens unerlässlich, außer man testet nur ein vorgegebenes standardisiertes Instrument. Interviews können aber auch zur Interpretation der Ergebnisse der schriftlichen Befragung eingesetzt werden. Oder es werden jene Personen, die den Fragebogen etwa auf Grund körperlicher Behinderung oder mangelnder Sprachkompetenz nicht lesen können, interviewt. Eine andere Variante bringen wir in dem Beispiel in dem Abschnitt über Datenerhebung (7.4).

- Befragung – Textanalyse:
  Diese Verbindung ist etwa zur Kategorisierung bzw. systematischen Auswertung von offenen Fragen oder von Interviews üblich.

- Befragung – Beobachtung:
  Ein Beispiel dafür wäre etwa, wenn ein zweiter Interviewer während des mündlichen Interviews die Rolle eines Beobachters einnimmt, um die Antworten auf die Fragen durch Beobachtungsmaterial zu ergänzen. Das ist etwa bei Gruppendiskussionen (siehe 6.2) eine öfters gewählte Variante. Es gibt aber auch eine eigene Methode, die so vorgeht, das Beobachtungsinterview: Die Vorgehensweise wird für Arbeitsanalysen eingesetzt und besteht aus einer längeren Beobachtung von Arbeitstätigkeit und Gesprächen, in denen um Erläuterung der Vorgänge gebeten wird. Das Nachfragen dient zum einen dazu, die Vorgänge verstehen zu können. Zum anderen ist es notwendig, weil davon ausgegangen wird, dass das konkrete Arbeitshandeln wesentlich von Bedingungen bestimmt wird, die nicht sichtbar sind, daher erfragt werden müssen. Dieser Kontext wird durch strukturelle Bedingungen der Organisation bzw. des Betriebes bestimmt.

In den ersten beiden Beispielen spielt das zusätzliche Verfahren (mündliches Interview) bzw. die weitere Methode (Text- oder Inhaltsanalyse) eine unterstützende Rolle. Im dritten Beispiel haben beide Methoden (Befragung und Beobachtung) eine gleichrangige Funktion.

Wenn das der Fall ist, so spricht man von Triangulation. Dieser Begriff aus der Landvermessung wird für zwei Arten von Methodenkombinationen verwendet: Man kann verschiedene Erhebungsmethoden einsetzen, um einen Analysegegenstand aus unterschiedlichen Perspektiven zu untersuchen. Die Kombination kann aber auch den Zweck haben, die mit einer Methode gewonnenen Ergebnisse durch Daten zu kontrollieren, die auf andere Art gesammelt wurden. – Einen Überblick über das Thema bietet das einführende Buch von Uwe Flick 2004).

Ganz einfach gesprochen, muss der Einsatz einer zusätzlichen Methode etwas bringen, das heißt, die Analyse bereichern. Der Nutzen ist am größten, wenn eine zusätzliche Perspektive gewonnen wird bzw. ein störender Teil des „blinden Flecks verkleinert oder verschoben wird. Drei Beispiele sollen das verdeutlichen (vgl. Tabelle 10).

Tab. 10: Beispiele für die Kombination von Methoden zur Untersuchung unterschiedlicher Perspektiven

Thema	Perspektive (a)	Methode (a)	Perspektive (b)	Methode (b)
Zusammenspiel der Hierarchieebenen	strukturell	Inhaltsanalytische Untersuchung von Funktionsbeschreibungen etc.	kulturell	Interviews zur Bedeutung der Unterschiede
Erfolg von Projektteams im Machtgefüge	ökonomisch	Kennziffern über Zeit, Kosten und Ressourcen erheben	politisch	Interviews zu den Fragen: (a) Wie werden die Ergebnisse beurteilt? (b) Welche Funktionen werden von welchen Projekten bedroht bzw. gestärkt?
Reaktion auf ein Thema der Umwelt	innen	Interviews über Zustandekommen und Interpretation des Themas	außen	Inhaltsanalyse von Zeitungsberichten

Im ersten Beispiel werden zunächst die Funktionen der einzelnen hierarchischen Ebenen an Hand der Funktionsbeschreibungen, Stellvertreterregelungen etc. analysiert. Den Ausgangspunkt kann man also, um die Unterscheidung von oben aufzunehmen, als strukturelle Perspektive bezeichnen. Der zweite Blickwinkel ist ein anderer, er zielt auf die kulturelle Bedeutung der hierarchischen Ebenen, also darauf ab, die Bedeutung herauszubekommen, die die Betroffenen mit den hierarchischen Unterschieden verbinden. Eine schriftliche Befragung ist für diese Frage kaum angemessen, hier sind wenig strukturierte Interviews eher angebracht, die mit Hilfe eines Leitfadens durchgeführt werden.

Das zweite Beispiel koppelt die ökonomische Perspektive (bei Goffman hieße sie technische) mit politischen Aspekten. Das Thema läuft auf die Frage hinaus, inwieweit die Machtstruktur einer Organisation den Erfolg von Projekten beeinflusst.

In beiden Fällen können die Datenarten einander nicht kontrollieren. Sie bringen unterschiedliche Sichtweisen zu Tage; verkürzt ausgedrückt: einerseits die formale Seite, andererseits die Rekonstruktionen durch die Beteiligten.

Im dritten der konstruierten Fälle werden die zwei Perspektiven nach einer anderen Logik unterschieden: innen/außen. Das liegt nahe, da schon die (hier nur vage formulierte) Themenstellung diese Differenz benennt.

5.4.5 Daumenregeln für die Methodenentscheidung

Einerseits sind die Ansprüche relativ hoch, die bei der Auswahl der Erhebungsmethoden zu berücksichtigen sind. Andererseits haben wir an Hand mehrerer Hinweise festgestellt, dass die empirische Arbeit auf dem Gebiet der Organisationsanalyse – zumindest bis zur Jahrtausendwende – sehr oft relativ anspruchslos abgewickelt wurde. Soll man also den üblichen Weg gehen oder das Risiko auf sich nehmen, sich im Gestrüpp der Methoden und Verfahren zu verheddern?

Wenn Studierende und Praktiker, die eine Organisationsanalyse durchführen sollen, in dieses Spannungsfeld geraten, so helfen vielleicht einfache Regeln. Will man unter diesen Bedingungen eine möglichst unaufwändige Selektion der Erhebungsmethoden und -verfahren zur Analyse (in) einer Organisation vornehmen, so bieten sich für diese Entscheidung drei Fragen an (siehe auch Abbildung 19):

(1) Gibt es zugängliches Material, durch dessen Auswertung die Analysefrage hinreichend genau beantwortet werden kann?

Diese Frage zielt auf den forschungsökonomischen Aspekt der Analyse ab und rät dazu, möglichst sparsam vorzugehen: Liegt Material vor, so sollte keine Primärerhebung durchgeführt, sondern bestehendes Material analysiert werden. Meist werden dann noch Zusatzinformationen über Interviews einzuholen sein, um die Schlussfolgerungen abzusichern bzw. die Interpretation durch die Organisationsmitglieder herauszubekommen.

(2) Erwarten der Betreuer der Abschlussarbeit oder der Auftraggeber Ergebnisse, die mit Zahlen belegt sind?
Hier geht es um die Frage, ob die Studie (vor allem) eine Legitimationsfunktion hat. Wenn dem so ist, so bleibt eigentlich nur ein Vorgehen als Möglichkeit: eine schriftliche, standardisierte Befragung bzw. eine quantitative Auswertung des vorhandenen und zugänglichen Materials (Statistiken, Ergebnisse interner Studien, Texte etc.). Andere Möglichkeiten, wie etwa offene Interviews, die dann auch qualifiziert ausgewertet werden, übersteigen oft die zur Verfügung stehenden Ressourcen. Welcher Aufwand damit verbunden ist, geht aus den im nächsten Kapitel dargestellten Studien hervor.

(3) Steht ein Erhebungsteam zur Verfügung?
Diese Frage zielt auf die vorhandenen Kapazitäten ab. Ist der Analysierende auf sich allein gestellt, so stehen nur folgende Methoden zur Auswahl: die Auswertung des vorhandenen Materials, eine schriftliche Befragung, die Durchführung einiger Gruppeninterviews, die Beobachtung einiger weniger Episoden. Die Befragung einiger weniger „Insider" oder von „Key Persons", ist meist problematisch und erfordert die Abstützung durch weitere Erhebungen.

Bei genauerer Überlegung sind selbstverständlich eine ganze Reihe weiterer Randbedingungen zu berücksichtigen, wie z.B.: die Expertise des Analysierenden, Zeit und Kosten, die für die Untersuchung zur Verfügung stehen etc. In vielen Fällen werden aber die angeführten Kriterien ausreichen, um die grundlegenden Weichen zu stellen. Keine der drei Fragen nimmt auf die Analysefrage selbst Bezug. Sie kommt erst zum Tragen, wenn die nach diesem Entscheidungsbaum empfohlenen Vorgehensweisen der Analysefrage widersprechen sollten. Von diesem unwahrscheinlichen Fall abgesehen entfaltet die Analysefrage meist erst nach den Grundentscheidungen ihre Wirkung: bei der Operationalisierung, also der Übersetzung der zentralen Begriffe in Analyseoperationen. Dann kann man weiter gehen und themenspezifische Entscheidungen treffen. Ein Beispiel dafür bietet etwa Mintzberg (1973: 229), der einen Überblick über sieben Methoden zur Untersuchung der Tätigkeit von Managern bietet. Verfolgt man

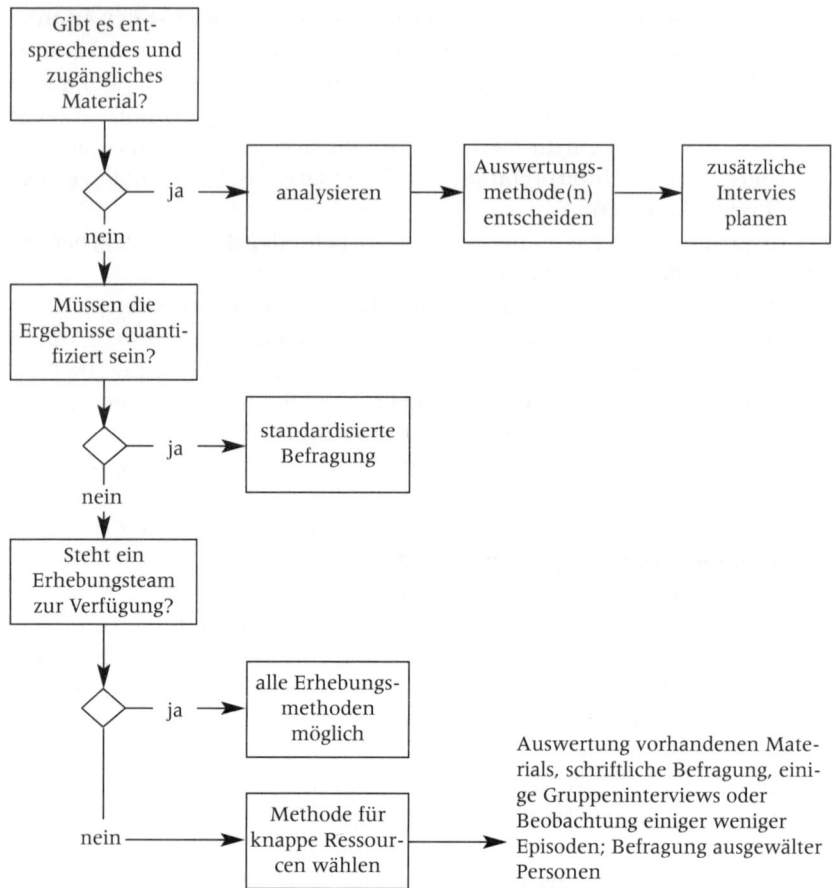

Abb. 19: Entscheidungsbaum für die Methodenwahl

seine damalige Situation an Hand unseres Entscheidungsbaums, so landet man im letzten Feld „Methode für knappe Ressourcen wählen". Tatsächlich hat Mintzberg, wie wir im Abschnitt über Beobachtung (6.4) noch im Detail darstellen werden, eine strukturierte Beobachtung der Tätigkeit von fünf Managern durchgeführt.

6 Erhebungsmethoden für Organisationsanalysen

Der folgende Abschnitt stellt die wesentlichsten Erhebungsmethoden und einige ihrer Varianten dar: Die Befragung einzelner Personen und Gruppen, Methoden zur Analyse von Kommunikations- und Beziehungsstrukturen, also Soziometrie und Netzwerkanalysen, die Beobachtung und die Grundzüge der Methoden, mit denen Dokumente und Texte als Material verwendet werden.

Mit dieser Darstellung wollen wir: einen Überblick geben, der es ermöglicht, die Besonderheiten jeder dieser Methoden und Verfahren verstehen zu können und abschätzen zu können, was bei ihrem Einsatz in Organisationen besonders zu berücksichtigen ist. Dieser Aspekt wird auch an Hand publizierter Studien illustriert. Weiterführende Hinweise geben Veröffentlichungen an, die noch konkrete Angaben zur Anwendung der jeweiligen Methode enthalten.

6.1 Befragungen

Die Einschätzung der Befragungsmethode schwankt zwischen den Etiketten „Königsweg der Sozialforschung" (von René König) und „Holzweg". Der Vielfalt der Meinungen entspricht die Vielfalt an unterschiedlichen Verfahren, Medien, Beteiligten, Instrumenten, Formen und Arten: Man kann mündlich oder schriftlich befragen; persönlich, telefonisch, postalisch oder elektronisch. Einzel- sind von Gruppeninterviews zu unterscheiden. Quer zu diesen Einteilungen liegt die Unterscheidung, ob in der Befragungssituation jemand aus dem Untersuchungsteam zur Unterstützung und Kontrolle anwesend ist oder ob die Befragung sozusagen in Eigenregie administriert wird. Die Befragung kann in sehr offener Form stattfinden, halbstandardisiert durchgeführt werden oder durchgängig vorgegebene Fragen und Antwortmöglichkeiten verwenden.[154] Dazu kommen noch fokussierte, narrative und problemzentrierte Interviews, Tiefeninterviews, Experten- und Beobachtungsinterviews etc.

Diese Bezeichnungen unterscheiden zum Teil eng verwandte Varianten, zum Teil machen die Unterschiede tatsächlich Unterschiede.[155] Das heißt,

---

[154] Eine Anleitung dafür bietet etwa das „How to" Dokument des ZUMA (siehe unten) von Peter Prüfer und Angelika Stiegler: Die Durchführung standardisierter Interviews: Ein Leitfaden; http://www.gesis.org/Publikationen/Berichte/ZUMA_ How_ to/Dokumente/pdf/How-to11ppas.pdf (05-11-07)

[155] Siehe dazu etwa auch die Aufstellung bei Cornelia Helfferich (2005), die unterschiedliche Formen qualitativer Interviews miteinander vergleicht.

dass ein und dieselbe Frage je nach gewählter Variante anders beantwortet wird und unterschiedliche Themen und Befragtengruppen unterschiedliche Vorgehensweisen nahe legen. – So müssen etwa Telefoninterviews kurz gehalten werden. Sie sind nicht für tiefer gehende Themen und nur bedingt für offene Fragen geeignet. Elektronisch befragt können nur Personen werden, die einen Computerzugang haben etc. – Zu jedem dieser Verfahren gibt es Spezialliteratur. Daher konzentrieren wir unsere Ausführungen auf einige für die Arbeit in Organisationen wichtige Aspekte.

Die Blumen in diesem Garten lassen sich kaum einordnen oder sortieren. Sie unterscheiden sich etwa nach theoretischer Grundposition und Zielsetzung des Einsatzes, nach dem Ausmaß an Erfahrung, das die Anwendung verlangt und nach den Zugangsmöglichkeiten zu den Befragten. Dem üppigen Wachstum auf akademischem Boden bzw. in Büchern steht in der freien Natur keineswegs eine entsprechende Artenvielfalt gegenüber.

Aus dem Jahresbericht 2005 des ADM geht hervor, dass mittlerweile drei Befragungsarten das Territorium beherrschen (siehe Tabelle 11).[156]

Tab. 11: Prozentanteile der Befragungsarten in den Jahren 1990–2005 (Quelle: ADM: Jahresbericht 2005)

Befragungsart	1990	1995	2000	2005
Persönliche Interviews	65	60	34	24
Telefoninterviews	22	30	41	45
Schriftliche Interviews	13	10	22	9
Online-Interviews			3	22

Diese Verteilung zeigt für unsere unmittelbaren Zwecke zunächst wenig, lässt aber einige allgemeine Folgerungen zu: Sieht man auf das, was nicht da ist, so kann man feststellen, dass die Tabelle nicht alle wichtigen Verfahren ausweist; zum Beispiel fehlen die in der Marktforschung wichtigen Interviews mit Fokusgruppen. Weiters kann man im Anschluss an diese

---

[156] Der Arbeitskreis Deutscher Markt- und Sozialforschungsinstitute e. V. (ADM) umfasst mittlerweile 61 Institute, die 80 % des Branchenumsatzes dieses deutschen Marktes auf sich vereinen. Dies geht, ebenso wie die Angaben der Tabelle aus dem Jahresbericht 2005, Seite 6, hervor. „Im Jahr 2005 führten die Mitgliedsinstitute des ADM zusammen fast dreizehn Millionen quantitative Interviews durch. Fast ein Viertel davon waren persönlich-mündliche Interviews, 45 Prozent telefonische Interviews." (Seite 8) http://www.adm-ev.de (05-11-07) – In dieser Tabelle sind Studien von Universitätsinstituten und anderen nicht-kommerziellen Organisationen nicht enthalten. Die Bezeichnungen weichen von sonstigen Verwendungen ab, da der Begriff Interview meist nur für mündliche Befragungsformen verwendet wird.

Verteilung Vermutungen darüber anstellen, wessen Meinung gefragt ist, wenn Auftraggeber Meinungen erfragen lassen. Wird der Internetzugang zum Kriterium für die Meinungsabgabe, so ähnelt das der Barriere, die durch den Zwang ausgelöst wird, eine Kreditkarte oder ein Bankkonto zu haben.[157]

Die fast schon industrielle Praxis der Befragung verweist darauf, dass die einschlägigen Institute eine Fülle an Erfahrung und nützlichen Hinweisen haben. Bei der Übertragung dieser Erfahrungen sollte man aus zumindest zwei Gründen vorsichtig sein: Diese Massenerhebungsverfahren erfordern ausgefeilte Techniken bei der Stichprobenauswahl und eine Fülle von Kontrolltechniken; weniger Bedeutung wird der Erhebungssituation beigemessen. Befragungen sind, so wird oft argumentiert, für die Befragten folgenlos; das gilt nicht für Organisationsanalysen.

Die in der Organisationsforschung eingesetzten Methoden sind aber auch nicht gerade durch eine statistisch wahrnehmbare Vielfalt ausgezeichnet. In diesem Feld überwiegt, wie vorher belegt wurde, die schriftliche Befragung deutlich; meist sogar nur diese. Das ist allerdings seltsam, da jede Fragebogenkonstruktion voraussetzt, dass man über die Befragten bzw. ihre Meinungen zum Untersuchungsthema ziemlich viel weiß. Wie will man denn Antwortvorgaben konstruieren, wenn man den Spielraum der wahrscheinlichen Antworten nicht kennt? Wie weiter unten noch ausgeführt wird, ist die Gefahr relativ groß, einen hohen Anteil an „weiß nicht" Antworten und sonstigen schwer interpretierbaren Angaben zu produzieren. Aber diese Argumente fallen ja nur ins Gewicht, wenn man mit den Ergebnissen einer schriftlichen Befragung möglichst genau die Ansichten der Befragten wiedergeben und analysieren will. In sehr vielen Fällen will man nur wissen, wie Befragte sich oder andere innerhalb eines Spektrums von vorgegebenen Möglichkeiten einstufen. Ein Beispiel dafür ist die oben dargestellte Abfrage der Einschätzung des Führungsstils: Mitarbeiter werden dazu aufgefordert, das Verhalten ihres Vorgesetzen an Hand einer Liste vorgegebener Kategorien einzustufen. Das birgt die Gefahr, an dem vorbei zu fragen, was die Betroffenen tatsächlich interessiert. Man erhebt, wie die Wasserreinheit und die Uferlandschaft beurteilt werden, dabei kommt es dem anderen vielleicht nur darauf an, ob man um diese Jahreszeit hier baden kann oder nicht.

Alle Arten und Formen der Befragung durchzieht ein Unterschied, der sich knapp in folgender Frage zusammenfassen lässt: Will man erfahren, wie die Befragten das beurteilen, was man ihnen vorgibt oder will man er-

---

[157] Das Thema Internetzugang und -nutzung behandelt unter Angabe von Zahlen aus verschiedenen Ländern der zitierte Artikel von Couper/Coutts (2004).

fahren, was die Befragten wie sehen, einschätzen und bewerten? Welche Ergebnisse will man: Angaben von Befragten zu dem, was man wissen will oder Informationen über die Sichtweisen der Befragten? Im ersten Fall ist das „Was" vorgegeben und die Fragen richten sich auf Häufigkeiten der Zustimmung oder Ablehnung. Im zweiten Fall ist das „Was" zwar durch das Befragungsthema eingeengt, sonst aber weitgehend offen gelassen; daher sind auch die Angaben nicht im Vorhinein nach Vorgaben sortierbar. Beide Vorgehensweisen haben ihre Vor- und Nachteile und damit auch unterschiedliche Einsatzmöglichkeiten. Die Konsequenzen der Entscheidung für die Vorgehensweise ziehen sich von der Wahl des Verfahrens und des Mediums über den Einsatz des Instruments bis hin zur Haltung des Interviewers oder dessen, der die Analyse durchführt. Ein Beispiel dafür bietet die gar nicht seltene Auffassung, die etwa Häder (2006) formuliert: Ein Kennzeichen von Interviews ist die asymmetrische Kommunikation, „da die Befragung letztlich nur durch den Interviewer gelenkt wird".

6.1.1 Besonderheiten von Befragungen

Alle Formen der Befragung sind sprachgebunden und verlangen, auch wenn sie Bildmaterial einschließen, in unterschiedlich anspruchsvollem Maß verbale Kommunikation.[158] Das reicht von freier Erzählung bis hin

---

[158] Das hat beispielsweise bei Untersuchungen eine besondere Bedeutung, die mit Befragten unterschiedlicher Sprachen und/oder Kulturen zu tun haben. So kann man etwa bei Studien in Grundschulen, Reinigungsfirmen, in der Tourismusbranche oder in bestimmten Sparten der IT-Industrie nicht davon ausgehen, dass ein deutschsprachiger Fragebogen oder ein in deutscher Sprache geführtes Interview für alle gut verständlich ist. Davon abgesehen, muss man die Anzahl funktionaler Analphabeten bedenken und überlegen, ob sie in der Befragtenstichprobe vertreten sind. Diese Ausgangsbedingungen sind in einer Vorphase zu überprüfen. Fallen sie zahlenmäßig ins Gewicht? Döbert/Hubertus (2000) stellen in einer Studie des deutschen „Bundesverbandes Alphabetisierung e.V." fest, dass die Annahme, 4 Millionen Menschen in Deutschland könnten nicht ausreichend lesen und schreiben, keine Überschätzung ist (Döbert/Hubertus 2000). Das Netzwerk „Alphabetisierung und Basisbildung" in Österreich geht auf Grund von UNESCO-Schätzungen davon aus, dass in Österreich zwischen 300.000 und 600.000 Erwachsene Probleme mit dem Lesen und Schreiben haben. http://www.alphabetisierung.at/index.php?id=161 (05-11-07)
Was unter Leseschwäche zu verstehen ist, wird allerdings jeweils unterschiedlich definiert. Hier darauf einzugehen würde zu weit führen. Die angegebenen Autoren führen dies genau aus. Eine Schweizer Untersuchung von Guggisberg et al. (2007) fasst den Begriff weiter und kommt zu dem Ergebnis: „Von der Bevölkerung im erwerbsfähigen Alter sind gemäss unserer verwendeten Definition knapp eine Million Personen von Leseschwäche betroffen (20%). Etwa zwei Drittel dieser Personen haben mindestens die Hälfte der Schulbildung in der Schweiz absolviert und etwas mehr als 60% geben an, dass die Testsprache ihre Muttersprache sei."

zum Lesen kurzer Sätze und Ankreuzen. Die Art der Kommunikation wird in der Erhebungssituation hervorgerufen. Sie ist zwar alltagsnahe, aber ohne Studie hätte sie so nicht stattgefunden. Insofern erhebt die Methode zeit- und situationsgebundene Daten; Meinungen zum Zeitpunkt der Befragung, in der Befragungssituation. Was die Inhalte anlangt, so ist sie eine der wenigen Erhebungsmethoden, mit der vergangene, gegenwärtige und Vorstellungen über zukünftige Ereignisse erhoben werden können. Auch innere Verhaltensweisen (Einstellungen, Gefühle) können erfragt werden – ein Vorteil, den wenige andere Methoden haben. Das ist ein zusätzlicher Grund, warum Befragungen verbreitet Anwendung finden.

Um auf Besonderheiten einer Befragung im Rahmen einer Organisationsanalyse zu kommen, ist es wichtig, sich einige Grundfragen dieser Erhebungsform vor Augen führen. So setzt die Frage, ob in Organisationsstudien mehr „gelogen" wird als sonst, eine allgemeine Überlegung voraus: Was meint man denn mit der Behauptung, Befragte würden nicht „die Wahrheit" sagen? Das ist ja einer der üblichen Vorbehalte gegen Befragungen.

Außer bei einfachen Faktenfragen („Wie lange arbeiten Sie schon in der Firma?") ist eine Abweichung von einer „wahren" Antwort kaum feststellbar. Aber auch wenn man in solchen Punkten eine Diskrepanz ortet, so ist das erst der Ausgangspunkt für die sehr viel wichtigere Frage nach der Bedeutung dieser Antwort für den Befragten als Angehöriger dieser Organisation in dieser Situation.

„Wahre" Antworten kann man erwarten, wenn Befragte zur Ansicht kommen, es sei vorteilhafter, die eigene Meinung zum Ausdruck zu bringen als sich an bestimmten erwünschten Antworten zu orientieren.[159]

---

[159] Genauer führt diese Überlegungen z.B. Hartmut Esser (1986) aus, der Befragtenverhalten mit Hilfe der „Wert-Erwartungs-Theorie" rationalen Handelns erklärt. In diesem Modell, das eines unter vielen für diese Zwecke möglichen ist, sind Alltagstheorien ein zentrales Element. Sie haben die Funktion, die Bewertung von Alternativen und Konsequenzen eigenen Handelns zu erleichtern. Der Artikel stellt ein Beispiel für die Art des Wissens dar, das nötig ist, will man eine Methode der Datensammlung bewusst, nicht nur mechanisch, einsetzen. In der Organisationsanalyse braucht man zusätzlich zu einer derartigen (oder einer ähnlichen) Modellvorstellung entweder Annahmen darüber, wie die organisatorischen Regeln die konkrete Situation beeinflussen und/oder man fasst die Antwortstile als Teil der Informationen auf, die man für die Erklärung organisatorischen Geschehens in der Analysephase heranzieht. – Kosten/Nutzen-Überlegungen (Kernelemente von Theorien rationalen Handelns) sind vor allem in der Vorphase wichtig, bei der Abwägung, ob man überhaupt an der Befragung (im Rahmen der Analyse) teilnehmen soll. Was heißt das konkret? Dass sich bei der Ankündigung einer Befragung immer die Frage stellt, was die Teilnehmerinnen und Teilnehmer von ihrer Mitwirkung haben, welche Anreize man geben kann und was man von ihnen erwartet. – Das ist ein Schlenker zu austauschtheoretischen Überlegungen. Anerkennungsgaben oder gar eine Abgeltung in Aussicht zu

"Unwahre" Antworten folgen sozial wirksamen Erwartungen und Regeln, die der persönlichen Ansicht zuwiderlaufen. Sie können also ebenfalls wichtige Informationen über dahinter liegende Strukturen bieten. Argumentiert jemand nach dem Muster des Satzes, von Ödön von Horváth „Eigentlich bin ich ja ganz anders, nur komm ich so selten dazu"[160], so mag für Psychologen interessant sein, wie er „eigentlich ist", für eine Organisationsanalyse ist dagegen interessant, was alles dazu drängt, sich in bestimmten Situationen in einer bestimmten Weise zu verhalten.

Die klassischen Schreckgespenster standardisierter Befragungen und Umfragen sind „fehlerhafte" Angaben der Befragten, der folgenden Kategorien: (a) „sozial erwünschte" Angaben, (b) das Durchziehen eines bestimmten Antwortstils, der mit dem Inhalt der Antwortvorgaben nicht zusammenhängt, also etwa die extremen oder die mittlere Antwortkategorie bevorzugt („response set") oder (c) eine „Ja-Sage-Tendenz" der Befragten und (d) „Meinungslosigkeit". Letzteres, die gehäufte Bevorzugung einer Restkategorie „sonstiges" oder „.k. A." der neutralen mittleren Kategorie bei den Antwortvorgaben ist ein besonderes Problem standardisierter Umfragen. Immer ist schwer zu entscheiden, worauf die Antworten zurückzuführen sind: Passen die vorgegebenen Kategorien nicht? Will der Befragte auf diese Frage keine Antwort geben oder hat er zu diesem Punkt tatsächlich keine Meinung? Ein Kürzel dafür lautet: „KAWENNE = Insasse/-in der Auswertungskategorien ‚Keine Antwort' (KA), ‚Weiß nicht' (WN), ‚Nicht einstufbar' (NE) von Fragebogenerhebungen in der empirischen Sozialforschung." Mit diesem sarkastischen Kürzel kritisiert Hoffmann (1983) die Praxis der Umfrageforschung, die diese Antworten als Ausdruck von Meinungslosigkeit zusammenzufassen. – Eine zu geringe Rücklaufquote gehört in eine andere Kategorie von Problemen, sie wird weiter unten behandelt.

Also was kann dazu führen, dass Befragte nicht ihre eigene Meinung wiedergeben? In den meisten Fällen sind dafür insbesondere drei Klassen von Faktoren verantwortlich:
- Unzulänglichkeiten des Instruments
  Darunter fallen etwa unklare, unverständliche oder verzerrende Fragen des Interviewers oder des Fragebogens. Auch Fragen, die für den Befragten nicht geeignet sind, weil sie seine Situation nicht treffen, führen zu falschen Antworten. Vorstudien sind eine Voraussetzung, um diesen Fallen ausweichen zu können. Fragebögen brauchen Interviews.

---

stellen, ist jedenfalls bei Organisationsstudien eine höchst fragwürdige Taktik. Warum? Weil man „incentives" nicht einsetzen kann, ohne sich dabei an den diesbezüglichen Gebräuchen der Organisation zu orientieren. Soll man anders oder ähnlich vorgehen? Keiner weiß, wie was in welcher Situation wirken wird.

[160] Aus: „Zur schönen Aussicht" (1926).

- Faktoren der Befragungssituation
Der Einfluss der Situation beginnt spätestens mit der Begründung für die Befragung. Damit wird die Befragung gerahmt, der Sinn, den sie aus Sicht der Organisation hat und die Absicht, die die Analysierenden damit verbinden, wird definiert. Dieser Schritt ist bei Organisationsstudien besonders wichtig. Fehlt ein Begleitschreiben der Organisation, so provoziert das viele Fragen, Antwortverweigerungen etc. Wenn nicht sehr gute Gründe dagegen sprechen, so sollte es auf den Wegen verbreitet werden, die dort üblich sind. Diese Anpassung ist wichtig, da für die Analyse Arbeitszeit aufgewendet wird, sie wird noch wichtiger, wenn das Thema für die Organisation Bedeutung hat bzw. die Analyse von ihr initiiert wurde. – Unter der Hand haben wir damit angenommen, dass derartige Befragungen immer in der Organisation stattfinden. Wechselt man die Umgebung, ist das nicht nur begründungspflichtig, sondern führt auch zu Unterschieden im Antwortverhalten. Die Frage nach der Arbeitszufriedenheit wird beispielsweise zu Hause anders beantwortet als im Büro. – Allerdings aktiviert eine Erhebung vor Ort bei den Befragten auch die oben erwähnten organisationseigenen Antwortmuster.

Von dieser Ausgangslage abgesehen, spielen besonders das Verhalten des Interviewers und die Anwesenheit Dritter immer eine störende Rolle.[161] Lässt man Unbeteiligte zum Interview zu, so ist das ein Fehler. Dass der Interviewer die Antworten beeinflusst ist unvermeidlich. Diese Erkenntnis ist aus den Studien übertragbar, die den „Versuchsleitereffekt" experimentell nachgewiesen haben: Es gibt keine Beobachtung ohne Beeinflussung durch den Beobachter. Was kann man tun, um diese Effekte abzuschwächen? Erstens kann man zwischen Konzeption und Datensammlung trennen, d.h. jene, die die Studie planen, gehen nicht auch interviewen. Diese Maßnahme schwächt die Wahrscheinlichkeit ab, dass bei den Befragungen vor allem die Antworten gehört und/oder forciert werden, die man den Annahmen zufolge erwartet.[162] Zweitens kann man die Anzahl der Interviews beschränken, um auf diese Weise das selektive Hören einzuschränken. Drittens kann man nach einer gewissen Anzahl von Interviews eine Art Debriefing durchführen, d.h. mit Kolle-

---

[161] Also ist immer die Frage, wen man wo befragen kann, wer ein Einzelzimmer hat, welchen persönlichen Raum etwa Großraumbüros lassen etc. Bei dieser Erkundung kann man eine Reihe von Beobachtungen über die architektonische Struktur machen und Überlegungen über deren Auswirkungen anstellen. Damit ist man bei der Beobachtung von Artefakten, die ebenfalls die Datensammlung durch mündliche Befragung ergänzen kann.

[162] Hinter dieser Empfehlung steckt die Annahme, dass für die durch die Erwartungen des Interviewers hervorgerufenen Effekte dessen Identifikation mit den grundlegenden Hypothesen verantwortlich ist.

ginnen oder Kollegen die Interviews durchgehen. Diese Reflexion kann beide Störeffekte (selektive Wahrnehmung, Steuerung durch Erwartungen) reduzieren helfen. Der Einfluss des Interviewers kann schädlich (verzerrend) sein oder – etwa durch Zusatzfragen – eine klärende Funktion haben. Aber bei den Verfahren, die keinerlei Kontrolle der Erhebungssituation zulassen, weiß man nicht einmal, wer die Antworten gegeben hat. Das trifft etwa für schriftliche Befragungen zu, die den Fragebogen postalisch oder elektronisch versenden.

Nicht zuletzt ist hier die Einschätzung der Situation durch die Befragten anzuführen. Man kann davon ausgehen, dass sie mehr oder weniger ausgefeilte Überlegungen anstellen, welche Vorteile es bringt, ein „guter" Befragter zu sein oder welche Antworten Anerkennung bringen oder negative Konsequenzen haben könnten. Die vermutete Folgenlastigkeit wird Ausmaß und Ausgang dieser Denkübung bestimmen. Ist das Thema der Analyse entsprechend aufgeladen, so werden diese Überlegungen in den einzelnen Organisationseinheiten diskutiert oder auf Gängen und in der Kantine ausgetauscht.

- Merkmale der Befragten

Häufig werden persönliche Faktoren zur Erklärung von Antwortmustern herangezogen. So wird beispielsweise die erwähnte „Ja-Sager-Tendenz" meist auf eine schwach ausgeprägte Kontrollüberzeugung des Befragten zurückgeführt.[163] Diese Erklärung ist, wie schon vorher festgestellt, weder bei der Anlage oder Durchführung noch bei der Auswertung von Organisationsstudien nützlich. Einfach deshalb, weil Personen als Organisationsmitglieder befragt werden.

Anders sieht es daher aus, wenn man organisationsbezogene Attribute der Befragten heranzieht. Unter diesem Aspekt stellt sich die Frage, ob man damit rechnen kann, dass je nach organisationsbezogenen Merkmalen bestimmte Antwortmuster zu erwarten sind oder für bestimmte Positionen bestimmte Themen besonders geeignet sind. Auch wenn man keine guten theoretischen Annahmen darüber hat, sollte man diese Gesichtspunkte spätestens bei der Auswertung berücksichtigen.

Ein Beispiel für den ersten Fall ist, um an die Attributionsforschung anzuschließen, die bereits erwähnte Tendenz: Mit zunehmender Positions-

---

[163] Der Begriff „Kontrollüberzeugung" stammt aus dem Bereich der Attributionsforschung. Von schwach ausgeprägtem Kontrollbewusstsein wird gesprochen, wenn jemand die Gründe für eigenes Verhalten und die Konsequenzen daraus nicht bei sich, sondern außerhalb sucht. Psychologische Dimensionen haben aber nur bei ganz speziellen Fragestellungen in Organisationsanalysen ihre Berechtigung. Außerdem können Ja-Sager-Tendenzen nicht nur mit der Disposition, also Verhaltensbereitschaft, des Befragten erklärt werden, sondern auch auf das Instrument der Befragung zurückgeführt werden. Darauf kommen wir unten zurück.

höhe tendieren Befragte dazu, Fehler bei Personen zu suchen, nicht bei Strukturen. Ein Beispiel für die themenbezogene Bedeutung von Positionen: Topmanager haben bei der Interpretation einschneidender organisatorischer Ereignisse einen besonderen Stellenwert. Das ist zu berücksichtigen, wenn man organisatorische Episoden oder kritische Situationen untersucht. Ebenso wie die Annahme, dass jene, die erst nach den untersuchten Ereignissen in die Organisation eingetreten sind, die autorisierte Auffassung wiedergeben, weil sie diese von anderen gelernt haben. Diese beiden Annahmen sind in der Studie von Lynn Isabella wesentliche Kriterien für die Auswahl der Interviewpartner (Isabella 1990). Wir gehen weiter unten genauer darauf ein.

Diese drei Faktorenbündel (Instrument – Situation – Rolle des Befragten) sollte man also bei Befragungen in Organisationen berücksichtigen, bevor sie einen in der Phase der Datenanalyse einholen. Sie werden eher in theoretischen Debatten und Forschungsprojekten über Methoden diskutiert, als in angewandten Organisationsanalysen. Diese Faktoren haben aber eine konkrete Bedeutung für das Zustandekommen und die Qualität der Ergebnisse.

Auf einer völlig anderen Ebene liegt ein letzter Aspekt, der bedacht werden sollte: Fragen ist nicht belanglos. Jede organisationsinterne Befragung hat auch eine organisationspolitische Bedeutung: Weil man die Leute einbezieht und sie nach ihrer Meinung fragt, statt nur Ergebnisse von außen zu berücksichtigen, wie etwa Gutachten oder Beratermeinungen. Insofern sind Befragungen auch eine zweischneidige Maßnahme, da diese Beteiligung durch Abfragen auch entweder eine gewisse Verpflichtung nach sich zieht, mit den Ergebnissen etwas zu machen, oder aber Enttäuschungen zur Folge hat. Ein zweites Argument ist, dass diese Maßnahme eventuell Unbeteiligte zu Betroffenen macht, wie Niklas Luhmann gesagt hätte. Ob diese Argumente im konkreten Fall schwer wiegen oder nicht, hängt u.a. davon ab, wer die Analyse initiiert hat, wie brisant das Thema für welche Personengruppen und/oder die Organisation ist. Wie auch immer, spätestens in dem Schreiben zur Ankündigung der Befragung muss dazu Stellung genommen werden.

6.1.2 Mündliche Interviews

Von den unterschiedlichen Formen mündlicher Befragung gehen wir hier nur auf jene ein, die in einer face-to-face Situation abläuft. Das telefonische Interview ist zwar der Verbreitung nach wichtiger, hat in der Organisationsforschung nur eine untergeordnete Bedeutung; dort dient es, wenn überhaupt eingesetzt, vorwiegend zur Präzisierung von Themen, die in der Haupterhebung noch offen oder unklar geblieben sind. Eine andere Variante, Gruppeninterviews oder -diskussionen, behandeln wir in Abschnitt 2.2.

Was unterscheidet die mündliche Befragung von vielen anderen Erhebungsverfahren? Die Interviewerin oder der Interviewer ist direkt mit der Person konfrontiert, die um Informationen gebeten wird. In der konkreten Situation und für die Ergebnisse sind zunächst zwei Gesichtspunkte wichtig:[164] Erstens ist das der Moment, in dem einmal mehr das „impression management" wichtig wird, zweitens steht die Person des Fragenden zur Disposition. Man tritt anderen leibhaftig gegenüber, muss die eigene Rolle erklären, mit eventuellen Gegenfragen umgehen, die Beziehung regulieren etc. Das heißt, man hat alle Hände voll zu tun, die Situation zu steuern und muss sich trotzdem auf die Inhalte konzentrieren: auf das was man fragt, das was als Antwort kommt, was man darauf hin fragt oder nachfragt usw.

Ein Vorteil und Reiz der mündlichen Befragung liegt darin, dass die Konstellation einer alltäglichen Gesprächssituation nahe kommen kann. Je mehr dies passiert, desto eher werden von Befragten im Interview auch Alltagsstrategien mobilisiert werden. Die Vermutung liegt nahe, dass in einer Befragung jene Antwortstrategien zur Anwendung kommen, die die Akteure in der Organisation gelernt haben bzw. die Gesprächstaktiken praktizieren, die in dieser Organisation Außenstehenden gegenüber üblich sind. Man kann annehmen, dass die organisatorischen Normen die Befragten etwas davon entlasten, aufwändige Kosten/Nutzen-Überlegungen anzustellen, da sie Reaktionsmuster zur Verfügung stellen.

Die Ähnlichkeit mit Alltagssituationen wird etwas abgeschwächt, wenn man das Interview mit Tonband aufnimmt. Das ist in fast allen Fällen sinnvoll.[165] Die Aufnahme mit Tonband muss ganz zu Beginn des Interviews erklärt werden, das Einverständnis dazu muss man erfragen und das Tonbandgerät sollte klein sein, aber sichtbar aufgestellt werden. Dieses Arrangement aktiviert die Fragen nach dem vertraulichen Umgang, den man glaublich zusagen, aber nicht beteuern sollte. Sehr selten lehnen unserer Erfahrung nach Befragte eine Aufnahme des Gesprächs mit Tonband ab, meistens wird das Gerät schon bald über weite Strecken vergessen. Die zweite knifflige Situation tritt ein, wenn während des Gesprächs ein Satz fällt, der so oder so ähnlich lautet: „Also, ja, das kann ich Ihnen, das könnt

---

[164] Das gilt auch für schriftliche Befragungen, bei denen die Fragebögen direkt übergeben und nicht übersandt werden.

[165] Aus dem nachfolgenden Beispiel, wie auch aus anderen, die wir zitieren, wird ersichtlich, warum Tonbandaufnahmen für die Analyse und Auswertung so wichtig sind: Weil man für die Auswertung wörtliche Interviewpassagen braucht, die sehr genau übertragen werden.

ich Ihnen schon erklären, aber ahem, no ja, dazu müssten Sie schon das Band abstellen. So was kann man nur, das werden Sie ja verstehen, sozusagen nur ‚off records' erzählen." Unser Rat lautet: Lehnen Sie solche Angebote freundlich ab und führen Sie das Gespräch weiter. – Das lässt sich mit der Behauptung begründen, dass jeder Versuch, den Interviewer scheinbar ins Vertrauen zu ziehen, als Taktik des Befragten zu sehen ist, den Interviewer in eine bestimmte Richtung, in seine, zu steuern. Außerdem sind geheime Mitteilungen keine inhaltlich interessanten Stücke, die das Puzzle Organisationsanalyse sinnvoll ergänzen. – Eine Ausnahme davon ist nur sinnvoll, wenn man die Bedeutung und Funktion von Gerüchten in Organisationen untersucht.[166]

Selbstverständlich wird der Ausgang der Befragung, von einem Beziehungsdreieck beeinflusst, das zwischen, vereinfacht gesagt, Interviewer/Befragtem/Organisation besteht und dessen Gleichgewicht durch das Thema mitbestimmt wird. Die möglichen Konsequenzen folgender Konstellationen kann man sich leicht ausmalen: Was wird passieren, wenn man als der, der die Organisation analysiert und dabei von der Organisationsleitung unterstützt wird, auf jemanden trifft, der der Organisation (oder ihrer Führung) skeptisch gegenübersteht? Was wird passieren, wenn z.B. die „Auskunftsperson" der Organisation gegenüber sehr positiv eingestellt ist?[167] Was wird passieren, wenn ein Interviewter die Studie als Be-

---

[166] Wie etwa in dem nachfolgenden Beispiel von Lynn Isabella. Da das Thema für viele attraktiv klingt, sei folgender Hinweis gegeben: Das Thema „Gerüchte" ist in der Forschung unterbelichtet, weil viele der Auffassung sind, es sei seriöser Forschung nicht würdig. Andere sind der Meinung, die Analyse von Gerüchten decke wichtige Aspekte der sozialen Organisation von Arbeit auf. Es wird auch angenommen, dass Gerüchte soziale Prozesse sind, die Funktion haben, die Organisation zu schützen; daher gehören sie auch zum Organisationsleben. Unter diesem Gesichtspunkt werden Gerüchte ungerechtfertigterweise in der Organisationsanalyse vermieden. Eine Zusammenstellung unterschiedlicher Auffassungen findet sich in dem Artikel von Noon/Delbridge (1993).

[167] In diesem Fall könnte man, um an die obigen Ausführungen und an das in der Befragungsliteratur vertraute Vokabular anzuschließen, annehmen, dass die Antworten „sozialer Erwünschtheit" folgen werden. Das kann man als „Verzerrung" betrachten oder als Information zu nutzen versuchen, die auf organisatorische Normen und Regeln hinweist, die beim Thema der Analyse oder bei derartigen Studien gelten. Eine andere Perspektive gewinnt man mit der Sicht von Goffman (2007: 217) über Selbstdarstellung im Alltag: In Organisationen findet häufig eine Trennung statt „in einen Hintergrund, auf dem die Darstellung einer Rolle vorbereitet wird, und einen Vordergrund, auf dem die Ausführung stattfindet. Der Zugang zu diesen Regionen wird unter Kontrolle gehalten, um das Publikum daran zu hindern, hinter die Bühne zu schauen, und um Außenseiter davon fernzuhalten, eine Aufführung zu besuchen, die nicht für sie bestimmt ist. Innerhalb des Ensembles herrscht Vertraulichkeit, entwickelt sich zumeist Solidarität, und Geheimnisse, die das Schauspiel verraten könnten, werden gemeinsam gehütet".

drohung ansieht, weil er vor einem möglichen Karrieresprung steht und angesichts des Themas fürchtet, die Ergebnisse könnten die Aufstiegskriterien verändern? Die möglichen Beziehungskonstellationen könnte man jetzt durchdeklinieren, der Schluss ist jedenfalls, dass die Relation zwischen dem Befragten und der Organisation die Mikrosituation des Interviews (oder auch des Fragebogenausfüllens) und damit auch die Ergebnisse beeinflussen wird. Die konkrete Erhebungssituation wird diese Grundkonstellation nicht aushebeln. Daher sollten Interviewer auch der Versuchung widerstehen, sich anzubiedern, sich klein zu machen, großspurig aufzutreten, mit dem Befragten einen unausgesprochen Pakt zu schließen oder sich von der Organisationsleitung oder dem Erhebungsinstrument zu distanzieren. Wichtig ist in diesem Fall, sich vorher ein angemessen erscheinendes Auftreten zu überlegen. Das „impression management" muss zur Organisation, zu den Untersuchungszielen und zum Thema passen und sollte keine Verkleidung sein. – Da haben wir wieder einmal einen Grund, vor der Begegnung mit anderen einige Annahmen aufzustellen, statt die Situation einfach an sich herankommen zu lassen.

Mündliche Interviews werden oft mit unstandardisierten, offenen Interviews gleichgesetzt, wie sie für qualitative Untersuchungen typisch oder sogar ein Muss sind. Aber das stimmt so nicht. Der zentrale Unterschied ist, wie schon oben festgestellt, ob man die Interpretationen und Realitätssicht bzw. -konstruktionen der Gesprächspartner herausbekommen will oder ob man Grade an Zustimmung oder Ablehnung zu vorgegebenen Ansichten einholt.

Das folgende Beispiel zeigt, wie im Rahmen einer Organisationsstudie mündliche Interviews konkret eingesetzt werden können, welche Arbeitsschritte damit verbunden sind und welchen Aufwand dies bedeutet. Die Untersuchung will Sichtweisen und Sinnkonstruktionen erheben und erreicht das vorwiegend mit halbstrukturierten mündlichen Interviews.[168]

Beispiel 7: Datensammlung bei einer interpretativen Fallstudie

Isabella, Lynn A., 1990: Evolving Interpretations as a Change Unfolds: How Managers Construe Key Organizational Events, Academy of Management Journal, 33(1): 7–41.

Wir verzichten an dieser Stelle auf die Wiedergabe des theoretischen Ausgangspunkts der Studie und auf deren inhaltliche Fundierung, son-

---

[168] Die Lektüre des Artikels empfiehlt sich auch deshalb, weil er zeigt, welche Arbeiten in dieser Art von Zeitschrift geschätzt werden. Der Artikel von Isabella wurde mit dem Best Article Award ausgezeichnet. Das AMJ hat mittlerweile eine irritierende Ablehnungsrate von 90%.

dern konzentrieren uns auf die Planung, Durchführung und Auswertung der Interviews.

Die Studie wurde in den USA, in einer mittelgroßen Finanzdienstleitungsgesellschaft durchgeführt und ist dem Themenkomplex „organisatorischer Wandel" zuzuordnen.

Die Forschungsfragen lauteten: „(1) How do managers construe events over time? and (2) How are those viewpoints linked to the process of change?" (Isabella 1990: 10)

Diese Zielsetzung erfordert eine Befragung, macht schriftliche Varianten fast unmöglich, legt also nahe, Interviews durchzuführen. Der Ablauf lässt sich folgendermaßen zusammenfassen:

- Zunächst wurden vier Manager, einer auf jeder organisatorischen Ebene, in Pilotinterviews gebeten, Ereignisse zu benennen, die ihrer Meinung nach in den letzten fünf Jahren für die Organisation einschneidend waren. Daraus wurden die fünf Ereignisse ausgewählt, die in diesen Vorinterviews von allen genannt wurden. Das waren: (1) die Übernahme des Unternehmens durch ein internationales Großunternehmen; (2) der Eintritt eines neuen Präsidenten, der von außen gekommen ist; (3) ein organisationsweites Qualitätsverbesserungsprogramm; (4) die Übersiedlung der Zentrale; (5) die Divisionalisierung der Organisation nach geographischen Regionen. Diese fünf Ereignisse wurden jedem Befragten bei der nachfolgenden Datensammlung vorgelegt. Damit sollte ein einheitlicher Ausgangsreiz geschaffen werden, um unterschiedliche Interpretationen vergleichen zu können.
- Nach den Vorinterviews wurden 40 Manager ausgewählt. Sie repräsentierten vier verschiedene organisatorische Ebenen. Da Topmanager, so die Annahme, eine Schlüsselrolle bei der Interpretation des Geschehens haben, war die Teilnahme aller 11 Mitglieder der Spitze wichtig. Für die mittlere und untere Managementebene wurde eine Zufallsauswahl getroffen; Kriterien waren: unterschiedliches Organisationsalter und unterschiedliche Funktionsbereiche. – Die Verteilung der Befragten wird in dem Artikel genau angeführt.
- Mit jedem Manager wurden zwei halbstrukturierte Interviews geführt. Jedes dieser 1,5 Stunden dauernden Gespräche wurde mit Tonband aufgenommen und wörtlich transkribiert. – Das waren die Rohdaten, um die Sichtweisen der Manager zu verstehen.
- Im ersten Interview wurden Daten über die Karriere, die Erfahrungen und die Sichtweise der in der Firma wirksamen Werte und Vorstellungen gesammelt.

Beispiele aus dem Interviewleitfaden des ersten Interviews, das drei Themen hatte (S. 40 f.):
Current Job: "Tell me a little about yourself. What is your present position in this company? What are your major responsibilities? How long have you held those positions? ..."
Career history: "Tell me about how you got to be doing this. How did you get started in this profession/job? What has prepared you for this job? (prior positions, educational background) ..."
Organizational values and beliefs: "Tell me about what this organization is like. What are its values, from your point of view? What is important to this company? How do you know this is important to the company? ..."

- Das zweite Interview konzentrierte sich auf die in den Vorinterviews herausgeschälten Schlüsselereignisse. Die fünf Ereignisse wurden in chronologischer Folge vorgegeben und die Manager wurden gebeten, sie der Wichtigkeit nach zu reihen und möglichst detailliert darüber zu erzählen.
In den Interviews wurden für alle fünf Ereignisse die gleichen 26 Fragen wiederholt, wie z.B.:
"Questions were as follows: Tell me about the (specific event) from your point of view – What happened before, during or after the event occurred?
Before the event –
Help me to understand what it was like to be in the organization at that time. Do you recall any incidents or events that preceded the (specific event)? Can you describe those events? ...
When the event occurred –
When the (specific event) happened, what do you recall about that time? How were you informed? Did most people hear that way? ...
Now that the event has occurred –
After some time has passed, what did you recall most?
What incidents or events do you recall? ...
Thinking back over your remarks –
Anything else of importance you'd like to add?
Anything that we didn't talk about that appears relevant?"
Bei diesen Fragen wurde nach Beispielen und nach genauen Details gefragt, um zu verstehen, warum das für den Befragten wichtig war: „Was heißt das genauer? Welche Gerüchte haben Sie da gehört? Wo und von wem?" „Können Sie mir dafür ein Beispiel geben, dass Leute ihren Job verloren haben?" (Seite 12)

- Während der Datensammlung wurde begonnen, aus den erzählten Ereignissen, aus spezifischen Details und anderen Informationen erste Kategorien zu entwickeln. Das geschah auch in Besprechungen mit Kollegen. Diese Kategorien dienten dazu, das Material zu ordnen. Nach der Beendigung der Datensammlung wurde jede Beschreibung systematisch darauf hin überprüft, ob die Daten zu diesen Kategorien passen. Im Laufe dieser Arbeit wurden die Kategorien umformuliert, neue hinzugefügt, alte gestrichen. Die Tabelle gibt einige Beispiele für die Kodierung und deren Veränderung wieder (siehe Seite 14):

Tab. 12: Kodier-Beispiele aus der Studie von Isabella (1990)

vorläufige Kodierung	Beispiel	endgültige Kategorie
Similar details noted	Stock prices rising before acquisition	Information tidbits
	Furniture arrangements in new building	Changes made and experienced
Recollections	We used to be able to smoke and drink at our desk	Old versus new

Um diese Arbeit leisten zu können, wurde jedes Transkript genau durchgearbeitet und kodiert. Wörtliche Passagen, die den Kern der Aussagen jedes einzelnen repräsentierten, wurden auf eigenen Seiten herausgeschrieben. Es wurden etwa 200 derartige Exzerpte angelegt.
– Ein weiteres Kodierbeispiel wird unten (siehe 7.6) beschrieben, bei der Zusammenfassung der Studie von Ron et al. (2006).

- Um die Genauigkeit der Kodierung zu überprüfen, wurde ein zusätzlicher Kodierer eingesetzt, der die Forschungsziele nicht kannte. Er wurde in das Kodierschema eingeführt und gebeten, 25 zufällig ausgewählte Exzerpte zu kategorisieren. – 24 davon wurden genauso kodiert, wie von der Autorin. Nach Abschluss der Kodierung wurden alle Interviewausschnitte zeitlich geordnet, d.h. in die Reihenfolge gebracht, die der zeitlichen Abfolge der erzählten Ereignisse entsprach. Ein Beispiel für einen Interviewausschnitt:

„We heard that our two sister organizations had successfully gone through this program and I just assumed we would get the same result." (S. 19)

Um den Prozess analysieren zu können, braucht man zeitliche Zusammenhänge: So konnte festgestellt werden, wie die Manager die fünf Episoden miteinander verbinden, wie sie die Übergänge interpretieren und wie sich die Ereignisse entwickelt haben. – Der Artikel bringt auf Seite 32 eine Abbildung, die diese Zusammenhänge darstellt. Sie sind zu komplex, um an dieser Stelle zusammengefasst werden zu können.

6.1.3 Schriftliche Befragung

Die Verbreitung der schriftlichen Befragung im Bereich der Organisationsstudien ist aus mehreren Gründen verständlich: Nur so erreicht man eine große Anzahl – eventuell dislozierter – Personen in absehbarer Zeit und kann quantifizierte Ergebnisse vorlegen. Damit ist auch ein ökonomisches Argument angesprochen: schriftliche Befragungen sind sehr oft die billigste und schnellste Methode, um an Daten zu kommen. Das vorher gebrachte Beispiel wird, was den Aufwand anlangt, auf viele eher eine abschreckende Wirkung haben.[169] Nicht zuletzt spricht für die schriftliche Befragung, dass sie eine der wenigen Methoden ist, die man aus Büchern lernen kann und die auch ohne vorherige Erfahrung mit empirischen Studien zu Ergebnissen führt.[170]

Auf einer ganz anderen Ebene liegt ein Vorteil, der die latente Funktion dieses Vorgehens anspricht: schriftlich auszufüllende Fragebogen sind ein gutes Mittel, um die Angst der Forscher vor den Untersuchungspersonen abzuwehren.[171]

Wie auch immer man argumentiert, im Zweifelsfall ist die schriftliche Befragung das Mittel der Wahl. Dementsprechend häufig sind auch Artikel und Bücher über diese Vorgehensweise. – Auf einige weisen wir am Ende dieses Abschnitts hin.

Im Mittelpunkt dieses Verfahrens steht natürlich das eingesetzte Instrument. Wir zählen hier einige der Themen auf, die für jede Fragebogenkonstruktion wichtig sind:[172]

- In der Phase der Konzeption müssen die Begriffe und das Forschungsziel geklärt werden, sowie das Generalthema der Untersuchung festgelegt werden: Geht es um Einstellungsmessung oder stehen Fragen nach eigenem oder fremdem Verhalten im Mittelpunkt? Und nicht zuletzt ist zu überlegen, inwieweit der Fragebogen und die eventuell enthaltenen

---

[169] Etwas verringert würde der Aufwand durch den Einsatz von „QDA-Software", also von Programmpaketen zur Qualitativen Daten-Analyse. Angaben über entsprechende Literatur zu diesem Thema enthalten die weiterführenden Hinweise beim Thema Dokumenten- und Textanalyse (6.5). Bei der Suche im Internet sollte man auch das Akronym CAQDAS verwenden („Computer Assisted Qualitative Data Analysis").

[170] Und wenn der Fragebogen noch so mager ist, man bekommt mit großer Wahrscheinlichkeit Ergebnisse, die man in Tabellen darstellen kann. Da zeigt sich eine besondere Analysestrategie, die sich nach Helmuth Thoma (einer der Gründer des TV-Senders RTL), mit dem Motto charakterisieren lässt: „Im Seichten kann man nicht ertrinken."

[171] Dieses Argument von Georges Devereux (s.o.) kann man gut verstehen, wenn man sich einen relativ unerfahrenen Interviewer vorstellt, der den Inhaber einer einflussreichen Position befragen soll und eingeübte Routinen des Gesprächspartners überwinden muss, um zu Informationen zu kommen. In solchen Situationen ist alles nützlich, was man zwischen sich und den anderen schieben kann: Fragebögen, andere Erhebungsinstrumente oder Formulare, wie sie z.B. Berater bei Klienten einsetzen.

[172] Genaueres dazu bietet der Artikel von Kreutz/Titscher (1974), aus dem diese Gliederung stammt.

Instrumente (etwa Tests, Polaritätsprofile[173] etc.) auf Besonderheiten der Population in welcher Form eingehen müssen. Um diese Informationen zu bekommen, muss man mündliche Interviews führen.
In diesen Abschnitt fällt auch die Entscheidung, wer den Fragebogen beeinflussen kann und darf. Man kann nicht erwarten, dass eine Befragung in einer Organisation ohne Kontrolle oder Überwachung ablaufen kann. Das ist verständlich, es schließen sich an dieses Faktum nur zwei Überlegungen an: Inwieweit beeinträchtigen Vorgaben oder Einwände seitens der Organisation die Datensammlung? In welchem Ausmaß werden diese Episoden selbst zu Informationen über mikropolitische Aspekte der Organisation gemacht?

- Die Reihenfolge der Fragen beinhaltet Entscheidungen über die Stellung heikler und persönlicher Fragen. Daten zur Person, um ein Beispiel dafür zu nennen, sollten nicht an das Ende des Fragebogens gestellt werden. –Viele blättern den Bogen zunächst von hinten nach vorne durch, um zu sehen, was da auf sie zukommt. Stehen Fragen zur möglichen Identifikation der Person erst am Ende, so empfinden das die meisten als Versuch, sie zu hintergehen. Aber auch wenn die Reihenfolge brav eingehalten wird, so wirken persönlich Fragen am Ende meist wie ein Überfall. – Um die Reihenfolge zu komponieren, sollte man die Verlaufskurve der Antwortbereitschaft überlegen und dem entsprechend Themenwechsel vorsehen. Es gibt eine Reihe von Ergebnissen darüber, wie man Sachverhalte rekonstruieren kann und wie Listenfragen oder Fragebatterien anzuwenden sind. Eine spezielle Form, die aus dem Arsenal der Meinungsforschung stammt, ist das „Trichtern" von

---

[173] Das Polaritätsprofil ist ein Instrument, mit dem man die Bedeutung eines Objekts oder eines Begriffs herauszubekommen versucht. Dies geschieht mit Hilfe von Gegensatzpaaren, die Befragten mit dem Ersuchen vorgegeben werden, auf einem Kontinuum (beispielsweise zwischen 1 und 6) anzukreuzen, welche der Merkmale (etwa „starr" … „beweglich", „kalt" … „warm") in welchem Ausmaß für den Begriff zutreffen. Ein derartiges Instrument umfasst mehrere Gegensatzpaare. Es differenziert also Befragte nach dem semantischen Gehalt, den sie mit dem vorgegebenen Begriff (Kultur; Lernen, Freizeit …) oder Objekt (Auto, Kölner Dom, Black Paintings …) verbinden. Daher wird dieses Instrument auch als „semantisches Differential" bezeichnet. Es wurde 1957 von C. Osgood, G. J. Succi und P.H. Tannenbaum publiziert („The Measurement of Meaning") und wird beispielsweise in der Marktforschung häufig eingesetzt. Die Konstruktion eines Polaritätsprofils setzt voraus, dass man die Dimensionen des zu untersuchenden Begriffs identifiziert und diese mit entsprechenden Assoziationen (Begriffspaaren) beschreibt; dies erfordert, setzt man nicht ein bereits getestetes Profil ein, immer einen Pretest.
Die Semantik, Bedeutungslehre, untersucht die Beziehung zwischen Zeichen (Worten, Symbolen etc.) und ihrer Bedeutung. Sie ist ein Teilgebiet der Semiotik, der Theorie der Zeichen.

Fragen. Es sieht eine fünfstufige Abfolge bestimmter Fragen zur Einstellungsmessung vor.

Die Technik des „Trichterns" (funnelling) wurde von G. Gallup entwickelt und 1947 publiziert. Sie ist vor allem für Fragen nach Einstellungen gedacht, geht von einer allgemeinen Wissensfrage aus, um den Hintergrund des Befragten zu beleuchten, und führt dann über drei weitere Fragen hin zur Frage nach der Intensität der Einstellung. Hier ein Beispiel:

(1) Wie sind, Ihrem Wissen nach, die Berufschancen von Akademikern? (offene Wissensfrage)
(2) Sollten Hochschulen in Sachen Berufschancen etwas tun? (offene Einstellungsfrage)
(3) Manche sagen, die Hochschulen sollten stärker auf die konkrete Praxis achten. Manche finden, dass die Hochschulen eher breiter ausbilden sollten. Welche Ansicht vertreten Sie in diesem Punkt? (spezifische Einstellungsfrage)
(4) Warum meinen Sie das? (offene Frage nach Gründen)
(5) Wie sehr vertreten Sie diese Ansicht? Sind Sie sich da sehr sicher, sicher, unsicher oder sehr unsicher? (geschlossene Frage nach der Intensität, mit der die Ansicht vertreten wird)

Die Überlegungen zur Anordnung der Fragen sollen u.a. unerwünschte Wirkungen, wie etwa den „Halo-Effekt" unterbinden, also vermeiden, dass eine Frage ausstrahlt, d.h. die Beantwortung der nächsten in unerwünschtem Ausmaß beeinflusst. Allerdings sind Überlegungen zur Reihenfolge bei Fragebögen von fragwürdiger Wirkung, wenn Befragte oder sich bei der Beantwortung nicht an diese Reihenfolge halten, sondern durch den Fragebogen zappen.

- Bei der Formulierung von Fragen sind Frageformen und Probleme bei der Formulierung zu überlegen. Das schließt auch die Abfassung der Antwortvorgaben ein, die ja ein wesentlicher Teil der Frage sind. Und dazu gehören etwa Überlegungen über die Anzahl der Vorgaben, die Anzahl und Art der Abstufungen.[174] Das führt wieder zurück zu den Begriffsdefinitionen, da man spätestens bei den Antwortvorgaben merkt

---

[174] Anschauliche Beispiele dafür, wie Anzahl und Formulierung der Antwortkategorien die Urteile beeinflussen, bringt etwa Gerd Gigerenzer (2002: 260–266). Er berichtet etwa von Untersuchungen, bei denen Befragten zwei verschiedene Skalen zur Einschätzung ihrer täglichen Fernsehdauer vorgelegt wurden. Die Antworten variierten stark nach dem Maßstab der Antwortskalen. – Der Kategorie-Effekt ist dann besonders ausgeprägt, wenn die Befragten sich ihrer Antworten nicht ganz sicher sind. Das ist sehr oft der Fall, wird aber bei Meinungsumfragen, unserer Erfahrung nach, selten berücksichtigt.
Praktische Hinweise zur Formulierung von Fragen enthält etwa das „How to" Dokument des ZUMA (siehe unten) von Rolf Porst: Question Wording – Zur Formulierung von Fragebogen-Fragen; http://www.gesis.org/Publikationen/Berichte/ZUMA_How_to/Dokumente/pdf/how-to2rp.pdf (05-11-07)

oder entscheiden muss, bei welchen Fragen (Variablen) man welches Messniveau anlegen will oder kann. Und diese Entscheidung hängt wiederum von den Auswertungsabsichten ab.[175] Daher ist die Formulierung der Frage (die Übersetzung der Variable) und die Fassung der Antwortvorgaben (der Merkmalsausprägungen) quasi das Scharnier zwischen den begrifflichen Konzeptionen und den statistischen Auswertungen. Das zeigt sich auch daran, dass die verwendeten Begriffe dem Sprachgebrauch entsprechen sollen, der in der Organisation üblich ist (siehe dazu die Ausführungen in Begriffsklärung 5.1.2). Auch das ist eine Vorklärung, die in Pilotinterviews mit Personen zu leisten ist, die der Population entsprechen, die später den Fragebogen ausfüllen sollen. Danach wird der eingesetzte Fragebogen üblicherweise von einer Stelle in der Organisation geprüft. Das ist dann der Moment, in dem mikropolitische Überlegungen zum Tragen kommen.

- Die Funktionen von Fragen unterscheidet solche, die inhaltliche Informationen erbringen sollen von anderen, wie z.B. Filterfragen, die eine technische Funktion haben (je nach Antworten oder Gruppenzugehörigkeit leiten sie die Befragten durch den Bogen). Eine ganze Reihe von Fragen haben eine psychologische Funktion (Einleitungs- oder „Eisbrecherfragen", Pufferfragen etc.). – Kehren wir an dieser Stelle kurz zu mündlichen Interviews zurück: Unterschiede zu alltäglichen Gesprächssituationen ergeben sich daraus, dass einige Fragearten nur dort vorkommen. Beispiele dafür sind rhetorische Fragen, die keine Antwort einfordern. Suggestivfragen, die an sich auch keine oder nur eine bestimmte Antwort zulassen, sind in Alltagssituationen üblich, bei Befragungen zu vermeiden.
- Abschließend soll der Fragebogen überprüft werden. Das geschieht meist in Vorerhebungen, die etwa nach der Methode des „split ballot" vorgehen, also „gegabelte" Fragebogenversionen einsetzen, die z.B. hinsichtlich der Reihenfolge der Fragen oder der Antwortvorgaben differieren und Grundlage für die Entscheidung über das Format des endgültigen Fragebogens sind.

---

[175] So müsste etwa bei standardisierten Befragungen, in denen man testähnliche Frageformen (Fragenserien bzw. Listen von Behauptungssätzen mit gleich gehaltenen Antwortvorgaben) verwendet, eine Itemselektion und -analyse durchgeführt werden. – Vielen sind diese Frageformen von Multiple-Choice-Test bei der Fahrprüfung oder an der Hochschule her in, meist unangenehmer, Erinnerung. – Wie dabei vorzugehen ist, hängt von den Auswertungsabsichten ab. Einen Überblick über diese Aspekte der Fragebogenkonstruktion bietet etwa das Buch von Bortz/Döring (2002: 212–222).

Das sieht, trotz der gerafften Darstellung, wahrscheinlich sehr arbeitsintensiv aus. Das ist die Herstellung eines Fragebogens auch. Selbst ein kurzer, etwa zwei Seiten umfassender Fragebogen braucht die Arbeit einiger Wochen. Aber das hängt selbstverständlich sehr von der Erfahrung mit dieser Art von Instrument ab, von dem Wissen über das Thema und über die zu Befragenden. Die manchmal gewählte Abkürzung, fertige Fragebogenteile in einer anderen Befragung einzusetzen, ist immer gut zu überlegen, da jede Frage, jede Fragensammlung (Fragen mit einheitlichem Vorgabenformat) in jedem Umfeld anders wirkt. Allerdings sind bewährte Instrumente selbst gebastelten und ungeprüften Fragensammlungen vorzuziehen.

Andererseits muss man bedenken, dass schriftliche Befragungen den Arbeitsaufwand verschieben: Die Hauptarbeit liegt bei der Konzeption und Vorbereitung der Studie und bei der Konstruktion des Instruments. Die Datenerhebung bringt relativ wenige Herausforderungen mit sich. Der Aufwand für die Auswertung hängt von einigen Faktoren ab, wie etwa: von der Anzahl der Fragebögen und ihrer Form, von der Anzahl offener Fragen und natürlich vom Anspruch, den man erfüllen will oder soll und von der Erfahrung, die man mitbringt. Aber im Vergleich zu interpretativen Studien ist der Arbeitseinsatz in dieser Phase überschaubarer. Da helfen auch die entsprechenden Programmpakete, wie etwa das SPSS (Statistical Package for the Social Sciences), die weit mehr bieten als man üblicherweise brauchen kann.

6.1.4 Internet-Umfragen in Organisationen

Eine Sonderform schriftlicher Befragung ist die Umfrage über Internet (E-Mail oder Web). Sie wird wahrscheinlich an Bedeutung zunehmen, wenn die Vorteile, die die Technik bietet, genutzt werden und die Nachteile überwunden werden können. Einige Schwächen der schriftlichen Befragung treffen auch für diese Variante zu, wie etwa der Verlust der Informationen, die nonverbale Signale vermitteln.[176]

Der größte Vorzug liegt sicherlich darin, dass Internet-Befragungen noch billiger als potsalische Befragungen sind und schneller zu Ergebnissen führen können; auch durch die direkte Eingabe in eine Datenbank. Nebenef-

---

[176] Dieses Argument wird auch in den Diskussionen über die Vor- und Nachteile virtueller Teams immer wieder genannt. Studien über die Wirksamkeit dieser Arbeitsform kommen zu dem Schluss, dass die Nachteile groß sind und sich daher die Teammitglieder hie und da persönlich treffen sollten. Siehe dazu Titscher/Stamm (2006b). Der Begriff „Umfragen" in der Überschrift ist bewusst gewählt und deutet darauf hin, dass solche Feinheiten bei dieser Art von Datensammlung nicht wesentlich sind.

fekte sind, dass dieses Medium erlaubt, Fragen mit interaktiven Erläuterungen zu hinterlegen und Verzweigungsfragen zu automatisieren. Außerdem kann man die Befragung so programmieren, dass unvollständige Beantwortung zur Erinnerung führt, dass Fragen ausgelassen wurden. Alle diese möglichen Vorteile können die Qualität der Beantwortung und die Rücklaufquote beeinflussen. Über die weiß man wenig. Genauer gesagt, die Erfahrungsberichte von Untersuchungen führen zu stark voneinander abweichenden Ergebnissen. In dem Buch von Häder (2006) werden Rücklaufquoten zwischen 5% und 75% berichtet. Eine andere Qualität von Befragung ermöglicht das Medium dadurch, dass es die Chance bietet, den Befragten ein ihren Antworten angepasstes Feedback zurückzuspielen.

Genaueres hat eine Untersuchung herauszufinden versucht, die die Artikel von vier Jahrgängen amerikanischer Journals analysierte: Bei E-Mail-Befragungen nützt eine Erinnerung, sie führt dazu, dass um 10% mehr Personen den Fragebogen beantworten. Außerdem spielt bei dieser Befragungsform die Wichtigkeit des Themas eine große Rolle: Ist das Befragungsthema wenig bedeutend, dann rasselt die Antwortbereitschaft hinunter. Bei sonstigen schriftlichen Befragungen hat die Wichtigkeit des Themas keinen so großen Einfluss. Deshalb, so meinen Roth/BeVier (1998), gilt die Regel: „Bore people in person, but not in the mail."[177]

Die technische Organisation einer Befragung über Internet kann so ablaufen, dass ein E-Mail mit den Fragen als Teil der Mitteilung ausgesandt wird, oder der Fragebogen als Attachment mitgeschickt wird. Für Umfragen in Organisationen sind wahrscheinlich andere Varianten sinnvoller und weiter verbreitet: ein E-Mail mit einer URL im Mitteilungstext, die zu einer Webseite mit den Fragen führt bzw. ein „HTML-E-Mail". Die Ausnutzung der technischen Möglichkeiten hängt selbstverständlich von den technischen Kenntnissen derer ab, die die Umfrage organisieren und von der Mitarbeit der IT-Administratoren der Organisation.[178]

---

[177] Genaueres zur Studie: „Articles from four journals were selected for analysis. The authors chose to sample articles from Personnel Psychology (PP), Journal of Applied Psychology (JAP), Human Relations (HR), Group & Organization Management (GOM), Public Personnel Management (PPM), and Journal of Business & Psychology (JBP). These journals were selected because they publish primarily HRM/OB articles and represented both first- and second-tier publications. All of the articles using surveys from 1990 to Fall 1994 volumes were included in the analysis." (Roth/BeVier 1998: 104) – Wir gehen nicht genauer auf die Studie ein, weil die Rücklaufquote nur ein Aspekt des Antwortverhaltens ist. Die Qualität der Beantwortung oder andere Aspekte wurden nicht untersucht.

[178] Der kurze Artikel von Lauterbach (2004) informiert über Möglichkeiten, wie mit dem Thema Anonymität umgegangen werden kann und über einige technische Aspekte der Onlineforschung, wie etwa: Unterschiede zwischen HTML-Fragebögen und E-Mails im „Nur-Text"-Format, Fragebogengestaltung, Projektablauf.

Elektronische Umfragen in Organisationen können prinzipiell nur jene erreichen, die einen Internetzugang haben und dieses Medium auch nutzen. In den meisten Fällen wird das ein hoher Prozentsatz derer sein, die man befragen will. Aber die meist nicht ausgedrückte Einschränkung ist, dass man nur Schreibtischarbeiter erreicht und davon wahrscheinlich nur jene, die ihre elektronische Post selbst bearbeiten. Jedenfalls nicht geeignet ist dieses Verfahren für alle anderen, also z.b. den Großteil der Mitarbeiter in der Produktion, Verkaufspersonal im Handel oder viele Mitarbeiter im Tourismusgewerbe.

Ein weiterer Nachteil ist jedenfalls, dass die Vertraulichkeit nicht garantiert werden kann. Jeder weiß: Wenn sie meine E-Mail-Adresse kennen, dann kennen sie auch mich und können auch meine Antworten identifizieren. Verschlüsselungen (über persönliche Identifikationsnummern oder Passwörter) machen wieder einige andere Vorteile zunichte, da das Verfahren damit langsamer und aufwändiger wird. Der Überblicksartikel von Simsek/Veiga (2001) ist speziell auf Umfragen in Organisationen zugeschnitten und führt diese Argumente etwas genauer aus. Er enthält auch eine Reihe von Empfehlungen, wie mit Problemen (geringe Rücklaufquote, fehlende Angaben über Grundgesamtheiten etc.) umgegangen werden kann. Eines der Themen, die man sehr früh angehen sollte, wenn man eine elektronische Umfrage plant, ist die Sicherstellung der Anonymität. Auf welchen Wegen dieses Problem zu lösen ist, hängt von den Sicherheitsbestimmungen der Organisation ab, von der Thematik und der speziellen Umfragesituation.

6.1.5 Besonderheiten bei Befragungen in Organisationen

Die Überschrift soll darauf hinweisen, dass jede Befragung von Personen in Organisationen Daten über Sichtweisen erhebt, die in der „inneren Umwelt" der Organisation existieren. Diese Auffassung ergibt sich aus den theoretischen Annahmen in Kapitel 1: Organisationen bestehen nicht aus Personen. Was folgt daraus für dieses Thema? Dass man mit Befragungen allein nicht „die Organisation" analysieren kann bzw. die Befragungsergebnisse nur als Material auffassen sollte, in dem Indizien zu finden sind, die Schlüsse auf Elemente der Organisation zulassen. So kann man, um direkt beim Thema zu bleiben, versuchen, aus den Antwortmustern auf Normen und Regeln oder Merkmale der Organisationskultur zu schließen. Die Antworten geben Sichtweisen wieder, eine Ebene dahinter oder darüber kann man auf die Bedingungen kommen, die diese Antworten generieren. Und aus den Antworten kann man auch wieder schließen, welche Reaktionen auf die Bedingungen die Strukturen bestärken. Allerdings gilt: Je strukturierter das Vorgehen bei der Erhebung, desto mehr werden organisationseigene Strukturen überdeckt.

Bei allen Befragungen, die im Rahmen von Organisationsanalysen durchgeführt werden, stehen nicht Personen im Vordergrund, sondern Mitglieder der Organisation(en), die man analysiert. Als Konsequenz dieser Behauptung kann man davon ausgehen, dass Befragte mit ihren Antworten immer gut durch die (schriftliche oder mündliche) Befragungssituation kommen wollen und zugleich immer auch „der Organisation" etwas sagen wollen. – Auch, oder besonders dann, wenn sie die Antworten verweigern. – Daher wird sich das Antwortverhalten nicht nur am Gegenüber (Interviewer oder Fragebogen) orientieren, sondern, wie schon oben festgestellt, auch von der Einstellung zur Organisation bestimmt werden.[179] Weiters kommen Überlegungen hinzu, welche möglichen Vor- und Nachteile welche Antworten in der Organisation bringen können und welche Art der Beteiligung erwartet wird. Die Vermutung wäre völlig blauäugig, Antworten in Organisationsanalysen würden nicht vorwiegend taktisch bestimmt. Nur ganz unwichtige Datensammlungen bleiben von mikropolitischen Aspekten unberührt.

Die alltagsähnlichen mündlichen Interviews sind im Rahmen einer Organisationsanalyse als Gesprächssituationen zu sehen, in denen jene Bewertungen und Bewältigungsstrategien aktiviert werden, die die Befragten für derartige Situationen im Organisationsalltag als angemessen ansehen.[180] Möglicherweise wird der Antwortstil im Laufe des Interviews geändert, wenn der Befragte die Situation anders einschätzt. Dann ist die Abweichung/Veränderung eine Gelegenheit, Informationen über den Or-

---

[179] In einer einfacheren, sprich direkteren Weise, zeigt sich dies im Antwortverhalten bei schriftlichen Umfragen in Organisationen: Wie der Titel der Untersuchung von Spitzmüller et al. (2006) „If you treat me right, I reciprocate" schon andeutet, gibt es gehäufte Antwortverweigerungen bei jenen, die der Organisation skeptisch oder negativ gegenüber stehen. Ein anderes Beispiel: In einer Analyse des österreichischen Außenministeriums zeigte sich, dass in der schriftlichen Befragung aller Bediensteten die Zufriedenheit der einzelnen Bedienstetengruppen mit der Studie ziemlich genau dem Ausmaß der jeweiligen Arbeitszufriedenheit entsprach. Im Rahmen der Studie von Titscher/Wille-Römer (1992) wurden u.a. 148 mündliche Interviews durchgeführt und 900 Mitarbeiterinnen und Mitarbeiter schriftlich befragt.

[180] Ähnlichkeiten mit Prüfungssituationen dürften gegeben sein: Die Studentin/der Student kommt zu einer mündlichen Prüfung und hat bestimmte Vorstellungen und Strategien, wie sie/er durch die Situation kommt, also bei der Prüfung durchkommt. Um diese Interaktionsstrategie entwerfen zu können, gehen viele entweder vorher zuhören, um sich auf den Prüfer-/Prüferinnenstil einstellen zu können, andere gehen mit der Erwartung zur Prüfung, dass sie so ablaufen wird, wie in diesem Fach üblich.

ganisationsalltag bzw. die dort geltenden Regeln, zu bekommen. Dies drückt sich meist durch angesprochene Nebenthemen oder einen Wechsel im Gespräch aus: im Tonfall, in der Länge der Antworten, im Stil, wie etwa durch Rückfragen oder Suche nach Zustimmung.

Man kann annehmen, dass der Einfluss der Organisation auf die Antworten von Befragten u.a. von folgenden Faktoren abhängen wird: der Dauer ihrer Mitgliedschaft in der Organisation, der Häufigkeit des Wechsels der Arbeitsumgebung (innerhalb der Organisation), der Stärke der Kohäsion in der aktuellen Organisationseinheit und der Abhängigkeit der Befragten von der Organisation, von der hierarchischen Position und/oder dem Arbeitsfeld.[181] Wird der Druck der Organisation größer, so bedeutet das, dass das Gewicht der Erwartungs-Erwartungen zunimmt: Es kommen jene Strategien mehr zum Vorschein, die man sich für die Bewältigung von Alltagssituationen in dieser Organisation erarbeitet hat. Die Antworten werden taktisch ausgerichtet und orientieren sich mehr an den Erwartungen, von denen man glaubt, dass sie den Erwartungen der Organisation bzw. der Vorgesetzten entsprechen.[182] Dazu kommen noch einige andere Charakteristika der Organisation, die als Merkmale der Organisationskultur angesehen werden können, wie etwa ihr Ausmaß an Leistungsorientierung, die Vergütungsphilosophie etc.[183] Alle diese Einflüsse sind einerseits vor der Befragung zu bedenken, andererseits sind sie ein Ergebnis der Analyse. Also sollte man sie nicht als Störfaktoren behandeln.

In allen hierarchisch gegliederten Organisationen kann man annehmen, dass die formale Position eine Bedeutung hat. Das Antwortverhalten kann dies beispielsweise in folgender Art beeinflussen: Je nach Thema können rangniedrige oder höhere Mitarbeiterinnen und Mitarbeiter überfragt werden: erstere, wenn man sie etwa nach Inhalten der Personalpolitik befragt, zweitere, wenn man sie nach der Sichtweise unterer Ebenen fragt. – Fragen danach kann man schon stellen, dann sollten sie aber mit der Absicht ge-

---

[181] Zu berücksichtigen ist allerdings, dass diese Faktoren einander überlappen. Außerdem werden die Zusammenhänge nicht linear sein, d.h.: Man kann nicht annehmen, dass beispielsweise mit zunehmender Dauer der Mitgliedschaft die Angepasstheit größer wird – und daher die Antworten bei Befragungen zunehmend erwartungskonformer ausfallen. Wahrscheinlicher ist, dass sich dieses Merkmal mit dem Ausmaß der Abhängigkeit kreuzt und ab einem gewissen Arbeitsalter die erzieherische Wirkung der Organisation abnimmt bzw. der Grad an Unabhängigkeit zunimmt. Also ist ein umgekehrt u-förmiger Verlauf wahrscheinlich.

[182] Das wird beispielsweise für alle zutreffen, die sich eine „planbare und dauerhafte Karriere in einer großen Organisation" wünschen. Das sind etwa 40% der jungen Absolventinnen und Absolventen der Wirtschaftsuniversität Wien. Siehe dazu die einschlägige Karrierestudie von Mayrhofer et al. (2005).

[183] Genaueres und einen Überblick bietet der Handbuchartikel von Mayrhofer/Meyer (2004).

stellt werden, z.B. das Maß an Kenntnis der Sichtweisen anderer zu erfahren; das müsste bei der Formulierung berücksichtigt werden. – Ein anderes Beispiel: Die bereits erwähnte Unterscheidung von „espoused theories" und „theories in use" heißt in diesem Zusammenhang, dass in höheren Positionen aller Voraussicht nach vor allem Deklarationen zu hören sind. Daraus ergeben sich verschiedene Befragungsmöglichkeiten: Entweder man fragt nach, um, etwa an Hand konkreter Beispiele, zu tatsächlich handlungsleitenden Ansichten vorzudringen. Man kann auch daran interessiert sein, die deklarierten Äußerungen festzuhalten und mit getroffenen Entscheidungen zu vergleichen.[184] Um diese Informationen zu bekommen, kann man etwa die Befragten in zwei Gruppen teilen und mit teils unterschiedlichen Fragen konfrontieren; was sinnvoll ist, wenn man vermutet, dass bei deklamatorischen Äußerungen Nachfragen nur zu Rechtfertigungen führen würden. Man könnte aber auch versuchen, die Äußerungen in Interviews mit Protokollen über die Umsetzung von Entscheidungen oder ähnlichem Material zu kontrastieren. Welches konkrete Design auch immer man wählt, man muss sich entscheiden, ob man mit der offiziellen Linie mitschwimmt oder ob man versucht, hinter diese Fassade zu schauen.

All das sind Faktoren, die zu den oben aufgezählten Einflüssen des Instruments, der Interviewer etc. hinzukommen und den Alltag von Organisationsanalysen spannend machen. Befragungen im Rahmen von Organisationsanalysen sind weit davon entfernt, den Wunschvorstellungen von Befragungssituation zu entsprechen: Man kann nicht damit rechnen, dass die Situationsinteressen der Befragten gering sind, sie der Datensammlung relativ gleichgültig gegenüber stehen. Man muss annehmen, dass die Befragten nicht davon ausgehen, ihre Antworten würden nicht sichtbar werden. Es gibt mit hoher Wahrscheinlichkeit organisationseigene Muster, wie man auf derartige Situationen reagiert oder zu reagieren hat.

So wie man allgemeine sozialpsychologische Theorien sucht, die Verzerrungseffekte der Interview- oder Befragungssituation erklären können, braucht man für Organisationsanalysen entsprechende Annahmen, um „Verzerrungen" als Antwortstile orten und erklären zu können. Wie kommt man zu diesen? Zunächst durch Suche in der Fachliteratur über Organisationen. Dann durch eigene Beobachtungen und Überlegungen. Bei der Besprechung des Analysekreislaufs haben wir festgestellt: Man müsste bedenken, welche Antworten auf jede der gestellten Fragen zu erwarten sind. Damit trifft man spezifische Annahmen über das Feld der Analyse. Das ist auch ein gutes Prüfverfahren: Hat man die Fragen für ein

---

[184] Das ergibt sich aus der Feststellung in Kapitel 1, dass man Entscheidungen als die zentralen Elemente von Organisationen ansehen kann.

Interview oder eine schriftliche Befragung zusammengestellt, so empfiehlt sich, zu überlegen, welche Antwort man von welchen Organisationsmitgliedern auf die zentralen Fragen wahrscheinlich bekommen wird. – Als Nebeneffekt fällt eine Vereinfachung des Instrumentariums ab: Alle Fragen, bei denen einem nichts einfällt, kann man streichen.

Was bedeuten diese Überlegungen für Befragungen in Organisationen? Zunächst, dass man sich entscheiden muss, ob man diesen Gedanken etwas abgewinnen kann oder ob sie für die konkrete Studie uninteressant sind oder zu arbeitsintensive Folgen haben. – Hat man etwa den Auftrag, die Arbeitszufriedenheit zu messen und dem Auftraggeber zu rapportieren, so wird man diesen Ideen völlig zu Recht wenig abgewinnen. – Wenn man sich mit diesen Überlegungen befasst, so gibt es sechs Punkte im Prozess, an denen entsprechende Entscheidungen zu treffen sind:

- In den Erstgesprächen und bei der Probeerhebung sollte man auch versuchen herauszubekommen, inwieweit welche organisationsspezifischen Faktoren das Befragtenverhalten deutlich beeinflussen könnten.
- Bei der Auswahl der Befragten besteht eventuell die Möglichkeit, die Stichprobe nach diesen Gesichtspunkten zu schichten, also Befragte (auch) danach zu unterscheiden, welchem Ausmaß an Situationsdruck sie ausgesetzt sind. Um das abschätzen zu können, muss man die entsprechenden Informationen in den Vorgesprächen und -erhebungen gesammelt haben und/oder in der Analyse berücksichtigen. Berücksichtigt man diese Aspekte erst in der Auswertung, so müssen die Folgeinterviews darauf eingehen oder man muss eine Nachfrageaktion durchführen. Davon abgesehen muss diese Differenzierung nach Antwortstilen zum Thema der Analyse passen.
- Bei der Konstruktion des Erhebungsinstruments, beim Interviewleitfaden und/oder bei der Konstruktion des Fragebogens gilt, dass mit zunehmender Strukturierung die Wahrscheinlichkeit steigt, dass Befragte im Zweifelsfall situationsadäquate oder neutrale Antworten geben. Strukturierung bedeutet eine Einschränkung der Auswahl-, in unserem Falle, der Antwortmöglichkeiten. Eine forcierte Auswahl wird dazu führen, dass man nicht die eigene Meinung durchzusetzen versucht, sondern in Unverbindlichkeit flüchtet oder Antworten gibt, von denen man erwartet, sie entsprächen den Erwartungen.[185]

---

[185] Ein Beispiel aus einem ganz anderen Bereich kann einen Nachteil der Standardisierung nochmals deutlich machen und erklären, an welchen Stellen und wozu offene Fragen gut sind: Wie kann das Massenmedium Film, so fragt Michael Ondaatje (2005: 46), unterschiedliche individuelle Reaktionen hervorrufen? Walter Murch, ein hervorragender Cutter, antwortet ihm: „Wie kann das passieren? Es liegt daran, daß der Film an den richtigen Stellen mehrdeutig ist und etwas aus dem Betrachter herausholt, was aus der eigenen Erfahrung kommt."

- In der Erhebungssituation kann man bei mündlichen Interviews leichter Informationen über die Situation sammeln, wenn zwei Interviewer anwesend sind und eine entsprechende Rollenaufteilung besteht, also einer mehr Gewicht auf die Beobachtung der Situation legt und eventuell im Anschluss an den „inhaltlichen" Teil Fragen zur Gesprächssituation stellt. Das ist aber ein sehr aufwändiges Verfahren, das noch dazu erfordert, dass man gut aufeinander eingespielt ist.
- Generell sollte man bei Organisationsanalysen die Fragen auf die Organisation beziehen und auf die individuelle Sicht organisatorischer Ereignisse abstellen, weniger die „private" Meinung nachfragen.
- Im Erhebungsprozess kann versucht werden, die Befragungsdaten durch den Einsatz zusätzlicher Erhebungsmethoden zu kontrollieren und zu ergänzen. Ein Beispiel dafür wäre etwa die erwähnte Beobachtung während der Interviews durch einen zusätzlichen Interviewer. Die Kontrolle von Befragungsdaten durch andere Datenquellen kommt in der nichtwissenschaftlichen Feldforschung relativ selten vor. Das ist verständlich. Was macht man denn, wenn man im Nachhinein größere Abweichungen feststellt? Das würde in den meisten Fällen nur den Argumentationsaufwand erhöhen.
- Bei der Auswertung können die Einflüsse der Organisation auf das Antwortverhalten dann berücksichtigt werden, wenn man zumindest einige (unabhängige) Variable als Kandidaten für die Erklärung derartiger Phänomene erfragt hat. Dann beginnt die Suche danach, ob sich die Antworten der Befragten je nach Ausprägung dieser Kontextvariablen unterscheiden.

Weiterführende Hinweise

Es wird immer wieder hervorgehoben, eine besondere Attraktivität der mündlichen Befragung sei ihre Verwandtschaft mit alltäglichen Gesprächssituationen. Trotzdem ist auch diese Methode nicht aus dem Stand anwendbar. Eine Interviewerschulung ist also nützlich, meist notwendig. Daraus folgt auch, dass kein Buch Leser dazu befähigt, eine gute Interviewerin oder ein guter Interviewer zu werden.

Das folgende Buch listet auf, welche Fähigkeiten und Kompetenzen für Interviewer nützlich und notwendig sind. Besonders detailliert behandelt die Autorin die Interviewsituation. Das Buch enthält viele Beispiele für die Gestaltung von Interviewsituationen und für die Planung mündlicher Befragungen:

Helfferich, Cornelia, 2005: Die Qualität qualitativer Daten. Manual für die Durchführung qualitativer Daten, 2. Aufl., Wiesbaden: Verlag für Sozialwissenschaften.

Einen Überblick über die verschiedenen Befragungsvarianten vermittelt z.B. das bereits mehrfach erwähnte Einführungsbuch von Diekmann:

> Diekmann, Andreas, 2007: Empirische Sozialforschung. Grundlagen, Methoden, Anwendungen, 18. Aufl., Reinbek: Rowohlt: 501–547.

Insbesondere schriftliche Befragungen und die Umfrageforschung behandelt Häder in seinem Einführungsbuch:

> Häder, Michael, 2006: Empirische Sozialforschung. Eine Einführung, Wiesbaden: Verlag für Sozialwissenschaft: 185–296.

Wie eine Befragungsstudie konzipiert und statistisch ausgewertet werden kann, führt das Buch von Schöneck/Voß (2005) Schritt für Schritt an einem Beispiel vor, an einer für Deutschland repräsentativen Befragung zur Zeitwahrnehmung. Es enthält auf einer beigefügten CD auch Daten aus der Studie und eine 193 Seiten umfassende Einführung in die Arbeit mit SPSS:

> Schöneck, Nadine M./Voß, Werner, 2005: Das Forschungsprojekt. Planung, Durchführung und Auswertung einer quantitativen Studie, Wiesbaden: Verlag für Sozialwissenschaften.

Einen Überblick über verschiedene Formen „qualitativer" Interviews gibt der Artikel von Hopf 2007):

> Hopf, Christel, 2007: Qualitative Interviews – ein Überblick, in: Flick, U./Kardorff, E. v./Steinke, I. (Hg.): Qualitative Forschung. Ein Handbuch, 5. Edition, Reinbek: Rowohlt: 349–360.

Eine Sammlung klassischer und nach wie vor lesenswerter Texte über Interviews enthält das von René König (1965) herausgegebene Buch.

> König, René (Hg.), 1965: Das Interview. Formen – Technik – Auswertung, 4. Edition, Köln: Kiepenheuer & Witsch.

Eine wichtige Adresse im Internet ist das „Zentrum für Umfragen, Methoden und Analysen (ZUMA)" in Mannheim; http://www.gesis.org/ZUMA/index.htm (05-11-07).

> Die Selbstdarstellung auf der Webseite gibt Auskunft über die Leistungen: Das ZUMA „berät die Sozialforschung bei der Anlage, Durchführung und Auswertung sozialwissenschaftlicher Untersuchungen, führt eigene Untersuchungen durch, erleichtert den Zugang zu amtlichen Daten und beobachtet und analysiert die gesellschaftliche Entwicklung mit sozialen Indikatoren. ZUMA führt auch eigene Forschungen durch mit dem Ziel, die methodischen und technischen Grundlagen der sozialwissenschaftlichen Forschung zu verbessern."

Die in diesem Zusammenhang nützlichen Angebote sind etwa eine Dokumentenvorlage für das Layout von Fragebögen von Michael Schneid, http://www.gesis.org/Publikationen/Berichte/ZUMA_Arbeitsberichte/95/95_01abs.htm (05-11-07) oder auch eine Schriftenreihe, in der spezielle Themen der Umfrageforschung praxisnah beschrieben werden: http://www.gesis.org/Publikationen/Berichte/ZUMA_How_to/index.htm (05-11-07)

Viele Personen haben – wenigstens in den Industrieländern – heute relativ unkomplizierten Zugang zum Internet. Vor diesem Hintergrund hat sich in den letzten Jahren, wie wir bereits festgestellt haben, eine neue Form der schriftlichen Befragung verbreitet: der Online-Fragebogen. Die Befragten füllen den Fragebogen direkt im Web aus und die Daten werden normalerweise automatisch in eine für andere Software-Pakete wie Excel oder SPSS lesbare Form gebracht. Vorteile dieses Verfahrens sind Vereinfachung der Administration des Fragebogens und Wegfallen der manuellen Dateneingabe. Probleme oder Gefahren bestehen in der Möglichkeit des Datenverlusts bei technischen Problemen und manchmal auftretende Schwierigkeiten bei der „Zugangskontrolle", d.h. wer den Fragebogen tatsächlich ausfüllt. Die folgenden Adressen verweisen auf – meist kommerzielle – Anbieter von Online-Fragebögen.

- Von Studierenden für Studierende: www.oeh-wu.at/umfrage (05-11-07)
- Typische Beispiele für spezialisierte Anbieter auf auch für Studierende leistbarem Niveau:
  - www.askallo.de (05-11-07)
  - www.2ask.at (05-11-07)
  - www.bestquestions.com (05-11-07)
  - www.onlineumfragen.com (05-11-07)

Einen Überblick über verschiedene Anbieter von Online-Umfragen bietet www.online-fragebogen.com/4/fragebogen-software-marktforschung.html (05-11-07)

6.2 Gruppeninterviews und -diskussionen

Die Vorgehensweise, gleichzeitig mehrere Personen zu befragen, mag ökonomischer erscheinen, weil man in kürzerer Zeit mehr Befragte „schafft", mehrere auf einmal interviewen kann. Das ist nicht so, weil derartige Befragungen in der Vorbereitung, Durchführung, Dokumentation und Auswertung wesentlich aufwändiger sind. Außerdem erfordern sie andere Befragungstechniken und zusätzliche Qualifikationen bei der Auswertung. Es handelt sich hier also um eine Form der Datenerhebung, die nicht für Anfänger geeignet ist und Erfahrungen mit Befragungs- und Beobachtungssituationen erfordert. Die Anforderungen steigen mit zunehmender Größe der Gruppe.[186]

In der einschlägigen Forschung und in der Markt- und Meinungsforschung werden die verschiedenen Formen, in denen derartige Vorgehensweisen erfolgen können – Fokusgruppe oder Gruppendiskussion, Gruppengespräch bzw. Gruppeninterview – nicht scharf voneinander abgegrenzt.[187] Ziemlich einheitlich ist man der Meinung, dass diese Vorgehensweisen an Bedeutung gewinnen.[188]

Die Befragung von „Fokusgruppen" kann in Rahmen von Organisationsanalysen nicht in der in der Markt- und Meinungsforschung üblichen Form verwendet werden. Einfach deshalb, weil darunter Ad-hoc-Gruppen verstanden werden, die zwar in Bezug auf die Fragestellung sorgfältig zusammengesetzt werden, die aber nur durch ihre gleichzeitige Anwesenheit zu einer „Gruppe" werden, die außerhalb der Befragungssituation nicht existiert.[189] Es geht also mehr um die Herstellung einer Meinung unter Anwesenden, die einander meist nicht kennen und deren thematische Ausrichtung durch den Diskussionsleiter oder den Forscher gesteuert wird. Diese Steuerung sollte aber nicht über eine Anfangsinitiative hinausgehen.

---

[186] Wobei sich die Größe der Gruppe aus der Anzahl der Interaktionen ergibt, die nach der Formel $\frac{N(N-1)}{2}$ errechnet wird. Bei einer Diskussionsgruppe von sechs Personen muss man also 15 Interaktionen im Auge behalten können, bei zwölf Personen gibt es bereits 66 Interaktionen. – In der psychologischen Feldforschung sind laut Brewerton/Millward 2001) 6–12 Personen eine gängige Größe, in Deutschland sind Gruppendiskussionen mit max. 8 Personen eher üblich.

[187] Siehe dazu etwa die Arbeit von Loos/Schäffer (2002), deren Buch auch eine Reihe konkreter Hinweise für die praktische Durchführung und Auswertung von Gruppendiskussionen (vorwiegend mit Jugendlichen) enthält.

[188] Die Internetsuche im englischsprachigen Raum sollte den Begriff Focus Group oder -Interview verwenden. Die Bedeutung der Methode in Deutschland, in den USA und im UK vergleichen Wolff/Puchta (2007).

[189] Der konkrete Einsatz geht aus einer Passage im Buch von Roger Schawinski, von 2003–2006 Sat.1-Chef, hervor. Der Sender ließ eine ambitionierte neue Serie testen, mit der er auf Qualität setzen wollte: „Das renommierte Monheimer Institut befragte 40 Sat.1-affine Personen in mehreren längeren Gruppendiskussionen, je zur Hälfte Frauen und Männer im Alter zwischen 20 und 49 Jahren. Die Testpersonen diskutierten, nachdem ihnen die ersten beiden Folgen à 45 Minuten vorgeführt worden waren. Die Resultate waren für uns ernüchternd. In der schriftlichen Zusammenfassung liest sich das so: Folge 1 ist zu kompliziert, zu verworren, teilweise langatmig und kognitiv beansprucht. Das Charaktergefüge insgesamt wird zwar als schlüssig und gut besetzt erlebt, aber es gibt nach zwei Folgen – vor allem für die Frauen – zu wenig Figuren, die sich als eindeutig ‚Gute' einordnen lassen. …Es folgten weitere Empfehlungen: ‚Lieber zwei Folgen hintereinander als 90-Minüter.' … alles Dinge, die wir in der Folge umsetzten." (Roger Schawinski: Die TV-Falle. Vom Sendungsbewusstsein zum Fernsehgeschäft, Zürich: Kein & Aber 2007. – Zitiert nach dem Buchauszug im Zeit-Magazin Nr. 34, 2007: 14 f.)

Also sollte, so die reine Lehre, das Gespräch zum Laufen gebracht werden, dann aber die Entwicklung des weiteren Verlaufs nicht gebremst werden. Von diesen Forderungen wird man im Rahmen einer Organisationsanalyse abweichen müssen. Dann kann man mit einer entsprechenden Gesprächführung Daten zu konkreten Fragen der Organisation produzieren und die Inhalte nicht ausschließlich dem Lauf der Dinge überlassen.

Gruppengespräche oder Gruppeninterviews müssen, um für die Analyse organisierter Zusammenhänge geeignet zu sein, Personen in Zusammenhang bringen, die in irgendeiner arbeitsbezogenen Beziehungen zueinander stehen. – Die anderen Optionen wären, eine Zufallsauswahl von Organisationsmitgliedern einzuladen oder „informelle Gruppen" zu interviewen. Beides mag zwar originell sein, wird aber kaum theoretisch begründet werden können. Noch schwerer wird es sein, die Organisationsleitung von diesem Vorgang zu überzeugen oder die Auswirkung dieses Eingriffs abzuschätzen oder die dadurch entstehenden Irritationen verantworten zu können. – Im Wesentlichen gibt es damit vier Auswahlkriterien: hierarchische Ebenen bzw. Positionen, Funktionen (Teamleiter im Außendienst, Betriebsräte), organisatorische Einheiten (Abteilungen, Referate etc.) oder Projekte (Mitglieder von Projektteams oder einer Task force). Die Auswahl sollte jedenfalls Erhebungseinheiten (Personen, Gruppen etc.) nach einem für die Analyse relevanten Verhältnis zur Organisation erfassen; als Repräsentanten einer bestimmten Entscheidungsebene, eines definierten Aufgabenbündels, als Angehörige einer speziellen Arbeitsform. Allgemein gesprochen: die Mitglieder einer derartigen Diskussion müssen einige gemeinsame Erfahrungen haben, die sie in der Diskussion austauschen können.

> Einige der genannten Probleme kann man unserer Erfahrung nach umgehen, wenn man die Zusammensetzung einer Gruppendiskussion jeweils über eine Person organisiert. Konkret ersucht man jemanden, der eine leitende Funktion hat und dessen Bereich für die Analyse relevant ist, an einer Diskussion im Rahmen der Studie teilzunehmen und jene Kolleginnen und Kollegen mitzunehmen, die ihrer oder seiner Meinung nach für dieses Thema befragt werden sollten. Dieses Vorgehen hat Nachteile, da man sich der/dem Vorgesetzten ausliefert. Andererseits ist damit die Eröffnung erleichtert und auch die Zusammensetzung von vornherein plausibel, da man nach der Begründung fragen sollte, warum jede/jeder da ist und welchen Bezug wer zum Thema hat. Damit wird der Rahmen klarer, der die Situation mitdefiniert. Zugleich damit bekommt man auch Informationen über die Struktur des Bereichs, den man gerade befragt.

Wendet man Gruppendiskussionen oder -interviews im Rahmen einer Organisationsstudie an, so gelten einige spezielle Bedingungen:
- Man hat mit einer Gruppierung von Personen zu tun, die eine gemeinsame Geschichte haben, also Beziehungsmuster und Routinen aufgebaut haben. Daher wird die Dynamik der Gruppe wesentlich das

Antwortverhalten bestimmen. Daraus ergibt sich die Alternative: Man entwickelt Annahmen über die Beziehungen in der Gruppe, auf die man trifft und testet diese Überlegungen im Prozess. Die zweite Variante besteht darin, dass man diese Effekte außer Acht lässt und sich der Gruppendynamik ausliefert.

- Ob man die Gruppe sorgfältig zusammengesetzt hat oder ob man die formale Gliederung übernimmt, man kann nie wissen, welche Bedeutung diese Zusammensetzung für die Arbeitenden hat. Man kann eine Menge an Informationen übergehen, wenn man die offiziellen Definitionen ungefragt übernimmt. So kann man beispielsweise als Gruppen bezeichnete Gefüge tatsächlich als Gruppen missverstehen, d.h. als Gefüge oder Systeme auffassen, deren Arbeitsergebnis aus dem Zusammenwirken der nominellen Mitglieder entsteht. Meist ist das nicht der Fall. Auch ist selten von vornherein klar, inwiefern die Personengruppe, die man vor sich hat, zusammengehört, eine reale Gruppe ist. – Das oben beschriebene Vorgehen löst dieses Problem.

Trotz des Aufwandes, des unstandardisierten Vorgehens und des starken Interventionscharakters muss man bedenken, dass die gleichzeitige Erhebung bei mehreren Personen einige große Vorzüge hat:
- Ein derartiges Vorgehen ermöglicht die Beobachtung von Interaktionen und konzentriert sich nicht auf (einzelne) Personen. Diesen Vorteil kann man aber nur nützen, wenn man entweder zu zweit interviewt oder die Diskussion aufzeichnet. Im ersten Fall wird einer interviewen und der zweite die Abfolge der Äußerungen der TeilnehmerInnen und wie sie sich zueinander in Beziehung setzen, beobachten. Die nachfolgende Grafik (Abb. 20) stellt dies schematisch dar:

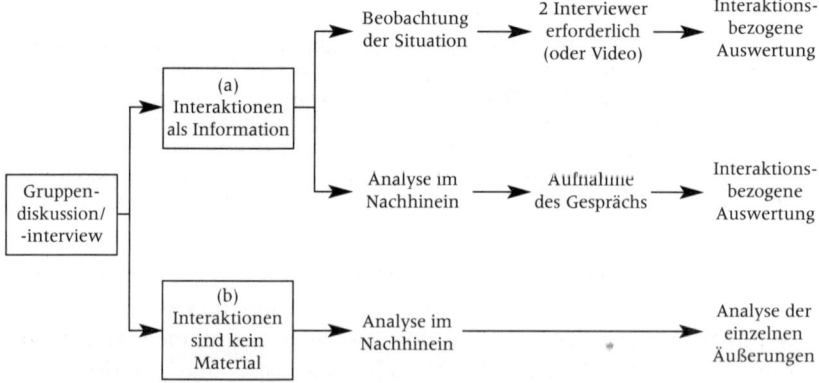

Abb. 20: Varianten der Informationsschöpfung bei Gruppendiskussionen

Variante (b) entspricht nicht den Möglichkeiten, die eine Gruppendiskussion bietet.

Das erste Vorgehen (a) hingegen kann in Anspruch nehmen, eine Diskussion in Gang zu setzen, die dem realen Gespräch in einer realen Gruppe nahekommt und daher auch erlaubt, die für diese Gruppe typische „kollektive Orientierung" herauszuarbeiten. In diesen Fällen liest der Beobachter in der Auswertungsphase zwischen den Zeilen und interpretiert die nicht ausdrücklich benannte Gruppenmeinung und die in der Diskussion zum Ausdruck kommende Ordnung. Man kann sie als unausgesprochene Regeln bezeichnen, die für wichtige Entscheidungen handlungsleitend sind. Beispiele dafür sind etwa informelle Leistungsstandards oder Verhaltensweisen gegenüber anderen Gruppen. Nimmt die Auswertung diese Richtung, wird der Einsatz textanalytischer Methoden erforderlich. Selbstverständlich ist dabei die Unterscheidung zwischen der inhaltlichen Ebene (was etwa über die letzte IT-Reorganisation gesagt wird) und der gruppenbezogenen Ebene (was die Art der Diskussion über die Gruppe aussagt). Das ist sehr arbeitsintensiv und verlangt spezielle Kenntnisse über Diskussionsführung und Moderation.[190]

Ein dritter Vorteil liegt darin, dass man Aussagen bekommt, die organisationsöffentlich gesagt werden. Das entschärft alle Probleme, die aus Geheimhaltungsverpflichtungen oder falschen Hoffnungen entstehen, die in eine Interviewsituation bzw. den Interviewer gesetzt werden.

Wie bei der Befragung von Einzelpersonen, ist auch bei Gruppendiskussionen zu entscheiden, ob man sie über das Intra- bzw. Internet durchführt und das vielleicht auch noch mit audiovisueller Unterstützung. Das wird zunächst davon abhängen, über welche technische Ausstattung und Praxis die Organisation verfügt. So kann man erwarten, dass in Firmen, die regelmäßig mit virtuellen Teams arbeiten, diesbezüglich eine geringere Hemmschwelle zu überwinden ist.[191] Abgesicherte Erfahrungen über die Wir-

---

[190] Es geht hier immer um sog. „institutionelle" Kommunikation: Die Teilnehmer bringen ihre Organisationsgeschichte mit und diese drückt sich z.B. in der Redeverteilung aus, im Gebrauch bestimmter Begriffe und eingeübter Reaktionen auf „Schlüsselreize", sowie in der Kategorisierung von Organisationsmitgliedern (wie im Beispiel unten).

[191] Die Studie von Erdogan (2001) untersucht die Unterschiede zwischen online und offline Gruppendiskussionen an einem Beispiel. Man kann annehmen, dass analog zur Verbreitung von virtuellen Teams auch virtuelle Fokusgruppen häufiger eingesetzt werden. – Mit all den Möglichkeiten, die sich aus der „globalen" Zusammensetzung solcher Gruppen ergeben, all den technischen und organisatorischen Schwierigkeiten, die sich aus der Koordination über Zeitzonen hinweg und dem Umgang mit der Apparatur ergeben und mit den – noch nicht untersuchten – inhaltlichen Konsequenzen.

kung dieses Erhebungsverfahrens und die Güte der so erhaltenen Daten für Organisationsstudien liegen noch nicht in ausreichendem Maße vor.

Ein Beispiel für die Anwendung von Gruppendiskussionen bei einer Organisationsanalyse ist die Arbeit von Mensching (2006):

Der qualitative Teil einer Untersuchung der Arbeitssituation und Zufriedenheit der niedersächsischen Polizeibeamten war dem Thema „Organisationskultur als „kollektiven Handlungs- und Orientierungsmustern von Polizeibeamten" gewidmet. Um diese zu erheben, eignen sich besonders Situationen des kommunikativen Austausches. Die Gruppendiskussion ermöglicht, die Reproduktion kollektiver Orientierungen nachzuzeichnen.

Zur Gruppendiskussion wurden, aus zwei Gründen, Beamte aus unterschiedlichen Dienststellen eingeladen: Das Setting erfordert, dass die Teilnehmer über die Besonderheiten ihrer Dienststelle erzählen; das ist für die Auswertung ein wichtiges Material. Zweitens werden auf diese Weise für Teilnehmer, die sich kritisch äußern, Konsequenzen im Dienstbetrieb weniger wahrscheinlich. Ein Ergebnis dieser Diskussionsarbeit ist die Rekonstruktion der tatsächlichen Hierarchiebeziehungen, die sich in zwei Begriffen (die auch im Titel der Arbeit zum Ausdruck kommen) niederschlagen: Als „Goldfasane" werden vom Einsatzdienst jene Dienststellenleiter bezeichnet, die sich von den rangniedrigeren Mitarbeitern distanzieren. „Kollegen vom höheren Dienst" sind dagegen Vorgesetzte, die sich mit der Basisarbeit ihrer Mitarbeiter auseinandersetzen. Diese Unterscheidung orientiert sich zwar an der formalen Organisationsstruktur, füllt diese vorgegebenen Positionierungen aber mit einer bestimmten Praxis aus und unterläuft oder ironisiert die formale Ordnung zum Teil.

Weiterführende Hinweise

Einen Überblick vermittelt der Handbuchartikel von Bohnsack (2007):

> Bohnsack, Ralf, 2007: Gruppendiskussionen, in: Flick, U./Kardorff, E. v./Steinke, I. (Hg.): Qualitative Forschung. Ein Handbuch, 5. Edition, Reinbek: Rowohlt: 369–384.

Umfassender dargestellt werden die konkrete Anwendung, Vorgehensweisen, Auswertungsfragen und Einsatzmöglichkeiten dieser Ausrichtung der Gruppendiskussion in dem Buch:

> Bohnsack, Ralf/Przyborsky, Aglaja/Schäffer, Burkhard (Hg.), 2006: Das Gruppendiskussionsverfahren in der Forschungspraxis, Opladen: Barbara Budrich.

Einen konkreten Eindruck von der praktischen Vorgehensweise bieten Stephan Wolff und Claudia Puchta, in dem auch der Einsatz von Gruppendiskussionen in der Marktforschung und in sozialwissenschaftlichen Studien verglichen wird:

> Wolff, Stephan/Puchta, Claudia, 2007: Realitäten zur Ansicht. Die Gruppendiskussion als Ort der Datenproduktion, Stuttgart: Lucius & Lucius.

6.3 Analyse von Kommunikations- und Beziehungsstrukturen

Die unter diesem Titel behandelten Methoden und Verfahren haben eine Gemeinsamkeit: sie dienen zur Untersuchung von Kommunikations- und Beziehungsstrukturen abgrenzbarer Gebilde; das sind Gruppen, Organisationen oder Netzwerke. Alle diese Techniken setzen insofern einen anderen Akzent als die meisten anderen Vorgehensweisen der Datensammlung als sie nicht Personen (bzw. deren Merkmale) oder einzelne Objekte (etwa Texte) in den Mittelpunkt stellen; die Aussageeinheiten sind Relationen. Diese Zugänge lassen sich nach unterschiedlichen Kriterien ordnen, wir wählen zwei übliche Etiketten: Soziometrie und Netzwerkanalysen. Erstere ist eher für die Untersuchung von Einheiten geeignet, in denen die Mitglieder einander kennen. Netzwerkanalysen sind wesentlich breiter einsetzbar und arbeiten in vielen Fällen mit anderen, formalen, Grundmodellen.

6.3.1 Soziometrie

Die von Jacob L. Moreno entwickelte Soziometrie zielt darauf ab, die Sympathie- und Einfluss-Beziehungen aufzudecken und zu messen.[192] Meist geschieht dies mit vorgegebenen Wahlfragen an Gruppenmitglieder.

> Beispiele: (a) „Wenn Sie ein Arbeitsteam zusammenstellen sollten, mit wem würden Sie dann gerne zusammenarbeiten?" (b) „Wer hat Ihrer Meinung nach den Verlauf der letzten Diskussion positiv bestimmt? (Rangreihen Sie bitte drei Personen.)"

---

[192] Jakob L. Moreno (1889–1974) war Arzt und Therapeut, arbeitete mit Flüchtlingen und mit Prostituierten am Spittelberg in Wien und setzte etwa ab 1912 die von ihm entwickelte Methode der „soziometrischen Analyse der Beziehungen" und das „Psychodrama" ein. – Das Psychodrama ist eine Therapieform, die aus der Tradition des Stegreiftheaters kommt und den Beteiligten die Gelegenheit gibt, durch ein spontanes Rollenspiel neue Reaktionen und Verhaltensweisen für bekannte Situationen zu finden. – 1925 wanderte Moreno in die USA aus, ab 1937 gab er die Zeitschrift Sociometry heraus, die bis 1977 erschienen ist.

Das Kunstwort Soziometrie bezeichnet eine Ansammlung von Verfahren[193], mit denen die Beziehungen zwischen Mitgliedern, Rollen und die soziale Struktur von Gruppen untersucht und (häufig auch) messbar gemacht werden sollen. Diese geschieht immer auf der Basis der Selbsteinschätzung der Personen, bei denen man die Daten erhebt. – Die Methode ist also eine Alternative zur Ermittlung von Gruppenstrukturen durch Beobachtungsverfahren, dort werden die Daten allerdings durch Dritte gesammelt.

Die Ergebnisse stellt man entweder grafisch in einem Soziogramm oder tabellarisch in einer Soziomatrix dar. Mit einer solchen Momentaufnahme (der Struktur) können Aussagen gemacht werden über: die Stellung des einzelnen in der Gruppe (seinen soziometrischen Status) oder Konfigurationen (etwa Paare, Cliquen). Man kann aus den Daten aber auch Merkmale der Gruppe errechnen (z.B. den Index der Gruppenkohäsion, s.u.) und Aussagen über das Ausmaß der Offenheit gegenüber der Umwelt treffen. Letzteres erfordert, dass die Beantwortung der (Wahl-)Fragen die Nennung auch anderer Personen als nur die Mitglieder der eigenen Gruppe zulässt.

Der Einsatz derartiger Instrumente ist an einige Voraussetzungen gebunden, wie beispielsweise: ein emotional stabiles Klima in der Gruppe, eine entsprechend ausführliche Erläuterung des Analysevorgangs, die Freiwilligkeit der Beantwortung, die Zusicherung der Anonymität und die Garantie, dass die Ergebnisse nach der Befragung mit der Gruppe hinreichend besprochen werden können.

Die Erhebungsrealität ist komplizierter als die zwei obigen Beispiele (a und b) vermuten lassen. Auch deshalb, weil die soziometrischen Wahlfragen je nach Thema anders gefasst werden müssen und die gefundenen Strukturen ebenfalls themenspezifische Gültigkeit haben werden oder haben können. – Fragen danach, wer in sachlichen Problemen als Unterstützung gewählt wird, führen zu anderen Strukturen als Fragen nach ge-

---

[193] Außer der schriftlichen Befragung können die Beziehungen auch durch ein „Lebendsoziogramm" abgebildet werden. Dabei werden die Gruppenmitglieder gebeten, sich den anderen gegenüber im Raum zu positionieren. Diese Positionierung erfolgt in Hinblick auf eine bestimmte Fragestellung. Die Aufstellung zeigt dann nicht nur die Relationen und die Nähe/Distanz zwischen den Mitgliedern, sondern macht diese auch erlebbar. Das ist ein Beispiel für „hot sociometry". Wesentlich anspruchsloser sind Zielscheibensoziogramme: Die Mitglieder einer Gruppe werden gebeten, ihre Position innerhalb konzentrischer Kreisen zu markieren. Das setzt aber voraus, dass das Zentrum definiert wird und es muss – wenn man das auch interpretieren will – klar sein oder erfragt oder vorgegeben werden, welche Bedeutung die genaue Lage (links, rechts, oben, unten) hat. Die qualitative Netzwerkanalyse (s.u.) greift diese Technik auf.

eigneten Kumpel für die Freizeit. – Zentrale Entscheidungen, die ebenfalls vor Beginn der Analyse getroffen werden müssen, sind, ob man die Richtung der Beziehungen und/oder deren Intensität abfragt. Die Richtung drückt sich in Wahlfragen aus, wie in Beispiel (a). Die Intensität wird in Beispiel (b), durch die Frage nach Präferenzen erhoben. Weitere Varianten in der Form der Abfrage werden in Zusammenhang mit der Netzwerkanalyse genannt.

Die Methode ist, worauf schon der Erfinder hinwies, auch auf Organisationen übertragbar.[194] Das geschieht zwar in der Originalform selten, eignet sich aber für die Analyse der Beziehungen zwischen z.b. Abteilungen. Dann untersucht man nicht die Struktur einer Gruppe, sondern Aspekte des gesamten Beziehungsnetzes. Wie bei vielen anderen Methoden gibt es also auch hier wieder vier Varianten: (1) Man kann die Analyse in einer Organisation machen und über diesen Teil Aussagen treffen; etwa über die Zusammenarbeit in der F-&E-Abteilung. (2) Man kann aber auch seine Analyse in einem Teil der Organisation machen, um daraus auf das gesamte System zu schließen; wenn man beispielsweise die Struktur des Mahnwesens einer Firma untersucht und daraus Annahmen über den Stellenwert der Kunden ableitet. (3) Die dritte Variante ist, dass man bestimmte Aspekte der gesamten Organisation untersucht; ein Beispiel dafür wäre die Untersuchung einer Reihe von Sitzungen, um daraus Hypothesen über die Entscheidungsvorgänge in der Organisation aufzustellen. (4) Den innerorganisatorischen Zusammenhang verlässt man, wenn die Relationen zwischen Organisationen untersucht werden. – Für die beiden zuletzt genannten Themenstellungen sind eher Netzwerkanalysen geeignet.

Die Soziometrie, insbesondere das Verfahren des Lebendsoziogramms, kann als Vorläufer der „Organisationsaufstellung" bezeichnet werden. Dieses Vorgehen,

---

[194] Von ihm ist folgender Brief erhalten: „6.11.1916. An das Österreichische Ministerium des Inneren, Wien 1, Am Ballhausplatz. Die positiven und negativen Gefühlsströmungen innerhalb jeden Hauses und zwischen Häusern, innerhalb der Fabrik und zwischen den verschiedenen religiösen, nationalen und politischen Gruppen des Lagers können durch eine soziometrische Analyse der Beziehungen, die zwischen den Bewohnern walten, aufgedeckt werden. Eine Neuordnung mit Hilfe soziometrischer Methoden ist hiermit anempfohlen." – Eine Antwort ist nicht bekannt. Siehe Dollase (1976).
Einer der Autoren (S.T.) hat in den 70er Jahren bei der Analyse der österreichischen Finanzverwaltung eine Soziometrie des Finanzministeriums erarbeitet. Die einzelnen Sektionen wurden um eine wechselseitige Einschätzung von fachlicher Qualifikation und Prestige ersucht. Das Ergebnis zeigte u.a. große Divergenzen zwischen der Steuersektion und der Kreditsektion. Inhaltlich hingen die Spannungen, verkürzt ausgedrückt, damit zusammen, dass die Steuersektion bei der Einnahmenschätzung häufig falsch lag und die Kreditsektion darauf hin in letzter Minute Kredite aufnehmen musste.

das schon seit langer Zeit als „Familienaufstellung" in der Familientherapie Praxis ist, gibt es in unterschiedlichen Varianten, Graden an Seriosität und Zusammenhängen. Im Wesentlichen besteht der Ablauf aus vier Phasen: dem Vorgespräch zur Abklärung der Frage, die mit der Aufstellung bearbeitet werden soll; der Aufstellung des Ist-Zustandes; der Prozessarbeit zur Entwicklung von Lösungsmöglichkeiten; der Reflexion und dem Abschluss der Arbeit. Ausgangspunkt ist die Problemstellung eines Organisationsmitglieds, der Anspruch besteht darin, allen in der Aufstellung Beteiligten die Möglichkeit zur Neudefinition der Situation zu geben. In der Beratungspraxis wird auf die Erarbeitung von Handlungsmöglichkeiten gedrängt. Es gibt auch Beispiele für den Einsatz dieser Methode in unvermuteten Zusammenhängen, z.b. im Controlling. Dort kann es, was aber weitab von der üblichen Praxis ist, zur Analyse von Geschäftsbeziehungen eingesetzt werden. „Dem strategischen Controlling steht damit ein besonderes Werkzeug zur Verfügung, um den ‚Faktor Mensch' besser einschätzen zu können." (Gminder 2006) Dem Grundgedanken der Soziometrie lag eine derartige Instrumentalisierung fern. Die Methode legte mehr Gewicht auf die Bedeutung der Relationen zwischen den Mitgliedern einer Gruppierung. Unwillkürlich drängt sich der Titel des Hauptwerkes von Moreno auf: „Who shall Survive?"

Wie schon in anderen Zusammenhängen bemerkt, kann die Untersuchung prinzipiell auf zwei verschiedene Arten erfolgen: Man kann Gruppen für den Analysezweck zusammensetzen. Dann hat man Gruppen vor sich, die sonst nicht existieren, die Analyse ist der Anlass, der sie kreiert. – Ein Beispiel dafür sind Gruppen, die im Rahmen eines Story Telling Projektes oder für Fokusgruppen zusammengesetzt werden. – Geht man so vor, steht das Thema im Vordergrund (oder der Test neuer Instrumente oder Vorgehensweisen); die konstruierte Gruppe ist in diesen Fällen das Erhebungsvehikel. Analysiert man „natürliche" Gruppen oder gruppenähnliche Gebilde, also solche, die in der Realität jenseits der aktuellen Erhebung bestehen, dann kann man soziometrische Untersuchungen machen.[195] Viele werden die Methode kennen, da sie häufig in Schulklassen eingesetzt wird.

Soziometrische Analysen bieten, wie Urlaubsfotos, immer nur Momentaufnahmen.[196] Sie geben ein flüchtiges Bild wieder und drücken Zusammenhänge in soziometrischen Indizes aus. Zwei einfache Beispiele:

---

[195] Wie Gruppen mit unterschiedlichen Zielsetzungen im Rahmen größer angelegter qualitativer Organisationsanalysen untersucht werden können, stellen etwa Steyaert/Bouwen (1994) an Hand von drei Fällen dar, in denen sie sehr unterschiedliche Vorgehensweisen gewählt haben: Gruppeninterview, Beobachtung und Intervention.

[196] Klassische Zuverlässigkeitstests sind als Gütekriterium für soziometrische Untersuchungen problematisch. Gleiche oder ähnliche Ergebnisse sind bei wiederholter Messung kaum erwartbar. Allein schon, weil die Ergebnisse an die Gruppe zurückgespielt werden müssen. Aber auch deshalb, weil die Aussagen die Qualität einer „suicide prophecy" haben. Also wären – entgegen der gängigen Forderung – ausgerechnet stabile Messungen höchst fragwürdig.

Analyse von Kommunikations- und Beziehungsstrukturen 237

- „soziometrischer Status" = Quotient aus der Zahl der erhaltenen Wahlen und (der Anzahl der Personen – 1) [197]
- „Gruppenkohäsion" = Quotient aus der Zahl der gegenseitigen Wahlen und der Zahl der maximal möglichen Beziehungen[198]

Mittlerweile gibt es eine Fülle von Untersuchungen, aus denen z.B. folgende Zusammenhänge (meist nur zwischen zwei Variablen) hervorgehen:[199]
- Der Status eines Gruppenmitgliedes korreliert positiv mit:
  den für die Gruppe relevanten Kenntnissen,
  dem Grad der Einsicht in die Gruppenstruktur,
  der Teilnahme am Gruppenleben.
- Der gruppeninterne Status einer Person hängt auch mit ihrer Effizienz bei der Aufgabenerfüllung zusammen. – Das kann heißen, dass die Statushöhe die Leistungsmöglichkeiten beeinflusst, und/oder dass das Ansehen die Leistungseinschätzung nachhaltig mitbestimmt.
- Personen mit hohem soziometrischem Status werden als die Repräsentanten der für die Gruppe zentralen Werte angesehen.
- Da man davon ausgeht, der Gruppenzusammenhalt wirke sich auf Arbeitsfähigkeit und Fluktuation aus, werden soziometrische Verfahren manchmal als Hilfsmittel für die Zusammenstellung von Arbeitsteams eingesetzt.[200]

Als Vorteil soziometrischer Verfahren kann gesehen werden: Alle Beteiligten bekommen mit einem geringen Arbeitsaufwand einen guten Einblick in bestimmte Aspekte der Gruppenstruktur. In Anbetracht des starken Interventionscharakters sollte man aber mit dem Einsatz besonders verantwortlich umgehen.

Das übliche Vorgehen legt vor Beginn der Erhebung Wahlfragen zu bestimmten Themen fest. Das sind meist allgemeine Kriterien, wie Einfluss, Vertrauen, Sympathie. Damit kann man nicht die Faktoren aufspüren, die

---

[197] Die Verringerung um 1 erklärt sich daraus, dass keine Selbstwahl zugelassen ist. Der „positive" Status errechnet sich an Hand positiver Wahlen, der „negative" aus der Anzahl der Ablehnungen. Üblicherweise sieht man aber davon ab, negative Wahlfragen zu stellen.
[198] Zur Anzahl maximal möglicher Beziehungen siehe die Berechnung der Gruppengröße. – Gruppenkohäsion wird in der Gruppenforschung meist anders definiert, nämlich als Attraktivität der Gruppe. Als Maß dafür gilt der Wunsch der einzelnen, die Gruppe zu verlassen bzw. Mitglied zu bleiben.
[199] Eine Zusammenstellung bekannter Ergebnisse soziometrischer Studien findet man in dem Handbuchartikel von Nehnevajsa (1967).
[200] Die häufig gezogene Schlussfolgerung: Mit zunehmender Kohäsion steige die Leistung, trifft nicht in allen Fällen zu, sondern hängt u.a. davon ab, ob die Gruppe den Vorgaben bzw. Leistungszielen gegenüber positiv eingestellt ist.

eine Gruppe für sich selbst als besonders wichtig erachtet. Natürlich kommt ein Ergebnis zustande, wenn in Gruppen nach der Einflussverteilung gefragt wird; sie ist erfahrungsgemäß immer ungleich. Aber nach welchen Kategorien eine Gruppe ihre Mitglieder intern differenziert, das bleibt weitgehend unklar. Will man also die Bedeutung soziometrischer Kategorien für eine Gruppe herausbekommen, so reicht die Methode allein nicht aus, man muss zumindest im Nachhinein eine Gruppendiskussion durchführen.[201] Das ist eine einfache Form von Methodenkombination.

Soziometrische Verfahren werden in der Forschung kaum mehr angewendet. Sie sind eigentlich nur mehr in der Schulpraxis häufiger anzutreffen. Auch in sozialwissenschaftlichen Lehrbüchern führen sie ein kümmerliches Dasein. Aber die Methode kann als Vorläufer von Netzwerkanalysen angesehen werden.[202] Dort lebt sie noch als Verfahrensvariante weiter. Das zeigt sich etwa am Erhebungsinventar, da Netzwerkanalysen häufig soziometrische Fragen stellen. Wir nehmen dies zum Anlass, die Darstellung der Soziometrie im folgenden Teil weiter zu führen.

6.3.2 Netzwerkanalysen

Netzwerkanalysen sind nicht an eine bestimmte Erhebungstechnik gebunden und gehen von einer sehr allgemeinen Definition aus: Ein Netzwerk ist eine abgegrenzte Menge von Akteuren (Knoten, Elementen) und der Menge der zwischen ihnen verlaufenden Beziehungen (Kanten, Relationen). (Siehe dazu Jansen 2003.) Die kritischen Begriffe in dieser Definition sind: die Beifügung „abgegrenzt", damit auch die Definition von „Akteur", die Frage der relevanten Aspekte der „Beziehungen" und natürlich auch die „Menge der Beziehungen". Auf diese Themen wird einzugehen sein.

Sicherlich ist auch der breite Anwendungsbereich ein Grund dafür, dass Netzwerkanalysen mittlerweile zum unverzichtbaren Bestand unterschiedlicher Forschungsfelder und Disziplinen gehören. Auf sozialwissenschaftliche Arbeiten im engeren Sinne kommen wir in der Folge ausführlicher zu sprechen. Ein Beispiel für die Anwendung bei Historikern ist die Untersu-

---

[201] Dafür eignen sich andere Methoden, wie etwa das „Normogramm", mit dem – wesentlich aufwändiger – die Regeln erhoben werden können, die Gruppen als Strategien zur Lösung wiederkehrender Probleme etablieren (Titscher 1995).

[202] Weitere „Väter" sind etwa die Balancetheorie von Fritz Heiders oder die theoretischen Überlegungen von James S. Coleman. Ein wichtiger Zweig beruht auf der Graphentheorie, also der mathematischen Abbildung von Strukturen. Auf diesen gehen wir nicht näher ein, ebenso wenig wie auf die Analysen von Netzwerken aus anthropologischer Sicht oder im Rahmen historischer Forschung.

chung der Frage, wie Cosimo de Medici im Florenz des Mittelalters seine Stellung erreicht hat und mit welcher Strategie die Familie die Machtposition lange Zeit halten konnte.[203] In der Betriebswirtschaftslehre ist das Thema etwa durch die Beschäftigung mit Unternehmensnetzwerken präsent, einem relativ jungen interorganisatorischen Forschungsfeld.[204] Netzwerke werden dabei als Koordinationsformen angesehen, die der üblichen Alternative Markt/Hierarchie eine dritte Möglichkeit hinzufügt. Die Kernfrage kann man folgendermaßen zusammenfassen: Unter welchen Bedingungen funktionieren welche Formen der koordinierten Zusammenarbeit zwischen rechtlich und formal voneinander unabhängigen Einheiten und welche Konsequenzen ergeben sich daraus für das Netzwerk und seine einzelnen Einheiten? Untersucht werden die Bedeutung sozialer Netzwerke für strategische Allianzen, die Funktionen und Muster von Kooperation und Konkurrenz etc.[205] Die Untersuchungsobjekte sind vielfältig: Unternehmen, Joint Ventures, Zulieferernetzwerke, Gemeinschaftspraxen oder -kanzleien, Franchising-Netzwerke oder institutionalisierte Forschungskooperationen. Aus nahe liegenden Gründen werden bestimmte andere Beispiele für Netzwerke, wie etwa verbotene Preisabsprachen oder andere konspirative Netze, sehr selten untersucht.

Ähnlich wie in der Soziometrie lassen sich Relationen vor allem nach Inhalten und Intensität unterscheiden (Jansen 2003: 59 ff):
- Beispiele für Inhalte von Relationen sind: Transaktionen, Kommunikationen, grenzüberschreitende Relationen, instrumentelle Beziehungen, Gefühlsbeziehungen, Machtbeziehungen, Verwandtschaftsbeziehungen.
- Die Intensität kann ebenfalls nach sehr unterschiedlichen Dimensionen untersucht werden, wie etwa: Häufigkeit, Wichtigkeit oder Ausmaß des Ressourcentransfers.

Eine zentrale Unterscheidung ist die Differenzierung nach „weak ties" und „strong ties": Schwache soziale Beziehungen verschaffen den Zugang zu Informationen und Ressourcen außerhalb des eigenen Kreises, gehen also über face-to-face-Gruppen, die Domäne der Soziometrie,

---

[203] In dem Buch von Jansen (2003: 208–212; 279 ff.) wird eine Studie zusammengefasst, in der die Strategie von Cosimo de Medici (1389–1464) mittels Dokumentenanalyse rekonstruiert wurde. Die Darstellung der Netzwerke von 92 Florentiner Familien ist ein Beispiel für eine qualitative, non-reaktive Cliquenanalyse. Um eine kurze Antwort auf die oben gestellte Frage zu liefern: Ein wichtiger Schlüssel dafür war die strikte Trennung zwischen Heiratsnetzwerk von ökonomischem Beziehungsnetz.

[204] Zur Einordnung dieses Themas Netzwerkanalyse in die Organisationstheorie siehe die Ausführungen in Kapitel 1.

[205] Eine Typologie interorganisatorischer Beziehungen enthält der Artikel von Todeva/Knoke (2002: 347), der Titel zeigt die Schwerpunkte der Arbeit an.

hinaus. Enge Beziehungen machen das Bekanntschafts- und Freundschaftsnetz aus. Diese Beobachtung geht auf Granovetter (1973) zurück; der Titel seines Artikels ist zu einem oft zitierten Schlagwort geworden: „The strength of weak ties" Die Stärke ergibt sich aus der Brückenfunktion dieser Beziehungen: „Weak ties are more likely to link members of different small groups than are strong ones, which tend to be concentrated within particular groups." (Granovetter 1973: 1376)

Mittlerweile gibt es dazu eine Fülle von Forschungsergebnissen. Ein Beispiel dafür ist, dass der Vorteil der „weak ties" mit der Höhe des Status sinkt. Das erklärt sich daraus, dass man mit zunehmender Höhe des Status selbst eine zentrale Position im Informationsnetzwerk hat und auch über Ressourcenzugänge entscheiden kann. Eine zweite Erklärung ist, dass schwache soziale Beziehungen tendenziell sozial nach oben gerichtet sind; sonst würden sie ja auch nicht den erhofften Nutzen bringen. Daher sind sie wichtig für die Jobsuche, den sozialen Aufstieg etc.[206]

Dem breiten Einsatzbereich von Netzwerkanalysen entspricht auch die Vielfalt der Themen, zu deren Bearbeitung sie eingesetzt werden: Die Untersuchung von Machtstrukturen und Zentralität in Netzwerken ist ein Hauptthema, eng damit zusammenhängen die Analyse von Cliquen, Fragen der Elitenforschung und die Verbreitung von Neuerungen. Unserem Thema noch näher liegen Studien über die Wichtigkeit von Kooperationen für den Erfolg eines Börsengangs oder die Analyse oder über den Misserfolg beim Versuch, die Belegschaft eines kleinen Unternehmens im Silicon Valley gewerkschaftlich zu organisieren. Dieser Fall wird in dem Buch von Dorothea Jansen genauer dargestellt (Jansen 2003: 156–162).

Mittlerweile gibt es eine Reihe von Instrumentarien, um Sozialstrukturen zu beschreiben.[207] Sozialstrukturen werden dabei als Systeme oder Makroeinheiten aufgefasst, die aus den Interaktionen der einzelnen Akteure entstehen und für deren Verhaltensweisen wiederum Spielräume (Begrenzungen und Möglichkeiten) schaffen. Damit verbinden Netzwerkanalysen die Mikro- und Makroebene, sind also Kontextanalysen.

Wie auch immer die Studien angelegt werden, am Beginn muss das Netzwerk eingegrenzt (definiert) werden. Das ist ähnlich schwierig, wie die im ersten Kapitel dieses Buches angeschnittene Frage, „wo" eine Organisation ihre Grenzen hat. Darauf kommen wir bei der Besprechung einzelner Techniken zurück.

---

[206] Zur Bedeutung von Networking und Ressourcen (z.B. Sozialkapital) für die Karriere siehe genauer Mayrhofer et al. (2005).

[207] Ein derartiges Instrument ist etwa die „Netzwerkkarte", die nichts anderes ist als ein Zielscheibensoziogramm, das einem Interviewten mit der Bitte vorgelegt wird, seine engeren und weiteren Bekannten oder beruflichen Kontakte einzutragen. Die Inhalte bzw. Dimensionen variieren je nach Fragestellung.

Die Erhebungsverfahren sind vielfältig: Außer schriftlicher oder mündlicher Befragung kommt in überschaubaren Gruppen auch eine Beobachtung in Frage. – In diesem Sinne erfüllen strukturierte Beobachtungsverfahren, wie etwa SYMLOG, für manche Fragestellungen denselben Zweck wie Netzwerkanalysen. – Die Sekundäranalyse von Datenquellen (z.B. Statistiken über Wirtschaftsbeziehungen, Mitgliederverzeichnisse von Vereinen oder Gremien) ist gängig.[208]

Die folgende Beschreibung von fünf Erhebungstechniken soll die Vielfalt belegen und anregend wirken. Die Darstellung orientiert sich u.a. an einer Literaturanalyse von Studien zur Untersuchung der Kommunikation in und von Organisationen (Zwijze-Koning/De Jong 2005). Derartige Studien wollen beispielsweise untersuchen, wie zufrieden die Belegschaft mit der Kommunikation ist, wie wirksam die Organisationskommunikation ist bzw. als wie wirksam welche Kommunikationskanäle eingeschätzt werden. Dass die Unterscheidung zwischen eingeschätzter Wirksamkeit und dem Grad, in dem Nachrichten die beabsichtigten Adressaten erreichen, wichtig ist, belegen schon sehr alte Studien.[209]

Soziometrische Befragungen

An Hand der soziometrischen Befragung lassen sich drei Entscheidungen genauer benennen, die bei Netzwerkanalysen zentrale Bedeutung haben (Jansen 2003: 76 ff.): (1) Soll man eine vollständige Liste der Beziehungspersonen vorgeben oder die Befragten bitten, die (für die Fragestellung wichtigen) Beziehungen zu nennen. – Wenn das Netzwerk schwer abgrenzbar ist, so muss eine Liste der möglichen Mitglieder vorgegeben werden. (2) Soll man vorgeben, wie viele Personen genannt werden können oder soll man das nicht eingrenzen? – Fragen, die keine fixe Anzahl von Bezugspersonen erfragen, sind zuverlässiger. (3) Wie soll die Intensität der Beziehung gemessen werden? – Hier kann man Abstufungen vorgeben oder die Befragten bitten, die genannten Bezugspersonen in eine Rangrei-

---

[208] Ein Beispiel für eine derartige Analyse bieten etwa die Fallbeispiele von Windolf über die Kapital- und Personalverflechtungen großer deutscher Unternehmen und die Veränderung der Eigentümerstrukturen (Windolf 2002).

[209] Dem Bericht über eine Untersuchung (Archibald 1976: 200), in deren Rahmen 34 Manager eines Großbetriebes vierzehn Tage lang über ihre täglichen Interaktionen Buch führten, ist zu entnehmen, „daß 75% der berichteten Interaktionen nur von einem der Beteiligten registriert wurden. Von den 25% der persönlichen Kontakte, an die sich, wenige Stunden nach ihrem Stattfinden beide Seiten noch erinnern konnten, waren 53% vom Empfänger nicht in dem Sinne verstanden worden, in dem sie vom Sender gemeint waren. Von der Gesamtzahl der berichteten Interaktionen kamen also nur 12% 'an', in dem Sinne, daß beide Seiten sowohl über das Stattfinden als auch über die Bedeutung der Kommunikation übereinstimmten".

he zu bringen. Die Art der Vorgaben bedeutet nicht nur für die Befragten einen unterschiedlichen Aufwand, sie hat auch Konsequenzen für die Auswertung.[210] Allein schon deshalb, weil damit unterschiedliche Messniveaus vorgegeben werden: Fragt man nur, ob man die aufgelisteten Personen kennt oder nicht kennt, liegt eine nominale Abstufung vor. Die Intensität kann aber auch danach abgefragt werden, wie gut man die einzelnen Personen kennt, dann hat man eine ordinale Skalierung. Mehr ist in Befragungsstudien kaum möglich. Bezieht man Daten aus Statistiken, so kann man die Beziehungsdichte eventuell auch metrisch erfassen, etwa durch Daten über das Ausmaß wirtschaftlicher Verflechtungen zwischen Akteuren.

Soziometrische Vorgehensweisen haben klare Beschränkungen: Sie betreffen entweder einen heiklen Bereich oder sie fragen nach Informationen, die den Befragten leicht überfordern. Heikel sind etwa Fragen nach bedeutsamen Beziehungen („Von wem bekommen Sie in wichtigen Angelegenheiten Ratschläge?"). Derartige Fragen decken das Beziehungskapital und informelle Beziehungsnetze auf und können sehr leicht die Gültigkeit beeinträchtigen. So weiß man aus Untersuchungen etwa, dass man sich leichter an statushöhere Personen erinnert. (siehe dazu Zwijze-Koning/De Jong 2005: 435). Eine Überforderung tritt schnell ein, wenn Fragen gestellt werden, die man üblicherweise nicht beantworten kann, wie etwa: „An einem durchschnittlichen Arbeitstag kommuniziere ich üblicherweise in Dingen, die die Arbeit betreffen, mit folgenden Personen … auf folgenden Wegen: …" Derartige Überforderungen haben die Konsequenz, dass die Angaben nicht zuverlässig sein werden.

Folgerungen, die sich aus diesen Überlegungen ziehen lassen, sind: Soziometrische Analysen sind nützlich, wenn man das Kommunikationsnetzwerk analysieren will. Die Vorbereitung verlangt genaue Überlegungen, da die Untersuchung sehr schnell Gütekriterien verletzt. Das gilt natürlich auch für den Prozess der Durchführung selbst. Daher sind soziometrische Messungen bei der Analyse einer Organisation nur mit großer Vorsicht einzusetzen. Eine weitere Begrenzung der Methode liegt darin, dass soziometrische Verfahren für die Analyse von Beziehungsnetzen, die durch face-to-face Kontakte charakterisiert werden, leichter einsetzbar sind. Für große Netzwerke ist die Methode kaum geeignet. Nicht nur deshalb, weil die Arbeit für die Befragten unzumutbar wird. Auch die sinnvolle Eingrenzung oder Begrenzung des zu untersuchenden Netzwerks wird kaum möglich.

---

[210] Um ein Beispiel dafür zu bringen: Die Zahl der maximal möglichen Zahlen errechnet sich, wie oben festgestellt, nach der Formel $\frac{n(N-1)}{2}$. Beschränkt man die Wahlen auf eine Anzahl erlaubter Wahlen (f), so lautet die Formel $\frac{f \times N}{2}$.

Und eine dritte Einschränkung: Soziometrie funktioniert nur bei relativ stabilen Beziehungsnetzen und kann kaum Veränderungen erfassen, sie bietet, wie schon gesagt, eine Momentaufnahme. – Eine Reihe von Beispielen für den Einsatz bietet das Buch von Hollstein/Straus (2006), das dem noch wenig entwickelten qualitativen Ansatz der Netzwerkanalyse gewidmet ist.

Erhebungen über Tagebücher

Bei dieser Form der Datensammlung werden Personen ersucht, ein Kommunikationstagebuch zu führen und alle Kontakte (mit z.B. Bezugsperson, Art der Kommunikation und Inhalt), die sie haben, in ein vorgegebenes Raster einzutragen. Das Vorgehen erfordert immer zusätzliche Erhebungen, etwa nachgehende Interviews, in denen man klären muss, was man da an Land gezogen hat. In diesen Gesprächen wird dann z.B. geklärt, welche Art von Beziehungen die Tagebücher auflisten. Da die Belastung dieser Erhebungsform nur über eine sehr kurze Zeit (höchstens eine Woche) zumutbar ist, ist die Repräsentativität der Ergebnisse meist fragwürdig: Repräsentiert dieser Zeitraum für die Teilnehmer normale Tage, waren sie für die Organisation übliche Tage?[211] Insgesamt wird dieses Verfahren wegen des ungünstigen Verhältnisses zwischen Aufwand und Ertrag in Organisationsstudien selten verwendet. (Zwijze-Koning/De Jong 2005: 437) Außerdem ist es mit allen Nachteilen behaftet, die Selbstbeobachtung mit sich bringt.

Analyse archivierter Daten

Ein Beispiel für den Einsatz dieses Vorgehens zur Analyse von Netzwerken ist eine Zitationsanalyse. Damit können etwa Beziehungsnetze zwischen ForscherInnen (wer bezieht sich auf wen?) oder zwischen Methoden aufgedeckt werden. Erhoben wird dies an Hand von Publikationen, die in Datenbanken gespeichert sind.[212]

---

[211] Davon abgesehen deutet das Führen solcher Interaktionstagebücher darauf hin, dass die Ergebnisse immer einen hohen Erklärungsbedarf nach sich ziehen.

[212] Ein Beispiel dafür bietet die Analyse der Verbindungen zwischen 15 verschiedenen Methoden der Textanalyse in dem Buch von Titscher et al. (1998). Das Ergebnis, allerdings aus dem Jahre 1996: Nur wenige Publikationen wenden mehr als eine Methode an, die Grounded Theory ist der Ansatz, der am meisten zitiert wird. Die am zweithäufigsten eingesetzte Methode ist die ethnografische Textanalyse. Ziemlich isoliert ist die, ebenfalls häufig angewendete klassische Inhaltsanalyse. Vermutlich hat sich in den Sozialwissenschaften seither eine Verschiebung hin zu qualitativen Methoden ergeben. – Diese Hinweise sind zugleich eine vorweggenommene Ergänzung zum Thema Dokumenten- und Textanalyse (6.5).

Für die Analyse von Netzwerken in Organisationen eignen sich organisationsinterne Dokumente weniger, sondern eher der interne E-Mail-Verkehr oder Telefonlisten. Derartige Daten haben den Vorteil, dass sie nicht auf einer Selbsteinschätzung beruhen (wie die beiden vorher aufgezählten Techniken), einen langen Beobachtungszeitraum abdecken können und leicht messbar sind. Nicht so leicht ist in den meisten Fällen der Zugang zu derartigen Materialien. Damit hat man aber nur Interaktionshäufigkeiten in einem Medium, daher braucht man einen guten Grund, diesen Kommunikationskanal als Träger zu verwenden und muss begründen, wofür diese Art von Kommunikation steht. Außerdem weiß man damit nichts über die Inhalte und es wird wohl kaum sehr häufig vorkommen, dass man auch die Texte dieser Korrespondenz durchleuchten darf.

Archivierte Daten zu analysieren ist eine klassische non-reaktive Technik der Datensammlung. Das hat gegenüber Verfahren, bei denen die Untersuchung selbst einen Einfluss auf die Ergebnisse hat, einige Vorteile. Allerdings ist der Preis dafür, dass man genau untersuchen muss, unter welchen Bedingungen die Archivierung seinerzeit erfolgt ist, wie die Daten entstanden sind etc. All das kann, wie im nächsten Abschnitt ausgeführt wird, ebenfalls als Analysebefund über die Organisation selbst verwertet werden.

ECCO-Analysis

Die Abkürzung steht für „episodic communication channels in organization", eine nicht häufig eingesetzte, unserer Meinung nach aber originelle Technik, um die Verbreitung einer bestimmten Nachricht in Organisationen zu messen. (Zwijze-Koning/De Jong 2005: 440 f.) Das Vorgehen wird auch benützt, um die Verbreitung von Nachrichten über Katastrophen oder von Gerüchten zu untersuchen.

Wie geht man vor? Zuerst muss eine Episode, ein Ereignis, das für die Organisation bedeutsam ist, identifiziert werden. Das ist der Ausgangspunkt. Kurze Zeit später wird dann an alle Organisationsmitglieder ein Fragebogen verteilt, der die Kenntnis des Ereignisses abfragt und auch einige Angaben zur Person erhebt, wie etwa die Position oder das Organisationsalter. Die Analyse zielt darauf ab, festzustellen, wer (kategorisiert nach den Daten zur Person) in welchem Maße von dem Ereignis informiert ist bzw. wer (noch) nichts weiß. Zusätzliche Angaben bringen Fragen danach, wie man zu diesem Ereignis steht und mit wem man bereits darüber gesprochen hat. Eine der Komplikationen dieser Erhebungstechnik ist, dass die Frage, wie kurz nach dem Initialereignis die Befragung stattfinden muss, von einigen Faktoren abhängt, wie dem Inhalt des Ereignisses und einigen (nicht bekannten) Merkmalen der Organisation. Abgesehen davon können die Befragten überhaupt erst durch den Fragebogen von der Begebenheit informiert werden. Was will dieses Vorgehen untersuchen? Rollen und Muster der organisationseigenen Kommunikation. Nicht identifizieren kann man mit derartigen Daten die Intensität der Beziehungen oder informelle Gruppen.

Small-World-Technik

Der Erfinder dieser Idee, Stanley Milgram, ist besser bekannt wegen seiner Autoritätsexperimente.[213] In den Grundzügen laufen Small-World-Studien etwa folgendermaßen ab: Mitarbeiter einer Organisation bekommen einen Folder, in dem ein (erfundenes, realitätsnahes) Problem dargestellt wird. Sie werden gebeten, diese Beschreibung an eine Person zu senden, von der sie glauben, dass sie ihnen bei der Lösung dieses Problems gut helfen könnte. – Brauchen sie für dieses Thema niemanden, ist der Fall damit erledigt. – Der, bei dem das Faltblatt letztlich landet, wird dann gebeten, einige Fragen zu seiner Person zu beantworten. Auf diesem Weg kann man Schlüsselpersonen identifizieren, Kommunikationswege auffinden und Unterschiede zwischen formalen Zuständigkeiten und tatsächlich beschrittenen Wegen zur Lösung entdecken. In einer anderen Variante kann man eine Zielperson vorgeben und die Organisationsmitglieder bitten, das Faltblatt an diese Person weiterzuschicken; wenn man die Person nicht persönlich kennt, so soll man den Folder an jemanden weiter geben, von dem man annimmt, dass er die Zielperson persönlich kennt. Mit diesem Vorgehen kann man die Anzahl der Verbindungsknoten zwischen den Personen (und damit ihre Stellung im Prozess) messen und die Kommunikationsrouten mit den formalen Abläufen vergleichen. Wie auch immer man konkret vorgeht, man bekommt ein Bild von den Kommunikationswegen, die von unten nach oben laufen. Welche zusätzlichen Fragen man den Personen (Bekanntheitsgrad zwischen Absender und Empfänger oder Position in der Organisation) jeweils stellt, hängt von der Analysefrage ab.

---

[213] Stanley Milgram (1933–1984) war ein US-amerikanischer Psychologe, der mit seinen Gehorsamkeitsexperimenten (1963) u.a. darauf aufmerksam gemacht hat, dass Menschen sich ohne nennenswerten Widerstand Befehlen von Autoritäten fügen („compliance" zeigen). Dargestellt wurde dies an der vorgetäuschten Verabreichung von schmerzhaften oder gar tödlichen Elektroschocks. Das Experiment wurde aus forschungsethischen Gründen sehr kritisiert. In anderen Studien wies er auf die Verantwortungsreduzierung in Großstädten hin. Das Small-World-Problem wurde von Milgram im Jahr 1967 formuliert und besagt im Wesentlichen, dass die Verbindung zwischen zwei beliebigen und einander unbekannten Personen über erstaunlich wenige Kontakte (Knoten) hergestellt werden kann. Deshalb ist das Konzept auch unter der Bezeichnung „Six Degrees of Separation" bekannt.

Die Small-World Technik wird auch deshalb selten eingesetzt, weil bisher keine gesicherten Angaben darüber existieren, wie viele Personen man auswählen muss oder wie viele verschiedene Probleme man vorgeben muss, um einen angemessenen Datensatz für die Abbildung der organisatorischen Zustände zu haben. Außerdem ist die Rücklaufquote gering, teilweise auch deshalb, weil die Folder verloren gehen oder darauf vergessen wird, sie an die Forscher zurückzusenden etc. Alles in allem erfordert diese Analysemethode einen hohen Planungsaufwand und ein ziemlich genaues Wissen über die Organisation, da man sonst nicht in der Lage ist die „Stichprobe" auszuwählen und angemessene Probleme vorzugeben.

Weiterführende Hinweise
Die Soziometrie ist zwar einfach zu verstehen, die Durchführung ist allerdings heikel und verlangt von dem, der sie in der organisatorischen Realität einsetzen will, Grundkenntnisse im Umgang mit Gruppenprozessen. Uns sind keine neueren (nach 2000) erschienenen Bücher bekannt, die in den konkreten Umgang mit der Methode einführen. Die folgende Publikation ist umfassend und bringt auch einige Hinweise für die konkrete Anwendung:

> Dollase, Rainer, 1976: Soziometrische Techniken. Techniken der Erfassung und Analyse zwischenmenschlicher Beziehungen in Gruppen, 2. Aufl., Weinheim und Basel: Beltz.

Zum Thema Netzwerkanalysen empfehlen wir:
das Buch von Dorothea Jansen (2003). Es bietet eine Einführung in die theoretischen Konzepte, enthält anschauliche Beispiele und detaillierte Hinweise über Software zur Netzwerkanalyse.

> *Jansen, Dorothea,* 2003: Einführung in die Netzwerkanalyse. Grundlagen, Methoden, Forschungsbeispiele, 2. Aufl., Opladen: Leske + Budrich.

Einen Überblick über die theoretischen Ansätze und ihre Vor- und Nachteile bietet das Buch von Windeler (2001), das stark an der Strukturationstheorie des englischen Soziologen Anthony Giddens orientiert ist. Das Buch versucht dem Ruf nach einer besseren theoretischen Fundierung der Netzwerkanalyse gerecht zu werden, es zielt nicht darauf ab, konkrete Hinweise für die Vorgehensweisen bei Netzwerkanalysen anzubieten.

> *Windeler, Arnold,* 2001: Unternehmungsnetzwerke. Konstitution und Strukturation, Opladen: Westdeutscher Verlag.

Einen Überblick über Stand und Hauptergebnisse der interorganisatorischen Netzwerkforschung bietet der Übersichtsartikel von Provan et al. (2007):

Provan, Keith G./Fish, Amy/Sydow, Joerg, 2007: Interorganizational Networks at the Network Level: A Review of the Empirical Literature on Whole Networks, Journal of Management, 33(3): 479–516.

Konkrete Hinweise, wie eine Studie ablaufen kann, gehen aus dem Artikel von Uzzi (1999) hervor:

Uzzi, Brian, 1999: Embeddedness in the Making of Financial Capital: How Social Relations and Networks Benefit Firms Seeking Financing, American Sociological Review, 64: 481–505.

Der Autor geht einer für viele Firmen wichtigen Frage nach: Welche Firmen bekommen Kapital und zu welchen Kosten? Die Forschungsfrage lautete: Wie beeinflussen Beziehungen und Netzwerke die Bedingungen, unter denen Firmen zu Kapital kommen und wie beeinflussen diese Faktoren die Kreditkosten? Es ging also um die Erklärung, wie die soziale Struktur ökonomische Entscheidungen beeinflusst.

Dem Ansatz liegt also die Annahme zugrunde, dass Akteure ihre Handlungsweisen nicht ausschließlich an Eigeninteressen orientieren, sondern auch das soziale Beziehungsgefüge in ihre Überlegungen einbeziehen, in das sie eingebettet sind. Diese Bemerkung soll den Kern des für Netzwerkanalysen wichtigen Konzepts „Embeddedness" erklären. Zumindest so weit, dass der Titel der zitierten Arbeit besser verständlich wird und auch sichtbar wird, warum die Fragestellung finanzökonomische Zugänge ergänzen kann.

Es gibt mehrere Gründe, diesen Artikel zu lesen: Er verbindet ökonomische und soziologische Fragestellungen und stellt das Anliegen und den Wert von Netzwerkanalysen klar dar. Aus methodischer Sicht ist die Studie interessant, weil sie statistische Analysen mit qualitativer Feldforschung verbindet. Der Artikel hat nicht nur eine klare Struktur (Zielsetzung – Theorie – Darstellung des Vorgehens – Hypothesen – Ergebnisse), der Autor beschreibt auch sehr genau, wie er bei den Interviews vorgegangen ist und wie er sie ausgewertet hat (502 f.).

6.4 Beobachtung

Beobachtung setzt bei einer Fähigkeit an, die die allermeisten Menschen bis zu einem gewissen Grad beherrschen. Das hat sie mit Befragung gemeinsam, ebenso wie die Vielzahl der unterschiedlichen Verfahren, die unter dieser Bezeichnung existieren. Die Beobachtung zählt zu einer der drei Großfamilien unter den Erhebungsmethoden. Sie ist etwas aus der Mode gekommen. Trotzdem sollte man sich mit der Methode befassen; aus zwei Gründen: sie hat spezifische Vorteile und sie wird laienhaft von jedem angewendet, der neu in eine Organisation eintritt.

Beobachtung wird immer assoziiert mit einer gewissen Öffentlichkeit, mit der Untersuchung äußeren Verhaltens. Sie ist nicht für die Analyse inneren Verhaltens, also etwa Denken, Einstellungen, Motivation geeignet.

Man ist also immer auf der sicheren Seite, wenn man sich bei Schlussfolgerungen aus der Beobachtung von Verhalten auf die Beschreibung der Aktion bezieht und nicht Aussagen über die Intention trifft. Diese Zurückhaltung wird durch die generelle Attributionstendenz erschwert, der zufolge Beobachter tendenziell beobachtetes Verhalten der handelnden Person zuschreiben und weniger die Gründe in der Situation suchen. Auch das ist ein Grund dafür, dass die Anwendung der Methode eine entsprechende Schulung voraussetzt.

Die wichtigsten Kennzeichen der Methode enthält die folgende Definition: "An observational method is defined as the selection, provocation, recording, and encoding of that set of behaviors and settings concerning organisms 'in situ' which is consistent with empirical aims." (Weick 1968a: 360 f.

Wenn man die zentralen Begriffe des Satzes betrachtet, so bekommt man ein ziemlich umfassendes Bild dieser Methode:

- Selektion: Jeder Beobachter wählt vor, während und nach der Beobachtung aus, d.h. er trifft Entscheidungen und ist nicht völlig frei, kann nicht unbeschwert um sich schauen. Die Ausgangsfrage fokussiert den Blick und dann muss die kleinste Einheit definiert werden, die man während des Prozesses beobachtet.

Wenn man etwa das Auftreten von Gesprächspausen in Zweiergesprächen untersuchen will, so muss man sie definieren. Das ist schwierig, weil in dieser Zeit der Pause nur etwas nicht da ist. Man kann sich etwa dadurch helfen, dass man die Beobachter anweist, sie sollen feststellen, was vor dem Moment passiert, in dem das Gespräch stoppt und auch festhalten, was kurz vor der Wiederaufnahme des Gesprächs passiert. Augenkontakt ist oftmals die Erklärung: Sieht der Angesprochene über längere Zeit weg, so versickert das Gespräch. Nimmt er den Blickkontakt wieder auf, so wird das Gespräch fortgesetzt. – Das ist ein Beispiel für eine unstrukturierte Beobachtung, bei der man nur vage angeben kann, worauf zu schauen ist. Sehr strukturiert wäre eine Beobachtung, die ein standardisiertes Beobachtungsraster vorgibt.

Bei der Auswertung müssen oftmals Entscheidungen getroffen werden, wie was ausgewertet wird, welche Kategorien man bildet etc.; das trifft in besonderem Maße bei Filmmaterial oder Videoaufzeichnungen zu.

- Provokation: Mit Beobachtung verbindet man meist eine passive Rolle: einen Zuschauer, der unbeteiligt ist und dessen Auftreten wenig Interventionscharakter hat. Aber diese Methode ist nicht notwendigerweise non-reaktiv. Beobachtung kann auch einschließen, dass man Verhalten hervorlockt. Ein einfaches Beispiel ist in der Studie von Levine (1998) enthalten, die wir weiter unten kurz darstellen: Beobachter provozieren bei Schalterbediensteten der Post eine Reaktion, die gemessen wird.

- Aufzeichnungen: Die für Beobachtungen erforderlichen Aufzeichnungen bedeuten meist einen großen Arbeitsaufwand. Das trifft besonders für Beobachtungsstudien zu, die mit Filmmaterial oder Tagebucheintragungen arbeitet. In diesem Zusammenhang kommt Weick (1968a: 361) zu einer Feststellung mit allgemeiner Gültigkeit: „Reduction of data is crucial." Filmmaterial ist, wie alle anderen nicht selbst gesammelten Daten, unter einem bestimmten Blickwinkel aufgenommen/gesammelt worden. Daher muss man diese Selektion bei der Nutzung des Materials berücksichtigen.
- Kodieren: Jedes Beobachtungsmaterial muss vereinfacht werden. Entweder durch Einschätzungen, durch Übertragung in ein Kategoriensystem oder durch Häufigkeitsauszählungen. Entweder wird das während der Beobachtung gemacht oder im Nachhinein. Es gibt eine ganze Reihe von Kategoriensystemen, die – ähnlich wie Antwortvorgaben bei einem standardisierten Fragebogen – die Beobachtungen anleiten und ermöglichen sollen, jede interessierende Verhaltensweise entsprechend einzuordnen. Bei Weick (1968b) und Mintzberg (1973) finden sich eine Reihe von Beispielen und weiter unten gehen wir auf das Schema von Robert F. Bales ein. Eine der Schwierigkeiten liegt darin, dass falsche Aufzeichnungen, also das Kodieren während der Beobachtung, nicht nachträglich korrigiert werden können. Das erfordert hohe Konzentration und penible Arbeit.
- Meist benötigt man ein Set von Messungen und kommt nicht mit einer einzigen aus. Wie andere Methoden auch, erfordert Beobachtung häufig unterschiedliche Indikatoren, um die Fehleranfälligkeit einer einzelnen Beobachtung auszugleichen. Alle im Folgenden gebrachten Beispiele verwenden jeweils ein ganzes Set an Indikatoren.
- Typische Phänomene können sich an den unterschiedlichsten Plätzen zeigen und durch verschiedene Verhaltensweisen aufgedeckt werden. Wichtig ist, dass man die Orte und die Verhaltensweisen für die Beobachtung wählt, die eine gültige (valide) Datensammlung ermöglichen. Angenommen, man ist an der Frage interessiert, wie es um das Tempo in verschiedenen Bereichen einer Organisation bestellt ist. Dann ist die Frage, was Verhaltensindikatoren für den Umgang mit Zeit sind, wo man diese Verhaltensweisen beobachten kann und durch welches anderes Material man diese Beobachtungen unterstützen, kontrollieren, ergänzen kann. Die Arbeit von Managern, außerhalb der Firma kann man kaum systematisch beobachten. Wie kommt man trotzdem an Daten?
- Organismus: Diesen Begriff hat Weick an Stelle von „Person" in die Definition aufgenommen, um darauf hinzuweisen, dass viele sehr gute Be-

obachtungsverfahren in Studien zur Verhaltensbeobachtung von Tieren entwickelt wurden.
- Die Phrase „in situ" soll zum Ausdruck bringen, dass Beobachtungen vorwiegend an Ort und Stelle vorgenommen werden sollten, in den Situationen, in denen das alltägliche Verhalten auch stattfindet. Beobachtung hat allerdings den unangenehmen Nebeneffekt, dass man oft Glück haben oder entsprechend lange warten muss, bis ein Ereignis, das man in seiner natürlichen Umwelt beobachten will, auftaucht. Auch deshalb wurde oben von Provokation gesprochen.
- Untersuchungszweck: Die Definition beinhaltet diesen Aspekt, weil Beobachtung für die unterschiedlichsten Zwecke eingesetzt werden kann; für das Testen von Hypothesen (wie etwa in der Studie von Pugh) ebenso, wie für eine reine Beschreibung (wie Levine dies vorführt) oder das Entwickeln von Annahmen (siehe die Studie von Mintzberg). Alle drei Arbeiten werden weiter unten besprochen.

6.4.1 Unterschiedliche Verfahren

Eine Unterscheidung ist, ob die Methode in strukturierter oder in unstrukturierter Form eingesetzt wird. Die wesentlichen Vor- und Nachteile sind analog zur Frage zu sehen, wann standardisierte Befragungen und wann nicht-standardisierte Interviews einzusetzen sind: strukturierte Verfahren sind wegen des geringeren Zeitaufwandes ökonomischer, schränken aber die Interpretationsmöglichkeit der Beobachtungsdaten ein. Unstrukturierte Vorgehensweisen können wichtige Daten übersehen und sind für andere nicht nachvollziehbar. Dieses Vorgehen ist deshalb besonders gefährlich, weil es für Wahrnehmungsfehler anfällig ist und auch diese Kategorie von Fehlern nachträglich kaum zu beheben ist. Daher ist bei jeder unstrukturierten Beobachtung, ebenso wie bei wenig strukturierten Interviews, eine technische Dokumentation wichtig.

Um die Verlässlichkeit und Gültigkeit einer Beobachtung zu verbessern, kann man folgende Kontrollkriterien heranziehen, die Helen Peak aufgestellt hat und von König (1967: 130) wiedergegeben werden:

1. Welches Verhalten muss ausgewählt und protokolliert werden, um die gesuchte Information zu erhalten?
2. Unter welchen Bedingungen müssen die Beobachtungen vorgenommen werden? Wie ist die Situation strukturiert, in der die Beobachtung stattfindet?
3. Gibt es Beweise dafür, dass man einen Prozess beobachtet, der eine in sich geschlossene Episode ist? Beobachtet man eine Einheit mit einer bestimmten Funktion und nicht nur einen willkürlichen Ausschnitt?

4. Kann man die Beobachtung quantifizieren? Gibt es Punktwerte oder Einstufungsmöglichkeiten? Welcher Maßstab wird benützt?
5. Welche Bedeutung und welche Funktion haben die beobachteten Prozesse?
6. Wie beständig sind die Beobachtungsergebnisse? Wird man unter den gleichen Bedingungen immer ähnliche Ergebnisse bekommen?
7. Reicht die Beobachtung aus oder müssen auch die vorausgehenden Bedingungen untersucht werden? Ist der Kontext in die Beobachtungsstudie einzubeziehen?

		Offenheit	
		verdeckte Beobachtung	offene Beobachtung
Mitwirkung	teilnehmend (Mitarbeit)	1	2
	nicht teilnehmend	3	4

Abb. 21: Vier Rollen eines Beobachters im Feld

Die zweite Dimension, nach der Beobachtungsverfahren unterschieden werden können, differenziert nach der Rolle, die ein Beobachter im Feld einnehmen kann (siehe Abbildung 21).

Verdeckt ist eine Beobachtung, wenn der Beobachter nicht als solcher erkennbar ist, wenn er also seine Rolle verheimlicht oder am Geschehen nicht teilnimmt. Ob das überhaupt möglich ist, hängt beispielsweise von der Größe der beobachteten Einheit ab; in einer kleinen Gruppe fällt jeder Hinzukommende auf. Teilnehmend ist eine Beobachtung, wenn der Beobachter selbst ein Teil des Geschehens ist, am normalen Leben teilnimmt.

Die Situationen 1 und 2 bieten die Chance, reichere Daten zu sammeln. Andererseits fällt es in den beiden anderen Beobachtungstypen (3 und 4) leichter, die Daten zu verarbeiten und Hypothesen zu bilden. Ein Beispiel für den Einsatz teilnehmender Beobachtung bietet die bereits dargestellte Studie von Bensman/Gerver (1973). Die meiste Erfahrung mit teilnehmender Beobachtung ist in den Bereichen der Anthropologie und Ethnologie versammelt, die diese Methode bereits seit langer Zeit einsetzen.[214] International vergleichende Studien können dort Erfahrungen holen, wie man sich gegen die Verengung des Blicks durch Ethnozentrismus wappnen kann.

Jede teilnehmende Beobachtung (1 und 2) stellt erhöhte Anforderungen an die Dokumentation und an entsprechende Techniken, um die zeitliche Distanz zwischen Beobachtung und Aufzeichnung möglichst gering zu halten. Jemand der als Organisationsmitglied herausbekommen will, worauf es hier ankommt, ist in Quadrant 1 zu finden und wird als Organisationsneuling in der Probezeit meist gut daran tun, sich als jemand darzustellen, der Feld 2 zuzurechnen ist.

Nimmt man als Forscherin oder Forscher am Geschehen teil und beobachtet zugleich, so ist das eine harte Arbeit. Man muss: beobachten, → aus den Beobachtungen Annahmen ableiten, → diese Annahmen in einer darauf folgenden Beobachtung überprüfen, d.h. → diese Beobachtungsergebnisse aufzeichnen, → interpretieren, → dann mit den Annahmen vergleichen, daraus → seine Schlüsse ziehen. Parallel zu ihrem Denken als Beobachterin muss sie sich als Teilnehmerin auf die Situation einlassen und mitarbeiten. Die Eingebundenheit ins Geschehen erschwert außerdem, die Distanz zu gewinnen (oder zu halten), die man für das Testen von Hypothesen braucht: Wie kann man sicher sein, dass das, was man beobachtet hat, dem entspricht oder widerspricht, was man vorher angenommen hat? Wie kann man sicher sein, dass die eigene Beobachtung nicht vorwiegend durch die Übernahme der Normen und Sichtweise derer zustande kommt, die man beobachtet? Da helfen, wie schon bei den Ausführungen über Interviews erwähnt, Gespräche mit Kollegen, die die Funktion eines Debriefing haben.

In Feld 3 gibt es wenig oder keine Interaktion zwischen Beobachter und Beobachteten. Derartige Situationen sind, wie wir anlässlich der Unterscheidung von Quellen (siehe Abbildung 15) festgestellt haben, vor allem in den zugänglichen Bereichen einer Organisation gegeben, in denen das Verhalten der Mitglieder unauffällig beobachtet werden kann.

---

[214] Auf die Arbeit von Geertz haben wir bereits oben verweisen. Einen Eindruck von der Arbeits- und Denkweise der Ethnologie bzw. Anthropologie vermittelt beispielsweise das Buch von Nigel Barley (1993: 9 f.): „Anthropologen arbeiten selten mit Fragebögen und Statistiken. Sie befassen sich mehr mit ‚intersubjektiven Bedeutungen', den Vorstellungen, mit denen Menschen ihrem Leben einen Sinn geben. So ist Geschichte für den Anthropologen weniger das, was wirklich geschehen ist, als das, woran sich Menschen erinnern. ... Die intersubjektiven Bedeutungen in einer Kultur lassen sich nicht einfach vermessen, sondern werden am besten mit der Technik der ‚teilnehmenden Beobachtung' erforscht, eine aufwendige Bezeichnung für eine einfache Sache, daß man nämlich wie ein Einheimischer, möglichst über einen längeren Zeitraum, am Alltagsgeschehen teilnimmt."

Feld 4 entspricht etwa einer experimentellen Anordnung oder einer Aufsicht. In beiden Situationen nimmt man eine Rolle ein, die distanziert ist. Dann sollten eigene Interessen und andere biografische Momente in den Hintergrund gedrängt und durch eine gleichgültige Haltung ersetzt werden, in der das rein thematische Interesse an der Analyse dominiert.

6.4.2 Beobachtungsinstrumente

Nur unsystematische oder unstrukturierte Beobachtungen brauchen keine Instrumente. In der Literatur gibt es eine Fülle von unterschiedlichen Rastern, die alle den Zweck haben, in der Beobachtungssituation die Entscheidung zu unterstützen, worauf man zu schauen hat und wie man das, was man sieht, festhält. Nach der Beobachtung sollen sie die Vergleichbarkeit und Auswertung der Daten erleichtern. So gibt es für nonverbales Verhalten Zeichensysteme, die das Heben der Augenbrauen, das Senken der Mundwinkel etc. symbolisieren oder Notationssysteme für Körperbewegungen und -haltungen.

Ein besonders ausgearbeitetes Kategoriensystem hat das Beobachtungs- und Analyseverfahren von Bales/Cohen (1982).[215] Es geht auf eine Fülle theoretischer Arbeiten und empirischer Studien zurück: SYMLOG (A *Sys*tem for the *M*ultiple *L*evel *O*bservation of *G*roups) ist ein Paket von Instrumenten zur Erforschung der Interaktionsprozesse in Kleingruppen. Die

---

[215] Die frühesten Veröffentlichungen gehen auf das Jahr 1950 zurück. – Einen Auszug aus dem 1950 von Bales veröffentlichten Buch ist in dem am Ende des Abschnitts angegeben Reader von René König enthalten – Damals hat Robert F. Bales seine „Interaction Process Analysis" vorgestellt. Sie beruhte ursprünglich auf den strukturfunktionalistischen Arbeiten des Soziologen Talcott Parsons und führte zu einem 12 Kategorien umfassenden Beobachtungsschema, mit dem Interaktionsprozesse in Kleingruppen untersucht wurden. Im Laufe der mehr als 30 Jahre laufenden Forschungsarbeiten wurde das System verfeinert. Eine Fülle weiterer Theorieansätze (Lewins Feldtheorie, die Grounded Theory von Glaser/Strauss, der symbolische Interaktionismus von Mead) wurde integriert. Diese müssen aber nicht nachvollzogen werden, um das Konzept zu verstehen. Das neue Beobachtungssystem wurde gemeinsam mit S. P. Cohen als SYMLOG publiziert und wird von der „SYMLOG Consulting Group" vermarktet. http://www.symlog.com/ (05-11-07).
Wie eine Methode so berühmt werden kann, geht aus der Bemerkung von A. Paul Hare (2003), einem renommierten Kleingruppenforscher, hervor: „Note that aside from the perceptiveness and complexity of your research, the best strategy for making a valuable contribution to knowledge about small groups is to find a place at a major university with lots of graduate students looking for thesis topics. This happened at the university where the category system for interaction process was developed. The system became the most widely used category system in the world, used primarily by graduate students at the university or their associates later on."

allgemeine Ausgangsfrage lautet: Welche Funktionen müssen in einer Gruppe erfüllt werden, damit sie Bestand hat?

Alle in Gruppen beobachtbaren Verhaltensweisen lassen sich unter diesem Aspekt drei (bipolaren) Dimensionen zuordnen:

a) Einfluss nehmen *versus* Zurückhaltung üben und auf Einfluss verzichten
Dies zeigt sich etwa darin, wie aktiv jemand ist, ob er dominant ist oder eher introvertiert, ob er viel oder wenig spricht.

b) Offenheit, Zuwendung und Freundlichkeit *versus* Abgrenzung
Die Einordnung auf den Polen dieser Dimension ergibt sich daraus, wie freundlich und partnerschaftlich jemand agiert oder wie individualistisch und unfreundlich er auftritt.

c) Aufgaben- bzw. Zielgerichtetheit und Normorientierung *versus* Emotionalität und Nonkonformismus
Die Äußerungen von Gruppenmitgliedern können entweder mehr auf Effizienz und Kontrolle des Geschehens ausgerichtet sein oder vorwiegend emotional geprägt und ungezwungen sein.

Diese drei Grundkategorien umfassen jeweils eine Reihe von Unterkategorien. Mit ihnen kann man Gruppenprozesse beobachten und es gibt auch Fragebögen, die zur Einschätzung der eigenen Stellung in der Gruppe dienen. Es gibt auch Analysen, die das Beobachtungssystem als Textanalyseverfahren einsetzen. Nähere Angaben enthält das Buch von Titscher et al. (1998: 171 ff.). Der Hinweis macht auch deutlich, dass die Unterschiede zwischen Beobachtungs- und Textanalyseverfahren nicht immer deutlich zu ziehen sind, weil sich beide Methodenarten mit der Beobachtung und Entschlüsselung von Zeichen befassen. Und um die Verwandtschaftsverhältnisse weiter zu treiben, kann man auch feststellen, dass ein Beobachtungssystem, aus dem sich Rollen (Aktivitätsbündel und damit verbundene Positionen) ableiten lassen, einer soziometrischen Analyse gleich kommt.

6.4.3 Die Anlage einer Beobachtungsstudie

Die Untersuchung von Henry Mintzberg ist zwar schon alt, die Erhebungen fanden 1967/68 statt, wir fassen hier aber die methodischen Aspekte zusammen, weil sie das Vorgehen und die Konzeption einer Beobachtungsstudie besonders klar erkennen lassen. Schon deshalb ist das oft zitierte Buch nach wie vor lesenswert.

Beispiel 8: Was machen Manager wirklich?
Mintzberg, Henry (1973): The Nature of Managerial Work. New York: Harper.

Mintzberg wollte untersuchen, was Manager tatsächlich machen.[216] Die Studie war so angelegt, dass sie mehr auf die Arbeit selbst fokussiert war, weniger auf die Person, mehr auf prinzipielle Gemeinsamkeiten als auf Unterschiede. Es sollten die zentralen Inhalte erfasst werden, nicht nebensächliche Charakteristika. Da die Forschungsliteratur wenig zu diesem Thema hergab, legte er seine Studie induktiv an, d.h. es sollten aus den Einzelbefunden Schlüsse und Annahmen gezogen werden. Außerdem sollte die Arbeit umfassend sein und sich nicht auf jene Aspekte beschränken, die den Autor interessierten. Die Studie sollte tiefer gehen und nicht nur ein oberflächliches Bild der Tätigkeiten von Managern liefern. (230 f.) – Diese Beschreibung gibt die Grundzüge der Forschungsstrategie wieder: Es handelt sich, in der Diktion von heute gesprochen, um eine explorative Fallstudie.

Als Methode wählte Mintzberg eine strukturierte Beobachtung. Das Ausmaß der Strukturierung ist immer eine Gratwanderung zwischen der Gefahr, wichtige Informationen durch zu starke Strukturierung auszuschließen und der Unmöglichkeit, die unstrukturierte Datenfülle angemessen zu verarbeiten. Er wendete eine Form an, bei der er während und nach der Beobachtung ihre Kategorien entwickelt.[217]

Dieser Ausgangspunkt macht es unmöglich, eine große Stichprobe zu untersuchen. Die Studie beschränkt sich auf die Analyse der Arbeit von fünf Managern, erfahrene Chief Executives großer oder mittlerer Unternehmen, die jeweils eine Woche beobachtet wurden.

Die Studie umfasste drei Stufen: Vorstudie – Aufzeichnung der Beobachtungen – Kodieren der Beobachtungsdaten. In der Vorstudie wurden Daten über die Organisation gesammelt und ausgewertet, wie: Organi-

---

[216] Er arbeitete 12 Monate an der Studie. Auslöser für die Arbeit war, dass er schon als Sechsjähriger wissen wollte, was sein Vater eigentlich die ganze Zeit über machte. Im Laufe seines Doktoratsstudiums musste er feststellen, dass über die Inhalte des Jobs eines Managers auch in der Forschung wenig bekannt war. – Mintzberg ist für seine kritischen Arbeiten zum Thema Strategie und als Organisationstheoretiker bekannt. Seine Typologie von Organisationen wurde in Teil eins erwähnt.

[217] Das Vorgehen weist starke Ähnlichkeiten mit der zu dieser Zeit noch nicht publizierten Grounded Theory auf. Das kommt insbesondere in folgender Feststellung von Mintzberg (1973: 233) zum Ausdruck: „It should be noted that the essence of the inductive process is in the successive iteration of raw field data – recording, tabulating, coding and recoding, analyzing these results – until meaningful conceptualizations appear."

gramme und Jahresberichte, Artikel und Bücher über die Organisationen. Das war wichtig, um ein Verständnis von der Umwelt zu entwickeln, in der die Manager arbeiten. Daten über die Manager sammelte Mintzberg, um mit ihnen und ihrem persönlichen Hintergrund vertraut zu werden.

In der Hauptphase wurden in einer offenen, nicht-teilnehmenden Beobachtung zwei Arten von Material gesammelt: „anekdotisches" und „strukturiertes". Das anekdotische Material bestand aus der detaillierten Beschreibung interessant erscheinender Zwischenfälle, enthielt Auszügen aus der aktuellen Korrespondenz und Notizen über Hintergrundinformationen aus zwischenzeitlichen Gesprächen mit den Managern. Die strukturierten Daten bestanden aus den minutenweise festgehaltenen Aktivitäten während des Arbeitstages und erfassten alle Schriftstücke und alle Gesprächskontakte. Bei den Gesprächskontakten wurden festgehalten: Medium, Teilnehmer, Dauer, Ort und auslösende Person. Diese Daten wurden auf drei verschiedene Arten dokumentiert: Einmal wurde die gesamte ein- und ausgehende Post festgehalten. In einer zweiten Aufzeichnung wurden alle Gesprächskontakte beschrieben. In der chronologischen Aufzeichnung wurden die Querverbindungen zwischen den beiden anderen Sammlungen hergestellt. Am Ende jedes Beobachtungstages wurden diese drei Aufzeichnungstypen vervollständigt.

Auf diese Art wurden insgesamt 202 Arbeitsstunden während fünf Wochen beobachtet. In dieser Zeit wurden von den fünf Managern 547 unterschiedliche Aktivitäten ausgeübt. Die Ergebnisse sind in dem Buch sehr detailliert tabellarisch aufgelistet.

(Mintzberg 1973: 268 ff.) Überlegungen zur Methode sind ein Beispiel für den reflexiven Umgang mit der eigenen Arbeit und Rolle. Dabei behandelt er folgende Themen: Probleme bei der Datensammlung, die Auswirkungen der Anwesenheit des Beobachters, die Arbeitshektik und am ausführlichsten geht er auf Probleme des Kodierens ein:

Die Datensammlung ist in folgenden Fällen schwierig: bei Telefongesprächen, da man nur einen Sprecher hört; die Arbeit der Manager zu Hause oder außerhalb der Firma kann man nicht beobachten und über Meetings, die zu komplex sind, um sie wirklich zu verstehen oder an denen man nicht teilnehmen kann, gibt es auch keine guten Daten. Um diese Schwierigkeiten zu umgehen, wurden die Manager gebeten, diese Ereignisse kurz zusammen zu fassen, also etwa nach einem Telefonat zu sagen, wer angerufen hat und was der Zweck des Telefonats war. – Das ist ein typisches Beispiel für angewandten Methodenmix; Interviews ergänzen die Beobachtungsdaten. Mintzberg berichtet davon, dass seine

Anwesenheit nie als störend empfunden wurde und ein Gutteil der Arbeit von der Anwesenheit eines Beobachters auch nicht betroffen ist, wie z. B. die Bearbeitung von Schriftstücken. Die Arbeitshektik ist ein größeres Problem, das Aufzeichnen artet in einen hektischen Ganzzeitjob aus: Allein schon in einer Woche wurden u.a. 334 Seiten Notizen gesammelt. Das Kodieren schließlich ist die meiste Arbeit, Mintzberg bietet dazu ausführliche Hinweise (1973: 271–277). Die Arbeit beginnt damit, dass man „Aktivität" definieren muss. Die Leitfrage der gesamten Analyse ist im Auge zu behalten: Was macht ein Manager?

Um zu zeigen, welche Art von Ergebnissen der deskriptive Teil der Studie erbrachte, kann folgendes Beispiel dienen: „The informal media (telephone and unscheduled meeting) are generally used by the manager for brief contacts when the parties are well known to each other, and when information or requests must be transmitted quickly." (Mintzberg 1973: 52) Aus seinen Ergebnissen leitet Mintzberg zehn Rollen eines Managers ab, die in drei Kategorien zusammen zu fassen sind: interpersonale Rollen, Informationsrollen und Rollen als Entscheider. (Mintzberg 1973: 58)

6.4.4 Ergebnisse ausgewählter Beobachtungsstudien

Die folgenden Beispiele sollen einen Eindruck davon vermitteln, welche Art von Ergebnissen Beobachtungsstudien erbringen, wie sie angelegt werden können und welche Beschränkungen damit verbunden sind. Einen Eindruck von der Qualität jeder der drei im Folgenden skizzierten Studien bekommt man, wenn man an sie die oben (6.4.1) aufgezählten sieben Kriterien anlegt.

Der Sozialpsychologe Robert Levine ist der Frage nachgegangen, wie in unterschiedlichen Kulturen mit Zeit umgegangen wird. Ein wesentliches Ergebnis gibt, in Auszügen, Tabelle 13 wieder.

Das Lebenstempo in Städten ausgewählter Länder an Hand von drei Indikatoren:

Tab. 13: Zeitverhalten – Rangplätze aus einem Vergleich von 31 Ländern
(Quelle: Levine 1998: 180)

Land	Rangplatz Gesamt-tempo	Gehge-schwindig-keit	Bedie-nungszeit bei der Post	Genauig-keit der Uhren
Schweiz	1	3	2	1
Deutschland	3	5	1	8
Österreich	8	23	8	3
Mexiko	31	17	31	26

Wie diese Ergebnisse zustande kommen, berichtet Levine (1998:37), indem er die drei in der Tabelle ausgewiesenen Indikatoren beschreibt, die zu einem Gesamtmittelwert verrechnet wurden.

- Gehgeschwindigkeit: Die durchschnittliche Zeit, die mindestens 35 zufällig ausgewählte Fußgänger für eine Entfernung von 20 Metern in zwei verschiedenen Ladenstraßen mit breiten Gehsteigen der Innenstadt brauchen. Die Messungen wurden an klaren Sommertagen vorgenommen. Nicht einbezogen wurden körperlich Behinderte, Schaufensterbummler und Paare.
- Schnelligkeit am Arbeitsplatz: Es wurde die Zeit gemessen, die ein Postbediensteter braucht, um am Schalter eine Standardbriefmarke zu verkaufen. Dazu wurde dem Angestellten am Schalter ein Papier vorgelegt, auf dem die Bitte um eine gängige Briefmarke in der Landessprache geschrieben stand und dem eine Banknote im Wert von etwa 10 € beigefügt war.
- Die Genauigkeit von 15 zufällig ausgewählten Uhren in wichtigen Geschäftsvierteln wurde mit der Telefonansage der Zeit verglichen.

Aus der Kombination der in der Tabelle wiedergegebenen Beobachtungsergebnisse mit anderen Daten stellt der Autor fünf Faktoren fest, die seinen Untersuchungen zufolge den Umgang mit der Zeit beeinflussen: Je höher der Wohlstand, desto höher ist das Tempo. Je höher die Industrialisierung, desto weniger freie Zeit bleibt pro Tag. Größere Städte haben ein schnelleres Tempo. Heißere Orte haben ein langsameres Tempo. In individualistisch geprägten Kulturen bewegt man sich schneller als in kollektivistisch orientierten (Levine 1998: 38–50).

Einer völlig anderen Fragestellung geht die Untersuchung von Rafaeli/Sutton (1990) nach: Beeinflussen Kundenandrang und Kundenansprüche das Zeigen positiver Emotionen? Es werden also zwei unabhängige Variable und eine abhängige benannt. Diese Variablen wirken in einer bestimmten Situation zusammen, etwa vor Bankschaltern oder bei Kassen in

Supermärkten. In dieser Situation wirken „Kontroll-" oder „Test-Variable", also Merkmale, die die Beziehungen zwischen den Variablen kontrollieren, an denen man interessiert ist.

Der nächste Schritt besteht darin, diese Variablen in Erhebungsoperationen zu übersetzen, so dass die Indikatoren den gemeinten Inhalt wiedergeben und gut messbar sind. Also muss man „Kundenandrang" operationalisieren. Dazu sind etwa drei Indikatoren geeignet: Anzahl der offenen Kassen, Anzahl der Kunden in allen Warteschlangen und die Anzahl der Leute in der längsten Schlange. Diese werden zu einem Index verrechnet. Als Kontrollvariable werden u.a. die Tageszeit und der soziale Status der Käufer herangezogen, da man aus bisherigen Studien weiß und gute Argumente dafür hat, dass diese Faktoren die Beziehung zwischen Kundenandrang, Kundenansprüche und dem Zeigen positiver Emotionen (also den Variablen der Fragestellung) beeinflussen. Der sichtbare soziale Status kann, wenn man sich in der Kultur gut auskennt, in der die Untersuchung stattfindet, relativ gut eingeschätzt werden, so lange man nur oberflächlich Kategorien verwendet (hoch, mittel, niedrig).

Die Fragestellung „Busy stores and demanding customers: how do they affect the display of positive emotion?" haben die Autorin und der Autor mit einem Design untersucht, das ausschließlich mit Daten einer nicht-teilnehmenden Beobachtung auskommt; konkret haben sie die Beziehung zwischen Kassiererinnen und Kunden einer Supermarktkette in Jerusalem untersucht. Da sich die gleich im Anschluss wiedergegebene Studie von Pugh auf die Arbeiten dieser Autoren stützt, nennen wir hier nur zwei Variable, die dort nicht vorkommen: Der Grad an Freundlichkeit: ob die Kassiererin den Kunden gegenüber mürrisch (Wert 0), freundlich (Wert 1) oder sehr freundlich (Wert 2) ist. Die Bedienung: ob die Kassiererin den Kunden beachtet (Wert 1) oder einfach nur die Waren verrechnet (Wert 0). Diese beiden Variablen sollen nicht das mehr mechanische Zeigen von Emotionen erfassen, sondern die Emotionalität der Interaktion messen. Ein Ergebnis dieser Studie: Es gibt einen negativen Zusammenhang zwischen Kundenandrang und Ausmaß der Freundlichkeit der Kassiererinnen.

In der Forschung über Kundenverhalten gibt es mittlerweile zahlreiche andere und ausgefeiltere Beispiele für Beobachtungsstudien. Aber im Kern geht es darum, dass diese Analysen keine Organisationsstudien sind, sondern Analysen, aus denen das Management von Organisationen, auf die die Situation zutrifft, voreilige Schlüsse ziehen kann, die sich in der Organisation der Arbeit niederschlagen oder zu einem Lächel-Training führen.

Mögliche Konsequenzen für eine Organisation werden deutlicher, wenn man nicht das Verhalten der Verkäufer als abhängige Variable benennt, sondern beispielsweise die Zufriedenheit der Käufer.[218] Dann müsste die Beobachtungsstudie um einen Befragungsteil erweitert werden. Dafür bietet die folgende Untersuchung ein Beispiel.

Pugh (2001) hat 131 Bankangestellte in 39 Zweigstellen einer Bank beobachtet und befragt. Überdies wurden die Kunden der Angestellten über ihre Einschätzung der Qualität der Dienstleistung interviewt. Die Ausgangsfrage war, welche Bedeutung Emotionen für die Angestellten/Kunden-Beziehung haben und ob sie die Einschätzung der Servicequalität beeinflussen.

Beobachtet wurden zwei verbale und zwei non-verbale Verhaltensweisen: Eine Eröffnungsbemerkung des Angestellten zur Begrüßung, wie „Hallo" oder „Wie geht's Ihnen?" Erfolgte sie innerhalb von drei Sekunden, nachdem der Kunde vor dem Bankschalter aufgetaucht ist, so wurde der Wert 1 vergeben. Wurde am Ende des Gesprächs dem Kunden gedankt, so wurde ebenfalls eine 1 vergeben.

Während des Gesprächs wurde das Lächeln des Bankangestellten (erkennbar durch sichtbares Hochziehen der Lippen) bewertet: eine 1 für einmaliges Lächeln, eine 2 für mehrmaliges und eine 0 für kein Lächeln. In gleicher Weise wurde der Augenkontakt, unabhängig davon, ob ihn der Kunde erwiderte oder nicht, bewertet. – Wir fügen hinzu, dass üblicherweise drei Klassen von non-verbalem Verhalten unterschieden werden: Körperbewegungen (Gesten etc.), Blickkontakt und Gesichtsausdruck. In dieser Studie werden die beiden letzten untersucht.[219] – Dieses Beobachtungsinstrument geht auf Arbeiten von Rafaeli und Sutton zurück. Für jeden Bankangestellten wurden die Werte aller beobachteten Transaktionen summiert und durch die Anzahl der Kundengespräche dividiert. Ein Ergebnis der Studie ist, dass ein positiver Zusammenhang besteht zwischen dem Zeigen von Emotionen seitens des Angestellten und der durch Befragung der Kunden beim Verlassen der Bank erhobenen Einschätzung der Servicequalität.

---

[218] Das Verwertungsinteresse klebt immer an der abhängigen Variable, zeigt sich vor allem dort und nicht an der prominenteren unabhängigen Variable.

[219] Überlegungen zum Thema, wie man Emotionen an sich selbst und an anderen wahrnimmt, gehen meist auf die Arbeiten von Paul Ekman zurück. In Zusammenhang mit den Untersuchungen der zitierten Beobachtungsstudien verweisen wir auf ein Buch von Ekman (2007: 302 ff.), das u.a. vierzehn Fotos enthält, mit denen man seine Fähigkeiten testen kann, Gefühle in Gesichtsausdrücken zu identifizieren.

6.4.5 Beobachtung im Rahmen von Organisationsanalysen

Da Beobachten ein ganz natürlicher Vorgang ist, kann man sagen, dass jede Untersuchung mit dieser Methode arbeitet oder arbeiten sollte. Schließlich heißt das ja nur, dass man die Augen offen hält und das, was man sieht, festhält und in die Untersuchung einbezieht. Anders ausgedrückt, man kann in einem Anfangsstadium die Beobachtungen als Ideenbringer nützen. In vielen Fällen basieren abduktive Schlüsse auf Material, über das man bei Beobachtungen stolpert. – Beim Materialzugang (siehe Abbildung 15) haben wir Arten leicht zu erhebender Daten benannt, das sind typischerweise Fakten, die häufig einer Beobachtung zugänglich sind.

Man fragt beim Informationsschalter oder beim Portier nach der Kontaktperson, mit der man das erste Gespräch führt. Muss erst lange im internen Verzeichnis gesucht werden, so bedeutet das etwas anders als wenn man auf Anhieb hört: „Dritter Stock, Zimmer 304, ich ruf das Vorzimmer an." Man sieht beim Gang durch die Organisation, welche Türen offen sind, wo die Gänge wie ausgestattet sind und wie die Leute einander begegnen, grüßen oder übersehen. Man kann unterschiedliche Grade an Hektik feststellen und diese Beobachtung nutzen, indem man sich die Frage zu beantworten versucht, ob die Leute irgendwo hin laufen oder ob sie vor etwas davon laufen.[220]

Der große Vorteil der Methode liegt darin, dass sie konkretes, meist aktuelles Verhalten untersuchbar macht. So können etwa die Kategorien des Beobachtungssystems von Bales die Wahrnehmung für das schärfen, was in Sitzungen abläuft. Schon in den klassischen Beobachtungsstudien, wie etwa in der bereits erwähnten von William F. Whyte (1955), wurde hervorgehoben, dass die Gespräche mit den Leuten helfen, das zu verstehen, was abläuft und dass das, was man beobachtet, zu verstehen hilft, was die Leute einem sagen.

Beobachtung wird also kaum jemals als einzige Methode die Daten liefern, die für die Beantwortung der Ausgangsfrage einer Organisationsanalyse erforderlich sind. Einfach deshalb, weil sie nur Verhalten beschreibt. Die Daten brauchen oftmals die Ergänzung durch Interviews, um den damit verbundenen Sinn zu erfassen. Oftmals brauchen sie eine Ergänzung durch Fakten, die die Situation charakterisieren, in der das Verhalten geschieht, seien es organisatorische Kennzahlen, Angaben über offizielle Regelungen oder ähnliches. Und nicht zuletzt sind Beobachtungsdaten, außer

---

[220] Wir haben dieses Beispiel bereits bei der Unterscheidung von „Um-zu-Motiv" und „Weil-Motiv" im Rahmen des Abschnitts über das Aufstellen von Arbeitshypothesen erwähnt.

sie sind filmisch dokumentiert, immer an den aktuellen Moment des Auftretens gebunden. Andererseits liegt ein Vorteil von Beobachtungsdaten darin, dass sie alle Fehlerquellen vermeiden, die retrospektiven Daten (Tagebucheintragungen, Fragen nach Erinnerungen) anhaften. Unschlagbar ist Beobachtung dann, wenn Informationen über konkretes Verhalten gesammelt werden sollen. Es gibt eine Reihe von Studien, die nachweisen, dass die Angaben in Interviews weit von dem entfernt sind, was Beobachter an tatsächlichem Verhalten feststellen.

Weiterführende Hinweise
Die ausführlichsten Arbeiten über die Methode sind in dem von René König (1966) herausgegebenen Buch versammelt:

> *König, René* (Hg.), 1966: Beobachtung und Experiment in der Sozialforschung, 3. Edition, Köln: Kiepenheuer & Witsch.

Die Artikel behandeln: die Grundelemente der Beobachtung als wissenschaftliche Methode, die verschiedenen Verfahren, die teilnehmende Beobachtung, die Beobachtung kleiner Gruppen und die Rolle des Forschers als Beobachter.

Einen Überblick bietet der Handbuchartikel:

> *König, René,* 1967: Die Beobachtung, in: König, R. (Hg.): Handbuch der Empirischen Sozialforschung, Vol. 2, 2. Edition, Stuttgart: Enke: 107–135 und 697–706.

Das Buch von Jorgensen (1989) ist etwas jüngeren Datums und gibt auf etwas über 100 Seiten einen Überblick über die wichtigsten Aspekte teilnehmender Beobachtung. Eine Besonderheit ist, dass hier auch die Methoden behandelt werden, die im Zuge einer Beobachtung sehr oft zusätzlich angewendet werden müssen, nämlich verschiedene Formen der Befragung.

> *Jorgensen, Danny L.*, 1989: Participant Observation. A Methodology for Human Studies, London: Sage.

Eine ganz andere Qualität hat das bereits zitierte Buch von Nigel Barley. Der Autor hat seine Landsleute, die Engländer oder Briten, als Ethnologe „besucht" und sie bzw. ihre Gebräuche aus dem Blickwinkel eines fremden Beobachters beschrieben. Durch das Buch kann man sich auf amüsante Weise ein Verständnis von teilnehmender Beobachtung erlesen.

> *Barley, Nigel,* 1993: Traurige Insulaner. Als Ethnologe bei den Engländern, Stuttgart: Klett-Cotta (zuerst: New York 1989).

6.5 Dokumenten- und Textanalyse

Dokumenten-, Text- und Symbolanalysen setzen meist nicht bei aktuellem verbalem oder nonverbalem Verhalten an, sondern bei gespeicherter Kommunikation; sei es in Form von archivierten oder virtuellen Textdokumenten, von Bildern, Fotos, Filmen oder sonstigen Artefakten.[221] Gemeinsam ist all diesen Materialien auch, dass sie kulturell erzeugte und vermittelte Zeichen sind. Zeichen, die bestimmte Reaktionen auslösen sollen. Ein Firmenlogo ist ein Beispiel dafür.[222] Für Organisationsanalysen ist z.b. wichtig, dass die Unternehmenskultur Symbole prägt und sich in Symbolen vermittelt. Daher sind diese objektivierten Manifestationen ein Material, um die Kultur verstehen und interpretieren zu können.

> Ein uns bekannter Geschäftsführer eines Dienstleistungsunternehmens erzählte, dass er einen Kontakt zu einem weltweit agierenden Familienunternehmen bekommen hat. Nach dem ausführlichen Erstgespräch mit dem für das Thema zuständigen Vorstandsmitglied dachte er, dass daraus eine gute Zusammenarbeit entstehen könnte. Allerdings stellte sich bald darauf heraus, dass völlig anders entschieden wurde, als der Vorstand in dem Gespräch mit ihm deklarierte. Einige Wochen danach sprach dieser Geschäftsführer mit dem Angehörigen eines Beratungsunternehmens. Der erzählte ihm, dass er bei dieser Firma gearbeitet habe – erfolglos, weil dort die Entscheidungen immer ganz anders fallen als vorher besprochen wird. Beide rätselten, was der Grund dafür sein mag und kamen auf keinen grünen Zweig. In dem Gespräch mit mir erwähnte mein Bekannter, dass der Geschäftsbericht etwas seltsam sei. Wir schauten ihn durch: Die Broschüre war sehr aufwändig gestaltet, das gesamte Führungspersonal wurde in Fotos dargestellt, zunächst als „Team" und dann jeder Einzelne. Auffallend war, dass jedes Foto zweigeteilt war: Die obere Hälfte zeigte die Person lässig-aktiv in einem klassischen Hochglanzfoto. Der untere Teil zeigte die untere Hälfte der Person in

---

[221] Eine ganz andere Form der Arbeit mit Texten ist die Erzeugung und Auswertung von Texten, die eigens für den Analyseprozess produziert werden. Das trifft etwa für die Methode des „Story Telling" zu. Dabei handelt es sich nicht um eine Analysemethode, sondern um eine Form der Intervention; daher gehen wir nicht genauer darauf ein. Im Wesentlichen laufen solche Prozesse oft folgendermaßen ab: Eine Gruppe, bestehend aus Organisationsmitgliedern und Beratern, legt die Ereignisse fest, die durch die Geschichte besser verstanden werden soll. Im nächsten Schritt werden Interviews zu diesen Ereignissen durchgeführt, um Sichtweisen zu sammeln und die Erinnerung zu mobilisieren. Dann setzt das ursprüngliche Team die Interviews zu einer Geschichte zusammen und konfrontiert die Befragten mit dieser Story. Die Methode zielt darauf ab, einen Lernprozess in Gang zu setzen und die Organisation für Veränderungsprozesse aufzulockern. – Wie man in einem konkreten Fall vorgehen kann, zeigt etwa der Artikel von Abma (2003). Die Autorin setzt diese Interventionsform im Bereich der Palliativmedizin ein.

[222] Dass man die Reaktion darauf erst lernen muss, wird besonders deutlich, wenn eine neue Marke eingeführt werden soll und zunächst eine rätselhafte Plakatserie nur ein Symbol zeigt, um Interesse für die Bedeutung zu wecken. Nach Wochen folgt dann die Auflösung, eine Plakatserie, in der das dazugehörige Produkt benannt und gepriesen wird.

Arbeitskleidung oder als Kind in kurzen Hosen in Form eines auf alt getrimmten Schwarz-Weiß-Fotos. Bilder aus der Produktion stellten ebenfalls im oberen Teil die modernen Anlagen dar, dann folgte ein krasser Schnitt und in der unteren Hälfte des Bildes sah man alte Schrauben, veraltetes Werkzeug etc. Als unser Bekannter diese Bilder so anschaute, schlug er sich mit der Hand auf die Stirn und sagte: „Genau so ist es! Das hätt' ich früher sehen sollen." – Um keine Missverständnisse aufkommen zu lassen: Solche Hinweise betrachten wir nicht als Beweis für irgendetwas. Die Betrachtung derartigen Materials kann aber Ideen hervorbringen und zu nützlichen Annahmen führen.[223]

Die Auseinandersetzung mit Zeichen ist Domäne der Semiotik, der Wissenschaft von den Zeichen. Die verschiedenen Publikationen von Umberto Eco belegen, wie breit das Anwendungsfeld dieser Disziplin ist.[224] Wir beschränken uns im Folgenden auf einige grundsätzliche Fragen, die bei der Verwendung von schriftlichem Material zu beachten sind.

Jede Form von Textanalyse befasst sich mit einem Material, das weniger flüchtig ist als gesagte Worte oder beobachtete Gesten. – Nicht umsonst tragen Manuskripte von offiziellen Reden oftmals den Vermerk „Es gilt das gesprochene Wort". – Im Normalfall sind Textanalysen typische non-reaktive Methoden, d.h. es handelt sich um Materialien, die ohne den Einfluss einer untersuchenden Person zustande gekommen sind. – Ausnahmen sind die Verwertung offener Fragen in Fragebögen oder die vorher erwähnte Arbeit mit Tagebüchern. – Eine weitere Besonderheit besteht darin, dass im Rahmen der empirischen Arbeit die Auswertung ungleich mehr Gewicht bekommt als die Erhebung, etwa im Zuge von Befragungsstudien mit Fragebögen.

Warum arbeitet man mit schriftlichen Texten? Um deren Inhalte vergleichen oder ihre speziellen Merkmale angeben zu können. Davon ging zunächst die Inhaltsanalyse (Content Analysis) aus und versuchte Texte durch eine quantitative Analyse zu beschreiben. Diese Forschungsrichtung verbreitete sich in Zusammenhang mit der Entwicklung der Massenmedien und ar-

---

[223] Auf die Verwendung von Bildmaterial gehen wir nicht weiter ein. Der Umgang damit unterscheidet sich deutlich von der Arbeit mit sprachlichen Ausdrucksformen und ist in anderer Form anspruchsvoll. Ein Beispiel für die Analyse von Fotografien bietet der Überblicksartikel von Harper (2007).

[224] Als Beispiel erwähnen wir das Buch mit dem viel sagendem Titel „Über Gott und die Welt", in dem Eco (1988) in kurzen Essays so unterschiedliche Themen behandelt, wie: die Ähnlichkeit zwischen einem Kloster und einem amerikanischen Universitäts-Campus, Jeans („Kleider sind, da sie eine äußere Haltung erzwingen, semiotische Mechanismen oder Kommunikationsmaschinen", S. 224), die Mailänder Messe (als Heiligtum der industriellen Massenkommunikation), die Fußball-WM oder den Film-Klassiker Casablanca, der bekanntlich kein Drehbuch hatte und dessen Wirkung, laut Eco u.a. darauf beruht, dass er viele Filme ist. – Viele der Essays sind Glossen, die Eco in der Zeitung Corriere della sera verfasst hat; als Reaktionen auf Reize aus der Umwelt. – Siehe dazu auch die Bemerkungen in Zusammenhang mit dem „semantischen Differential" in Abschnitt 6.1.3.

beitete mit großen Textmengen. Die Grundidee dieses Forschungszweigs lässt sich auf die „Formel" des US-amerikanischen Politik- und Kommunikationswissenschaftlers von Harold D. Lasswell (1902–1974) zurückführen: „Who says what in which channel to whom with what effect?"[225] Dem Vorgehen liegt also ein Sender-/Empfänger-Modell zugrunde. Gesucht wird nach den manifesten Inhalten der Texte, die kategorisiert und dem Untersuchungsschema entsprechend ausgezählt und quantitativ verarbeitet werden. Das heißt, man geht von der Annahme aus, dass eine direkte Beziehung zwischen Worthäufigkeit und Bedeutung besteht. Diese Grundannahme teilen alle jene Ansätze nicht, die interpretativ vorgehen, also die Realität über die soziale Konstruktion und Zuschreibung von Bedeutung erfassen wollen.

Das Gebiet ist durch eine ganze Reihe sehr unterschiedlicher theoretischer Ansätze und unterschiedlich praktischer Vorgehensweisen gekennzeichnet. Der Bogen spannt sich, um nur einige für die Organisationsanalyse relevante Beispiele zu nennen, von der klassischen Inhaltsanalyse bis hin zu diskursanalytischen Ansätzen.[226] Das ist jetzt nur ein Name für eine ganz andere Richtung. Sie umfasst ein breites Spektrum an Methoden, die sich mit den latenten Inhalten von Texten befassen, die also zwischen den Zeilen lesen, um den nicht direkt zugänglichen Sinn von Texten zu erfassen. Die Anwendung reicht von der Auswertung offener Fragen in Fragebögen bis hin zur Analyse von Tonbandaufnahmen (seltener Videos) von Gruppendiskussionen oder unstrukturierten Interviews.[227]

---

[225] Die vier Schritte sind schwerpunktmäßig Inhalt bestimmter Forschungsrichtungen: 1. Wer (Kommunikationsforschung), 2. sagt was (Aussagen- oder Inhaltsforschung), 3. zu wem (Rezipientenforschung/Publikumsforschung), 4. mit welcher Wirkung (Wirkungsforschung). In der Folge wurde der 4. Schritt dieser 1946 aufgestellten „Formel" weiter entwickelt: Bevor eine Wirkung eintreten kann, müssen Aufmerksamkeit (attention) und Interesse (interest) geweckt, eine Entscheidung (decision) getroffen und in eine Handlung (action) umgesetzt werden. Diese Überlegung ist als sog. „AIDA-Modell" in der Werbeforschung bekannt, aber nicht mehr ganz aktuell.

[226] Die Diskursanalyse ist zwar keine einheitliche Methode, sondern vielmehr eine je spezifische Kombination unterschiedlicher linguistischer Textanalysemethoden und theoretischer sowie methodologischer Zugänge. Einen Überblick über die unter diesem Titel gängigen Methoden gibt die Arbeit von Ruth Wodak und Michael Meyer (Wodak/Meyer 2002).

[227] Eine sehr genaue Darstellung, wie man aus den transkribierten Antworten in Interviews inhaltsanalytische Kategorien gewinnen kann, bieten Gibson/Zellmer-Bruhn (2001: 283 ff.). Die Arbeit der Autorinnen kann darüber hinaus auch aus folgenden Gründen interessant sein: Sie ist ein Beispiel für eine interkulturelle Studie und zeigt, wie qualitative Forschung mit quantitativen Auswertungen kombiniert werden kann. Inhaltlich geht die Untersuchung der Frage nach, ob und wie Metaphern für Teamarbeit (etwa aus dem militärischen, dem sportlichen oder dem familiären Bereich) mit Unterschieden in der nationalen und der organisatorischen Kultur zusammenhängen. – Das in der Studie u.a. verwendete Softwarepaket QSR*NUDIST ist mittlerweile durch das unten erwähnte Programm NVivo 7 ersetzt.

Am Beginn der Arbeit mit Texten steht fast immer die Frage, welches Material zu einer Beantwortung der Analysefrage (inhaltlich am besten und besonders ökonomisch) führen könnte. Nach dieser Selektion muss man entscheiden, welche Auswahl innerhalb der gewählten Dokumente in Frage kommt und wie man die Analyseeinheiten definiert. Dabei gibt es unterschiedliche Möglichkeiten: Wörter, ganze Sätzen, Teile des Textes, Äußerungen zu einzelnen Themen (Kategorien). Man kann aber auch Sinneinheiten analysieren, also die kleinsten bedeutungstragenden Einheiten identifizieren und als Ausgangspunkt für die Analyse wählen, wie beispielsweise eine Pause, ein „äh" mitten im Satz oder einen Wortteil, wie die Vorsilbe „un-" oder „Un-". Auch ist die Variante zu überlegen, ob man nicht davon ausgehen sollte, dass an schriftlichem Material zunächst prinzipiell alles als interessant bzw. nicht als zufällig anzusehen ist: das Layout, die gewählte Schrifttype, Anrede- und Schlussformel etc. Diese Fragen wurden und werden – als eine der Kernfragen der Text- oder Inhaltsanalysen – intensiv diskutiert, die Entscheidung hängt von der Methode bzw. dem Verfahren der Analyse ab.[228]

Beispiel 9: Qualitative Inhaltsanalyse eines Romans

Wir wechseln kurz das Thema und wenden uns einer Arbeit zu, die keine Lasswellsche Formel braucht und auch nichts mit Organisationsanalyse zu tun hat. Die Vorgehensweise könnte aber sehr wohl auch in diesem Feld eingesetzt werden. Wir beschreiben als Beispiel für die Analyse eines gesamten Textes die Vorgehensweise, die Uwe Schimank (2004) für die qualitative Inhaltsanalyse eines Romans gewählt hat.

Schimank, Uwe, 2004: „Innere Freiheit" und „kleine Fluchten". Arno Schmidts Roman „Aus dem Leben eines Fauns", in: Kron, T./Schimank, U. (Hg.): Die Gesellschaft der Literatur, Opladen: Barbara Budrich: 201-242.

Zu den tragenden Kategorien der Analyse kommt er durch ein Pendeln zwischen Romantext und soziologischer Interpretation. Daraus ergibt sich der Ausgangspunkt: Der Roman behandelt unter dieser Perspektive das Verhältnis von Individuum und Gesellschaft – „und zwar im Hinblick darauf, wie ein Individuum angesichts gesellschaftlicher Zwänge seine Identität zu behaupten vermag". „Sorge ums Individuum ist das Leitmotiv des Romans. Damit stehen drei zentrale Kategorien des theo-

---

[228] Eine Konsequenz daraus ist, dass Textanalysen verbaler Kommunikation transkribiert, also in eine auswertungsadäquate Form gebracht werden müssen. Das ist ein enorm zeitaufwändiges Verfahren, das nach Regeln abläuft, die je nach Methode anders sind. Wie man dabei vorgehen kann, das geht aus den Tipps bei Geis (2004) hervor. Siehe die weiterführenden Hinweise zu diesem Abschnitt.

retischen Analyserasters fest: individualistische Identität der Person, Identitätsbedrohung durch den gesellschaftlichen Kontext sowie Praktiken der Identitätsbehauptung innerhalb dieses Kontextes." (S. 206)

Aus der ersten Lektüre des Romans ging hervor, dass der gesellschaftliche Kontext der Hauptfigur aus zwei großen Bereichen besteht, die sich beide noch jeweils untergliedern lassen. „Der eine Bereich ist die Nahwelt des Helden in Gestalt von Interaktionen mit konkreten anderen Personen." Vier Arten von Bezugspersonen lassen sich unterscheiden: Familie, Nachbarn, Kollegen und der Vorgesetzte, sowie sonstige Begegnungen, etwa auf dem Weg zur Arbeit. (S. 206)

„Neben dieser Nahwelt besteht der gesellschaftliche Kontext aus einer Fernwelt größerer und mittlerer gesellschaftlicher Wirkungszusammenhänge, über die der Romanheld nur indirekt – vor allem durch die Massenmedien – etwas erfährt. Hier spielen insbesondere drei gesellschaftliche Teilbereiche eine wichtige Rolle: die Politik, das Militär, die Kirche." (S. 207)

Daraus ergibt sich der Kategorienraster, der dem analysierenden Lesen des Romans zugrunde gelegt wurde (siehe Tabelle 14):

Tab. 14: Ein Beispiel für Kategorien einer qualitativen Inhaltsanalyse

		Zentrale analytische Kategorien		
	Lebensbereiche des gesellschaftlichen Kontextes:	individualistische Identität der Person	Identitätsbedrohung durch den Kontext	Praktiken der Identitätsbehauptung
„Nahwelt"	Familie			
	Nachbarn			
	Kollegen und Vorgesetzte			
	sonstige Begegnungen			
„Fernwelt"	Politik			
	Militär			
	Kirche			

„Entlang dieses Rasters wird der Roman als literarische Zeitdiagnose interpretiert. Diese analytische Interpretation rekonstruiert den gesellschaftlichen Kontext – Nah- und Fernwelt – des Helden zunächst als

> Identitätsbedrohung, um sodann die dem Helden in diesem Kontext möglichen Praktiken der Identitätsbehauptungen herauszuarbeiten. Die Interpretation folgt dabei nicht dem prozesshaften Geschehen, wie es dem Leser als lineare Erzählsequenz dargelegt wird, sondern vollzieht die strukturelle Logik der Identitätssituation des Helden nach. Dahinter steht die generelle soziologische Einschätzung, dass konkrete Ereignisse im sozialen Geschehen relativ kontingent sind – aber eben im Rahmen dessen, was die sozialen Strukturen überhaupt zulassen, weshalb diese herausgearbeitet werden müssen." (S. 207) Gegenstand des Romans ist nicht die Zeit des Nationalsozialismus, sondern die Erfahrungen dieser Zeit durch einen einzigen Zeitgenossen.
>
> Versucht man dieses Beispiel auf Organisationen umzulegen, so kann man etwa einen Geschäftsbericht oder eine Rede vor der Aktionärsversammlung als Gesamtdokument analysieren und wird nach mehrmaligem Durchlesen zentrale analytische Kategorien herausfinden und mit mehr formalen Kategorien, wie etwa Mitarbeiter (analog zu „Nahwelt") und Umwelt (als „Fernwelt") kreuzen. Diese sind dann, je nach Inhalt des Textes weiter zu unterteilen; die Umwelt etwa in Kunden, „Mitbewerber" etc. Die Zellen dieses Rasters werden dann mit den konkreten Aussagen gefüllt.

Ziel aller Untersuchungen ist es, die Inhalte von Texten der Ausgangsfrage entsprechend zu verarbeiten. Wie die leitende Frage auch heißen mag, man wird, arbeitet man nicht nur mit einem Text, mit Problemen konfrontiert sein, zum Beispiel weil das Material nicht vollständig oder schwer vergleichbar ist.

Auf eine zweite Kategorie von Problemen weist Garfinkel in seinem 1967 erschienen Buch hin und nennt sie „normale, natürliche Schwierigkeiten" Garfinkel (2000). Nach der ersten Analyse von 661 Krankengeschichten stellte er fest, dass die Informationen in hohem Maße lückenhaft waren. Nun könnte man sich still über die unprofessionelle Art der Führung dieser Dokumente wundern oder diese Art der Dokumentation kritisieren. Interessanter als jede Bewertung ist die Frage, warum das so ist, welcher Logik dies folgt. Die kann man nur herausbekommen, wenn man die Funktion dieser Art von Akten kennt. Selbstverständlich wird in den seltensten Fällen das herangezogene Material den Anforderungen der Analyse entsprechen. Zu diesem Zweck wurden sie nicht angelegt. Die Form, in der sie abgefasst werden, die Systematik und die Inhalte bzw. Auslassungen, die „normalen, natürlichen Schwierigkeiten", können einige Erkenntnisse über die Organisation bringen.

Jede Arbeit mit schriftlichem Material (Protokolle, Dokumente, Geschäftsberichte, Krankenberichte, Statistiken, Schriftverkehr nach außen, Inserate, Werbebotschaften etc.) im Rahmen einer Organisationsanalyse muss davon ausgehen, dass die Äußerungen von jemandem gemacht wurden, der legitimiert ist, sie im Sinne der Organisation (als „kollektiver Akteur") zu machen.[229] Also werden alle Materialien entweder als Indizien für Aktionen der Organisation oder eines der Teilbereiche (Produktentwicklung, Personalwesen etc.) angesehen. Manchmal wird auch das Bild verwendet, man sehe wie durch eine Fensterscheibe auf das Geschehen in der Organisation. Je stärker bürokratisiert eine Organisation ist, desto eher wird der Spruch „Ein Schriftl ist ein Giftl" gelten. Das heißt, viele wichtige Entscheidungen und Gründe für Aktivitäten werden nicht festgehalten.

Wenn man in dieser Form (reflexiv) mit dem Material umgehen will, wird verständlich, warum diese Forschungsrichtungen immer wieder die enorme Wichtigkeit von Notizen oder Memos betonen, die man sich im Laufe der Erhebung und Auswertung machen muss. Man hat ja einerseits die laufenden Erhebungen (oder allgemeiner: die Arbeit im Feld) zu dokumentieren und gleichzeitig macht man Beobachtungen auf einer Metaebene. Man hat alle Hände voll damit zu tun, das zu sichten, was beispielsweise in den Inspektions- oder Kontrollberichten steht, die man im Rahmen der Analyse auswertet. Gleichzeitig sollte man festhalten, wie es gelungen ist, den Zugang zu diesem Material zu bekommen, wer aller sein Einverständnis erklären musste, welche Teile man nicht einsehen durfte etc. Und wenn man festhält, was die Akten beinhalten, sollte man gleichzeitig die Analyse so genau machen, dass sie im Laufe der Auswertung veränderbar ist. So gibt Mayring die Empfehlung, die Kategorien zu überarbeiten, wenn man 10–50% des Materials ausgewertet hat (Mayring 2007). Danach muss man vielleicht zusammenfassen, neue Kategorien bilden oder zu stark besetzte, d.h. zu wenig differenzierende, Kategorien unterteilen.

> Man untersucht etwa Texte drauf hin, welche Funktion Mobiltelefone für einzelne Gruppen haben und stellt fest, dass Viele einen Vorteil darin sehen, dass man damit tatsächlich mobiler ist; es macht einfach „freier". Allerdings um den Preis, dass man auch mehr „angebunden" ist. Man ist jederzeit erreichbar etc. Im Zuge der Auswertung kann sich dann herausstellen, dass diese beiden Kategorien „Gewinn an Mobilität" oder „angebunden sein" zu allgemein sind, d.h. es fallen zu viele Textpassagen in diese beiden Einordnungen. Dann muss man nach Möglichkeiten suchen, sie aufzudröseln. Geht man nochmals über die Textpassagen, so kann man eventuell feststellen, dass Jugendliche die Nachteile als „Kontroll-

---

[229] Unter diesem Aspekt unterscheidet sich diese Methode deutlich von Interviews mit „Key Informants", die, wie schon oben festgestellt (siehe 5.2.6), vor allem wegen ihrer inhaltlich-fachlichen Kompetenz ausgewählt werden.

möglichkeit" definieren, Erwachsene bestimmter Berufsgruppen damit den Verlust von Freizeit meinen. – Weitere Beispiele enthält z.b. der Abschnitt über Kodieren (7.5.).

Der Versuch, das Vorgehen bei der Arbeit mit Dokumenten einer Organisation zu systematisieren, führt zur Unterscheidung folgender Stadien:[230]

- Zugang: Zunächst sollte man sich die Frage stellen, ob Dokumente der Organisation nützlich wären, um die Ausgangsfrage zu beantworten. Daran schließen sich die Fragen, ob die Organisation über einschlägige Dokumente verfügt und in welcher Form sie existieren (auf Papier, elektronisch etc.). Inhaltlich geht es darum, welche Aspekte der Fragestellung mit dem Material abgedeckt werden könnten. Und in diesem Zusammenhang muss man auch überlegen, mit welchen Erhebungsmethoden die anderen Aspekte erhoben werden können. Am Ende geht es um die Frage, wer über die Zugangsmöglichkeiten zu den Dokumenten entscheidet.
- Auswahl: Meist fällt bereits während der Beantwortung der eben gestellten Fragen auch eine Entscheidung über die Auswahl der Dokumente. Eine sehr allgemeine Richtschnur für die Selektion findet man in den Kriterien, die für das Material bei journalistischen Recherchen angewendet werden: Es geht um drei Fragen: Ist das Geschehen von (allgemeiner) Bedeutung (Relevanz)? Sind die Informationen tatsächlich zutreffend? (Gültigkeit) Sind die Informationen hinreichend präzise und umfänglich, um das Geschehen und seine Zusammenhänge (und seine Bedeutung) nachvollziehbar zu machen? (Verstehbarkeit)
- Überprüfung der Authentizität: Immer, wenn man mit Dokumenten arbeitet, ist es angebracht, das Material an Hand folgender Fragen zu überprüfen: Handelt es sich um authentische Dokumente bzw. um Kopien davon? Ist in den Dokumenten etwas verändert worden oder sind sie beschädigt? Sind die Dokumente – bezogen auf die Analysefrage – aktuell? Sind sie datiert? Beinhalten sie die genaue Wiedergabe von Ereignissen oder eine Beschreibung davon? Lässt sich die Autorenschaft überprüfen? Ist der Autor glaubwürdig? (siehe dazu genauer Haller 2004: 51).
- Verstehen des Dokuments: Wie muss man diese Dokumente verstehen? Wie kann man diese Informationen mit anderen Quellen überprüfen und ergänzen? Liefern die Informationen zusätzliches Wissen, bestärken

---

[230] Beispiele zu diesen Stufen stellt Forster 1994 an Hand einer Untersuchung über Karriereentwicklung und Arbeitsplatzmobilität dar. Hilfreich sind in diesem Zusammenhang auch die drei Kriterien, die als Richtschnur für die Auswahl von Material bei journalistischen Recherchen gelegt werden: Relevanz: Ist das Geschehen von Bedeutung? Gültigkeit: Sind die Informationen tatsächlich zutreffend? Verstehbarkeit: Sind die Informationen hinreichend präzise und umfänglich, um das Geschehen und seine Zusammenhänge (und seine Bedeutung) nachvollziehbar zu machen?

sie es oder widersprechen sie ihm? Welche Interpretationen lassen die Ergebnisse zu?
- Analysieren der Daten: Wie die Datenanalyse abläuft, lässt sich aus zwei Gründen nicht konkret angeben. Spätestens in diesem Stadium kommt es sehr auf den Ansatz an, den man mit der Analyse verfolgt. Eine klassische Inhaltsanalyse etwa wird ein völlig anderes Vorgehen erfordern als ein interpretativer Ansatz. Außerdem wird das Vorgehen in diesem Stadium wesentlich davon beeinflusst, welchen Stellenwert die Dokumentenanalyse im Rahmen der Studie hat und in welche anderen Erhebungen bzw. Quellen sie eingebettet ist.
- Verwendung der Informationen: Gegen Ende stellt sich die Frage, wie man mit sensiblen Ergebnissen umgehen sollte. Welche Informationen kann man in das Feedback bzw. in den Bericht aufnehmen? Wem würde man damit schaden? Wie kann man die Ergebnisse so „glätten", dass die Anonymität gewährleistet bleibt und die Interessen der Organisation (z.B. in einer Publikation) nicht beeinträchtigt werden? Das sind Fragen, die man sich bei jeder Präsentation stellen muss. Bei der Verwendung von Dokumenten sind sie oft brisanter, weil sich die Ergebnisse auf offizielle Quellen stützen.

Weiterführende Hinweise

Die Arbeit mit Texten im Rahmen einer Organisationsanalyse ist für Anfänger sicherlich nicht die Methode der Wahl. Man kann sich aber herantasten, wenn die Fragestellung sehr eingegrenzt ist und man an Sprache und Texten interessiert ist. Die Methode hat den großen Vorteil, dass man sie aus Büchern und Diskussionen mit anderen lernen kann, ohne „im Feld" anderen den eigenen Lernprozess zu oktroyieren. – Gruppendiskussionen auszuprobieren wäre etwa eine diesbezüglich wesentlich riskantere Methode.

Einen Überblick über die Grundlagen der Inhaltsanalyse bieten zwei der allgemeinen Einführungsbücher in die Methoden empirischer Sozialforschung. Dort wird auch auf weitere, anwendungsnahe Spezialliteratur verwiesen.

Diekmann, Andreas, 2007: Empirische Sozialforschung. Grundlagen, Methoden, Anwendungen, 12. Aufl., Reinbek: Rowohlt: 576–622.

Kromrey, Helmut, 2002: Empirische Sozialforschung. Modelle und Methoden der standardisierten Datenerhebung und Datenauswertung, 10. Aufl., Opladen: Leske + Budrich: 310–335.

Eine Darstellung und einen Vergleich der meisten gängigen Methoden der Textanalyse enthält folgendes Buch:

Titscher, Stefan/Wodak, Ruth/Meyer, Michael et al., 1998: Methoden der Textanalyse. Leitfaden und Überblick, Opladen: Westdeutscher Verlag.

Einen Überblick darüber, wie die Content Analysis in der Managementforschung verwendet wird, bietet der Artikel von Duriau et al. (2007): Die Autoren haben 15 US-amerikanische Zeitschriften aus dem Bereich der Managementforschung der Jahrgänge 1980 – Oktober 2005 analysiert und geben an, welche Themen, Datenquellen und Auswertungsmethoden die 98 Artikel verwendet haben.

> *Duriau, Vincent J./Reger, Rhonda K./Pfarrer, Michael, D.*, 2007: A Content Analysis of the Content Analysis Literature in Organization Studies. Research Themes, Data Sources, and Methodological Refinements, Organizational Research Methods, 10(1): 5–34.

Zu wichtigen Detailproblemen bietet das ZUMA etliche Anleitungen an, wie zum Beispiel Anregungen zur Kodierung und zur Transkription von Interviews und Textdokumenten:

> *Züll, Cornelia/Mohler, Peter Ph.*, 2001: Computerunterstützte Inhaltsanalyse: Codierung und Analyse von Antworten auf offene Fragen, Mannheim: ZUMA, How-to-Reihe, Nr. 8, http://www.gesis.org/Publikationen/Berichte/ZUMA_How_to/Dokumente/pdf/how-to8cz.pdf (05-11-07)

> *Geis, Alfons*, 2004: Texterfassung für sozialwissenschaftliche Auswertung, Mannheim: ZUMA, How-to-Reihe, Nr. 13, http://www.gesis.org/Publikationen/Berichte/ZUMA_How_to/Dokumente/pdf/how-to13ag.pdf (05-11-07)

Mittlerweile gibt es eine ganze Reihe von bewährten EDV-Programmen, die die qualitative Analyse unterstützen. Das sind vor allem die folgenden gängigen Produkte:
- AQUAD; http://www.aquad.de/ (05-11-07)
- atlas.ti; http://www.atlasti.com/de/product.html (05-11-07)
- MAXQDA 2007; http://www.maxqda.de/index.php (05-11-07)
- NVivo 7; http://www.qsrinternational.com (05-11-07)

Im Unterschied zu den Softwarepaketen für die quantitative Analyse (wie etwa SPSS) unterstützen diese Programme die Verwaltung und Organisation der Daten. Auswertungssysteme für quantitativ orientierte Arbeiten können keine Texte verarbeiten, die nicht in Zahlenkodes transformiert sind, für die qualitative Arbeit entwickelte Pakete leisten keine statistischen Analysen. Für die Arbeit mit größeren Textmengen ist eine derartige Unterstützung aber unerlässlich. Die angegebenen Webseiten enthalten hinreichende Informationen darüber, was jedes einzelne Paket leistet.

Über die Arbeit mit derartigen Softwarepaketen informieren etliche Bücher, wie etwa das von Kuckartz (2007):

> *Kuckartz, Udo*, 2007: Einführung in die computergestützte Analyse qualitativer Daten, 2. Aufl., Wiesbaden: Verlag für Sozialwissenschaften.

7 Erhebung und Auswertung

Wir fassen die beiden Prozessteile Erhebung und Auswertung aus zwei Gründen zusammen: Erstens unterscheidet sich die Auswertung erhobener Daten im Rahmen einer Organisationsanalyse nicht von den Arbeitsschritten, die bei Studien in anderen Zusammenhängen durchgeführt werden müssen; die Bemerkungen dazu können wir daher kurz halten. Zweitens gibt es einige Ansätze, die diese beiden Abschnitte nicht trennen, sondern Erhebung und Auswertung als einen verzahnten Prozess sehen.

Abb. 22: Zentrale Arbeitsschritte im Erhebungs- und Auswertungsteil

7.1 Anpassung des Analyseverlaufs an die Organisation

Wir gehen davon aus, dass die Eckpunkte einer Analysestrategie und eines Designs entschieden sind und ein Überblick über Erhebungsmethoden gewonnen wurde. Die Daumenregeln (siehe Abbildung 19) haben zu einer Einschränkung der sinnvollerweise einzusetzenden Methoden geführt. Jetzt geht es darum, die einzusetzenden Verfahren und Instrumente auszuwählen und um die Anpassung der empirischen Erhebung an die Bedingungen der Organisation. Abbildung 23 stellt diesen Schritt zwischen Design und Realisierung der Datensammlung in seinem Umfeld dar.

Warum ist dieser Zwischenschritt besonders hervorzuheben? Weil die zur Verfügung stehenden Methoden, Verfahren und Instrumente unabhängig von konkreten Fragestellungen entwickelt wurden. Keine ist auf den Einsatz in Organisationsstudien zugeschnitten. Daher muss man überlegen, wie z.B. eine schriftliche Befragung zu entwerfen ist, damit sie (a) den Entscheidungen in der Konzeptionsphase entspricht und (b) für Befragte in der konkreten Organisation angemessen ist.

Die Anpassung der Inhalte der Erhebung an die Organisation geschieht zum Großteil in der Konzeptionsphase. Ist das geschehen, so müssen unmittelbar vor der Datenerhebung die Instrumente auf die spezielle Situation abgestimmt werden. Die Formulierungen in Fragebögen sind ein Beispiel dafür. Das heißt auch: Jedes Verfahren hat seine Regeln und diese allgemeinen Regeln sind für die Analysesituation zu konkretisieren. Wenn gilt, dass Befragte nicht zu „überfragen" sind, so muss man dieses Gebot für die aktuelle Organisation entsprechend umsetzen und meist auch bedenken, was man beispielsweise im Rechnungswesen erfragen kann und nicht im Marketing, welche Formulierungen für IT-Leute angemessen sind, nicht aber für den Außendienst.

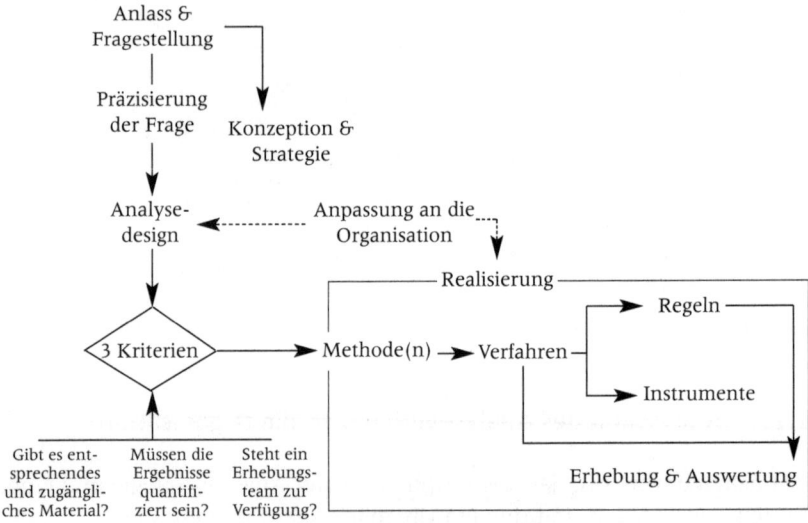

Abb. 23: Die Anpassung der Erhebung an die Organisation

Für den Verlauf der Erhebung selbst müssen ebenfalls eine ganze Reihe von Bedingungen geklärt und berücksichtigt werden. Acht Fragen sind unserer Erfahrung nach wichtig:
1. Bis wann müssen die Ergebnisse in präsentabler Form vorliegen?
    Welche zeitlichen Restriktionen lassen sich daraus ableiten? Bis wann müssen welche Arbeitsschritte des Strukturplans abgeschlossen sein?

2. Welche Ereignisse haben Auswirkungen auf die zeitlichen Rahmenbedingungen der Erhebung?
Dazu gehören wiederkehrende Phasen besonderer Belastung, wie z.B.: der Jahresabschluss oder die Frankfurter und die Leipziger Buchmesse. Interne Regelungen, die Auswirkungen auf die zeitliche Durchführung der Erhebung haben, sind zu beachten, also Urlaubs- und Arbeitszeiten etc.
Erfragen muss man, ob einschneidende Ereignisse absehbar sind, wie der Umzug von Teilen der Organisation, die Einführung eines neuen, wichtigen Produkts usw.
3. Wessen Einverständnis mit den einzusetzenden Verfahren und/oder Instrumenten ist vor Beginn der Erhebung einzuholen?
Wer von der Organisationsleitung muss die Zustimmung erteilen?
In welcher Form müssen Belegschaftsvertreter und Gleichbehandlungsbeauftragte eingebunden werden?
Ist die Erhebung mit bestimmten Stellen abzusprechen, deren Unterstützung erforderlich ist? Das trifft beispielsweise bei Intranetumfragen zu, die auf die Kooperation der organisationseigenen IT angewiesen sind.
4. Welche Erfordernisse lassen sich aus der Organisationsstruktur ableiten?
Muss die Erhebung auf besondere Bedingungen in einzelnen Bereichen Rücksicht nehmen? Das würde etwa zutreffen, wenn einzelne Teile räumlich ausgelagert sind und die Wegzeiten so lang sind, dass sie einzukalkulieren sind. Das fällt allerdings nur dann ins Gewicht, wenn Interviews oder Beobachtungen durchgeführt werden, also bei stärker zeit- und ortsgebundenen Methoden.
Muss die Erhebung eine bestimmte Reihenfolge beachten, um die Eigenheiten der Arbeitsteilung und der Prozesse zu berücksichtigen? So kann es etwa sinnvoll sein, das Mahnwesen vor dem Vertrieb zu befragen oder das Controlling am Beginn der Analyse oder eher am Ende. Diese Entscheidungen können zu unterschiedlichen Ergebnissen führen Sie sind von der Fragestellung abhängig. Manchmal sind die realen Kooperationsnotwendigkeiten aus dem Organigramm nicht ersichtlich. Sie können aber für die Planung der Reihenfolge der Erhebung wichtig sein.
5. Welche (auch informellen) Normen und Regeln sind für die Planung des Ablaufs zu berücksichtigen?
In manchen Organisationen sollte die hierarchische Spitze zuerst einbezogen werden, da nichts ohne deren Abnicken passieren kann und sie eingreift, wenn sie sich übergangen fühlt.
Es kann sein, dass in einzelnen Bereichen einer Organisation oder in kleineren Organisationen das ungeschriebene Gesetz besteht, dass alle Vier-Augen-Gespräche private Dinge oder Geheimnisse betreffen. In

diesem Falle wäre zu überlegen, ob Einzelinterviews eine angebrachte Methode sind. Man würde damit der Analyse vielleicht einen geheimnisumwitterten Nimbus geben und sollte aus diesem Grund Gruppendiskussionen vorziehen.

6. Welche Analysepraktiken der Organisation sind zu berücksichtigen?
Besonders in Großorganisationen sind bestimmte Erhebungsverfahren etabliert. So gibt es häufig regelmäßige Mitarbeiterbefragungen oder Mitarbeitergespräche in Interviewform. Üblich sind auch Befragungen im Rahmen einer Balanced Scorecard, ev. auch Ist-Analysen, die von Beratern durchgeführt wurden. Ob man will oder nicht, die aktuelle Analyse wird mit diesen Praktiken verglichen werden. Daher sollte man wissen, welche Erfahrungen die Organisation mit derartigen Erhebungen hat und wie sie in den Augen der Mitarbeiterinnen und Mitarbeiter angekommen sind.

7. Geben die bisherigen Annahmen/Arbeitshypothesen Hinweise, die für den Ablauf der Erhebung einzukalkulieren sind?
Zwar können alle bisher angeführten Fragen nur mit den Annahmen beantwortet werden, die man im Laufe der Erfahrung mit der konkreten Organisation gemacht hat, trotzdem sollte man noch einige Zeit auf die Überlegung verwenden, ob es inhaltliche Aspekte gibt, die für den Verlauf der Analyse wichtig sind. Nimmt man etwa an, dass die einzelnen formalen Gruppierungen durch tiefe Gräben getrennt sind, so ist zu entscheiden, ob dies im Erhebungsverlauf berücksichtigt werden soll. – „No typisch, die Akademiker werden zuerst gefragt, ist ja klar, die sind ja auch wichtiger." – Wenn man mit solchen Reaktionen rechnen kann, so wäre das ein Signal, auch diesen Aspekt bei der Durchführung zu berücksichtigen und entweder das in der Organisation praktizierte Muster zu wiederholen oder sich dagegen zu entscheiden.

8. Welches Vorgehen belastet die Organisation bzw. die Untersuchungspersonen in welchem Ausmaß?
Nicht zuletzt ist zu überlegen, welcher Zeitaufwand welches Verfahren für die Organisation bedeutet, wie die entgangene Arbeitszeit zu veranschlagen ist. Manche Personen wenden vielleicht Zeit auf, um bei der Materialzusammenstellung behilflich zu sein, einige oder viele stellen sich in verschiedenen Phasen der Analyse als Gesprächpartner zur Verfügung. Allgemeine Gesichtspunkte bieten austauschtheoretische Überlegungen an: Wer hat was davon, dass sie/er an dieser Studie mitwirkt? Wie diese Bilanz ausfällt, wird vom Vorgehen und von der Art der Erhebung abhängen: Jemand, der nur als Datenlieferant benutzt wird, kann wahrscheinlich wenig Nutzen für sich erkennen, außer er ist erfreut, dass endlich jemand seine Daten wichtig findet. Führt man Interviews

durch, die Gelegenheit bieten, laut über die eigene Arbeitssituation nachzudenken, so wird das manchmal als günstige Gelegenheit begrüßt, die eigene Situation zu reflektieren. Dann wir die Belastung als gering eingestuft werden.

Welche dieser Aspekte wie wichtig sind, hängt von der Analysefrage ab, von den Verwertungsinteressen und von den Methoden, Verfahren und Instrumenten, die eingesetzt werden. So sind etwa die meisten der angeführten Fragen unbedeutend, wenn man non-reaktiv vorgeht. In diesem Fall muss man nur die wahrscheinlich erforderlichen Nachinterviews planen. Setzt man auch Beobachtung ein, so muss man vorwiegend nach den Gelegenheiten Ausschau halten, bei denen die erforderlichen Verhaltensweisen beobachtet oder provoziert werden können. Bei schriftlichen Befragungen muss man nach Möglichkeiten suchen, die Wahrscheinlichkeit zu erhöhen, dass wirklich die den Fragebogen ausfüllen, die als Adressaten (Erhebungseinheiten) ausgesucht wurden. – Außer man geht einen anderen, ungewöhnlichen Weg und befragt Abteilungen als solche und ersucht um Abgabe einer Abteilungsmeinung. Dieses Vorgehen muss aber inhaltlich begründet sein und nicht als Verlegenheitslösung eingesetzt werden.

Diese Phase, die Anpassung des Analyseverlaufs an die Organisation, ist dann abgeschlossen, wenn man Annahmen darüber getroffen und schriftlich festgehalten hat, wie die Datenerhebung von den unterschiedlichen Betroffenen aufgenommen werden wird.

7.2 Eine Mind Map als Arbeitsplan

Zumindest bei komplexeren Analysen ist es wichtig, vor jeder weiteren Aktion im Feld einen Arbeitsplan zu erstellen, der die noch offenen Schritte auflistet. Auch bei kleineren Vorhaben ist das nützlich und empfehlenswert.

Wir bringen an Stelle einer langen Beschreibung eine Mind Map (siehe Abbildung 24), in der die ausständigen Arbeitsschritte wiedergegeben sind. Diese Darstellungsform bringen wir als eine Alternative zur Gliederung des Strukturplans. Welche Form man vorzieht, ist vor allem eine Frage des eigenen Denk- und Arbeitsstils.[231] Jedenfalls sollte der Plan mit Terminen

---

[231] Wie man diese von Tony Buzan entwickelte Darstellungsform aufbaut und welche Vorteile sie hat, dazu gibt es eine ganze Reihe von Anleitungen. Den schnellsten Überblick vermittelt das Büchlein von Buzan 2004). Im Internet findet man z.B. Informationen darüber unter folgenden Adressen: www.mind-mapping-schule.de (28-02-07) oder www.mindmap.ch (28-02-07)

versehen sein, also auch die Grundlage für die zeitliche Strukturierung und die Überarbeitung der Kostenkalkulation darstellen.

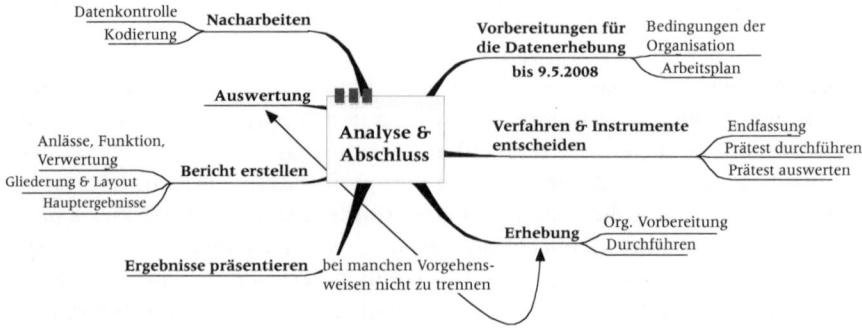

Abb. 24: Arbeitsplan in Form einer Mind Map

Die Mind Map in Abbildung 24 gibt einen möglichen Arbeitsplan für eine Erhebung wieder. Sie zeigt die Hauptthemen und einige nachgeordnete Äste. Beim ersten Zweig ist ein Datum angefügt, um darauf hinzuweisen, dass die Fristen ein wesentliches Element jedes Arbeitsplans sind. Die Verbindungslinie zwischen Erhebung und Auswertung soll darauf hinweisen, dass diese Trennung nicht bei allen theoretischen Ansätzen gegeben ist. Im Stadium, in dem man einen derartigen Plan erstellt, muss dies aber bereits entschieden sein. – Meist sind Mind Maps bunt und mit Grafiken und Symbolen angereichert. Das ist aber nicht notwendig. Wichtig ist, dass die Hauptzweige die Struktur wiedergeben, die man sich für die Ordnung des Themas zurechtlegt, und die zugeordneten Äste ein Abbild der zentralen Schritte geben. Daraus ergibt sich ein anderer Aufbau als bei sachlogisch geordneten hierarchischen Strukturplänen.

7.3 Durchführung eines Pretests

Jede Erhebung braucht ihre Vorerhebung. Zwar variieren die Funktion, die Schwerpunkte und die Intensität je nach gewähltem Ansatz und eingesetzten Verfahren, eine Probeerhebung ist aber immer notwendig. Nur so können Fehler vermieden werden, die nachträglich nicht korrigiert werden können. Verteilt man beispielsweise an alle Befragten einen Fragebogen mit einer Frage, die nicht im gemeinten Sinn verstanden wird, so sind alle nachträglichen Rettungsversuche umsonst. Die Frage ist nicht auswertbar und sie hat vielleicht auch die Beantwortung anderer Fragen beeinflusst.

Geht man mit einem Beobachtungsschema an die Datenerhebung, so müssen die Kategorien für die Situation stimmig sein und durchgehend (von allen Beobachtern bzw. während aller Beobachtungssequenzen) im gleichen Sinne verstanden werden. Ähnlich verhält es sich bei der Analyse von Dokumenten. Auch hier müssen die angelegten Kategorien am Anfang in derselben Weise angelegt werden, wie in der Endphase. Die Haupterhebung ist oftmals keine Phase, in der man lernen sollte, d.h. die Instrumente sollten nicht verändert oder verbessert werden.

Aber, wie gesagt, dies hängt vom Ansatz ab. Bei einigen qualitativen Vorgehensweisen gibt es keine Phase, die als Vorerhebung ausgeflaggt ist. Die Kategorien zur Analyse von Interviews oder Texten werden im Laufe der Erhebung entwickelt und auch verändert. Wenn man bei Befragungen keinen Pretest durchführen kann oder will, so sollte das jedenfalls einen Einfluss auf die Reihenfolge der Erhebung haben. Man sollte nicht die Personen zuerst interviewen, bei denen man damit rechnen kann, dass sie der Analyse gegenüber eher negativ eingestellt sind und man sollte nicht mit denen beginnen, die inhaltlich besonders komplexe Themen gefragt werden müssen.

Im Standardfall einer Organisationsanalyse sind im Rahmen einer Vorerhebung vor allem folgende vier Punkte zu klären:

1. Der Zeitaufwand, der mit der Erhebung verbunden ist:
   Wie lange dauert ein Interview oder das Ausfüllen des Fragebogens? Wie viel Zeit beansprucht die Analyse eines Textes? Wie viele Stunden muss man für die Beobachtungen vorsehen?
2. Die Akzeptanz der Datensammlung:
   Wie werden wahrscheinlich die Betroffenen auf die Erhebung reagieren? Wie sollte sie angekündigt werden? Wie wird mit der Zusicherung der Anonymität umgegangen? Wie wird die Zielsetzung der Studie beurteilt?
   Diese Fragen kann man nur beantworten, wenn man sie auch stellt. Das bedeutet etwa für eine schriftliche Vorerhebung, dass man mündliche Interviews anhängen muss, um Informationen über diese Aspekte zu bekommen. Fragen zu diesen Themen in den Fragebogen einzubauen bringen meist wenig.
3. Die Inhalte und die Form der verwendeten Verfahren:
   Bei Befragungen stehen vor allem fünf Themen im Vordergrund: Wie verständlich sind die Fragen (und die Antwortvorgaben)? Sind sie angemessen und verwenden sie die Sprache der Organisation? Wie beurteilen die Befragten die Vollständigkeit und die Möglichkeit, der eigenen Meinung Ausdruck zu verleihen?
   Setzt man Fragebatterien, Tests oder Itemsammlungen ein, so sollte man

prüfen, wie diese ankommen, da sie nur in ihrer Gesamtheit verwendbar sind. Fällt ein Item aus, so wackelt die gesamte Konstruktion.[232]
Die Kodierung bei Inhaltsanalysen muss ebenfalls einem Pretest unterzogen werden: Man stellt ein System auf und überprüft an Hand einer Stichprobe der Texte, ob die Klassifikation anwendbar ist. Sollten mehrere Personen kodieren, so ist deren Übereinstimmung zu überprüfen.
4. Die Auswertungsmöglichkeiten der Daten:
Spätestens bei der Vorerhebung sollte man, wenn die Analyse eine statistische Auswertung vorsieht, den Auswertungsplan testen. Das heißt, man sollte die Daten des Pretests dazu verwenden, die Auswertung auszuprobieren und zumindest die Tabellen erzeugen, die man im Bericht verwenden wird.

Die hier aufgezählten Anforderungen werden oft nicht erfüllt, können manchmal auch nicht erfüllt werden. Dann sollte man sich wenigstens auf zwei Punkte konzentrieren: Wie gut werden die zentralen Konzepte in den Erhebungsinstrumenten abgebildet? (Werden die für die Analyse zentralen Fragen verstanden? Sind die wichtigsten Aspekte davon berücksichtigt?) Wie passt die geplante Erhebung zu den Bedingungen der Organisation bzw. den Annahmen, die man bisher über die Organisation gemacht hat?

7.4 Datenerhebung

Wie die Haupterhebung ablaufen sollte, weiß man nach einem guten Pretest ziemlich genau. Man müsste auch wissen, wie die Datenerhebung auf welchem Wege anzukündigen ist.

Die zahlreichen Beispiele aus der Literatur, die wir bisher gebracht haben, ergänzen wir hier durch die Ist-Analyse eines Unternehmensberaters.[233] Wir wollen damit nicht eine ideale Studie vorstellen, sondern ein Beispiel für eine sehr praxis- und verwertungsorientierte Bestandsaufnahme.

---

[232] Der englische Ausdruck „item" bezeichnet ein Stück, einen Teil eines Fragebogens oder eines Tests; meist eine schriftlich formulierte Behauptung, zu der die Befragten ihre Meinung äußern sollen.
[233] Dieses Vorgehen hat uns Andreas Rössler (PricewaterhouseCoopers, Bern) in einem Gespräch erläutert und dankenswerterweise auch den Fragebogen zur Verfügung gestellt.

Beispiel 10. Eine Form der Ist-Analyse

Die Beratung, die wir hier kurz darstellen, fand im Jahr 2007 statt, der Klient war ein kleines HiTech-Unternehmen. Diese Ist-Analyse kann, wenn man sie hinsichtlich der Berücksichtigung politischer Prozesse betrachtet, als rein sachbezogene Studie (siehe Abbildung 7) oder in den von Goffman differenzierten Perspektiven (siehe Abschnitt 5.2.2) als ausschließlich „technisch" orientiert bezeichnet werden.

Die Erhebung dreht den häufig anzutreffenden Ablauf um und stellt die schriftliche Befragung vor die mündlichen Interviews. Für die Informationssammlung bekommen die 22 zu befragenden Personen zunächst einen Fragebogen zugesandt, den sie beantworten und bis zu einem vorgegebenen Datum retournieren sollen. Nach einer ersten Auswertung werden sie in einer zweiten Erhebungsstufe in einem eineinhalbstündigen Gespräch zu den Antworten auf den Fragebogen interviewt. Weiters werden die nach Meinung der Befragten noch offen gebliebenen Fragen geklärt.

Die per E-Mail versandte Anleitung zum Ausfüllen des Fragebogens lautete:

„Sie erhalten den personifizierten Fragebogen mind. 1 Woche vor dem vereinbarten Interviewtermin von uns per E-Mail zugestellt.

Der Fragebogen ist in einen Allgemeinen Teil, in einen stellenspezifischen Teil sowie in einen Teil mit offenen Fragen unterteilt. Bitte beantworten Sie die von uns zusammengestellten Fragen im Fragebogen stichwortartig. Wir bitten Sie jedoch, JA- oder NEIN-Antworten kurz zu erläutern.

Um das Interview effizient zu gestalten, bitten wir Sie, uns den ausgefüllten Interviewfragebogen jeweils bis Dienstagabends der Woche Ihres Interviewtermines per E-Mail zuzustellen (bitte an XY). Wir bitten Sie, uns den Fragebogen auch zuzustellen, wenn Sie ihn nicht zu 100% ausgefüllt haben.

Nach unserem Interviewtermin werden wir Ihnen den vollständigen Fragebogen in Papierform zum Gegenlesen zustellen, damit Sie noch allfällige Korrekturen und Ergänzungen vornehmen können.

Wir empfehlen Ihnen sämtliche elektronischen Versionen des Fragebogens in der E-Mail (Inbox und Sent) oder auf dem Laufwerk zu löschen.

Alle Interviewdaten werden anschließend von uns zusammengetragen, anonymisiert und ausgewertet.

Falls Ihnen nach dem Interviewtermin weitere Anregungen und Bemerkungen in den Sinn kommen, können Sie uns diese jederzeit per E-Mail zustellen.

Sollten Sie Fragen oder Anmerkungen haben so stehen wir Ihnen gerne zur Verfügung."

Insgesamt wurden 38 inhaltliche Fragen gestellt. So etwa zum Themenblock IT folgende vier:

„Mit welchen Systemen arbeiten Sie?

Welche Zugriffsberechtigungen haben Sie auf diese Systeme? (Abfrage, Eingabe, Stammdaten etc.)

Wie ist die Verfügbarkeit der Systeme (Störungen, Nichtverfügbarkeit der Systeme, Anzahl Tage pro Jahr)

Werden die Funktionalitäten der Systeme vollständig ausgenutzt? (Werden Arbeiten manuell ausgeführt, welche durch das System erledigt werden könnten)?"

Am Ende wurden einige mehr offene Fragen gestellt, wie z.B.:

„Wo in Ihrem Tätigkeitsbereich haben Sie Schnittstellen zu anderen Abteilungen (interne und externe)?

Wurde Ihrer Meinung nach ein wesentlicher Themenbereich nicht berücksichtigt?"

Für die Auswertung der Fragebögen wurden die Aussagen in einer Matrix zusammengefasst. Als Ordnungskriterien dienten in den Zeilen die fünf Bereiche der Firma und die Führungsebenen, in den Spalten die Unterscheidung nach Stärken/Schwächen. D.h. der Ist-Analyse lag das Schema einer SWOT-Analyse zugrunde. Bei der Verdichtung der Angaben wurden die Aussagen anonymisiert und auf das Gesamtunternehmen übertragen.

Nach der ersten Auswertung wurden im Laufe von vier Wochen mündliche Interviews von etwa zwei Stunden Dauer geführt. Dieser Ablauf zeigt: Der Berater hat ein seine Bestandsaufnahme bestimmendes Schema, das zwar nicht sehr in die Tiefe geht, aber die Ansichten aller Führungsstufen zur offiziellen Strukturierung des Arbeitsprozesses wiedergibt und die Formulierung von Empfehlungen erlaubt. Allerdings kann eine schriftliche Befragung derartige Informationen nicht liefern. Der wesentliche Erhebungsteil sind die mündlichen Interviews. Die Umdrehung der Reihenfolge dient offensichtlich dazu, dem Berater die für die Interviews notwendigen Informationen zu liefern. Die Vorteile sind: das Vorgehen ist für die Beteiligten sehr transparent, die Interviewangaben erfolgen überlegt, man bekommt die Interpretationen und Sichtweisen der Organisationsmitglieder heraus und hat trotzdem vergleichbare Angaben.

7.5 Datenkontrolle und -bereinigung

In dem vorherigen Beispiel werden Daten gesammelt, die nachträglich durch Interviews ergänzt und vervollständigt werden. Die Informationen aus den Interviews werden in einem einfachen Differenzschema (Stärken/Schwächen) verdichtet und nicht elektronisch ausgewertet oder auf tieferliegende (latente) Inhalte hin untersucht.

Wenn eine Analyse ein weniger leicht überschaubares Datenvolumen elektronisch verarbeitet, dann muss eine intensivere Überprüfung stattfinden. Diesbezügliche Erfahrungen fassen Selltiz et al. (1972: 205 ff.) zusammen. Die folgenden Punkte beziehen sich vor allem auf Ergebnisse aus Interviews, einige sind aber auch auf Fragebogendaten und Beobachtungsprotokolle anwendbar:

- Vollständigkeit: Es müssen alle Fragen ausgefüllt sein, notfalls mit dem Verweis „Nicht beantwortet." Aber diese Kategorie ist von Angaben des Befragten auf Restkategorien („k. A." oder „sonstige") zu unterscheiden, um dem Problem der KAWENNE zu entgehen (siehe 6.1.1).
- Lesbarkeit der Antworten: Die Angaben auf offene Fragen müssen gelesen und interpretiert werden können.
- Verständlichkeit: Dieses Kriterium gilt besonders für Berichte und Memos über Interviews. Bemerkungen des Interviewers über die Situation oder das Verhalten des Befragten sind oft schon kurze Zeit später selbst dem Verfasser der Notiz nicht mehr klar. Ähnliches gilt für Anmerkungen zu Beobachtungssituationen. Zumindest muss aus der Notiz hervorgehen, ob die Beobachtung durch irgendwelche Ereignisse gestört oder verzerrt wurde. Wird die Freundlichkeit der Kassiererinnen in einem Supermarkt untersucht, so kann das Auftauchen der Filialleiterin die Situation bemerkenswert verändern also auch zu ... konsistenz führen.
- Konsistenz: Stimmen die Angaben eines Befragten offensichtlich nicht überein, so sollte man dem nachgehen oder dies so festhalten, dass der Hinweis auch ausgewertet werden kann. Merkt man etwa beim Durchsehen von Fragebögen, dass Widersprüche enthalten sind, so können diese ihren Sinn haben; etwa weil die Fragen anders verstanden wurden. Die Widersprüche können aber auch auf inkonsistentes Antwortverhalten hinweisen. Es kann sehr leicht passieren, dass man die Daten auswertet und nicht mehr auf diese Unvereinbarkeiten stößt, weil man beispielsweise nur Linearauszählungen macht oder diese Merkmale in Tabellen nicht kreuzt. – So kann man etwa Angaben bekommen, dass die Analyse als wichtig angesehen wird und auf eine andere Frage geantwortet wird, dass man im Fragebogen seiner Meinung Ausdruck ver-

leihen konnte. Das freut den, der die Untersuchung macht. Wenn aber eine genauere Überprüfung ergibt, dass dieses Antwortmuster nicht mit einer geringeren Anzahl von Nicht-Antworten oder Angaben von Restkategorien einhergeht, so ist offensichtlich etwas faul an der Befragung.
- Unzutreffende Antworten: Passt eine Antwort nicht zum gemeinten Sinn der Frage, so würde sie das Kodiersystem sprengen. Daher ist es sinnvoll, sie vorher zu eliminieren oder in einer entsprechenden Form zu verarbeiten.
- Einheitlichkeit: Sie muss besonders geprüft werden, wenn in Interviews nach Daten gefragt wird, wie z.B. Budgetzahlen. Dann muss man sicherstellen, dass nicht nur die Währung einheitlich ist, sondern die Angaben auch auf denselben Zeitpunkt bezogen sind.

Von diesen Korrekturen und Überarbeitungen abgesehen sollte man bedenken, welche Arten von Fehlern oder vermeintlichen Fehlern etwas über die Organisation selbst aussagen können. Das ist dann der Fall, wenn man eine Systematik entdeckt und eine Annahme darüber hat, warum diese „Irrtümer" aufgetreten sein könnten.

7.6 Kodierung der Daten

Die Verschlüsselung der Daten hat einen technischen und einen inhaltlichen Aspekt. Die gewonnenen Daten müssen, sollen sie verrechnet oder mit Hilfe von Software für qualitative Analysen verarbeitet werden, in einen maschinenlesbaren Kode übersetzt werden. – Dieser Aufwand entfällt, wenn ein Instrument verwendet wird, das selbst schon diese Kriterien erfüllt; das kann bei standardisierten Fragebögen, wie etwa zur Analyse von Lehrveranstaltungen, der Fall sein. Das Beispiel weist darauf hin, dass Bögen, die ohne Kodierung auskommen, meist sehr simpel sind. – Allgemein gilt: Mit zunehmendem Grad der Standardisierung wird der Kodieraufwand geringer. Zugleich wird der Spielraum der möglichen Reaktionen der Untersuchten geringer.

Die inhaltliche Bedeutung der Verschlüsselung wird noch deutlicher, wenn man mit Daten zu tun hat, die zu Kategorien zusammengefasst werden müssen, die noch unbekannt sind. Für diese Daten muss in der Analyse des Materials eine entsprechende inhaltliche Systematik erarbeitet werden. Das gilt für Antworten auf offene Fragen eines Fragebogens oder für Texte aus Interviews, für Dokumente oder Romane. Immer dann, wenn Inhalt und Bedeutung des Materials erst gefunden werden müssen, ist die Kodierung ein Arbeitsschritt, der sich keineswegs auf einen technischen

Aspekt reduzieren lässt, sondern ein zentraler Schritt der Analyse selbst. In diesen Fällen sind Auswertung und Analyse eng miteinander verzahnt. Wieder einmal ist auf die Grounded Theory zu verweisen, deren Methodologie zufolge das Kodieren ein zentraler Kern der Arbeit ist.

Beispiel 11: Kodierung von Interviews

Wie Interviews im Rahmen einer Organisationsstudie analysiert werden können, wird beispielsweise von Ron et al. (2006) nachvollziehbar dargestellt. Die Autoren beschreiben, wie sie die Interviews mit Piloten von Kampfjets ausgewertet haben, wie die Kategorienbildung erfolgte und bringen Beispiele aus den Interviews.[234]

In der rechten Spalte der Tabelle 15 sind Interviewpassagen (aus den verschrifteten Tonbandprotokollen) wiedergegeben. Sie stehen für eine der Funktionen, die, der Analyse zufolge, diese Nachbesprechungen haben: Lernen, soziale Kontrolle und psychologische Funktionen. Diese drei Kategorien in der linken Spalte enthalten eine Reihe von Unterkategorien. – So sind in dem folgenden Beispiel bei der Lernfunktion zwei Unterkategorien angeführt: die Verbesserung individueller Leistung und Lernen aus Fehlern. Diese Unterkategorien sind zu definieren (siehe mittlere Spalte); das geschieht durch Verallgemeinerung der Interviewpassagen. In der mittleren Spalte ist die Kategorie definiert. Selbst wenn sie so einfach ist wie im Falle des Lernens aus Fehlern, muss man die Definition formulieren und aufschreiben. Aus zwei Gründen: Um die Einheitlichkeit der Interpretation der Kategorien zu erleichtern und um Lesern mitzuteilen, wie man welche Begriffe und Konzepte verstanden hat. Der Arbeitsprozess sieht dann, kurz gesagt, folgendermaßen aus: Man sucht in den Interviews in sich geschlossene Textteile, bei vielen

---

[234] Untersucht wurde, wie Organisationen ihr Lernen organisieren (Ron et al. 2006). Eine theoretische Basis bildet das Konzept von „organizational learning mechanisms": "They are institutionalized structural and procedural arrangements in which members of the organization collect, analyze, codify, exchange and disseminate information and knowledge relevant to the organization's and their own welfare and performance." (1070) Der hier untersuchte zentrale Lernmechanismus ist die Besprechung, die nach den Flügen für alle Crews routinemäßig abgehalten wird. Dabei werden die Filme abgespielt, die während der Flüge aufgenommen wurden. Ein zentrales Ergebnis lautet: „Learning in the post-flight reviews is a multi-layered process of retrospective sense-making, the detection and correction of error, social comparison, social control, socialization, and bonding. Learning proceeds by observing one's own and others' performance and receiving feedback on the former." (1083 f.) – In der Zusammenfassung der Studie von Isabella (Beispiel 7) wird ebenfalls der Kodierprozess dargestellt.

Verfahren sind das Sätze (rechte Spalte), und gibt ihnen einen übergeordneten Sinn (linke Spalte).

Der Prozess ist aufwändiger als diese Beschreibung ahnen lässt, daher empfiehlt es sich, solche publizierten Studien genauer zu lesen und sich nicht unvorbereitet in eine derartige Analyseform zu stürzen.

Tab. 15: Beispiel für die Kodierung von Interviewpassagen (Quelle: Ron et al. 2006: 1074 ff.)

Function		
Learning	Definition	Illustrative Example
• Improving individual performance	Enable participants to improve their individual performance	I can fly without debriefing for a while. In the long run, though, my performance will suffer.
• Learning from failure	Enable participants to learn from their failures	When (a cadet in flight school) begins to 'tell stories' during debriefing, the instructor cuts him short: 'Stop the stories and come to the „matchpoint" – why did you fail?'
Social control		
• Disciplining and culpability fixing	Enable commanders to hold subordinates accountable for sub-par performance	Occasionally you make such a stupid mistake that you pray the VCR was not working, or
		that the post-flight review will be skipped that day.
Psychological		
• Bonding	Enable commanders to hold subordinates accountable for sub-par performance	The business of the daily post-flight review is to hold people accountable for their errors.

Werden Texte im Rahmen einer Inhaltsanalyse kodiert, so gibt es ein Set an üblichen Schritten. Duriau et al. (2007) fassen sie folgendermaßen zusammen:
1. Definition der Erhebungseinheit (Worte, Phrasen, Sätze, Absätze)
2. Definition der Kodierkategorien

3. Test der Kategorien an einer Stichprobe
4. Beurteilung der Reliabilität der Kodierung der Stichprobe
5. Überarbeitung der Kodierregeln
6. Rückkehr zu Schritt 3, bis eine hinreichende Zuverlässigkeit erreicht ist
7. Kodieren des gesamten Textes
8. Messung der erreichten Reliabilität

Die Untersuchung von Henry Mintzberg, die wir oben (siehe Abschnitt 6.4.3) zusammengefasst haben, bietet ein weiteres Beispiel für den Aufwand, den eine gewissenhafte Kodierung bedeutet; in diesem Falle im Rahmen einer Beobachtungsstudie.

7.7 Auswertung und Interpretation

Aus drei Gründen behandeln wir dieses Thema nur durch Angabe von Literaturhinweisen, die für zwei unterschiedliche Ansätze typisch sind. Erstens, weil die Auswertung wesentlich von dem jeweils gewählten Erhebungsverfahren bestimmt wird. Zweitens, weil sich Organisationsanalysen, wie schon oben festgestellt, in diesem Arbeitsschritt nur durch einen Aspekt von „normalen" Untersuchungen unterscheiden: Sie sollten zu den in der Organisation gewohnten Formen passen und sich von diesen etwas unterscheiden. Drittens gibt es hinreichende Speziallitaratur.

Erste Anleitungen bieten die von uns bereits mehrmals zitierten Überblickbücher über die Methoden der empirischen Sozialforschung.

Die je nach Ansatz unterschiedlichen Auswertungsmöglichkeiten zeigen sich beim Vergleich der beiden folgenden, ebenfalls bereits zitierten Bücher: Die weit verbreitete Publikation von Miles und Huberman (1994)[235] bietet ganz konkrete Anleitungen für eine Vielzahl von Auswertungsmöglichkeiten qualitativer Studien. Die Veröffentlichung von Schönbeck und Voß (2005) zeigt minutios auf, wie eine standardisierte Befragung mittels SPSS ausgewertet werden kann.

Ob man eine qualitative oder quantitative Analyse macht, man muss die gefundenen Ergebnisse interpretieren. Das bedeutet, die Daten so zu sortieren und auszulegen, dass sie die Antworten auf die Analysefragen begründen und unterstützen.

---

[235] Dieses Buch ist ein Beispiel dafür, dass der Vorwurf, qualitative Forschung sei eher eine Kunst und nicht nachvollziehbar, nicht generell gilt. Hier werden eine Menge von Regeln erklärt und begründet, die bei unterschiedlichen Formen der Erhebung und Auswertung zu beachten sind.

Für die Interpretation gelten einige wenige Prinzipien, wie z.B.: Mit Fakten kann man nichts beweisen, sondern nur mit den Schlussfolgerungen, die man daraus zieht. Nichts ist „selbsterklärend", jede Folgerung muss begründet werden. Alle Ableitungen müssen so begründet werden, dass sie für Leser nachvollziehbar sind.

In manchen Fällen kann es sinnvoll sein, Unklarheiten mit Betroffenen zu diskutieren, um bei der Interpretation nicht grobe Fehler zu machen. Wenn man das macht, so sollte man aber auch überlegen, warum man Daten, die man aus gutem Grund erhoben hat, nicht interpretieren kann.

7.8 Abfassen des Berichts

Wenn man die Analyse in schriftlicher Form zusammenfasst, so ist es sinnvoll, sich zunächst die Adressaten vorzustellen. Wir gehen davon aus, dass den Bericht alle bekommen, die an der Datenerhebung und Organisation der Analyse mitgewirkt haben.

Wird die Analyse im Rahmen des Studiums angefertigt, etwa als akademische Abschlussarbeit, so ist es nützlich, sich die unterschiedlichen Denkwelten vor Augen zu führen. Tabelle 16 stellt einige Aspekte der Denkstile von Forschern und Managern gegenüber und zeigt die Unterschiede zwischen beiden Berufsgruppen in vier Dimensionen: Überzeugungen, Perspektiven der Problemlösung, Standpunkt und Kriterien für ein negatives Ergebnis.[236]

Wenn man also ein Unternehmen analysiert, so kann man davon ausgehen, dass ein Bericht danach beurteilt wird, ob er nützlich ist, konkrete Angaben macht und ob aus den Ergebnissen – nach einigen Diskussionen – relativ kurzfristig wirksame Maßnahmen abgeleitet werden können. Wie weit man sich diesen Vorstellungen annähert, ist Sache der Autorin bzw. des Autors des Berichts. Zu warnen ist aber davor, dass man über das Ziel hinausschießt und glaubt, konkrete Empfehlungen abgeben zu können. Eine Analyse ist dann sehr gut, wenn sie zum Denken einlädt und den Beteiligten anschlussfähige Anregungen gibt. Das ist der Fall, wenn die Organisationsmitglieder mit den Ergebnissen etwas anfangen können, anfangen können, weiter zu überlegen und Maßnahmen zu entwickeln. Dann ist der Bericht anschlussfähig.

Für die Autorin des Berichts bedeutet das, dass sie jedenfalls, wenn die Analyse auch Grundlage einer akademischen Abschlussarbeit ist, eine völlig andere Version verfassen muss, dessen Text den Kriterien entspricht, die

---

[236] Die Darstellung folgt den Überlegungen von Huczynski (1993: 176).

in der linken Spalte angeführt sind. Die Unterschiede zwischen diesen Welten sind so groß, dass erfahrungsgemäß alle Versuche, einen anwendungsorientierten Bericht in eine Forschungsarbeit umzuschreiben, scheitern. Man kann nur Teile übernehmen.

Tab. 16: Kurzbeschreibung der Denkwelten von Forschung und Management (siehe dazu Huczynski 1993)

Dimensionen des Denkstils	Managerin/Manager	Forscherin/Forscher
Überzeugungen: • Ziel	erfolgreiche Bewältigung	verstehen/erklären
• Erfolgskriterium	Wirksamkeit	Bestätigung einer Theorie oder Annahme
• angestrebter Effekt	Erhöhung des Erfolgs	eine zitierbare Publikation abfassen
• Ausrichtung	konkret/spezifisch	abstrakt/generell
Perspektive der Problemlösung: • Zeithorizont	kurzfristig	langfristig
• Überprüfung	der Wirksamkeit des Einflusses	der angemessenen Erklärung
Standpunkt:	involviert	intersubjektiv
ein negatives Ergebnis ist	ein Fehler	eine Information

Wenn diese Überlegungen ernst genommen werden, so müssen sie sich auch im Analysebericht niederschlagen. Tabelle 17 führt an, welche Elemente in welcher Sorte von Bericht vorkommen sollten: In der linken Spalte sind die Inhalte benannt, die der Report enthalten sollte, der der Organisation vorgelegt wird. In der mittleren Spalte sind die Inhalte angeführt, die in einer akademischen Arbeit vorkommen sollten.

Tab. 17: Wichtige Elemente von zwei Berichtsarten – anwendungsbezogene Analyse, akademischer Bericht

Bericht einer anwendungsbezogenen Analyse	Akademischer Bericht über eine Organisationsstudie	Anmerkungen
Begründung, warum man den Bericht lesen soll		
Danksagungen		
Executive Summary	Abstract	können erst zum Schluss verfasst werden
Angaben über: • den Anlass der Studie • die Beziehung dessen, der die Analyse durchgeführt hat zur Organisation • Zugang zur Organisation		
Darstellung der Ausgangsfrage		
	die inhaltlichen und die organisationsbezogenen Annahmen (Hypothesen), die getroffen wurden	Diese Aspekte können in einem anwendungsorientierten Bericht meist nur kurz erwähnt werden.
	herangezogene Literatur	
	Definition der zentralen Begriffe	
	das Design der Analyse	
Darstellung der eingesetzten Methoden, Verfahren und Instrumente		
Angaben über die untersuchte Population bzw. Stichprobe bzw. das verwendete Material und wie man dazu gekommen ist		
Angaben zur Datenqualität		Diese Angaben müssen in einer Forschungsarbeit so detailliert sein, dass Leser die Bedingungen abschätzen können, unter denen die Daten zustande gekommen sind.

Bericht einer anwendungs- bezogenen Analyse	Akademischer Bericht über eine Organisationsstudie	Anmerkungen
	Angaben zu den eingesetzten Auswertungsmethoden	Die Genauigkeit der Darstellung unterscheidet sich in beiden Berichtsarten.
Ergebnisse und ev. Schlussfolgerungen, die sich auf die Organisation beziehen	Ergebnisse und die Verbindung der Ergebnisse mit den Annahmen und der Ausgangsfrage: Wie wurde sie beantwortet? Was konnte nicht beantwortet werden? Was ist über diese Fragestellung hinaus an Ergebnissen festzuhalten?	In den meisten Fällen ist die politische Dimension der Analyse nur im akademischen Teil der Analyse deutlich darstellbar.
	Schlussfolgerungen, die sich auf (die einbezogenen) Organisationstheorien beziehen	
	Darstellung der eigenen Rolle im Analyseprozess	
Wie wurde die Erhebung aufgenommen? Gab es im Laufe der Datenerhebung Schwierigkeiten?		
	Reaktion seitens der Organisation auf den Bericht	
	Folgerungen für künftige Arbeiten	Auch Lücken, Fehler und Verbesserungsmöglichkeiten sind festzuhalten.

Weiterführende Hinweise

In eingeschränktem Maße gilt für jeden Text das, was Kurt Vonnegut (2006: 154) über Bücher sagt: „Ein Buch ist eine Anordnung von dreißig phonetischen Symbolen, zehn Zahlen und etwa dreizehn Interpunktionszeichen, und die Menschen können sie betrachten und dabei den Ausbruch des Vesuvs oder die Schlacht bei Waterloo halluzinieren." Für Berichte über Organisationsanalysen heißt das, man kann nicht erwarten, dass alle das Gleiche herauslesen. Daher werden auch die Schlussfolgerungen je nach Betroffenheit unterschiedlich ausfallen.

Im Abschnitt über die Präsentation der Ergebnisse (8.1) finden sich noch einige Empfehlungen, die auch für die Abfassung des Berichts nützlich sein können.

Die Übersichtlichkeit und die Verständlichkeit steigen, wenn der Aufbau und die Gliederung logisch und transparent sind. Anleitungen dafür bietet das Buch von Barbara Minto (2005).

Bei der Präsentation empirischer Daten gibt es erfahrungsgemäß vor allem drei Schwachpunkte:

- Den Aufbau von Tabellen erklärt beispielsweise Hans Zeisel (1970: 46) besonders klar. Hier ein Beispiel:

„Bei den meisten Kreuztabellen erhebt sich die Frage, nach welcher Richtung die Zahlen prozentuiert werden sollen. Die allgemeine Regel ist es, den Kausalfaktor als Basis zu nehmen und darauf zu prozentuieren (der Kausalfaktor ist die Variable, deren Effekt untersucht werden soll) vorausgesetzt, die Stichprobe ist in dieser Richtung ‚repräsentativ'. Es gibt Situationen, wo beide Faktoren als Kausalfaktoren angesprochen werden können. Verwandt mit diesem Problem ist der Brauch, eine Totalspalte auszuweisen. Die Totalspalte ist aber nur sinnvoll, wenn sie eine echte Stichprobe der Gesamtbevölkerung darstellt und zwar so, wie es in der Überschrift ausgewiesen wird. Dort, wo die Totalspalte keinen echten Querschnitt darstellt, ist es oftmals möglich, diesen Fehler durch Gewichtung der Untergruppen zu korrigieren."

- Welche Diagramme und Grafiken für welche Zwecke angebracht sind, führt Zelazny (2003) vor.
- Wie man „Zahlenblindheit" vermeiden kann, also Risiken und Wahrscheinlichkeiten richtig präsentiert und interpretiert, stellt das Buch von Gigerenzer (2002) da. Nebenbei wird man an Hand der vielen Beispiele über Medizin, Kriminologie und andere Bereiche informiert.

8 Präsentation der Analyse und Reflexion

Wir wenden uns jetzt der Präsentation der Analyseergebnisse in der Organisation zu, in der die Daten erhoben wurden. Wir geben aber keine Ratschläge zur Präsentationstechnik oder rhetorische Tipps, sondern konzentrieren uns auf die Gesichtspunkte, die im Rahmen einer Organisationsanalyse wichtig sind. Dabei unterscheiden wir die in Abbildung 25 dargestellten Arbeitsschritte, obwohl sie voneinander kaum zu isolieren sind. Beispielsweise muss die Präsentation der Ergebnisse auf die Verwertungsinteressen bezogen sein.

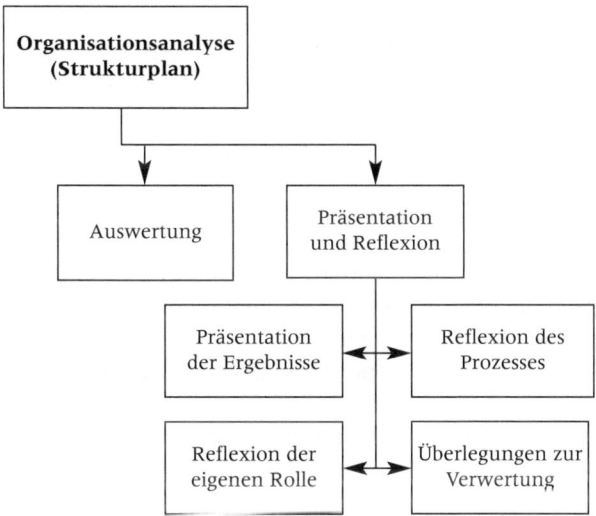

Abb. 25: Zentrale Arbeitsschritte für die Präsentation der Analyse und die Reflexion des Prozesses

Die Präsentation der Ergebnisse sollte, wie schon mehrfach bemerkt, das Angebot sein, das man als Gegenleistung für die Mitwirkung an der Datenerhebung zur Verfügung stellen kann. Daher muss schon vor Beginn der Datensammlung vereinbart werden, in welcher Form wer aller von den Ergebnissen informiert wird. Ob und in welcher Form das zugelassen bzw. gewünscht wird, kann wieder als Hinweis auf Aspekte der Organisationskultur aufgefasst werden.

Für die Information über die Ergebnisse gibt es einfache Regeln: (a) Es sollten zumindest alle den Bericht oder den Zugang dazu erhalten, die mit ihren Informationen beigetragen haben, dass die Untersuchung stattfinden konnte. (b) Alle Angaben müssen so abgefasst werden, dass die Anonymität der Informanten gewahrt ist. Das ist manchmal nicht ganz leicht, wenn Aussagen über sehr kleine Organisationseinheiten gemacht werden sollen. Wie auch immer man dabei auftretende Probleme löst, die Aussagen sollten auch von Kennern der Situation nicht personell zugeordnet werden können. (c) Es sollte keinen Berichtsteil geben, der als „Verschlusssache" behandelt wird, also der Leitung vorbehalten bleibt. (d) Es darf keine Zensur der Endfassung des Berichts geben. Zu klären ist – ebenfalls zu Beginn – in welcher Form welche Teile des Berichts für eine eventuelle eigene Arbeit (z.B. im Rahmen des Studiums) verwendet werden dürfen und wessen Erlaubnis dafür einzuholen ist.

Ein zweiter Teil der Abschlussphase sollte einer Reflexion vorbehalten sein, in der man überlegt, wie die Analyse gelaufen ist und welche Rolle man selbst in diesem Prozess gespielt hat. Hier liegen zusätzliche Lernchancen.

8.1 Präsentation der Ergebnisse

Dieser Schritt erfordert einige Vorbereitungen, die im Wesentlichen, lässt man technische Aspekte (Raum, Ausstattung etc.) beiseite, entlang folgender Fragen erledigt werden können:

- Wie erhalten alle Beteiligten die Möglichkeit, sich über die Ergebnisse zu informieren?
  Die Antwort darauf umfasst die Form der Ankündigung bzw. Einladung und die Entscheidung über die Form der Präsentation. Man sollte jene Präsentationsform vorziehen, die eine mündliche Diskussion zulässt, weil man nur auf diesem Weg ein ausführliches Feedback über die Ergebnisse und den Prozess der Analyse bekommt.
- Was ist zu welchem Zeitpunkt wem in welcher Form und bei welcher Gelegenheit zu präsentieren?
  Unter diesem Punkt ist zu entscheiden, ob die Darstellung der Ergebnisse in mehreren Runden oder nur einmal erfolgt. Bei entsprechendem Interesse und entsprechender Kultur wird etwa erwartet, dass die Ergebnisse zuerst der Geschäftsleitung präsentiert werden und dann erst der Belegschaft. Damit müssen noch keine Zensurabsichten verbunden sein.
- Welche Rolle will man bei der Berichtlegung einnehmen?
  Hier kommt einerseits wieder einmal das „impression management" ins Spiel, andererseits muss für die Ergebnispräsentation eine Rollenaufteilung zwischen Organisationsangehörigen und jenen überlegt werden,

die den Bericht präsentieren. Darunter fallen so scheinbar technische Fragen, wie etwa: Wer eröffnet die Veranstaltung, wer leitet die Diskussion etc.
- Bestehen in der Organisation bestimmte Präsentationsstandards? Welche sollte man übernehmen, welche nicht?

Da man kaum alle Ergebnisse mündlich präsentieren kann, muss eine Selektion vorgenommen werden. Welche Ergebnisse in welcher Form wiedergegeben werden, hängt auch davon ab, ob ein schriftlicher Bericht und eine mündliche Präsentation vorgesehen sind und wie umfangreich der Bericht ist. In den meisten Fällen ist es sinnvoll, den Bericht kurz zu halten oder überhaupt nur ein Handout zu übergeben, das die Präsentation unterstützt und jene Punkte umfasst, die wir oben aufgezählt haben. Diese Empfehlung geben wir nicht nur ab, weil sie arbeitssparend ist, sondern auch, weil mit zunehmender Länge derartiger Texte die Verständlichkeit eher abnimmt. Hier ist an das Zitat von Kurt Vonnegut zu erinnern, das hier etwa so zu interpretieren ist: Man soll ja nicht glauben, dass das, was man präsentiert, ein Bild der Wirklichkeit abgibt, das noch dazu einheitlich verstanden wird. Auch hier gilt wieder, dass man sich der Sprache der Organisation bedienen muss. Also sind organisationstypischen Begriffe (Positionsbezeichnungen, technische Fachtermini, Bezeichnungen für Organisationsbereiche etc.) zu verwenden und nicht eigene oder zu theorielastige.

Sucht man nach allgemeinen Regeln für die Darstellung von Ergebnissen, so lassen sich vier Empfehlungen über die Haltung oder Einstellung geben, die für derartige Präsentationen hilfreich ist:[237]
- Die Ergebnisse sollten möglichst neutral dargestellt, also nicht bewertet werden.
- Organisationsanalysen sind an Strukturen und der Wechselwirkung zwischen Strukturen und Verhaltensweisen orientiert. Daher sind beobachtete Ereignisse, Befunde aus den Daten etc. nicht mit persönlichen Eigenschaften oder Motiven zu erklären, sondern mit strukturellen Bedingungen. – Die Beispiele in diesem Buch müssten einen Eindruck davon geben, auf welche verschiedenen Arten man das machen kann.
- Interessant sind wiederkehrende Muster. Organisationsanalysen erklären nichts Einmaliges. Wenn man einen bestimmten Vorfall oder eine prominente Episode herausstreicht, so sollte dies zur Illustration geschehen. Man braucht dafür ein Ereignis, das Merkmale aufweist, die man als typisch erachtet.

---

[237] Siehe dazu die Empfehlungen von Uwe Schimank (Schimank, 2000: 337 ff.).

- Alle Aussagen, die man trifft, müssen belegt werden. Ein Analysebericht ist kein Nährboden für Spekulationen. Ausnahmen bilden nur Fragen, die man stellt. Eine Ergebnispräsentation kann durchaus auch mit Fragen angereichert werden, die man auf Grund der Analyse hat. Voraussetzung ist, dass man an der Antwort wirklich interessiert ist und die Frage geeignet ist, zur Diskussion anzuregen.

Wie man die Berichtspräsentation konkret gestaltet, hängt von einigen Faktoren ab, wie z.B. den erwähnten Standards der Organisation, dem Anlass der Analyse, den Verwertungsinteressen, der Beziehung zwischen jenem, der die Analyse gemacht hat und der Organisation. Insbesondere der letzte Punkt, ob jemand in der Organisation arbeitet, über die er beispielsweise eine Diplomarbeit schreibt, ob er als Berater tätig ist oder ob er mit der Organisation keine über den Analyseprozess hinausgehende Beziehung hat, wird die Situation wesentlich prägen. Über die damit möglicherweise verbundenen Rollenkonflikte haben wir bereits Anmerkungen gemacht.

Weiter konkretisieren kann man die Vorbereitungsarbeiten, wenn man das Publikum analysiert, dem man die Ergebnisse vorlegen wird. Was sollte man vor der Veranstaltung überlegen?

a) Welche unterschiedlichen Gruppierungen werden teilnehmen? Worin unterscheiden sie sich? Sehen sie die Organisation unterschiedlich? Bewerten sie die Analyseergebnisse anders? Haben sie unterschiedliche Einstellungen zu dem, der die Analyse durchgeführt hat?
b) Welche Interessen hat wer, um an der Veranstaltung teilzunehmen? Was erwartet sich wer von der Veranstaltung?
c) Werden einzelne Positionsträger oder Bereiche mit Teilen der Ergebnisse unzufrieden sein?
d) Welche Funktion hat die Veranstaltung für die Organisation?

Die erste Frage (a) ist wichtig, weil mit zunehmender Heterogenität des Publikums die Darstellung auch differenzierter werden muss. Man kann auch damit rechnen, dass die Veranstaltung in diesen Fällen länger dauern wird und möglicherweise einige Konfliktlinien bemerkbar werden, also Diskussionen unter den Teilnehmergruppierungen aufbrechen. Das hängt von der Konfliktkultur ab, sprich dem in der Organisation üblichen Umgang mit Unterschieden.

Warum welche Leute an der Präsentation teilnehmen (b), sollte man abschätzen können. Eine Situation, in der die meisten kommen, weil man sich zeigen muss, setzt ganz andere Bedingungen als eine Veranstaltung, zu der die Teilnehmerinnen und Teilnehmer aus Interesse kommen. Was welche Bereiche oder Positionsträger erwarten, ist ebenfalls wichtig. Das zeigt sich an den Varianten, die es geben kann: Die einen kommen in der Hoffnung Neues zu erfahren, andere wollen nur die Meinung bestätigt bekommen, die sie schon immer verbreitet haben. Wieder andere nehmen die Situation zum Anlass, um wieder einmal sichtbar zu werden. Immer wieder passiert es auch, dass manche die Situation nützen wollen, um die Schwierigkeit der Lage ihres Bereichs wortreich zu bekunden und eventuell die Bevorzugung anderer anzuprangern. Das und noch viel mehr kann in unterschiedlich drastischen Formen passieren und die Veranstaltung beleben.

Wenn die dritte Frage (c) mit hoher Wahrscheinlichkeit zu bejahen ist, also einige mit den Ergebnissen nicht zufrieden sein werden, dann wird sich die Situation zuspitzen. Entschärft kann sie werden, wenn die Analyseergebnisse nicht als Urteil oder „objektive" Tatsachenfeststellung präsentiert werden, sondern als Wiedergabe von Sichtweisen und Interpretation von (ev. mit Zahlen belegbaren) Befunden. Nützlich und realitätsgerechter ist auch die Technik, zu allen Ergebnissen mögliche Vor- und Nachteile hinzuzufügen und bewertende Äußerungen zu unterlassen. – In diesen konfliktträchtigen Fällen sind also die oben gemachten Empfehlungen zur Haltung besonders wichtig (siehe dazu Abschnitt 2.2.2).

Der letzte Punkt (d) ist wahrscheinlich am schwersten zu entscheiden. Aber darauf eine Antwort zu finden, ist auch besonders reizvoll, weil man faktisch Bilanz ziehen muss und aus den Analyseergebnissen und den gemachten Eindrücken ableiten können sollte, welchen Sinn die Organisation der Veranstaltung gibt. Dafür bieten sich viele Möglichkeiten an, wie z.B.: Die Organisation will zeigen, dass sie die Analyse ernst nimmt; vielleicht um damit zu demonstrieren, dass sie die Mitwirkung der Mitarbeiterinnen und Mitarbeiter an der Studie zu würdigen weiß. – Das kann selbstverständlich nur ein Motiv sein, wenn Leute befragt wurden oder sich beobachten ließen. – Die Organisationsleitung kann die Situation als eine Gelegenheit sehen, bei der die Leute miteinander an Hand harmloser Themen über ihr Arbeitsfeld diskutieren. Die Organisationsleitung kann aber auch die Präsentation der Analyse nützen wollen, um damit die eigenen Ansichten zu untermauern und einmal mehr zu verkünden.

Zu all diesen Fragen müsste man auf Grund der Analyse Annahmen treffen können. Ihren Wert haben sie besonders dann, wenn man sie schriftlich festhält. Erst auf dieser Basis kann man dann entscheiden, wie man die Aufmerksamkeit zu gewinnen versuchen will, welche Ergebnisse wie zu präsentieren sind, welche Formulierungen gewählt und welche vermieden werden sollten etc. – Einige Ratschläge zu diesem Themenkomplex bieten etwa Brewerton & Millward (2001: 176 ff.) an.

Als Resümee dieser Überlegungen kann man sich dann auch für die Rolle entscheiden, die man bei der Präsentation einnehmen kann und will.

8.2 Reflexion der eigenen Rolle und des Analyseprozesses

Reflexion hält auf. Man denkt nach, statt zu tun. Wir leben vorwärts, erklären aber immer die Vergangenheit. Dieses Spannungsverhältnis ist nicht zu ändern, kann aber genutzt werden, wenn man nachdenkt, um etwas für künftige Aktivitäten oder Sichtweisen zu gewinnen. Will man etwas über die eigene Rolle, die man gespielt hat, lernen, so muss man die Reaktionen der anderen als Feedback hören. Als Information darüber, wie sie einen, in der Rolle der Person gesehen haben, die die Organisationsanalyse durchgeführt hat.

Ein allgemeines Grundmodell für diese Art sozialen Lernens bietet das bekannte „Johari-Fenster":[238]

	Akteur	
	bekannt	unbekannt
anderen bekannt	öffentlicher Bereich 1	„blinder Fleck" 2
anderen unbekannt	Verborgenes und Geheimnisse 3	Zukunft Unbewusstes 4

Abb. 26: Das Johari-Fenster

Wenden wir die Matrix auf eine Person an, so sind im ersten Quadranten alle Tatsachen und Äußerungen angesiedelt, die der Person und den anderen bekannten sind. Darunter fallen etwa Haarschnitt, Kleidung, und das ganze äußere Erscheinungsbild. Im dritten Feld ist eingeordnet, was der

---

[238] Es wurde von den amerikanischen Sozialpsychologen bzw. Gruppendynamikern **Jo**e Luft und **Har**ry Ingham 1955 als anschauliches Beispiel dafür vorgestellt, dass Selbst- und Fremdwahrnehmung auseinanderklaffen müssen. Die genaue Darstellung findet sich bei Luft (1971: 22 ff.). – Das Akronym ergibt sich aus Buchstaben in den Namen der Autoren.

Betreffende weiß, anderen aber unbekannt ist. Der vierte Quadrant enthält das Unbekannte, also die Zukunft, Nicht-Gewusstes, Latentes oder Unbewusstes. Hier ist vor allem der zweite Quadrant von Interesse: der „blinde Fleck": Er besteht aus den Verhaltensweisen, die für andere sichtbar sind, die dem Betreffenden selbst aber unbekannt sind. Dazu gehört auch die Interpretation des eigenen Verhaltens durch andere. Je größer dieser blinde Fleck ist, desto mehr klaffen Selbst- und Fremdbild auseinander. Das Mittel, um ihn zu verkleinern, ist Feedback.

Feedback ist eine Kommunikation auf der Metaebene. Im konkreten Fall heißt das, das Publikum wird im Laufe der Präsentation nicht nur zu den Inhalten Stellung nehmen. Man wird auch darüber etwas hören oder heraushören können, wie der Prozess abgelaufen ist, wie man selbst aufgetreten ist, welche Verhaltensweisen geschätzt und welche eher weniger gut angekommen sind. – Auch das wird wieder durch Rahmenbedingungen (den Anlass und die Erhebungsverfahren) beeinflusst: Eine Auftragsstudie wird anders eingeschätzt als eine, die nur dem akademischen Fortkommen dessen dient, der die Analyse durchgeführt hat. Setzt man eine Dokumentenanalyse ein, so ist der Selbstdarstellungsanteil des Analysierenden geringer als bei unstrukturierten Interviews. Teilnehmende Beobachtung soll vor allem nicht störend sein und erfordert daher andere Verhaltensweisen als die Verteilung und Einmahnung schriftlicher Fragebögen.

Fasst man die Reaktionen im Laufe der Präsentation als Feedback auf, so bekommt man damit Hinweise auf die Beantwortung etwa folgender Fragen: Welches Auftreten wurde als förderlich/störend angesehen? Was sollte man bei einer derartigen Analyse wieder so machen? Was könnte in welchen Schritten konkret verbessert werden? Welche Entscheidungen hätte man mit welchen Konsequenzen besser anders getroffen?

Man kann also auf der persönlichen Ebene zwei Seiten des „blinden Flecks" unterscheiden: Einmal geht es um das eigene Verhalten, das Auftreten anderen gegenüber. Das ist häufig der Bereich, der interessanter ist, weil er persönliche Betroffenheit erzeugt. Die zweite Seite betrifft die Arbeit, jene Gesichtspunkte und Blickwinkel, die man übersehen hat oder mit dem gewählten Vorgehen nicht sehen konnte. Auch deshalb ist es so wichtig, die Analysefrage genau zu definieren und anzugeben, welche Perspektive man an die Analyse anlegt und mit welchen Erhebungsmethoden man vorgeht. Man sagt damit, was man untersucht und indirekt, was man nicht beachtet (siehe dazu Abschnitt 5.4.3).

Der „blinde Fleck" wird aber auch zur Beschreibung der Beobachtungsleistung einer Organisation benutzt; wie sie ihre Konkurrenten und ihre Märkte wahrnimmt. Das drückt sich beispielsweise in der Segmentierung der Kunden aus, durch die bestimmte Gruppen in den Fokus genommen werden, andere Merkmale dafür aber notwendigerweise unterbelichtet bleiben. Das drückt sich auch in der Organisationsstruktur aus: Das Organigramm zeigt, wonach die Organisation ausgerichtet ist, nach welchen Gesichtspunkten sie ihre Umwelt bearbeitet.

Beispiel 12: Die alltägliche Wirkung des „blinden Flecks"

Das folgende Beispiel soll die praktische Auswirkung des blinden Flecks an einer einfachen Situation demonstrieren. Wir fassen ein Interview zusammen, das in einer Firma, auf deren Einladung hin, stattgefunden hat. Der hier beschriebene Mechanismus könnte auch ein Teilergebnis einer umfassenden Organisationsanalyse sein.[239]

Ein Dienstleistungsbereich in einem Konzern will für seine Mitarbeiter ein Training durchführen, damit sie den internen Kunden gegenüber freundlicher agieren. Sie sollen nicht nur auf die eigenen Arbeitserfordernisse konzentriert sein und durch ein anderes Verhalten besser in den gesamten Arbeitsprozess einbezogen werden, also etwa früher zu wichtigen Informationen kommen. Das wird als wichtig angesehen, um künftige Personalkürzungen besser abwehren zu können. Also wäre es doch gut, den Mitarbeiterinnen und Mitarbeitern mit Rollenspielen beizubringen, wie sie sich kundenorientierter verhalten sollten. – Das war, kurz zusammengefasst, die Sicht der Situation, mit der die Leiterin und ihre Stellvertretung zu Beginn eines Interviews die Ausgangslage beschrieben. Ergebnis des Gesprächs war, dass beide zur Feststellung gelangten, der gesamte Bereich leide darunter, zu wenig wahrgenommen zu werden. Er leiste eine Arbeit, die von oben (vom Vorstand und von der Bereichsleitung) dann als gut angesehen wird, wenn sie reibungslos funktioniert und nicht auffällt. Unter diesem Aspekt verändert sich das Problem deutlich: Jetzt geht es um die Frage: Wie kann der Bereich seine Position innerhalb des Konzerns verbessern? Wie schafft man es, die Bedeutung der eigenen Arbeit deutlich zu machen?

Wendet man die Logik von Differenzschemata auf dieses Beispiel an, so ergibt sich als mögliche Interpretation: Die Sicht des Problems wurde zunächst durch die Differenz kundenorientiertes/selbstbezogenes Verhalten der Mitarbeiterinnen und Mitarbeiter bestimmt. – Diese Sichtweise ist stark personenorientiert und führt oft zu Trainingsmaßnahmen, die (quasi als Reparaturanstalt fungieren und) leichter durchsetzbar sind als strukturelle Änderungen. – Im Laufe des Interviews sind die zwei Perso-

---

[239] Siehe dazu das Beispiel in Abschnitt 4.5, das sich zwar auch auf eine Anfangssituation bezieht, aber Aussagen über die Gesamtorganisation enthält.

nen, auch durch die Diskussion miteinander, zu einer veränderten Sichtweise gekommen. Die Differenz, mit der sie am Ende des Gesprächs auf ihre Situation geschaut haben, lautete: notwendige/wichtige Aufgabe des Bereichs. Anders ausgedrückt: Wie können wir welche Teile unserer Arbeit als wichtig und nicht nur als lästige Notwendigkeit ausschildern? Hinter beiden Sichtweisen steht die Absicht, das Prestige des eigenen Bereichs zu heben. In der ersten Sichtweise wird das Verhalten der Mitarbeiter als Schlüssel angesehen, in der zweiten Perspektive die Positionierung der gesamten Einheit gegenüber oben. Für die Bearbeitung der Situation unter diesem Aspekt gibt es dann verschiedene Bearbeitungsvarianten: Eine wäre, strukturelle Optionen zu überlegen, die die Einbindung des Bereichs verändern; das ist ein besonders steiniger Weg. Eine andere Variante wäre, Marketing zu betreiben, eine dritte von vielen Möglichkeiten wäre, die „dramaturgische Perspektive" von Goffman (siehe Abschnitt 5.2.2) anzuwenden und die Macht, die man hat, auch entsprechend zur Schau zu stellen.

Wie hängt diese Situation mit dem Thema „blinder Fleck" zusammen? Sie soll zeigen, dass man mit der Sichtweise, die man sich aneignet und die man selbst nicht merkt, nicht merken kann, die Situation definiert. Auflösbar ist dies immer nur durch den Wechsel auf die Metaebene. In dem man sich zurücklehnt und nicht die Situation betrachtet, sondern die Sichtweise, mit der man sie definiert. Da das der Aktion Münchhausens gleich kommt, sich am eignen Schopf aus dem Sumpf zu ziehen, braucht man in aller Regel einen außenstehenden Beobachter, der Feedback gibt.[240] Aber in vielen Fällen ist die Verrückung oder Verkleinerung des blinden Flecks auch gar nicht günstig. Die so genannte „Betriebsblindheit" ist ein organisationsbezogenes Beispiel: Man folgt den Routinen und merkt dies auch nicht mehr. Das ist auch ganz wichtig, weil Routinen, eingespielte Muster, von Entscheidungen entlasten und die Handlungsfähigkeit erhöhen. Würde man die Lösung von Standardproblemen nicht einem Automatismus unterwerfen, so wären Verzögerungen und Unberechenbarkeit die Folgen. Man müsste sozusagen bei jedem Essen zu Hause die Sitzordnung neu entscheiden. Der blinde Fleck wird deshalb auch als Schutzmechanismus vor blockierender Selbstbeobachtung bezeichnet; das ist seine wichtigste Funktion.

---

[240] Das ist einer der Gründe, warum die Rollenverquickung Organisationsmitglied/Analysierender zu Spannungen und zu einer eingeschränkten Leistung führen muss: jemand, der in der Organisation beschäftigt ist, kann kaum die Perspektive eines externen Beobachters einzunehmen.

Die Analyse einer Organisation, jede Beschreibung der Ist-Situation, bietet also eine Möglichkeit, den Organisationsmitgliedern bestimmte Aspekte ihrer Organisation vor Augen zu führen, die sie in dieser Form nicht kennen oder sehen. In diesem Sinne kann eine Organisationsanalyse auch blinde Flecken der Organisation aufzeigen.

	Organisationsmitglied	
	bekannt	unbekannt
Analysierender bekannt	öffentlich gemachte, zugängliche Informationen 1	„blinder Fleck" Art, in der die Organisation gesehen & beschrieben wird 2
Analysierender unbekannt	interne Vorgänge, Verborgenes (& Geheimnisse) 3	„black box" 4

Abb. 27: Das Johari-Fenster der Organisationsanalyse

Um dies zu verdeutlichen, geben wir in Abbildung 27 das Johari-Fenster nochmals wieder, diesmal mit leicht veränderten Bezeichnungen. Die Spalten unterscheiden die Zustände eines Organisationsmitglieds, z.B. eines Befragten. Die Zeilen differenzieren den Informationsstand dessen, der die Organisation analysiert. Sie oder er ist in der Rolle einer Beobachterin oder eines Beobachters zweiter Ordnung. Damit ist gemeint: jedes Organisationsmitglied beobachtet seine Umgebung und interpretiert, was abläuft. Der Analysierende beobachtet, wie die Organisationsmitglieder beobachten. Er ist also ebenfalls Beobachter, hat aber einen anderen Blickwinkel; den eines Externen.

Das erste Feld enthält jene Daten, die für Vorinformationen und zu Beginn einer Studie wichtig sind. Das vierte Feld ist ein schwarzer Kasten, der nicht aufgehellt werden kann; zumindest nicht in diesem Setting. Wer eine Organisation analysiert, wird vor allem an den Informationen interessiert sein, die im zweiten und dritten Quadranten liegen. Der dritte kann bearbeitet werden; etwa in einem Interview, in dem man die entsprechenden Fragen stellt (sich aber davor hütet, nach Geheimnissen zu schnüffeln). Die Informationen des zweiten Quadranten sind, bleiben wir bei der Interviewsituation, weniger durch Fragen zu erhellen, sie ergeben sich indirekt aus der Schilderung von Situationen, Erklärungen und Interpretationen. Eben daraus, wie der oder die Befragte die Welt sieht bzw. sie anderen zu erklären versucht.[241] Findet man in der Analyse typische Muster solcher Sichtweisen, so kann man überlegen, was damit gesehen wird und was notwendigerweise damit im Dunkeln bleibt. Diese Überlegungen kann man dann mit der Interpretation offensichtlicher Fakten, wie etwa dem oben erwähnten Organigramm, verbinden.

Wenn wir sagen, dass eine Organisationsanalyse die blinden Flecken einer Organisation verkleinern kann, so müssen wir gleichzeitig darauf hinweisen, dass Vorsicht geboten ist. Man sollte nicht ungefragt latente Themen ansprechen, und wenn man dies tut, so ist das entsprechend ausgewogen zu formulieren. Nicht von vornherein ist ausgemacht, dass man Aufklärung zu betreiben hat, nur schwer ist zu erkennen, welche konkreten nützlichen Funktionen eine festgestellte Betriebsblindheit hat.

Andererseits sollte eine Analyse aber nur in wenigen Fällen die in der Organisation allgemein bestehende Ansicht verstärken. In den meisten Situationen ist es wichtig, auf Basis einer Analyse Informationen zu liefern, die andere Möglichkeiten bieten. Die bisherigen Routinen und Muster sollten also um zusätzliche Optionen erweitert werden können. Anschlussfähig ist das Analyseergebnis dann, wenn die Betroffenen damit etwas anfangen können. Mit diesen Überlegungen landet man bei der politischen Dimension derartiger Analysen.

Ob Folgerungen aufgezeigt werden, das sollte von der Ausgangssituation, der Analysefrage und den Verwertungsinteressen abhängen. Von vornherein ist das nicht unbedingt Aufgabe jeder Organisationsanalyse.

8.3 Überlegungen zur Verwertung

Nicht zuletzt sollte man die Frage wieder aufgreifen, welche Verwertungsinteressen zu Beginn definiert wurden und welche Verwertungschancen sich am Ende des Prozesses abzeichnen (siehe Abschnitt 2.2). Was wird man selbst mit den Ergebnissen machen und was wird die analysierte Organisation mit ihnen anfangen?

Der zweite Aspekt ist besonders wichtig, wenn man in der Organisation beschäftigt ist, beschäftigt werden will oder die Arbeit eine Auftragsarbeit war. Um ihn aufzuhellen, bieten sich folgende Fragen an:

---

[241] Das können schriftliche, standardisierte Befragungen nicht leisten. Zum Beispiel deshalb, weil man die Kategorien der Unterscheidung in Antwortvorgaben vorgeben muss.

a) Welchen Beitrag hat die Analyse zur Beantwortung der Ausgangsfrage geleistet?
b) Welche andere Sicht von Aspekten der Organisation vermittelt sie? Für wen sind diese Perspektiven interessant?
c) Wurden die Interessen der für die Studie maßgeblichen Personen richtig eingeschätzt?
d) War man als irgendjemandes Agent tätig?
e) Wer nutzt oder wird die Ergebnisse nutzen?
f) Welche Bedingungen müssen gegeben sein, damit sie wirksam werden können?

Die ersten beiden Fragen sind geeignet, um eine allgemeine Bilanz zu ziehen. Die Fragen (c) bis (f) stammen aus der Liste von James Coleman, die wir in den Checklisten wiedergegeben haben. (Siehe Anhang Abschnitt 7).

Wie die Chancen für die Umsetzung von Ergebnissen zu beurteilen sind, darüber weiß man wenig. Hinweise gibt die schon einmal erwähnte Analyse von 141 Artikeln in vier Top Journals der Industriepsychologie und Managementjournals in den Jahren 1993–1995. Die Autorin und die Autoren (Rynes, McNatt, & Bretz, 1999: 889) stellen u.a. fest: Ob die Untersuchung Veränderungen nach sich zieht, hängt mit der Zeit zusammen, die der Forscher in der Organisation verbringt und damit, ob er (direkte oder indirekte) Empfehlungen gibt oder nicht. Die Umsetzungschancen steigen aber vor allem, wenn mehr Zeit in der Organisation verbracht wird. – Einschränkend ist daran zu erinnern, dass sich diese Untersuchung nur auf wissenschaftliche Studien bezieht und einen kleinen Ausschnitt aus einer unbekannten Menge von Organisationsanalysen durchforstet hat. – Der Hinweis ist nützlich, dass sich eine zeitintensivere Erhebungsarbeit insofern auszahlt, als damit die Chancen steigen, dass sich die Organisation mit den Ergebnissen genauer auseinandersetzt.

Über die persönlichen Verwertungsinteressen lässt sich wenig sagen, da sie individuell unterschiedlich sind. Allgemein gilt aber, dass Organisationsanalysen eine gute Möglichkeit bieten, in kurzer Zeit sehr viel über diesen Systemtyp zu erfahren und sie zwingen auch dazu, Erhebungsmethoden unter schwierigen Bedingungen einzusetzen.

Anhang: Checklisten & Werkzeuge

1 Warum soll man lesen? – Leitfaden für das Literaturstudium

Die Auseinandersetzung mit Literatur vor Beginn einer Organisationsanalyse hat drei Funktionen: (1) Aneignung von Wissen bzw. Informationssammlung (2) Sicherheit gewinnen, (3) Anregungen bekommen.

1. die *Aneignung von Wissen* (Informationen):
   Einige Leitfragen dazu:
   a) In welchem Zusammenhang (vor welchem Hintergrund) wird die von mir gewählte/bearbeitete Fragestellung in der Literatur behandelt?
   b) Welche Disziplinen beschäftigen sich mit diesem Problem?
      Welche Bücher der Bibliothek haben diese Begriffe im Titel?
      Welcher Typ von wissenschaftlichen Zeitschriften (Journals) und Fachzeitschriften befasst sich mit diesem Thema?
      Wie häufig und in welchen Zusammenhängen kommen die wichtigen Begriffe im Internet und in (einschlägigen) Datenbanken vor?
   c) Welche Meinungen wurden von wem, wann, mit welchem theoretischen Hintergrund vertreten?
   d) Wie ist der „main stream" zu definieren bzw. wie behandeln die Vertreter der dominanten Richtungen die von mir gewählte Analysefrage?[242]
   e) Welche Forschungsergebnisse liegen zu diesem Thema vor?
      Welche (Haupt-)Ergebnisse scheinen akzeptiert zu sein?
      Wie hat sich die Forschung auf diesem Gebiet entwickelt?
      Was sind die aktuellen Hauptströmungen und wodurch unterscheiden sie sich?
   f) Was sind die offenen/strittigen Fragen?
   g) Welche Daten/Befunde in wissenschaftlichen Journals beschreiben die aktuelle Situation?
   h) In welchen Zusammenhängen kommen die zentralen Begriffe im Internet vor?

2. Die *Verringerung der eigenen Unsicherheit* kann durch Beantwortung folgender Fragen erreicht werden:
   a) Was muss man für die Behandlung dieses Themas wissen?

---

[242] Hier kann „Pfeffers Law" nützlich sein: „Instead of being interested in what is *new*, we ought to be interested in what is *true*." (Pfeffer/Sutton 2006: 29)

Beginnen Sie z.B. bei Handbuchartikeln, Journals, Sammelrezensionen in Zeitschriften.
b) Wer hat (welche „Schulen" oder Richtungen haben) sich mit diesen Fragen auseinandergesetzt?
c) In welchem Zusammenhang wird das Thema behandelt?
d) Seit wann beschäftigt man sich mit dem Thema?

3. Auf *weiterführende Fragen* zu kommen ist dann wichtig, wenn man das, was in Veröffentlichungen zu lesen ist, nicht wiederholen, sondern um zusätzliche Aspekte ergänzen will.
a) Mit welchen (Fach-)Gebieten und anderen Fragestellungen hängt das Thema zusammen?
b) Welche Fragen werden üblicherweise (in der Literatur) nicht gestellt/beantwortet?
c) Welche Zusammenhänge werden – meiner Meinung nach – nicht oder zu wenig beachtet oder gesehen?

Es ist nicht nur *wichtig*, zu wissen, worauf man bei der Lektüre achten sollte, sondern auch *Abbruchkriterien für die Literatursuche* zu haben, um diesen Teil der Analyse nicht endlos auszuweiten.

Unter ganz pragmatischen Gesichtspunkten kann man die Literatursuche dann als abgeschlossen betrachten, wenn man folgende fünf Kriterien erfüllt hat:
- Man hat unterschiedliche Antworten auf die Analysefragen gefunden und
- in der Literatur strittige/offene Fragen zum Thema aufgespürt.
- Man kann eine Beschreibung der immer wieder zitierten Arbeiten geben;
- hat „Zitierkartelle" ausgemacht und kann
- den „main stream" beschreiben und von anderen Richtungen unterscheiden.

Wenn man in der eigenen Arbeit zitieren muss, weil die Analyse im Rahmen einer wissenschaftlichen Abschlussarbeit erfolgt, ist ein Überblick darüber wichtig, wie sich die in der eigenen Arbeit zitierte Literatur von den in anderen Arbeiten zu diesem Thema ausgewiesenen Zitaten unterscheidet. Auch muss man (spätestens zu diesem Zeitpunkt) suchen, was die Betreuer der Arbeit auf diesem Gebiet veröffentlicht (und gearbeitet) haben.

Selbstverständlich sind die hier zusammengestellten Fragen nicht in einem Stück abzuarbeiten. Sie haben auch je nach Anforderung unterschiedliches Gewicht.

2 Checkliste zur Analyse wissenschaftlicher empirischer Studien

Der folgende Leitfaden dient zur (1) Beschreibung und (2) bewertenden Einschätzung einer wissenschaftlichen, empirischen Arbeit, also einer Untersuchung, die quantitatives oder qualitatives Material erhebt, verarbeitet und die Ergebnisse der Erhebung und Auswertung darstellt. In der Veröffentlichung muss also dargestellt werden, wie die Forscherinnen und Forscher zu den dargestellten Ergebnissen gekommen sind: Welche Daten (a) wurden bei wem (b) mit welchen Methoden (c) erhoben und wie erfolgte die Auswertung (d). Die Publikation erfolgt i.d.R. in Form eines Artikels in einem wissenschaftlichen Journal, als Beitrag in einem Buch, als Buch oder als „graue Literatur" in Form von Projektberichten oder Arbeitspapiere.

Die Anwendung dieses Leitfadens soll eine Untersuchung leichter durchschaubar und besser mit anderen vergleichbar machen.

Die folgende Anleitung baut auf folgendem Schema auf (siehe nächste Seite).

Keine Veröffentlichung stellt die Untersuchung aber in dieser Abfolge dar. Die Lesbarkeit und die inhaltlichen Argumentationen erfordern, dass der Text nicht diesem Gerüst folgt.

Außerdem ist zu betonen, dass bei vielen qualitativen Studien der Prozess anders verläuft als die Grafik suggeriert: Dann etwa, wenn bei der Auswertung offener, nicht standardisierter Interviews die wesentlichen Schritte der Operationalisierung erst nach oder im Laufe der Materialsammlung erfolgen, als Teil der Auswertung.

Die Operationalisierung ist, das soll die Grafik vermitteln, ein zentraler Prozess im Ablauf jeder empirischen Forschung. Sie umfasst zwei eng miteinander verzahnte Abschnitte: einen analytischen Teil, in dem die für die Forschungsfrage zentralen Begriffe für den aktuellen Gebrauch definiert und in Variablen übergeführt werden, und einen methodischen Teil, in dem die Begriffe in Messoperationen übersetzt werden, also etwa in Fragen und Antwortvorgaben in einem Fragebogen oder in Kategorien, die eine Beobachtung lenken.

2.1 Beschreibung

In diesem Teil geht es darum, die Publikation einer empirischen Untersuchung zu beschreiben. Das heißt, Sie sollten die von Ihnen ausgewählte Arbeit an Hand dieses Leitfadens nachvollziehen und zusammenfassen.

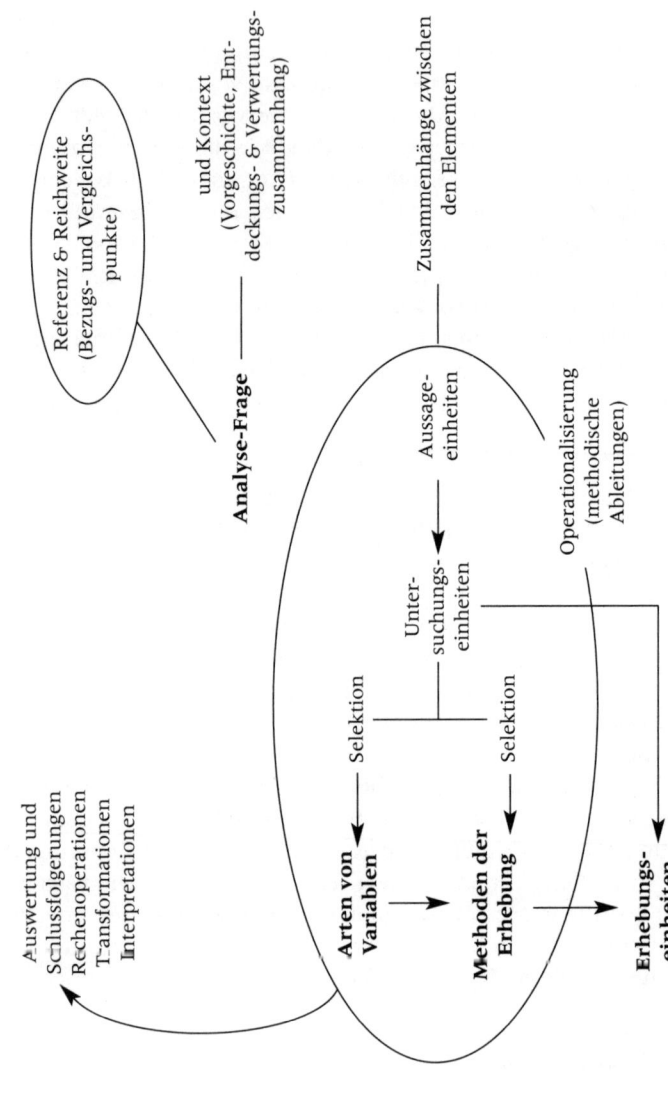

Abb. 28: Zentrale Begriffe zur Beschreibung einer empirischen Studie

Dazu empfehlen wir, zu jedem der folgenden Hauptpunkte etwa 3–5 Zeilen zu schreiben:
- Analysefragen
- Aussageeinheiten
- Kontext
  - Vorgeschichte
  - Entdeckungszusammenhang
  - Verwertungszusammenhang
- Referenz und Reichweite
- Arten von Variablen
- Erhebungseinheiten
- Methoden der Erhebung
- Zusammenhänge zwischen den Elementen/Aussageeinheiten
- Ergebnisse

Damit müssten Sie einen sehr guten Überblick über die von Ihnen analysierte Studie bekommen, sie gut referieren können und auch rasch mit anderen Untersuchungen vergleichen können. Das lässt sich im Allgemeinen auf 1 Seite unterbringen.

Auf den nächsten Seiten haben wir eine Reihenfolge gewählt, die unserer Erfahrung nach die Analyse erleichtert. Sie werden trotzdem hin und her springen müssen, weil sie den einen oder anderen Punkt nicht auf Anhieb beantworten können. Davon sollten Sie sich nicht entmutigen lassen.

2.1.1 Analysefrage

Jede Untersuchung soll, muss, will eine bestimmte Frage beantworten. Die muss man herausbekommen. Die Untersuchung selbst ist dann nichts anderes als der Versuch, diese selbst oder im Auftrag jemandes anderen gestellte Frage zu beantworten.

Anleitung:
1. Lesen Sie den Titel und – wenn vorhanden, die Zusammenfassung (Abstract).
2. Überfliegen Sie den gesamten Text.
3. Für diese beiden Schritte sollten Sie nicht mehr als etwa 20' brauchen (wenn der Artikel in Englisch oder Deutsch geschrieben ist und 15 Textseiten hat).
4. Dann formulieren Sie den Titel in eine Frage um. Dafür nehmen Sie sich etwas Zeit.

5. Diese Frage schreiben Sie sich auf. Das sollte Ihrer Meinung nach die Analysefrage sein. – Wenn Sie Glück haben, geht die Arbeit schnell voran, weil die Autorin/der Autor die Forschungsfrage klar formuliert hat.
6. Machen Sie zwei Gegenproben:
   a) Finden Sie im Text – bis zu dem Teil, in dem die Hypothesen angeführt werden – eine Frage formuliert, die die Untersuchung anleitet?
   b) Suchen Sie nach den Hypothesen (Annahmen), die die Studie untersuchen will. Hypothesen sind meist Antwortversuche auf Forschungsfragen. – Häufig stehen Sie vor der Darstellung der Untersuchungsanlage. – Daher müssten die in dem Artikel zu findenden Hypothesen Antwortversuche der Autorin/des Autors auf die Forschungsfrage sein.
   c) Also: Sind die Annahmen (Hypothesen) mögliche Antworten auf die von Ihnen formulierte Forschungsfrage? Muss die von Ihnen formulierte Analysefrage geändert, ergänzt werden?
   d) Passt die von Ihnen formulierte bzw. die gefundene Analysefrage zum Titel? Kann die von Ihnen (für diese Arbeit) formulierte Forschungsfrage unter diesem Titel untersucht werden? – Abweichungen müssen nicht unbedingt inhaltlich begründet sein, weil Titel nicht nur den Inhalt treffen sollen, sondern auch originell sein wollen.

In der Übersichtsgrafik sehen Sie unterhalb der Analysefrage eine Ellipse: Damit soll angezeigt werden, dass (fast) alle weiteren Schritte Teile der *Operationalisierung* sind. Das ist ein ganz wichtiger Begriff, der den Prozess bezeichnet, mit dem festgelegt wird, was untersucht (gemessen) wird und wie es untersucht (gemessen) wird. Eine Forscherin, ein Forscher oder jemand, der im Rahmen einer Diplomarbeit eine empirische Studie macht, muss diese Schritte genau angeben. Warum? Damit sie im doppelten Sinne nachvollziehbar sind: Leser der Studie müssen sehen können, wie die Untersuchung gemacht wurde, andere Forscher müssen die Studie nachvollziehen (und überprüfen) können. Auf diese Weise soll auch sichergestellt werden, dass diese Ergebnisse nicht nur von der Forscherin, dem Forscher gewonnen werden konnten, sondern die Untersuchung auch reproduzierbar (wiederholbar) ist.

2.1.2 Aussageeinheiten

Jede Frage beinhaltet zentrale Begriffe: Würde man diese austauschen, so ergäbe die Frage einen anderen Sinn. Wenn Sie also die Analysefrage herausgefunden, aus dem Text übernommen oder aus dem Text rekonstruiert haben, dann können Sie die in der Frage zentralen Begriffe identifizieren. Diese Hauptbegriffe machen den „Kern" der Untersuchung aus, sie sind die wesentlichen Elemente.

Leitfragen:
- Was wird konkret untersucht?
- Was sind die zentralen Analyseeinheiten der Studie?

2.1.3 Vorgeschichte der Analysefrage

Wissenschaftliche Erkenntnis gewinnt man, indem man auf Ergebnissen anderer aufbaut. Worauf eine Studie aufbaut, lässt sich aus den Literaturhinweisen entnehmen bzw. aus allen Textstellen, in denen sich Autorinnen und Autoren auf andere Forschungen berufen oder sich von anderen abgrenzen.

Davon abgesehen gibt es keine Untersuchung ohne Vorgeschichte. Diese „Herkunft" ist wichtig, weil sie einiges bestimmt: den theoretischen Hintergrund und Ausgangspunkt für die Fragestellung, bestimmte Vorgehensweisen (die die AutorInnen gelernt haben) etc.

Leitfragen.
- Auf welche Theorien wird Bezug genommen?
- Welche Literatur zitieren die Autorinnen/Autoren?
- Von welchen Arbeiten grenzen sie sich ab?
- Bauen die Autorinnen und Autoren auf eigene Studien oder Arbeiten des Instituts, dem sie angehören, auf?
- Zitieren sie eigene Publikationen?
- Danken Sie jemandem für Ratschlag und Unterstützung?

2.1.4 Entdeckungszusammenhang

Unter Entdeckungszusammenhang verstehen wir hier den Anlass, aus dem die Forschungsfrage aufgestellt wird. Zu diesem Punkt sollten Sie also festhalten, was man – über die Vorgeschichte hinaus – konkret wissen muss, um die Studie verstehen zu können? – Manchmal findet man in dem Abschnitt „goals" entsprechende Hinweise.

Leitfragen:
- Was sagen die Autoren darüber, warum diese Studie gemacht wurde, warum sie gerade diese Frage stellen?
- Werden Angaben zum Anlass gemacht, aus dem die Studie begonnen wurde?
- Wird ein Auftraggeber (oder werden mehrere) genannt?
- Wurde die Studie nur aus Eigeninteresse gemacht?

2.1.5 Verwertungszusammenhang

Mit Verwertungszusammenhang bezeichnet man die Absichten, die mit den Ergebnissen verfolgt werden. – Der Zusammenhang mit dem vorher genannten Context of discovery ist sehr eng, da Umsetzungsabsichten meist auch in die Planung einfließen müssen.

Leitfragen:
- Was soll mit den Ergebnissen geschehen?
- Werden Interessenten genannt, die die Ergebnisse betreffen/interessieren „müssten"?
- Wurde sie im Rahmen einer akademischen Arbeit durchgeführt (etwa als Dissertation)?

2.1.6 Referenz und Reichweite

Wenn Sie die Forschungsfrage und die zentralen Aussageeinheiten/Elemente identifiziert haben und wissen, worauf die Untersuchung aufbaut, warum sie gemacht wurde und was wer mit den Ergebnissen will, so stellt sich in diesem Zusammenhang noch die Frage, worauf sich die Ergebnisse beziehen. Eine Forschung kann bei Schülern etwas Bestimmtes erheben, z.B. die Einstellung zu Politik, damit ist aber noch nicht gesagt, worauf sich die Studie bezieht. Sie kann Schulen vergleichen (in Hinblick auf ...) oder Schüler nach bestimmten Merkmalen vergleichen. Das eine Mal sind bestimmte Organisationstypen der Bezugspunkt, das andere Mal Personengruppen (etwa männliche/weibliche Schüler). Man kann Erfolgsfaktoren für virtuelle Teams untersuchen (Bezug: Teams) oder den Erfolg virtueller Teams in Abhängigkeit von der Art des Unternehmens untersuchen, das sie einrichtet (Bezugspunkt: Unternehmen). – Hinweise zu diesen Fragen finden sich häufig in einem Abschnitt „discussion"/„limitations".

Leitfragen:
- Worüber will der Artikel/die Studie eine Aussage treffen?
- Worauf beziehen sich die Ergebnisse?
  (z.B.: auf Studierende, alle Menschen, Familien, Unternehmen, eine Branche)
- Wie werden die Ergebnisse verallgemeinert?
  Über die Bezugnahme auf eine Theorie, in die die Ergebnisse passen? Über eine Stichprobe, die als repräsentativ für eine Grundgesamtheit angesehen wird? Oder darüber, dass die untersuchten Fälle als „typisch" argumentiert werden?
- Welche Einschränkungen der Reichweite werden angegeben?

2.1.7 Arten von Variablen

Die zentralen Begriffe der Analysefrage sind die Elemente der Untersuchung. Entweder sie sind bereits Variable, also Merkmale, oder sie müssen noch präziser gefasst werden, um als Variable in der Untersuchung verwendet werden zu können. Unter einer Variablen versteht man ein zwischen Erhebungseinheiten („Fällen") variierendes Merkmal, wobei jeder Erhebungseinheit eine Ausprägung der Variable (Merkmalsausprägung) zugeordnet werden können muss. – So kann man beispielsweise Studierende (= Erhebungseinheit) nach der Anzahl der Semester (Merkmalsausprägung) unterscheiden.

Diese Variablen lassen sich nach verschiedenen Gesichtspunkten unterscheiden. Für unsere Zwecke reicht es, wenn Sie drei Arten von Unterscheidungen anwenden:

1. Identifizieren Sie die Beziehungen zwischen den *unabhängigen* und den *abhängigen* Variablen:
   Fast immer lassen sich die Variablen in *unabhängige* und *abhängige* unterscheiden. Hier nimmt man an, dass ein Faktor eine Auswirkung auf einen anderen hat. Die Ausprägungen eines Merkmals beeinflussen die Ausprägung eines bestimmten anderen. Manchmal werden in einer Hypothese aber auch nur „gleichrangige" Variable genannt; dann finden Sie die unabhängigen an einer anderen Stelle im Text (im Titel, im Abstract, in der Darstellung der Untersuchungsanlage). Häufig gibt es auch noch Variablen, die gleichsam „dazwischen treten", d.h. intervenieren. Sie beeinflussen den

Zusammenhang zwischen unabhängigen und abhängigen Variablen. Vor allem zwei Fälle sind hier denkbar. Moderatorvariablen verändern den Zusammenhang zwischen unabhängigen und abhängigen je nach ihrer eigenen Ausprägung, also beispielsweise: ob anspruchsvolle Arbeitsbedingungen (unabhängige Variable) wirklich zu mehr Motivation (abhängige Variable) führt, hängt vom individuellen Wunsch nach persönlichem und fachlichem Wachstum in der Arbeit (Moderatorvariable) ab. Ist dieser Wunsch hoch, so gibt es einen positiven Zusammenhang; falls nicht, verschwindet der Zusammenhang oder wird negativ. Anders verhält es sich bei Mediatorvariablen, gleichsam die (oft) „unbemerkten Dritten". Die unabhängige Variable wirkt hier gleichsam „um die Ecke", während der direkte Einfluss verschwindet. So zeigt sich etwa, dass der direkte Zusammenhang zwischen Sporttreiben und Gesundheit über eine Reihe von Drittvariablen mediiert wird, etwa die Herstellung sozialer Kontakte durch Sport oder der Umstellung der gesamten Lebensweise.

2. Stellen Sie fest, welches *Messniveau* der Variablen definiert wird:
- Studierende können nach ihren Herkunftsländern unterschieden werden. Diese Differenzierung stellt nur Kategorien der Unterscheidung zur Verfügung, sie bietet keine andere Information als „gehört zu ..." und enthält keine Bewertung. Man gibt damit Kategorien Namen und hat nichts anderes als eine *nominale* Variable.

Empirische Untersuchungen, die quantitativ vorgehen, „verrechnen" Daten, d.h. sie ordnen Objekten Ziffern (Zeichen) zu. – Die Antwort eines Befragten, dass er „sehr zufrieden" ist, bekommt den „Wert" 1, der Antwort „ziemlich zufrieden" wird eine 2 zugeordnet. – Damit diese Zuordnungen mehr als nur kennzeichnende Bedeutung haben, müssen die Relationen zwischen den Zahlen den Relationen zwischen den Objekten entsprechen. Geht man über reines Abzählen hinaus, so können diese Beziehungen verschiedene Niveaus haben:
- Manche Unternehmen (A) sind besser als andere (B) und diese wiederum sind erfolgreicher als wieder andere (C). Mit einer derartigen Einteilung schafft man eine *Rangordnung* oder -reihe. Die Prüfungsnoten sind ein typisches Beispiel für Rangdaten: Ein „sehr gut" ist zwar besser als ein gut, aber der Abstand zwischen diesen Noten wird nicht dem Abstand zwischen einem „gut" und einem „befriedigend" entsprechen usw.
- Sind die Abstände angebbar, exakt definiert, so bekommt man mehr Informationen. Dann lässt sich die Ausprägung einer Variablen definierten Abständen, *Intervallen*, zuordnen. Erst ab diesem Niveau liegen metrische Daten vor.

- *Rational* skalierte Daten liegen dann vor, wenn es einen natürlichen Nullpunkt gibt. Der Unternehmensgewinn ist ein Beispiel; hat man diese Angabe, so hat man auch wesentlich mehr (exaktere) Information als bei der Reihung von Unternehmen nach drei Kategorien des Erfolgs, etwa hoch-mittel-niedrig.

3. Stellen Sie fest, welche Ebenen die Variablen beschreiben.
- In den meisten Studien werden Sie Merkmale finden, mit denen Individuen beschrieben werden (Individualmerkmale).
- In vielen Fällen werden Sie (darüber hinaus) Merkmale finden, mit denen größere Einheiten (Gruppen oder Organisationen oder ganze „Gesellschaften") bezeichnet werden (Kollektivmerkmale). Die Merkmale zur Beschreibung einer „Organisationskultur", Angaben über die Größe einer Gruppe oder die Liquidität eines Unternehmens sind Beispiele.

Wo finden Sie die Angaben über das Verhältnis der Variablen zueinander, das Messniveau und die angesprochenen Ebenen? Für die Fragen 1 und 3 in der Darstellung der Hypothesen; für die Frage 2 meistens bei der Beschreibung, wie man bei der Untersuchung vorgegangen ist.

Leitfragen:
- Ist in den Hypothesen (Annahmen) eine „Je ..., desto ..." oder „wenn ..., dann ..."-Formulierung zu finden? Wenn ja, dann steht im ersten Satzteil die unabhängige Variable, im zweiten die abhängige.
Einfach ausgedrückt: Der Hund wedelt mit dem Schwanz. Wenn es umgekehrt läuft, sind die Abhängigkeiten vertauscht. Also lautet die einfache Frage: Wer wedelt mit wem? So einfach ist das aber zu einfach. Deshalb, weil die abhängige Variable zeigt, woran man interessiert ist: Beeinflusst die innerorganisatorische Positionierung der IT die Marktposition von Unternehmen? Stellt man diese Frage, so ist man vor allem an der Marktposition des Unternehmens interessiert. Die Stellung der IT wird nur unter diesem Gesichtspunkt betrachtet.
- Gibt es Variablen, die zwischen die unabhängige(n) und abhängige(n) Variable(n) treten und als Moderator oder Mediator wirken?
- Mit welchen Messniveaus arbeitet die Untersuchung?
- Welche Analyseebenen bezieht die Untersuchung mit ein?

2.1.8 Erhebungseinheiten

Wie schon aus der Erklärung der Analyseeinheiten, der Elemente hervorging, braucht jedes Merkmal ein „Objekt", das es beschreibt. Semester brauchen Studenten, Alter braucht z.B. Personen oder Bäume, die Mitarbeiteranzahl beschreibt Firmen, der Lebenszyklus Produkte. – Üblicherweise sind die Merkmalsträger die Erhebungseinheiten. Aussagen darüber findet man in wissenschaftlichen Artikeln meistens bei der Darstellung der Erhebung, der Stichprobe.

Leitfragen:
- Wer oder was wird untersucht? (Personen, Personenkategorien, Gruppen, Organisationseinheiten, Organisationen ...)?
- Wie hängen die Erhebungseinheiten mit den Bezugs- und Vergleichpunkten (siehe oben) zusammen? Passen beide zueinander?

2.1.9 Selektion

Ein Forschungsprozess, der Ablauf einer Studie ist eine Kette von Entscheidungen. Das heißt, die Forscherinnen und Forscher müssen in den zentralen Schritten festlegen, wie sie weiter vorgehen und zugleich begründen, warum sie so vorgehen und welche anderen Wege sie nicht einschlagen bzw. eingeschlagen haben. Besonders wichtig ist der Schritt von der Festlegung der Erhebungseinheiten zur Bestimmung der Variablen und zur Methodik der Erhebung: Wenn wir, beispielsweise, die Konsequenzen unterschiedlicher Arten von Firmenübernahmen untersuchen, also Firmenübernahmen unsere Untersuchungseinheiten/Fälle sind, stellen sich sogleich zwei Fragen, die zu entscheiden sind, um weiter arbeiten zu können: (a) Wie lauten unsere Variablen? (b) Wie kommen wir zum erforderlichen/angemessenen empirischen Material?

Leitfragen:
- Wie wird die Auswahl der Variablen begründet?
- Wie wird/werden die gewählte(n) Vorgehensweise(n) der Erhebung begründet? Welche anderen Methoden werden diskutiert und verworfen?

2.1.10 Methoden der Erhebung

Die verschiedenen Erhebungsmethoden (Befragung, Beobachtung, Analyse schriftlicher Materialien etc.) sind nichts anderes als bewährte Wege, wie man die Variablen (Analyseeinheiten) untersuchen (erheben) kann. Methoden sind die Wege der Untersuchung, bei der Variable erhoben werden, also Merkmale der Erhebungseinheiten. Fast alle Methoden haben verschiedene Varianten, Verfahren der Methode: eine Befragung kann schriftlich, mündlich, postalisch, über Internet etc. erfolgen. Meistens ist es sehr leicht, in einem Artikel oder einem Forschungsbericht genaue Angaben darüber zu finden, welche Methoden und Verfahren angewendet wurden; häufig werden mehrere kombiniert. Das sind für eine wissenschaftliche Studie unerlässliche Angaben.

Leitfragen:
- Welche Methode/Methoden wird/werden in der Studie eingesetzt?
- Welche Verfahren (konkrete Vorgehensweisen) werden verwendet?
- Könnte man Ihrer Meinung nach diese Studie auch mit anderen Methoden (welchen) oder Verfahren (welchen) durchführen? – Welche Vor- und welche Nachteile hätte diese Untersuchungsanlage?

Mit den Methoden der Erhebung sammelt man Daten. Und damit kann und wird dann zwischen dem, was man sich vorstellt (und in den Hypothesen formuliert hat), und dem, was man in der erfahrbaren Welt konkret nachweisen kann, unterschieden werden. Werden Hypothesen durch Daten nicht bestätigt, so muss man nach neuen Erklärungen suchen. Werden die Hypothesen nicht widerlegt, so hat man vorläufig Recht, bis neuere Untersuchungen andere Ergebnisse bringen oder die Annahmen im Lichte neuer Theorien hinfällig werden.

2.1.11 Zusammenhänge zwischen den Elementen

Die einzelnen Elemente, die sich in zentralen Begriffen der Forschungsfrage und Analyseeinheiten manifestieren, hängen in einer bestimmten Form zusammen. Diese Zusammenhänge werden vor allem durch drei Bedingungen bestimmt: (a) inhaltliche Annahmen über die Zusammenhänge, also die Hypothesen der Studie; (b) generische theoretische Überlegungen über die theoretischen Konstrukte (Konzepte, die hinter den Begriffen stehen); (c) methodische Nebenbedingungen. Diese drei Momente sind bedeutsam, da sie Auswirkungen auf die Anlage der Untersuchung und die

Erhebung haben. Damit bieten die Fragen nach diesen Zusammenhängen einen wichtigen Rahmen für die Operationalisierung.

a) Welche Beziehungen bestehen zwischen den Variablen der Hypothesen?
   – Siehe dazu den Abschnitt über Arten von Variablen.
b) In welchen begrifflichen, theoretischen Rahmen ist die Studie eingebettet?
c) So kann etwa eine Untersuchung von konkreten Arbeitsabläufen in einem Produktionsbetrieb unterschiedlichen Fragen nachgehen. Wenn das Konzept „abweichendes Verhalten" in der Untersuchung einen zentralen Stellenwert hat, so kann damit etwa die Funktion abweichenden Verhaltens für die Aufrechterhaltung der Ordnung in der Fabrik untersucht werden. Damit ändert sich entweder der Brennpunkt der Erhebung (beispielsweise der teilnehmenden Beobachtung) oder der Fokus der Analyse und Interpretation der gesammelten Daten.
d) Welche methodischen Konsequenzen haben die Verknüpfungen der Variablen? – Wenn der Zusammenhang zwischen Studienerfolg und Berufserfolg von AbsolventInnen der WU untersucht werden sollte, so müssen zumindest zwei Erhebungen stattfinden. Wollte man den Einfluss der Tageszeit einer Lehrveranstaltung auf die Leistung untersuchen, so braucht man Angaben über die Leistungen der TeilnehmerInnen von mindestens zwei Lehrveranstaltungen, die zu unterschiedlichen Zeiten durchgeführt werden. Wird der Erfolg von Teams untersucht, so muss man ein Außenkriterium in die Untersuchung aufnehmen, dort nach Erfolgskriterien suchen, wo die Leistung bewertet wird. – Alle diese Überlegungen gehören in den Teil, der über das Untersuchungsdesign (experimentell/nicht-experimentell etc.) und über die Anlage der Studie Auskunft gibt. Die Verknüpfung der Variablen hat meist Auswirkungen auf die Zeitpunkte der Erhebung, die Auswahl der Erhebungseinheiten und die Ausarbeitung der eingesetzten Instrumente.

Leitfragen:
- Auf welche Konzepte – etwa: gute wissenschaftliche Theorien, explizite oder implizite Alltagstheorien, Stereotype – wird in der Studie zurückgegriffen, die über die unmittelbare Forschungsfrage hinausgehen?
- Wird angegeben, welche Folgerungen die Zusammenhänge zwischen den Elementen für die Durchführung der Studie haben?

2.1.12 Ergebnisse

Für die Einschätzung der Ergebnisse ist zunächst wichtig, ob die Ausgangsannahmen durch die Ergebnisse unterstützt wurden oder nicht. Genauso wichtig ist die Frage, ob die Anlage und die Durchführung der Studie angemessen waren. Bei den Ergebnissen müssen also jedenfalls zwei Aspekte betrachtet werden: der Erkenntnisgewinn auf der thematischen und der auf der methodischen Ebene.

Leitfragen:
- Hat die Untersuchung inhaltlich einen Erkenntnisfortschritt gebracht?
- Welche Hypothesen wurden unterstützt?
- Wurde die Untersuchung durch methodische Schwächen beeinträchtigt?
- Welche Ableitungen für die Untersuchung derartiger Forschungsfragen lassen sich machen?
- Die Beantwortung dieser Fragen leitet zur Bewertung der durchgearbeiteten Studie über.

2.2 Einschätzung der Studie

Nach dieser Analyse der Publikation sollte es leichter fallen, die Studie einzuschätzen. Die folgenden Fragen können Ihnen eine diesbezügliche Zusammenfassung erleichtern.

2.2.1 Fragen zur Aussagekraft der Studie:

a) Versucht die Studie umfassende Erklärungen abzugeben, also universalistische (räumlich, zeitlich weitgehend unabhängige) Aussagen zu treffen? Werden die Ableitungen aus den Ergebnissen als immer geltende Gesetze dargestellt?

b) Gehen die Aussagen über die untersuchte Stichprobe (den scharf abgrenzbaren Untersuchungsbereich) bzw. die konkret untersuchten Handlungsarten (beispielsweise: Reaktion auf Prüfungsstress) hinaus, werden die Ergebnisse verallgemeinert, aber mit entsprechenden Einschränkungen (der Bereiche und der Zeit) versehen?

c) Oder versucht die Untersuchung einen sehr kleinen Ausschnitt zu erklären, eben eine enge Frage (die sich etwa aus einem Auftrag ergibt) zu beantworten, ohne verallgemeinernde Schlüsse zu ziehen?

2.2.2 Fragen zur theoretischen Abstützung der Studie

a) Werden die zentralen Begriffe genau definiert? (konzeptionelle Leistung)
b) Werden die untersuchten Hypothesen aus der Literatur hergeleitet? (kreative Leistung)
c) Werden theoretische Konzepte verwendet, um die zentralen Begriffe der Hypothesen zueinander in Verbindung zu setzen? (Theorie schafft Ordnung)
d) Werden die Resultate der Studie genau diskutiert und erklärt? (erklärende, explanatorische, Leistung)

2.2.3 Worüber weiß man mehr, wenn man diese Studie gelesen hat?

a) über die untersuchte Stichprobe
b) über die Gesamtpopulation, aus der die Stichprobe stammt bzw. vergleichbaren Fällen
c) über das Thema der Untersuchung
d) über die Art, wie man diese Fragestellung untersuchen kann
e) über die Literatur zu dieser Fragestellung
f) über die Tragfähigkeit theoretischer Zusammenhänge

2.2.4 Welche Art von Wissen hat man nach der Lektüre?

a) *Beschreibungen*: Ein Teil der Wirklichkeit wird beschrieben, Fragen vom Typ „Was ist der Fall?" bzw. „Wie sieht die Realität aus?" (z.B. „Wie viele Freiwillige arbeiten in österreichischen NPO?") werden beantwortet.
b) *Erklärungen* werden gegeben: Ursachen für Wirkungen werden gesucht und gefunden oder umgekehrt. Fragen vom Typ „Warum ist etwas der Fall?" oder „Wie wirkt etwas?" werden beantwortet. Zum Beispiel: „Warum arbeiten Studierende freiwillig in Sozialen Diensten?" „Welche Wirkung hat die soziale Herkunft auf den Studienerfolg?"
c) *Gestaltungswissen*: Sie erfahren, mit welchen Maßnahmen/Instrumenten ein Ziel erreicht werden kann, beispielsweise mit welchen Anreizen Studierende zur Freiwilligenarbeit motiviert werden können, welcher Führungsstil das Burnout-Risiko senkt oder welche Fundraisingmaßnahmen die Einnahmen erhöhen. Voraussetzung für Gestaltungswissen ist das Vorhandensein von Erklärungswissen.

d) *Prognosen* wollen etwas erklären; was in Zukunft geschehen wird, Fragen nach künftigen Entwicklungen und Veranderungen beantworten: Wie wird sich das Freiwilligen-Engagement in Österreich in den nächsten zehn Jahren entwickeln?

e) *Kritik und Bewertungswissen* beurteilt einen Status Quo hinsichtlich explizit genannter Kriterien: z.B. die Personalentwicklung vor dem Hintergrund von Chancengleichheit, die Bildungspolitik vor dem Hintergrund der Förderung von Kindern aus schwächeren sozialen Schichten, die Freiwilligenarbeit vor dem Hintergrund der Professionalisierung sozialer Arbeit.

Weiterführende Hinweise
Beurteilungskriterien für Untersuchungen nach Prinzipien der Grounded Theory enthält das Buch von Strauss/Corbin (1996: 214–223). Der Artikel von Grunow (1995) stellt dar, welche Elemente des Forschungsdesigns bei empirischen Arbeiten aus dem Bereich der Organisationsforschung genau dargestellt werden müssen.

3 Wo findet man in einem Artikel was?

Die meisten angelsächsischen wissenschaftlichen Journals aus den für Ihre Fragestellungen zentralen Fachbereichen haben einen Aufbau, der zumindest alle hier kursiv wiedergegebenen Überschriften anführt.

	Was findet man hier?
Titel	zumindest einen Hinweis auf die Forschungs- bzw. Analysefrage
Autor(en)	Namen und Institutionen, die Kennern einen Hinweis auf die Art der Studie geben
Abstract	die Absicht der AutorInnen; die zentralen Begriffe; die Forschungsfrage oder ihre Umschreibung
Keywords	Begriffe, nach denen die Autoren die Studie kategorisieren
Introduction	die Begründung für die Studie, die Vorgeschichte; Entdeckungszusammenhang; Aussagen darüber, was diese Studie von bisherigen unterscheidet oder unterscheiden soll; Verwertungsinteressen
Theoretischer Teil	Angaben zu Konzepten, auf die sich die AutorInnen stützen und von denen sie sich abgrenzen
• Literature review and hypotheses	theoretischer Hintergrund; Abgrenzung von bestimmten „Schulen" oder Theorien
• Theory	Der größere Zusammenhang, in dem die Fragestellung bzw. das Thema eingebettet ist
• Constructs and hypotheses	Elemente, Analyseeinheiten
• Key concepts that underpin the research	Theoretische Konzepte, die der Untersuchung zugrunde liegen
• Definition of terms and concepts	Zusammenhänge zwischen den Elementen

	Was findet man hier?
• Conceptual basis of the instrument	Erläutert den Hintergrund des verwendeten Instrumentariums
Method	Methode(n) der Erhebung
• Data Collection/ Sample	Angaben darüber, worauf sich die Aussagen der Studie beziehen werden/können
• Measures	Übersetzung der Begriffe in Messoperationen
• Procedures	konkrete Vorgehensweisen bei der Untersuchung
Results	Angaben, welche der Annahmen durch die Untersuchung unterstützt werden und welche nicht
Discussion and further reflections	Angaben über die Reichweite und Referenz; Verwertungszusammenhang
• Discussion and implications	Zusammenfassung und kritische Abwägung der Ergebnisse
• Implications and future directions	Anregungen für weitere Untersuchungen; Hinweise auf die Bedeutung der Ergebnisse für die Praxis
Conclusion	der letzte verallgemeinerte Versuch der AutorInnen, nochmals festzuhalten, was ihnen wichtig ist
Acknowledgements	Angaben über eventuelle Förderungen etc.
Notes	Hinweise auf Förderungen bzw. Geldgeber der Studie
References	die Art von Literatur, die in der Publikation verarbeitet wurde; die Autoren, Themen und Journale, die für die Fragestellung als wichtig angesehen werden; frühere Arbeiten der AutorInnen
Biographical notes	Angaben über den „Stall" aus dem die AutorInnen kommen

4 Wie präzisiere ich meine Fragestellung?

Die folgenden (oder ähnliche) Arbeitsschritte zur Begriffsklärung sind aus mehreren Gründen wichtig: Erst wenn man Dinge mit Begriffen belegt, begreift man sie. In den Phasen der Operationalisierung geht es fast ausschließlich um die Definition von Begriffen. Und nicht zuletzt muss man bei jeder Form der Befragung mit Begriffen spielen können; etwa wenn man für ein Wort, das man gelernt hat, ein gleichbedeutendes finden muss, dass auch andere verstehen. Diese Übersetzungsarbeit erfordert, das man den Begriffsinhalt und seinen Verwendungszweck genau überlegt hat.

1. Auflisten der zentralen Begriffe:
   Die (noch vage) Frage: Welche Faktoren beeinflussen den Erfolg von Teams? enthält drei wichtige Begriffe: Faktoren/Teams/Erfolg

2. Um sie zu definieren, ist es günstig, sich folgende Frage zu stellen: Was ist das jeweilige Gegenteil der Begriffe?
   Team: Arbeitsgruppe, Linienabteilung, zufällige Ansammlung
   Erfolg: Misserfolg, Abbruch
   Beeinflussender Faktor: Nebensache, bedeutungslose Gegebenheit
   Daraus kann man eine erste Verfeinerung der Fragestellung ableiten: Wir suchen nach Gründen bzw. bedeutenden Gegebenheiten, die dazu führen, dass bewusst eingesetzte Teams (im Unterschied zu Linienabteilungen) ihre Arbeit erfolgreich zu Ende führen.

3. Welche möglichen Inhalte haben die Begriffe?
   Diesen Arbeitsschritt skizzieren wir an Hand eines Beispiels, das wir zugleich für den Inhalt unseres Buches brauchen: „Variable": Nach welchen Kriterien kann man Variable – in der empirischen Sozialforschung – unterscheiden?
   Man findet beispielsweise folgende Kategorien:
   abhängige/demographische/dichotome (binäre)/diskrete/intervenierende/kategoriale/kontinuierliche/latente/manifeste/metrische/qualitative/quantitative/unabhängige (erklärende).
   Offensichtlich werden hier sehr unterschiedliche Dinge aufgezählt, wie zum Beispiel:
   - abhängige/unabhängige/intervenierende: Damit werden Variable nach ihrer *Stellung in der Forschungsfrage* unterschieden.
   - manifest/latent: Dieses Begriffspaar trifft Unterscheidungen nach der *Beobachtbarkeit* einer Variablen; nicht direkt beobachtbar sind (a) alle

theoretischen Konstrukte (etwa: „Idiosynkrasiekredit"[243]) und (b) alle „inneren Verhaltensweisen" (wie z.B.: „Motivation").

- kontinuierliche/diskrete: Damit werden Variable nach den *Abstufungsmöglichkeiten der Merkmalsausprägungen* unterschieden: kontinuierliche Variable haben Merkmalsausprägungen, die (innerhalb einer Spannbreite) jeden beliebigen Wert annehmen können; diskrete Variable haben Ausprägungen, die nur bestimmte Werte annehmen können, wie etwa die Frage nach dem Geburtsjahrgang. Für bestimmte Zwecke kann es sinnvoller sein, das Alter als kontinuierliches Merkmal zu erfragen.

Um die möglichen Inhalte eines Begriffs zu definieren, muss man seine unterschiedlichen Dimensionen klären: So hat etwa die Bezeichnung „Textverständlichkeit" die Dimensionen: Einfachheit und Prägnanz, Kohärenz etc. Will man also „Textverständlichkeit" untersuchen, muss der Begriff in seine Dimensionen zerlegt werden, um zu klären und festzulegen, was man untersucht. Geht es um die Untersuchung der Einfachheit, so ist etwa die Satzlänge ein gutes Indiz, die Kohärenz zeigt sich, wenn man nach dem „roten Faden" sucht.

4. Müssen einzelne Begriffe spezifiziert, für den speziellen Gebrauch (in dieser Fragestellung) schärfer gefasst werden?
Merger Fusion, Zusammenschluss – Gibt es unterschiedliche Arten, Formen von …?
Wählt man Fusion oder Zusammenschluss, so können etwa folgende mögliche „Arten" identifiziert werden:
geplante, gescheiterte, geplatzte, angekündigte, rasche, wettbewerbsfeindliche, gleichberechtigte, umstrittene, vereinbarte, freundliche, feindliche
Wie kommt man zu derartigen Unterscheidungen? Durch eine Liste von Eigenschaftswörtern oder Attributen („linke Nachbarn" des Wortes): Sie sind etwa in folgendem Wörterbüchern im Internet zu finden: http://wortschatz.uni-leipzig.de/ (05-11-07)

---

[243] Die Idiosynkrasiekredittheorie beantwortet die Frage, wie es sein kann, dass einerseits jene Leiter von Gruppen besonders anerkannt werden, die die Gruppennormen erfüllen, andererseits eine Person in besonderem Maße befähigt ist, die Gruppennormen zu beeinflussen: die Leiterin oder der Leiter. Die Klärung dieses scheinbaren Widerspruchs: Man steigt durch Akzeptanz der Normen auf und mit deren Befolgung erhält man auch einen Kredit für Verstöße gegen Normen. (Der aus dem Griechischen kommende Begriff bedeutet: Widerwille, Abneigung.) Nach einem ganz ähnlichen Prinzip funktioniert der Mechanismus, wonach sehr angepasste Schüler leichter Kredit für Fehler oder Versagen bekommen als eigenwillige.

Bei der Suche danach, wie man Begriffe differenzieren kann, also Typen bildet, reichen diese Quellen nicht aus. Dafür ist die einschlägige Literatur hilfreich. Entweder man befragt ein gutes Fachlexikon oder sucht in Zeitschriftenartikeln; vornehmlich in solchen, die eine Analyse mehrerer Konzepte beinhalten.

Ein Beispiel für den Begriff „Innovation" bietet der Artikel von Camisón-Zornoza et al. (2004), der Studien über den Zusammenhang von Organisationsgröße und Innovation analysiert. Die zentrale Variable „Innovation" wird dabei – anhand der in der einschlägigen Literatur vorkommenden Definitionen – in drei Hauptdimensionen untergliedert und jede dieser drei Kategorien enthält zwei Unterkategorien:

„Technical-administrative innovation
- *Technical innovation* is directly related with the productive process and is closely linked with the core activity of the organization.
- *Administrative innovation* is related with the coordination control of the firm, the structure and management of the organization, the administrative processes, and human resources. It is to be found above the technical area in the hierarchy.

Product-process innovation
- *Product innovation* new technology, which allows the development of new products or services aimed at answering a market need, and can therefore increase the firm's power.
- *Process innovation* new elements, equipment or methods introduced into the firm's production system to develop a product or service.

Radical-incremental innovation
- *Radical innovation* gives rise to fundamental changes in the activities of an organization or industry with respect to current practices. It poses new questions, develops new technical and commercial skills, and new ways of resolving problems.
- *Incremental innovation* represents a lesser degree of departure from existing practices. Enhances the capacities already present in the organization. Camisón-Zornoza et al. (2004: 335 f.).

5. Wie sollen die Begriffe verstanden werden, welche Bedeutungsinhalte haben sie in dieser Studie? Jetzt werden die beiden vorherigen Schritte zusammengefasst.

6. Danach ist das Begriffsumfeld zu klären: Gibt es ähnliche Begriffe? Welcher Begriff ist für die Fragestellung geeignet? – Wo findet man Synonyme? Beantwortet man diese Fragen, so arbeitet man an der sprachlichen Verwendung des Begriffs.

7. In welchem Sinne werden hier die einzelnen Begriffe verwendet? Jetzt geht es um die Eingrenzung des Begriffs, seine schärfere Fassung.

Ein Beispiel wäre etwa die Unterscheidung von Risiko/Gefahr. Übernehmen wir etwa die Begriffsverwendung von Niklas Luhmann (1993, 339), so würde das u.a. bedeuten: Mit Risiko bezeichnen wir mögliche Schäden, die wir uns zuzurechnen haben. Gefahren sind mögliche Schäden, die in der Umwelt ausbrechen. Verhalte ich mich riskant, so nehme ich die Möglichkeit eines Schadens in Kauf (eine Verletzung beim Surfen). Das Auftreten einer Gefahr ist von meinem Verhalten unabhängig.

8. Gibt es „offizielle" Definitionen des Begriffs, die man übernehmen muss oder an denen man sich anhalten kann? Wie werden die Begriffe sonst definiert?
   Wo sollen wir nachsehen? – Arbeitet man an der wissenschaftlichen Definition der Begriffe, so reicht das Internet nicht aus, es bietet aber erste Überblicke und nützliche Hinweise. Etwa unter folgenden Adressen:
   Wortschatz Deutsch: http://wortschatz.uni-leipzig.de/ (05-11-07)
   Das deutsche Wörterbuch von Jacob und Wilhelm Grimm: http://germazope.uni-trier.de/Projects/DWB (05-11-07)
   Soziologielexikon: http://www.sociologicus.de/lexikon/inh_a_e.htm#A (05-11-07)
   empirische Sozialforschung: http://www.lrz-muenchen.de/~wlm/ein_voll.htm (05-11-07)
   Lexikon psychologischer Begriffe: http://www.lexikon-psychologie.de/ (05-11-07)
   Lexikon verhaltenswissenschaftlicher BWL: http://perso.uni-lueneburg.de/index.php?id=80 (05-11-07)

9. Wie lassen sich die Begriffe zueinander in Beziehung setzen, die man schlussendlich definiert hat?
   Zum Abschluss muss man die Begriffe in unabhängige und abhängige Variable umwandeln. Begriffe werden zu Variablen, in dem man die Zuordnung unterschiedlicher Ausprägungen oder Werte ermöglicht. Damit hat man die Grundlagen für erste Vermutungen und Arbeitshypothesen geschaffen.

Nicht zuletzt ist die Klärung der zentralen Begriffe auch wichtig, um im Internet wirksam suchen zu können. Wenn Sie vermeiden wollen, einfach nur nach Versuch und Irrtum vorzugehen und in einer Unmenge von Hinweisen unterzugehen, so hilft nur ein geordnetes Vorgehen.

Dafür gibt es einige grundsätzliche Kriterien, wie etwa die Auswahl der passenden Datenbanken, die Einschränkung des Zeitraumes und die Systematisierung der Suche.

Wenn Sie etwa in der Suchmaschine Google mit den Schlagwörtern: „Einfluss Ergebnis Projektteams" suchen, so bekommen Sie (im November 2007) 131.000 Angaben zurück. Mit den Begriffen „Einflussfaktoren Ergebnis Projektteams" immerhin noch 4.830 Angaben. Suchen Sie in den Suchmaschinen der Journals großer Verlage (Blackwell, Sage, Wiley) Arbeiten, die nach 2000 erschienen sind und im Titel die Begriffe „project performance" enthalten, so finden Sie jeweils 4–9 einschlägige Artikel.

Ein oftmals empfohlenes Hilfsmittel ist die Erstellung einer Suchmatrix.[244] Dazu müssen Sie, wie das nachfolgende Beispiel zeigt, die zentralen Begriffe Ihrer Analysefrage identifizieren und dann jeweils den weiteren Begriff dafür finden und den Begriff einengen. Und da die meisten Suchmaschinen und Ergebnisse englischsprachig sind, sollte man für die jeweiligen Begriffe auch die englischsprachigen Äquivalente in die Matrix aufnehmen.

Beispiel für eine Suchmatrix zur Frage: Welche Faktoren beeinflussen in dieser Firma das Ergebnis von Projektteams?

Tab. 18: Beispiel für eine Suchmatrix

	Einflussfaktor	**Ergebnis**	**Projektteam**
weiter Begriff	Einfluss	Ausgang	Vorhaben
enger Begriff	Grund, Ursache	Leistung	(task force)
Synonym	Determinante	Resultat	Projektgruppe
ev. Acronym	–	–	–
englische Übersetzungen	Influence, effect, impact	Performance, output, outcome, success	project team (task force)

---

[244] Siehe dazu etwa http://homepages.uni-tuebingen.de/juergen.plieninger/sozwiss faq/searchs.htm (05-11-07). Hinweise und Kurse für Recherchen im Internet bieten die meisten Universitätsbibliotheken an.

5 Welche Fragen sind in Erstgesprächen wichtig?

Die folgende Sammlung an Fragen listet Inhalte auf, zu denen man in den meisten Fällen Fragen stellen sollte. Die Fragen sind nicht in dieser Form zu stellen, sondern müssen jeweils (dem eigenen Stil und der Situation) angemessen formuliert werden.

Die schwierigsten Fragen in einem Erst- oder Kontaktgespräch sind wahrscheinlich jene, die sich auf den Anlass und die Hintergründe beziehen:[245]

- Wer hat womit welches Problem, das die Analyse auslöst?
- Worin besteht für wen die Dringlichkeit? Gibt es einen „sense of urgency"? (Wenn ja, wird die Analyse heikler, wenn nein, wird das Engagement dafür gering sein.)
- Hat die Organisation bereits einmal eine Analyse von außen zugelassen? Wann war das, aus welchem Anlass und zu welchem Thema wurde die Studie durchgeführt? Welche Ergebnisse hat sie erbracht und wie wurde damit umgegangen?
- Klärung der Erwartungen: Wer will nach dieser Analyse was erreichen bzw. verändert/beibehalten sehen?
- Gibt es in der Organisation regelmäßige Erhebungen? Sind sie zugänglich? Muss sich die Analyse daran orientieren? (Mitarbeiterbefragungen sind ein Beispiel dafür.)
- Welche Materialien gibt es in der Organisation, die für das Thema der Analyse wichtig sind? Zu welchen Daten bekommt man Zugang, zu welchen nicht?

Von diesen inhaltlichen Aspekten abgesehen sind die Erstgespräche wichtig, um eine genauere Vorstellung davon zu bekommen:

- wie man sich in dieser Organisation bewegt (Sprache und organisationseigene Begriffe und Kürzel, Umgangsformen, Anreden, Inszenierungen der Situation etc.) und
- mit welchen Erinnerungen man rechnen muss. (Welche Erfahrungen haben die MitarbeiterInnen mit Analysen? Was ist daraus für diesen Fall abzuleiten?)

---

[245] Die folgenden Formulierungen sollen erkennen lassen, dass hier nicht Interviewfragen aufgelistet werden, sondern die Themen benannt sind, zu denen (situationsangemessen) Informationen erfragt werden sollten.

- Feststellen muss man, welche Funktionen oder welche Bereiche in die Datenerhebung einbezogen werden können und wer, aus Sicht der Organisation, in die Studie einbezogen werden muss.
- Zu klären ist, dass alle, die an der Erhebung mitwirken, auch über die Ergebnisse informiert werden müssen.
- Welche zeitlichen Restriktionen gibt es seitens der Organisation? Beispiele: Welche Vorlaufzeiten braucht eine Erhebung? Wann kann eine Erhebung durchgeführt werden? Zu welchen Zeiten ist die Belastung aus welchen Gründen besonders groß? (Inventur, Messe, Vorbereitung für eine entscheidende Aufsichtsratssitzung oder Mitgliederversammlung, Wahlen) – Diese Fragen sind weniger wichtig, wenn die Datensammlung die Organisationsmitglieder wenig belastet, also beispielsweise non-reaktiv vorgegangen wird. Dann stehen Fragen im Vordergrund, wie etwa: Wann werden die erforderlichen Datenquellen zugänglich sein? Wer unterstützt einen bei der Identifikation durch Selektion des wichtigen Materials.

Im Idealfall machen Sie sich nach diesen Erstgesprächen eine kleine Skizze. Das Material dafür entnehmen Sie aus den Antworten auf diese Fragen. Entweder beschreiben Sie die Organisation auf etwa einer halben Seite und/oder Sie machen eine Zeichnung, in der Sie die Organisation charakterisieren. Wie auch immer Sie vorgehen, das ist ein für Sie, und nur für Sie, wichtiges Material. Wenn Sie diese Skizze oder Beschreibung nach der Untersuchung nochmals genau durchlesen oder ansehen, können Sie aus dem Voher/Nachher-Vergleich viel lernen.

6 Welche Unterscheidungen können für Organisationsanalysen nützlich sein?

Wir bringen hier einige Beispiele, die für Organisationsuntersuchungen als Basisunterscheidungen angesehen werden können, also vom konkreten Thema unabhängig sind und viel Erklärungskraft haben. Es ist nützlich, diese Differenzen als Such- und/oder Überprüfungsraster quasi als Werkzeugkasten zu verwenden.

innen/außen
Jede Organisation ist nur in und durch diese Umwelt als diese Organisation zu beobachten und zu beschreiben.
  Der bedeutsamste Faktor in der Umwelt von Organisationen sind andere Organisationen.
  Jede Analyse einer Organisation des Bereichs Wirtschaft muss sich auf den Markt beziehen. Jede Beratung, die den Anspruch erhebt, wirkungsvoll zu sein, muss sich auf das Verhältnis zwischen Unternehmen und Märkten auswirken.
  „Grenzen stellen Kriterien zur Verfügung, die eine Zuordnung von Ereignissen nach innen und außen ermöglichen." Böse/Schiepek (1989)
  „Um zu verstehen, was in unserem Verstand vorgeht, müssen wir nach draußen schauen, und um zu verstehen, was draußen passiert, müssen wir nach innen blicken." (Gigerenzer, 2007: 102)

zeitlich/sozial/sachlich
Jede Situation oder Episode ist auf drei Dimensionen hin zu untersuchen: die zeitliche (vorher/nachher), die soziale (z.B. Konsens/keine übereinstimmenden Erwartungen), die sachliche (Thema, Inhalt, Kosten). – Die Bedeutung dieser Dimensionen ist in der aufgezählten Reihenfolge gerangreiht.

formell/informell
Alle formalisierten Situationen haben auch eine inoffizielle Seite, die dazu komplementär sind. Nicht alles kann geregelt werden, das gesamte Verhalten kann nicht durch offizielle Erwartungen normiert werden: Sitzungen haben Pausen, organisatorische Abläufe inoffizielle Puffer und Regelungen, die das Ganze am laufen halten, die offiziell geregelten Zuständigkeiten werden erst durch informelle Bekanntschaftsbeziehungen wirksam.

manifest/latent
Sichtbares und dahinter Liegendes (Latentes) stehen jeweils in einem wechselseitigen Verhältnis zueinander. Manifest ist etwa, dass Projekterfolge nach dem Gesichtspunkt Auftragsziel erfüllt/nicht erfüllt unterschieden werden.

Dabei läuft beispielsweise die latente Unterscheidung mit: die Untersuchung hat den Arbeitsfrieden gestört/nicht gestört. Diese Unterscheidung hat im hier verstandenen Sinn nichts mit gut/schlecht oder funktional/dysfunktional zu tun. Es handelt sich um eine Differenzierung des Beobachters: Wer nicht involviert ist, der analysierende Beobachter, kann an das Geschehen mit anderen Unterscheidungen herangehen als jemand, der als Akteur mitspielt.

Jede Analyse hat, wie auch jeder Projekt- oder Beratungsauftrag, für den Beobachter eine manifeste und eine latente Seite (gleichzeitig mehrere manifeste und latente Funktionen). Worin zeigt sich dies? Die Organisation hat eine formale und eine informale Dimension. Jede Organisation hat eine Struktur und eine Tiefenstruktur. Jede Sitzung hat eine (offizielle) Tagesordnung und hidden agendas.

Beharrung/Veränderung
In jeder Organisation gibt es beharrende Kräfte und Kräfte, die auf Veränderung drängen.

Beharrend sind jene, die sich aus dem gegenwärtigen Zustand mehr Vorteile erwarten als aus einem anderen. Zu den Veränderern gehören jene, die sich Verbesserungen des gegenwärtigen Zustands und/oder ihrer Lage vorstellen können. – Im positiven Falle sind dies „konstruktiv Unzufriedene". – Häufig manifestieren sich diese beiden Haltungen auch in Betriebsbereichen. Das soll auch darauf hinweisen, dass es meist sehr fragwürdig ist, diese Haltung Personen als Personenmerkmale zuzuschreiben.

fördernde/hemmende Kräfte
Das Begriffspaar ist dem vorher genannten ähnlich. Es geht auf die Kraftfeld-Analyse von Kurt Lewin zurück, die für die Analyse von Problemen bzw. Veränderungschancen eingesetzt wird. Kräfte sind Faktoren, die auf eine Situation (ein „Feld") einwirken, also beispielsweise gesetzliche Bestimmungen, Ausprägungen der Organisationsstruktur, Ausbildungsniveau der Mitarbeiter, Engagement, Interessen, Raumtemperatur. Als hemmende Kräfte werden alle Faktoren bezeichnet, die darauf einwirken, dass ein gegenwärtiger Zustand erhalten bleibt. Als fördernd werden Kräfte bezeichnet, wenn sie eine Situation in eine andere, gewünschte, Richtung treiben. – Wie leicht zu sehen ist, hängt die Benennung der Kräfte als „fördernd" oder „hemmend" von den Interessen ab, die jemand verfolgt. – Eine Konstellation kann sich, dieser Annahme zufolge, nur dann ändern, wenn zwischen diesen Kräften kein Gleichgewicht besteht. Die Kraftfeld-Analyse ist ein einfaches Instrument, mit dem die Kräfte identifiziert werden sollen, mit deren Hilfe eine Patt-Situation überwunden werden kann.

Entlastung/Belastung

Es gibt Situationen, in denen Entlastung erforderlich ist und Zeiten, in denen Belastung sinnvoll ist. Dies gilt für organisatorische Situationen, wie etwa eine Sitzung: für die Anwesenden bringt sie meist Anspannung mit sich, andere sind möglicherweise durch die Abwesenheiten entlastet. Aber auch jede Analyse hat in verschiedenen Phasen für die unterschiedlichen Beteiligten entweder mehr belastende oder mehr entlastende Aspekte: Eine schriftliche Befragung verteilt diese Gewichte anders als ein unstrukturiertes Interview, die Auswertung belastet den, der sie macht. Das Begriffspaar kann also auch dazu benutzt werden, die Überlegungen zur Anpassung der Erhebung an die Organisation zu unterstützen.

eigenes Belief-System/deklarierte Theorie

Unterscheidung zwischen „theory-in-use" und „espoused theory": zwischen wirksamen Handlungsorientierungen (Belief-System) und den Orientierungen, die Akteure zu benutzen vorgeben, bestehen große Unterschiede. Siehe dazu etwa Argyris/Schön (1999).

spezialisiert/generalisiert

Kennzeichnet das Ausmaß an Arbeitsteilung, wie stark sind die Tätigkeiten von Organisationen auf bestimmte Stellen spezialisiert.

standardisiert/unstandardisiert

Kennzeichnet das Ausmaß der Anwendung von formalen Regeln und Verfahren und damit das Ausmaß an Routine – im Unterschied zu Innovation.

zentralisiert/dezentralisiert

Wie stark ist die Entscheidungsgewalt konzentriert? Welche Bereiche sind Kernbereiche, welche abhängig?

flach/tief

Wie viele formale Ebenen der Über- und Unterordnung gibt es in Organisationen? Dies führt nicht nur zur alten, unbeantwortbaren Frage, wie groß die Leistungsspanne einer Führungskraft im optimalen Falle sein soll. Eine entsprechende Maxime aufzustellen ist wenig sinnvoll, da die Antwort von einigen Faktoren abhängen wird, wie z.B.: erfahrene Mitarbeiter brauchen weniger Führung, komplexere Aufgaben erhöhen die Beziehungsdichte zwischen Leitern und Mitarbeitern. Außerdem hat jede Lösung unerwünschte Nebenfolgen. – Siehe dazu bereits Herbert A. Simon (1955; 15 ff.), der feststellt: Führungs- oder Verwaltungsmaximen haben die fatale Schwäche, dass sich zu jedem Prinzip ein ebenso gut begründbares Gegenprinzip aufstellen lässt; sie treten wie Sprichwörter paarweise auf.

7 An welchen Kriterien kann man die Planung einer Analyse frühzeitig ausrichten?

Fragen zur Planung angewandter Forschung gibt Coleman (1992: 399) in seinem Theorieentwurf zur soziologischen Analyse von Körperschaften an. Diese Liste ist vor allem an den Interessen der Akteure und dem Nutzen der Forschung orientiert. Damit wird der zu Beginn des Abschnitts 2.1.2 besprochenen politischen Perspektive jeder Organisationsanalyse zum Teil Rechnung getragen. Beantwortet man diese Fragen, so hat man einen gut durchdachten und ausgearbeiteten Rahmen für die detaillierte Konzeption.

„1. Für welches Handlungs(sub)system soll die angewandte Forschung Informationen liefern?
   a) Wer sind die Akteure, die Ressourcen kontrollieren und ein Interesse an diesem System haben?
   b) Welche Interessen haben die Akteure?
   c) Welche Interessen haben die Akteure an Informationen, die die sozial- (wirtschafts-) politische Forschung liefern könnte?
   d) Wie ist die Kontrolle über Ressourcen verteilt, die für dieses Handlungssystem relevant sind?

2. Wie handelt der Forscher/die Forscherin richtig, wenn er/sie angewandte Sozial- (Wirtschafts-) Forschung betreibt?
   a) Wessen Agent ist der Forscher?
   b) Welche relevanten Überlegungen muss der Forscher anstellen, um entscheiden zu können, ob er eine bestimmte Agentschaftsbeziehung eingeht?
   c) Welches ist die richtige Handlung bei der Rückübermittlung von Forschungsergebnissen an die Welt des Handelns (im Unterschied zu der Theorie)?

3. Was bestimmt die Nutzung der Ergebnisse der angewandten Forschung?
   a) Wer nutzt sie?
   b) Unter welchen Bedingungen werden sie genutzt?"

Wesentlich kürzer ist die Liste des Teams von Womack et al. (1991). Sie findet sich in der „klassischen" Studie, in der die Automobilindustrie international verglichen wurde. Ein Effekt dieser Untersuchung war die Modewelle „Lean-Production". Jahre später wurde den Autoren vorgehalten, dass sich die Untersuchung zu sehr auf die Oberflächenphänomene – Benchmarking-Kenngrößern – konzentriert hat. Daher kommt die Forderung: „Copy the spirit, not the form."

Die Autoren benennen in ihrem Klassiker der Managementliteratur *Erfolgsfaktoren*, die für ein MIT Projekt aufgestellt wurden:
1. Gründlichkeit
2. Fachwissen
3. globale Perspektive
4. Unabhängigkeit
5. Zugang zum Feld
6. kontinuierliches Feedback

Diese Kriterien unterscheiden sich deutlich von denen, die Coleman nennt. Die Gründe liegen in der unterschiedlich guten theoretischen Fundierung und in dem anderen Erkenntnis- und Verwertungsinteresse. Punkt drei, die globale Perspektive, ist mittlerweile selbstverständlich; Punkt 4 (Unabhängigkeit) wird in der vorherigen Aufzählung genauer ausgeführt, als „Agentschaftsbeziehung".

Ist die Organisationsstudie als Forschungsprojekt konzipiert, so sollte man sich frühzeitig mit den Anforderungen auseinandersetzen, die an solche Vorhaben gestellt werden. Eine gute Möglichkeit dafür bieten *Förderrichtlinien*. Der österreichische Wissenschaftsfonds (FWF) beurteilt eingereichte Projekte nach vier Dimensionen: wissenschaftliche und finanzielle Aspekte des Vorhabens, Humanressourcen und zu erwartende Auswirkungen des Projekts. Die Fragen, mit denen die (ausländischen) Gutachter einen Antrag beurteilen, lauten folgendermaßen:[246]

- Bezug zum einschlägigen internationalen Stand der Forschung: Ist der Stellenwert des Vorhabens bedeutend oder nicht, liegt das Projekt im Mainstream oder ist es eher randständig?
- Hat das Vorhaben innovative Aspekte, wird wissenschaftliches Neuland erschlossen?
- Ist von dem Projekt ein Beitrag für einen Fortschritt des Gebiets zu erwarten?
- Sind die Hypothesen, ist die Zielsetzung klar?
- Sind die Methoden angemessen?
- Sind der Arbeits- und der Zeitplan angemessen?
- Ist die Qualität der nationalen und der internationalen Qualität entsprechend?
- Wie ist die Qualität bzw. das Potential der beteiligten WissenschafterInnen zu beurteilen?

---

[246] Quelle: Unterlagen zum „Coaching Workshop" des FWF (interne Unterlagen, 01.02.2007). Auch die Deutsche Forschungsgemeinschaft spezifiziert diese Anforderungen für die Antragstellung näher (http://www.dfg.de/antragstellung/).

- Welchen Stellenwert hat das Projekt für die Karriere der Beteiligten?
- Ist zu erwarten, dass das Projekt Implikationen für andere Wissenschaftsgebiete haben wird?
- Welche anderen über den wissenschaftlichen Bereich hinausgehenden Auswirkungen sind erwartbar?
- Sind die vorgesehenen Personal- und Sachmittel angemessen? Sind sie schlüssig begründet?

Fast alle diese Fragen sollten auch in einer guten Projektkonzeption, ob man sie als Forschung konzipiert oder als anwendungsorientierte Analyse, beantwortet werden.

8 Literatur

Abma, Tineke A. (2003): Learning by Telling. Storytelling Workshops as an Organizational Learning Intervention. In: Management Learning 34, (2), 221–240.

Alchian, Armen A./Demsetz, Harold (1972): Production, information costs and economic organization. In: American Economic Review 62, 777–795.

Aldrich, Howard E. (1979): Organizations and Environments. Englewood Cliffs.

Archibald, Kathleen A. (1976): Drei Ansichten über die Rolle des Experten im politischen Entscheidungsprozeß: Systemanalyse, Inkrementalismus und klinischer Ansatz. In: Badura, B. (Hg.): Seminar: Angewandte Sozialforschung. Frankfurt a. M., 187–204. (zuerst: 1970, in Policy Siences).

Argyris, Chris/Schön, Donald (1978): Organizational Learning I: A Theory of Action Perspective. Reading, Mass.

Argyris, Chris/Schön, Donald (1996): Organizational Learning II: Theory, Method, and Practice. Reading, Mass.

Argyris, Chris/Schön, Donald A. (1999): Die lernende Organisation. Grundlagen, Methoden, Praxis. Stuttgart (zuerst: Reading Mass. 1996).

Bales, Robert F./Cohen, Stephen P. (1982): SYMLOG. Ein System für die mehrstufige Beobachtung von Gruppen. Stuttgart (zuerst: Glencoe, Ill., 1979).

Barley, Nigel (1993): Traurige Insulaner. Als Ethnologe bei den Engländern. Stuttgart (zuerst: New York 1989).

Barnard, Chester Irving (1938): The Functions of the Executive. Cambridge, Mass.

Barnard, Chester Irving (1970): Die Führung großer Organisationen. Essen.

Barnes, John A. (1954): Class and Commitees in a Norwegian Island Parish. In: Human Relations 7, 39–58.

Bateson, Gregory (1983): Ökologie des Geistes. 5. Auflage, Frankfurt (zuerst: London 1973).

Bensman, Joseph/Gerver, Israel (1963): Crime and Punishment in the Factory. The Function of Deviancy in Maintaining the Social System. In: American Sociological Review 28, 588–598.

Bensman, Joseph/Gerver, Israel (1973): Vergehen und Bestrafung in der Fabrik: Die Funktion abweichenden Verhaltens für die Aufrechterhaltung des Sozialsystems. In: Steinert, H. (Hg.): Symbolische Interaktion. Arbeiten zur reflexiven Soziologie. Stuttgart, 126–138 (zuerst: American Sociological Review 1963 (28): 588–598).

Blau, Peter M./Schoenherr, Richard A. (1971): The Structure of Organizations. New York.

Bohnsack, Ralf (2007): Gruppendiskussionen. In: Flick, U./Kardorff, E.v./Steinke, I. (Hg.): Qualitative Forschung. Ein Handbuch. 5. Auflage, Reinbek, 369–384.

Bortz, Jürgen/Döring, Nicola (2002): Forschungsmethoden und Evaluation für Human- und Sozialwissenschaftler. 3. Auflage, Berlin.

Böse, Reimund/Schiepek, Günter (1989): Systemische Theorie und Therapie. Ein Handbuch. Heidelberg.

Bosetzky, Horst (2000): Bensman, Joseph/Gerver, Israel: Crime and Punishment in the Factory. The Function of Deviance in Maintaining the Social System. In: American Sociological Review 1963, 28, S. 588–598. In: Türk, K. (Hg.): Hauptwerke der Organisationstheorie. Opladen, 31–33.

Bott, Elizabeth (1957): Family and Social Network. Roles, Norms, and External Relationsship in Ordinary Urban Families. London.

Brewerton, Paul/Millward, Lynne (2001): Organizational Research Methods. A Guide for Students and Researchers. London.

Bronner, Rolf/Appel, Wolfgang/Torsten, Wulf (1998): Deutschsprachige und amerikanische Organisationsforschung. Mainz.

Bronner, Rolf (2002): Empirische Organisationsforschung – Stand, Analyse, Perspektiven. Mainz.

Brunsson, Nils (1985): The Irrational Organization. Irrationality as a Basis for Organzational Action and Change. Chichester.

Brunsson, Nils (1989): The Organization of Hypocrisy. Talk, Decision, and Actions in Organizations. Chichester.

Brunsson, Nils (2000): A World of Standards. Oxford.

Bryde, David J. (2005): Methods for Managing Different Perspectives of Project Success. In: British Journal of Management 16, 119–131.

Bullinger, Hans-Jörg/Ulbricht, Bernd/Vollmer, Simone (1995): Wie führe ich Teamarbeit erfolgreich ein? Stuttgart.

Burgoyne, John G. (1994): Stakeholder Analysis. In: Cassell, C./Symon, G. (Hg.): Qualitative Methods in Organizational Research. A Practical Guide. London, 187–207.

Burnham, James (1937): The Managerial Revolution. New York.

Burns, Tom/Stalker, G.M. (1961): The Management of Innovation. London.

Burt, Ronald S. (1992a): The Social Structure of Competition. In: Nohria, N./Eccles, R.G. (Hg.): Networks and Organizations. Boston, 57–91.

Burt, Ronald S. (1992b): Structural Holes. Cambridge.

Burt, Ronald S. (1997): The contingent value of social capital. In: Administrative Science Quarterly 42, 339–365.

Buzan, Tony (2004): Das kleine Mind-Map-Buch. Die Denkhilfe, die Ihr Leben verändert. München (zuerst: London 2002).

Camisón-Zornoza, César/Lapiedra-Alcamí, Rafael/Segarra-Ciprés, Mercedes/Boronat-Navarro, Montserrat (2004): A Meta-analysis of Innovation and Organizational Size. In: Organization Studies 25, (3), 331–361.

Cartwright, Susan/Schoenberg, Richard (2006): Thirty Years of Mergers and Acquisitions Research: Recent Advances and Future Opportunities. In: British Journal of Management 17, S1–S5.

Chandler Jr., Alfred D. (1959): The beginnings of "Big Business" in America. In: Business History Review 33, 1–31.

Chandler Jr., Alfred D. (1962): Strategy and Structure: Chapters in the History of Industrial Enterprise. Boston.

Chandler Jr., Alfred D. (1977): The Visible Hand: The Managerial Revolution in American Business. New York.

Child, John (1970): More myths of management organizations? In: Journal of Management Studies 7, 376–390.
Child, John (1972): Organizational structure, environment and performance: the role of strategic choice. In: Sociology (6), 1–22.
Cicourel, Aaron V. (1974): Methode und Messung in der Soziologie. Frankfurt a. M. (zuerst: Free Press of Glencoe 1964).
Cohen, Susan G./Bailey, Diane E. (1997): What Makes Teams Work: Group Effectiveness Research from the Shop Floor to the Executive Suite. In: Journal of Management 23, (3), 239–290.
Coleman, James C. (1992): Grundlagen der Sozialtheorie. Band 2. München.
Coleman, James S. (1979): Macht und Gesellschaftsstruktur. Tübingen.
Coleman, James S. (1986): Die asymmetrische Gesellschaft. Weinheim, Basel.
Coleman, James S. (1991): Grundlagen der Sozialtheorie. Bd. 1: Handlungen und Handlungssysteme. München (zuerst: Cambridge, Mass. 1990).
Couper, Mick P./Coutts, Elisabeth (2004): Online-Befragung. Probleme und Chancen verschiedener Arten von Online-Erhebungen. In: Diekmann, A. (Hg.): Methoden der Sozialforschung. Opladen, 216–243.
Crozier, Michel/Friedberg, Erhard (1977): L'acteur et le système. Les constraints de l'action collective. Paris.
Cyert, Richard M./March, James G. (1963): A Behavioral Theory of the Firm. Englewood Cliffs, N.J.
Deissler, Klaus G. (1986): Rekursive Informationsschöpfung. Zirkuläres Fragen als Erzeugung von Information. Marburg.
DeMarco, Tom (1997): Warum ist Software so teuer? München (zuerst: New York 1995).
Devereux, Georges (1976): Angst und Methode in den Verhaltenswissenschaften. Frankfurt a. M. (zuerst: Paris 1967).
Diekmann, Andreas (2007): Empirische Sozialforschung. Grundlagen, Methoden, Anwendungen. 18. Auflage, Reinbek.
Döbert, Marion/Hubertus, Peter (2000): Ihr Kreuz ist die Schrift. In: Bundesverband Alphabetisierung e.V. http://www.alphabetisierung.de/fileadmin/files/Dateien/Downloads_Texte/IhrKreuz-gesamt.pdf (15-09-07).
Dollase, Rainer (1976): Soziometrische Techniken. Techniken der Erfassung und Analyse zwischenmenschlicher Beziehungen in Gruppen. 2. Auflage, Weinheim und Basel.
Doyle, Arthur Conan (1992): A Scandal in Bohemia. In: Keating, H.R.F. (Hg.): The Best of Sherlock Holmes. London, 1–22.
Duriau, Vincent J./Reger, Rhonda K./Pfarrer, Michael, D. (2007): A Content Analysis of the Content Analysis Literature in Organization Studies. Research Themes, Data Sources, and Methodological Refinements. In: Organizational Research Methods 10, (1), 5–34.
Dutton, Jane E./Dukerich, Janet M. (1991): Keeping an Eye on the Mirror: Image and Identity in Organizational Adaptation. In: Academy of Management Journal 34, (3), 517–554.

Eisenhardt, Kathleen M./Graebner, Melissa E. (2007): Theory Building from Cases: Opportunities and Challenges. In: Academy of Management Journal 50, (1), 25–32.

Ekman, Paul (2007): Gefühle lesen. Wie Sie Emotionen erkennen und richtig interpretieren. München (zuerst: London 2003).

Elsbach, Kimberly D. (2004): Interpreting workplace identities: the role of office décor. In: Journal of Organizational Behavior 25, 99–128.

Erdogan, Gülten (2001): Die Gruppendiskussion als qualitative Datenerhebung im Internet. Ein Online-Offline-Vergleich.

Ernst, Holger (2003): Ursachen eines Informant Bias und dessen Auswirkung auf die Validität empirischer betriebswirtschaftlicher Forschung. In: Zeitschrift für Betriebswirtschaft (ZfB) 73, 1249–1275.

Esser, Hartmut (1986): Können Befragte lügen? Zum Konzept des „wahren Wertes" im Rahmen der handlungstheoretischen Erklärung von Situationseinflüssen bei der Befragung. In: Kölner Zeitschrift für Soziologie und Sozialpsychologie (KZfSS) 38, 314–336.

Esser, Hartmut (1993): Soziologie: Allgemeine Grundlagen. Frankfurt a. M. – New York.

Europäische_Union (2006): Beschäftigung in Europa 2006. Brüssel.

Exner, Alexander/Königswieser, Roswita/Titscher, Stefan (1987): Unternehmensberatung – systemisch. In: Die Betriebswirtschaft (DBW) 47, 265–284.

Flick, Uwe (2004): Triangulation. Eine Einführung. Wiesbaden.

Forster, Nick (1994): The Analysis of Company Documentation. In: Cassall, C./Symon, G. (Hg.): Qualitative Methods in Organizational Research. A Practical Guide. London – Thousand Oaks – New Delhi, 147–166.

Foucault, Michel (1976): Überwachen und Strafen: die Geburt des Gefängnisses. Frankfurt.

Freeman, Robert E. (1984): Strategic management: A stakeholder approach. Boston.

French, John R. P. (1956): Feldexperimente: Änderung in der Gruppenproduktion. In: König, R. (Hg.): Beobachtung und Experiment in der Sozialforschung. Köln – Berlin, 259–273.

Garfinkel, Harold (2000): „Gute" organisatorische Gründe für „schlechte" Krankenakten. In: System Familie 13, 111–122 (zuerst in: Studies in Ethnomethodology, 1967: 180–207).

Geertz, Clifford (2002): Dichte Beschreibung. Beiträge zum Verstehen kultureller Systeme. 9. Auflage, Frankfurt a. M. (zuerst: Interpretation of Culture 1973).

Gephart, Jr., Robert P. (2004): Qualitative Research and the Academy of Management Journal. In: Academy of Management Journal 47, (4), 454–462.

Gibson, Cristina B./Zellmer-Bruhn, Mary E. (2001): Metaphors and Meaning: An Intercultural Analysis of the Concept of Teamwork. In: Administrative Science Quarterly (ASQ) 46, (2), 274–303.

Gigerenzer, Gerd (2002): Das Einmaleins der Skepsis. Über den richtigen Umgang mit Zahlen und Risiken. Berlin.

Gigerenzer, Gerd (2007): Bauchentscheidungen. Die Intelligenz des Unbewussten und die Macht der Intuition. München.
Glasl, Friedrich/Lievegoed, Bernhard (1993): Dynamische Unternehmensentwicklung. Wie Pionierbetriebe und Bürokratien zu schlanken Unternehmen werden. Bern.
Gminder, Hans-Ulrich (2006): Organisationsaufstellungen – Erfahrungen mit einem besonderen Controllinginstrument. In: Controller Magazin 31, (4), 355–362.
Goffman, Erving (2007): Wir alle spielen Theater. Die Selbstdarstellung im Alltag. 5. Auflage, München – Zürich (zuerst: New York: Doubleday 1959).
Goode, William J./Hatt, Paul K. (1966): Die Einzelfallstudie. In: König, R. (Hg.): Beobachtung und Experiment in der Sozialforschung. 3. Auflage, Köln-Berlin, 299–313.
Granovetter, Mark S. (1973): The Strength of Weak Ties. In: American Journal of Sociology 78, (6), 1360–1380.
Granovetter, Mark S. (1982): The Strength of Weak Ties: A Network Theory Revisited. In: Marsden, P.V./Lin, N. (Hg.): Social Structure and Network Analysis. Beverly Hills, 105–130.
Greiner, Larry (1972): Evolution and revolution as organizations grow. In: Harvard Business Review 50, (4), 37–46.
Grimshaw, Damian/Miozzo, Marcela (2006): Institutional Effects on the IT Outsourcing Market: Analysing Clients, Suppliers and Staff Transfer in Germany and the UK. In: Organization Studies 27, (9), 1229–1259.
Grunow, Dieter (1995): The Research Design in Organization Studies: Problem and Prospects. In: Organization Science 6, (1), 93–103.
Guggisberg, Jürg/Detzel, Patrick/Stutz, Heidi (2007): Volkswirtschaftliche Kosten der Leseschwäche in der Schweiz. Eine Auswertung der Daten des Adult Literacy & Life Skills Survey (ALL) – Zusammenfassung http://www.lesenschreiben.ch/PDF/Zusammenfassung_BASS_April07_dt.pdf (14-09-07).
Häder, Michael (2006): Empirische Sozialforschung. Eine Einführung. Wiesbaden.
Haller, Michael (2004): Recherchieren. 6. Auflage, Konstanz.
Hannan, M. T./Freeman, J. (1977): The Population Ecology of Organizations. In: American Journal of Sociology 82, (5), 929–964.
Hare, A. Paul (2003): Roles, Relationships, and Groups in Organizations: some Conclusions and Recommendations. In: Small Group Research 34, (2), 123–154.
Harper, Douglas (2007): Fotografien als sozialwissenschaftliche Daten. In: Flick, U.K., E. v./Steinke, I. (Hg.): Qualitative Forschung. Ein Handbuch. 5. Auflage, Reinbek, 402–416.
Hedberg, Bo L. T./Nystom, Paul C./Starbuck, William H. (1976): Camping on seesaws: prescriptions for a self-designing organization. In: Administrative Science Quarterly 21, 41–65.
Heinen, Edmund (1971a): Der entscheidungsorientierte Ansatz in der Betriebswirtschaftslehre. In: Zeitschrift für Betriebswirtschaft Ergänzungsheft 41, 429–444.
Heinen, Edmund (1971b): Grundlagen betriebswirtschaftlicher Entscheidungen. Das Zielsystem der Unternehmung. 2. Auflage, Wiesbaden.

Helfferich, Cornelia (2005): Die Qualität qualitativer Daten. Manual für die Durchführung qualitativer Daten. 2. Auflage, Wiesbaden.

Hempel, Carl, G. (1952): Fundamentals of Concept Formation in Empirical Science. Chicago.

Hickson, David J./Pugh, Derek S./Phesey, Diana C. (1969): Operations Technology and Structure: An Empirical Reappraisal. In: Administrative Science Quarterly 14, (Sept.), 378–397.

Hobsbawm, Eric J. (1994): Das Zeitalter der Extreme. Weltgeschichte des 20. Jahrhunderts. München (zuerst: London 1994).

Hofbauer, Johanna (2000): Bodies in a Landscape: On Office Design and Organization. In: Hassard, J./Holliday, R./Willmott, H. (Hg.): Body and Organization. London, 167–191.

Hoffmann, Rainer-W. (1983): Die KAWENNE. Über das Zustandekommen und die Bedeutung einer kollektiven Unperson in der Umfrageforschung. In: Baethge, M./Essbach, W. (Hg.): Soziologie: Entdeckungen im Alltäglichen. Frankfurt a. M., 291–302.

Hollstein, Betina/Straus, Florian (Hg.). (2006): Qualitative Netzwerkanalyse. Konzepte, Methoden, Anwendungen. Wiesbaden.

Homans, George C. (1950): The Human Group. New York.

Hopf, Christel (2007): Qualitative Interviews – ein Überblick. In: Flick, U./Kardorff, E.v./Steinke, I. (Hg.): Qualitative Forschung. Ein Handbuch. 5. Auflage, Reinbek, 349–360.

Huczynski, Andrezej A. (1993): Management Gurus. London.

Hunter, John E./Schmidt, Frank L. (1991): Methods of meta-analysis: correcting error and bias in research findings. 2. Auflage, Newbury Park.

Hurrle, Beatrice/Kieser, Alfred (2005): Sind Key Informants verlässliche Datenlieferanten? In: DBW 65, (6), 584–602.

Isabella, Lynn A. (1990): Evolving Interpretations as a Change Unfolds: How Managers Construe Key Organizational Events. In: Academy of Management Journal 33, (1), 7–41.

Jahoda, Marie/Lazarsfeld, Paul F./Zeisel, Hans (1975): Die Arbeitslosen von Marienthal. Frankfurt a. M. (zuerst: Leipzig 1933).

Jansen, Dorothea (2003): Einführung in die Netzwerkanalyse. Grundlagen, Methoden, Forschungsbeispiele. 2. Auflage, Opladen.

Jensen, M. C./Meckling, W. H. (1976): Theory of the firm: managerial behavior, agency costs and ownership structure. In: Journal of Financial Economics (Oct.), 305–360.

Jorgensen, Danny L. (1989): Participant Observation. A Methodology for Human Studies. London.

Jürgens, Ulrich (1983): Die Entwicklung von Macht, Herrschaft und Kontrolle im Betrieb als politischer Prozeß – Eine Problemskizze zur Arbeitspolitik. In: Jürgens, U./Naschold, F. (Hg.): Arbeitspolitik, Leviathan, Sonderheft 5. Opladen, 58–91.

Kapferer, Bruce (1969): Norms and the Manipulation of Relationsship in a Work Context. In: Mitchell, C.J. (Hg.): Social Networks in Urban Settings. Manchester.

Kaplan, Robert S./Norton, David. P. (1997): Balanced Scorecard. Strategien erfolgreich umsetzen. Stuttgart (zuerst: Boston, MA 1996).

Kelle, Udo (2007): Die Integration qualitativer und quantitativer Methoden in der empirischen Sozialforschung. Theoretische Grundlagen und methodologische Konzepte. Wiesbaden.

Kieser, Alfred (1993): Der Situative Ansatz. In: Kieser, A. (Hg.): Organisationstheorien. Stuttgart u.a., S.161–191.

Kieser, Alfred/Walgenbach, Peter (2007): Organisation. 5. Auflage, Stuttgart.

Kirkman, Bradley L./Rosen, Benson/Tesluk, Paul E./Gibson, Cristina B. (2004): The Impact of Team Empowerment on Virtual Team Performance: The Moderating Role of Face-To-Face Interaction. In: Academy of Management Journal 47, (2), 175–192.

Klein, Lisl (1983): Sozialwissenschaftliche Beratung in der Wirtschaft. Eine Einzelfallstudie. Stuttgart (zuerst: Aldershot 1976).

Kleining, Gerhard (1986): Das qualitative Experiment. In: Kölner Zeitschrift für Soziologie und Sozialpsychologie 38, 724–750.

Kleining, Gerhard (1994): Qualitativ-heuristische Sozialforschung. Hamburg-Harvestehude.

Knyphausen-Aufseß, Dodo zu (1997): Auf dem Weg zu einem ressourcenorientierten Paradigma? Resource-Dependence-Theorie der Organisation und Resource-based View des strategischen Management. In: Ortmann, G./Sydow, J./Türk, K. (Hg.): Theorien der Organisation. Die Rückkehr der Gesellschaft. Opladen, 452–480.

König, René (Hg.). (1965): Das Interview. Formen – Technik – Auswertung. 4. Auflage, Köln.

König, René (Hg.). (1966): Beobachtung und Experiment in der Sozialforschung. 3. Auflage, Köln.

König, René (1967): Die Beobachtung. In: König, R. (Hg.): Handbuch der Empirischen Sozialforschung. 2. Auflage, Stuttgart, 107–135 und 697–706.

Kreutz, Henrik/Titscher, Stefan (1974): Die Konstruktion von Fragebögen. In: Koolwijk, J.v./Wieken-Mayser, M. (Hg.): Techniken der empirischen Sozialforschung. München – Wien, 24–82.

Krohn, Wolfgang/Küppers, Günter (1989): Die Selbstorganisation der Wissenschaft. Frankfurt a. M.

Krohn, Wolfgang/Küppers, Günter (Hg.). (1992): Emergenz. Die Entstehung von Ordnung, Organisation und Bedeutung. Frankfurt.

Kromrey, Helmut (2002): Empirische Sozialforschung. Modelle und Methoden der standardisierten Datenerhebung und Datenauswertung. 10. Auflage, Opladen.

Kuckartz, Udo (2007): Einführung in die computergestützte Analyse qualitativer Daten. 2. Auflage, Wiesbaden.

Küpper, Willi/Ortmann, Günther (Hg.). (1988a): Mikropolitik. Opladen.

Küpper, Willi/Ortmann, Günther (Hg.). (1988b): Mikropolitik. Rationalität, Macht und Spiele in Organisationen. Opladen.

Lauterbach, Andreas (2004): Form2Data – Qualitative Onlineforschung. In: Kukartz, U./Grunenberg, H./Lauterbach, A. (Hg.): Qualitative Datenanalyse: computergestützt. Methodische Hintergründe und Beispiele aus der Forschungspraxis. Wiesbaden, 215–229.

Lawler, Edward E. (1997): Rethinking organization size. In: Organizational Dynamics 26, (2), 24–35.

Lawrence, Paul/Lorsch, Jay W. (1967a): Organization and Environment. Boston.

Lawrence, Paul R./Lorsch, Jay W. (1967b): Differentiation and Integration in Complex Organizations. In: Administrative Science Quarterly 12, 1–47.

Lawrence, Paul R./Lorsch, Jay W. (1969): Developing organizations: diagnosis and action. Reading, Mass. u.a.

Levine, Robert (1998): Eine Landkarte der Zeit. Wie Kulturen mit Zeit umgehen. 2. Auflage, München (zuerst: New York 1997).

Littek, Wolfgang (1982): Arbeitssituation und betriebliche Arbeitsbedingungen. In: Littek, W./Rammert, W./Wachtler, G. (Hg.): Einführung in die Arbeits- und Industriesoziologie. Frankfurt a. M., 92–135.

Loos, Peter/Schäffer, Burkhard (2002): Das Gruppendiskussionsverfahren. Theoretische Grundlagen und empirische Anwendung. Opladen.

Luft, Joseph (1971): Einführung in die Gruppendynamik. In.

Luhmann, Niklas (1964): Funktionen und Folgen formaler Organisation. Berlin.

Luhmann, Niklas (1973): Zweckbegriff und Systemrationalität. Frankfurt.

Luhmann, Niklas (1976): Funktionen und Folgen formaler Organisation. 3. Auflage, Berlin (zuerst: 1964).

Luhmann, Niklas (1981): Organisation und Entscheidung. In: Luhmann, N. (Hg.): Soziologische Aufklärung 3. Soziales System, Gesellschaft, Organisation. Opladen.

Luhmann, Niklas (1984a): Soziale Systeme. Grundriß einer allgemeinen Theorie. Frankfurt.

Luhmann, Niklas (1984b): Soziologische Aspekte des Entscheidungsverhaltens. In: Die Betriebswirtschaft 47, 591–603.

Luhmann, Niklas (1988): Organisation. In: Küpper, W./Ortmann, G. (Hg.): Mikropolitik. Opladen, S.165–185.

Luhmann, Niklas (1989): Kommunikationssperren in der Unternehmensberatung. In: Luhmann, N./Fuchs, P. (Hg.): Reden und Schweigen. Frankfurt a. M., 209–227.

Luhmann, Niklas (1992): Wer kennt wil martens? eine anmerkung zum problem der emergenz sozialer systeme. In: Kölner Zeitschrift für Soziologie und Sozialpsychologie 44, 139–142.

Luhmann, Niklas (1993): Risiko und Gefahr, in: Niklas Luhmann: Soziologische Aufklärung 5, Konstruktivistische Perspektiven. Opladen.

Luhmann, Niklas (1994): Die Gesellschaft und ihre Organisationen. In: Derlien, H.-U./Gerhardt, U./Scharpf, F.W. (Hg.): Systemrationalität und Partialinteresse. Festschrift für Renate Mayntz. Baden-Baden, 189–201.

Luhmann, Niklas (2000): Organisation und Entscheidung. Opladen/Wiesbaden.

Mach, Ernst (1968): Erkenntnis und Irrtum. Skizzen zur Psychologie der Forschung. Darmstadt (zuerst: Leipzig 1926).

Magritte, René (1985): Sämtliche Schriften, hrsg. von André Blavier. Frankfurt a. M. (zuerst: An Interview with René Magritte, in: Studio, Februar 1969).
Mann, Leon/Samson, Danny/Dow, Douglas (1998): A Field Experiment on the Effects of Benchmarking and Goal Setting on Company Sales Performance. In: Journal of Management 24, (1), 73–96.
Mark, Gloria/Gonzalez, Victor M./Harris, Justin (2005): No Task Left Behind? Examining the Nature of Fragmented Work. Portland.
Marrow, Alfred J. (2002): Kurt Lewin. Leben und Werk. Weinheim und Basel (zuerst: New York 1969).
Martin, Albert (2003): Arbeitszufriedenheit. In: Martin, A. (Hg.): Organizational Behaviour – Verhalten in Organisationen. Stuttgart, 11–34.
Mayrhofer, Wolfgang (2002): Motivation und Arbeitsverhalten. In: Kasper, H./Mayrhofer, W. (Hg.): Personalmanagement – Führung – Organisation. 3. Auflage, Wien, 255–288.
Mayrhofer, Wolfgang/Meyer, Michael (2002): "No More Shall We Part?" Neue Selbständige und neue Formen der Kopplung zwischen Organisationen und ihrem Personal. In: Zeitschrift für Personalforschung 16, (4), 599–614.
Mayrhofer, Wolfgang/Meyer, Michael (2004): Organisationskultur. In: Schreyögg, G. (Hg.): Handwörterbuch der Organisation. Stuttgart, Sp. 1025–1033.
Mayrhofer, Wolfgang/Meyer, Michael/Steyrer, Johannes (2005): Macht?Erfolg? Reich?Glücklich? Einflussfaktoren auf Karrieren. Wien.
Mayring, Phillipp (2007): Qualitative Inhaltsanalyse. In: Flick, U.K., E. v./Steinke, I. (Hg.): Qualitative Forschung. Ein Handbuch. 5. Auflage, Reinbek, 468–475.
Mensching, Anja (2006): „Goldfasan" versus „Kollege vom höherem Dienst". Zur Rekonstruktion gelebter Hierarchiebeziehungen in der Polizei. In: Bohnsack, R./Przyborsky, A./Schäffer, B. (Hg.): Das Gruppendiskussionsverfahren in der Forschungspraxis. Opladen, 153–167.
Meyer, John W./Drori, Gili S./Hwang, Hokyu (2006): World Society and the Proliferation of Formal Organization. In: Drori, G.S./Meyer, J.W./Hwang, H. (Hg.): Globalization and Organization: World Society and Organizational Change. Oxford, 25–49.
Meyer, John W./Rowan, Brian (1977): Institutionalized organizations: Formal structure as myth and ceremony. In: American Journal of Sociology 83, (2), 340–363.
Miles, Matthew B./Huberman, Michael A. (1994): Qualitative data analysis. 2. Auflage, Thousand Oaks, CA.
Minto, Barbara (2005): Das Prinzip der Pyramide. München (zuerst: London 1993).
Mintzberg, Henry (1973): The Nature of Managerial Work. New York.
Mintzberg, Henry (1983): Structure in Fives: Designing Effective Organizations. Engelwood Cliffs, N.J.
Mintzberg, Henry/Waters, James A. (1985): Of strategies, deliberate and emergent. In: Strategic Management Journal 6, 257–272.
Mintzberg, Henry (1994): The rise and fall of strategic planning. Reconceiving roles for planning, plans, planners. New York, NY.

Mitchell, Clyde J. (1969): Social Networks. In: Mitchell, C.J. (Hg.): Social Networks in Urban Settings. Manchester, 1–50.

Mitroff, Ian I. (1983): Stakeholders of the Organizational Mind. San Francisco et al.

Mullins, Nicholas C. (1981): Ethnomethodologie: Das Spezialgebiet, das aus der Kälte kam. In: Lepenies, W. (Hg.): Geschichte der Soziologie. Studien zur kognitiven, sozialen und historischen Identität einer Disziplin. Frankfurt a. M., 97–136 (zuerst: Theories and Theory Groups in Contemporary American Sociology, S. 183–212, New York 1973).

Musil, Robert (1978): Der Mann ohne Eigenschaften, Bd. 1, hrsg. von A. Frisé. Reinbek.

Naschold, Frieder (1983): Arbeitspolitik – Gesamtwirtschaftliche Rahmenbedingungen, betriebliches Bezugsproblem und theoretische Ansätze der Arbeitspolitik. In: Jürgens, U./Naschold, F. (Hg.): Arbeitspolitik, Leviathan, Sonderheft 5. Opladen, 11–57.

Nehnevajsa, Jiri (1967): Soziometrie. In: König, R. (Hg.): Handbuch der Empirischen Sozialforschung. 2. Auflage, Stuttgart, 226–240 und 724–726.

Neuberger, Oswald (1990): Führen und geführt werden. 3. Auflage, Stuttgart.

Noon, Mike/Delbridge, Rick (1993): News From Behind My Hand: Gossip in Organizations. In: Organization Studies 14, (1), 23–36.

Ondaatje, Michael (2005): Die Kunst des Filmschnitts. Gespräche mit Walter Murch. München (zuerst: New York 2002).

Orton, J. Douglas/Weick, Karl E. (1990): Loosely Coupled Systems: A Reconceptualization. In: Academy of Management Review 15, (2), 203–223.

Ouchi, William G. (1981): Theory Z: How American Business Can Meet the Japanese Challenge. Addison Wesley.

Oudhuis, Margareta (2004): The Birth of the Individualised Team. The Individual and Collective in a Team Based Production Organisation at the Volvo Bus Plant. In: International Journal of Operations & Production Management 24, (8), 787–800.

Peirce, Charles S. (1976): Schriften zum Pragmatismus und Pragmatizismus, hrsg. von K.-O. Apel. Suhrkamp (zuerst: Harvard, Mass. bzw. Amherst 1868–1909).

Peters, Tom J./Waterman, Robert H. (1982): In Search of Excellence: Lessons from America's Best-Run Companies. New York.

Pfeffer, J./Salancik, G. R. (1978): The External Control of Organizations – A Resource Dependence Perspective. New York.

Pfeffer, Jeffrey/Sutton, Robert I. (2006): Hard facts, dangerous half-truths, and total nonsense, profiting from evidence-based management. Boston, Mass.

Pfeffer, Jeffrey/Sutton, Robert I. (2006): Hard Facts, Dangerous Half-Truths, and Total Nonsense: Profiting from Evidence-Based Management. Boston, MA.

Picot, Arnold/Dietl, Helmut/Franck, Egon (1997): Organisation: eine ökonomische Perspektive. Stuttgart.

Popitz, Heinrich (1975): Der Begriff der sozialen Rolle als Element der soziologischen Theorie. Tübingen.

Porter, Michael E. (1980): Competitive strategy: Techniques for analyzing industries and competitors. New York.

Porter, Michael E. (1985): Competitive advantage: Creating and sustaining superior performance. New York.

Provan, Keith G./Fish, Amy/Sydow, Joerg (2007): Interorganizational Networks at the Network Level: A Review of the Empirical Literature on Whole Networks. In: Journal of Management 33, (3), 479–516.

Pugh, Derek S./Hickson, David J. (1969): The context of organization structures. In: Administrative Science Quarterly 14, 91–114.

Pugh, Derek S. (Hg.). (1985): Organization Theory. Selected Readings. Harmondsworth et al.

Pugh, S. Douglas (2001): Service with a smile: Emotional contagion in the service encounter. In: Academy of Management Journal 44, (5), 1018–1027.

Rafaeli, Anat/Sutton, Robert I. (1990): Busy Stores and Demanding Customers: How do they Affect the Display of Positive Emotion? In: Academy of Management Journal 33, (3), 623–637.

Rajan, Raghuram G./Zingales, Luigi (1998): Power in a Theory of the Firm. In: Quarterly Journal of Economics 113, (2), 387–432.

Reichertz, Jo (2003): Die Abduktion in der qualitativen Sozialforschung. Opladen.

Ron, Neta/Lipshitz, Raanan/Popper, Micha (2006): How Organizations Learn: Postflight Reviews in an F-16 Fighter Squadron. In: Organization Studies 27, (8), 1069–1089.

Ross, Jerry/Staw, Barry M. (1993): Organizational Escalation and Exit: Lessons form the Shoreham Nuclear Power Plant. In: Academy of Management Journal 36, (4), 701–732.

Roth, Philip L./BeVier, Craig A. (1998): Response Rates in HRM/OB Survey Research: Norms and Correlates, 1990–1994. In: Journal of Management 24, (1), 97–117.

Rynes, Sara L./McNatt, D. Brian/Bretz, Robert D. (1999): Academic research inside organizations: Inputs, processes, and outcomes. In: Personnel Psychology 52, (4), 869–898.

Saviano, Roberto (2007): Gomorrha. Reise in das Reich der Camorra. München.

Schimank, Uwe (2000): Handeln und Strukturen. Einführung in die akteurtheoretische Soziologie. Weinheim – München.

Schimank, Uwe (2004): „Innere Freiheit" und „kleine Fluchten". Arno Schmidts Roman "Aus dem Leben eines Fauns". In: Kron, T./Schimank, U. (Hg.): Die Gesellschaft der Literatur. Opladen, 201–242.

Schoenberg, Richard (2006): Measuring the Performance of Corporate Acquisitions: An Empirical Comparison of Alternative Metrics. In: British Journal of Management 17, 361–370.

Scholtes, Peter R./Joiner, Brian L./Streibel, Barbara J. (Hg.). (2000): The Team Handbook. 2nd. Auflage, Madison Wi.

Schöneck, Nadine M./Voß, Werner (2005): Das Forschungsprojekt. Planung, Durchführung und Auswertung einer quantitativen Studie. Wiesbaden.

Schreyögg, Georg (1997): Theorien organisatorischer Ressourcen. In: Ortmann, G./Sydow, J./Türk, K. (Hg.): Theorien der Organisation. Die Rückkehr der Gesellschaft. Opladen, 481–486.

Schütz, Alfred (1974): Der sinnhafte Aufbau der sozialen Welt. Eine Einleitung in die verstehende Soziologie. Frankfurt a. M. (zuerst: Wien 1932).

Selltiz, Claire/Jahoda, Marie/Deutsch, Morton/Cook, Stuart W. (1972): Untersuchungsmethoden der Sozialforschung. 2. Neuwied (zuerst: New York 1951).

Siggelkow, Nicolaj (2007): Persuasion with Case Studies. In: Academy of Management Journal 50, (1), 20–24.

Simon, Herbert A. (1955): Das Verwaltungshandeln. Eine Untersuchung der Entscheidungsvorgänge in Behörden und privaten Unternehmen. Stuttgart (zuerst: New York 1945).

Simpson, Ruth (1998): Presenteeism, Power and Organizational Change: Long Hours as a Career Barrier and the Impact on the Working Lives of Women Managers. In: British Journal of Management 9, (1), 37–50.

Simsek, Zeki/Veiga, John F. (2001): A Primer on Internet Organizational Surveys. In: Organizational Research Methods 4, (3), 218–235.

Skinner, Denise/Tagg, Clare/Holloway, Jacky (2000): Managers and research: The pros and cons of qualitative approaches. In: Management Learning 31, (2), 163–179.

Spitzmüller, Christiane/Glenn, Dana M./Barr, Christopher D./Rogelberg, Steven G./Daniel, Patrick (2006): "If you treat me right, I reciprocate": Examining the role of exchange in organizational survey response. In: Journal of Organizational Behavior 27, 19–35.

Staehle, Wolfgang H. (1999): Management. 8. Auflage, München.

Steyaert, Chris/Bouwen, René (1994): Group Methods of Organizational Analysis. In: Cassall, C./Symon, G. (Hg.): Qualitative Methods in Organizational Research. A Practical Guide. London – Thousand Oaks – New Delhi, 123–146.

Strauss, Anselm L. (1994): Grundlagen qualitativer Sozialforschung. Datenanalyse und Theoriebildung in der empirischen soziologischen Forschung. München (zuerst: New York 1987).

Strauss, Anselm L./Corbin, Juliet (1996): Grounded Theory: Grundlagen qualitativer Sozialforschung. Weinheim (zuerst: Thousend Oaks, CA 1990).

Sudarsanam, Sudi/Mahate, Ashraf A. (2006): Are Friendly Acquisitions Too Bad for Shareholders and Managers? Long–Term Value Creation and Top Management Turnover in Hostile and Friendly Acquirers. In: British Journal of Management 17, S7–S30.

Suddaby (2006): What Grounded Theory is Not. In: Academy of Management Journal 49, (4), 633–642.

Thamhain, Hans J. (2004): Team Leadership Effectiveness in Technology-Based Project Environments. In: Project Management Journal 35, (4), 35–46.

Titscher, Stefan (1977): Führung und Organisation. Ergebnisse einer Betriebsuntersuchung.

Titscher, Stefan (1990): Intervention: Zu Theorie und Techniken der Einmischung. In: Hofmann, M. (Hg.): Theorie und Praxis der Unternehmensberatung. Heidelberg, 309–343.

Titscher, Stefan/Wille-Römer, Gertrude (1992): Außen – von innen. BMaA Studie 1991/92. Wien.

Titscher, Stefan (1995): Das Normogramm – Ein Methodenvorschlag zur Gruppen- und Organisationsforschung. In: Zeitschrift für Soziologie (ZfS) 24, (2), 115–136.

Titscher, Stefan/Wodak, Ruth/Meyer, Michael/Vetter, Eva (1998): Methoden der Textanalyse. Leitfaden und Überblick. Opladen.

Titscher, Stefan (2001): Professionelle Beratung. 2. Auflage, Frankfurt – Wien.

Titscher, Stefan/Stamm, Markus (2006a): Erfolgreiche Teams. Wien.

Titscher, Stefan/Stamm, Markus (2006b): Erfolgreiche Teams. Teams richtig einsetzen, fördern und führen. Wien.

Todeva, Emanuela/Knoke, David (2002): Strategische Allianzen und das Sozialkapital von Unternehmen. In: Kölner Zeitschrift für Soziologie und Sozialpsychologie (KZfSS) Sonderheft 42, 345–380.

Trojanow, Ilija (2007): Nomade auf vier Kontinenten. Auf den Spuren von Sir Richard Francis Burton. Frankfurt a. M.

Uzzi, Brian (1999): Embeddedness in the Making of Financial Capital: How Social Relations and Networks Benefit Firms Seeking Financing. In: American Sociological Review 64, 481–505.

Van Dyne, Linn/Graham, Jill W/Dienesch, Richard M (1994): Organizational citizenship behavior: Construct redefinition, measurement, and validation. In: Academy of Management Journal 37, (4), 765–802.

Vonnegut, Kurt (2006): Mann ohne Land (übersetzt von H. Rowohlt). Zürich – München
(zuerst: New York 2005).

Walter-Busch, Emil (1989): Das Auge der Firma. Stuttgart.

Weber, Max (1964): Wirtschaft und Gesellschaft. Grundriss der verstehenden Soziologie. Köln (zuerst: 1921).

Weick, K. E. (1985): Der Prozess des Organisierens. Frankfurt/Main.

Weick, Karl E. (1968a): Organizations in the Laboratory. In: Vroom, V.H. (Hg.): Methods of Organizational Research. 2. Auflage, Pittsburgh, 1–56.

Weick, Karl E. (1968b): Systematic Observation Methods. In: Lindzey, G./Aronson, E. (Hg.): The Handbook of Social Psychology. 2. Auflage, Reading, Mass., 357–451.

Weick, Karl E. (1969): Social psychology of organizing. Reading.

Weick, Karl E. (1976): Educational organizations as loosely coupled systems. In: Administrative Science Quarterly 21, 1–19.

Weller, Ingo (2003): Commitment. In: Martin, A. (Hg.): Organizational Behaviour – Verhalten in Organisationen. Stuttgart, 77–94.

Whyte, William F. (1993): Street Corner Society. The Social Structure of an Italian Slum. 4. Auflage, Chicago, Ill. (zuerst: 1943).

Williamson, Oliver E. (1975): Markets and Hierarchies. New York.

Williamson, Oliver E. (1985): The Economic Institutions of Capitalism. New York.

Windeler, Arnold (2001): Unternehmungsnetzwerke. Konstitution und Strukturation. Opladen.

Windolf, Paul (2002): Die Zukunft des Rheinischen Kapitalismus. In: Kölner Zeitschrift für Soziologie und Sozialpsychologie (KZfSS) Sonderheft 42, 414–442.

Wittgenstein, Ludwig (1984): Vermischte Bemerkungen, in: Über Gewissheit, Werkausgabe Bd. 8. Frankfurt a. Main.
Wodak, Ruth/Meyer, Michael (2001): Methods of Critical Discourse Analysis. London.
Wolff, Stephan (2007): Wege ins Feld und ihre Varianten. In: Flick, U./Kardorff, E.v./Steinke, I. (Hg.): Qualitative Forschung. Ein Handbuch. 5. Auflage, Reinbek, 334–349.
Wolff, Stephan/Puchta, Claudia (2007): Realitäten zur Ansicht. Die Gruppendiskussion als Ort der Datenproduktion. Stuttgart.
Wolke, Robert L. (2003): Was Einstein seinem Friseur erzählte. Naturwissenschaft im Alltag. 3. Auflage, München (zuerst: New York 2000).
Womack, James, P./Jones, Daniel T./Roos, Daniel/Carpenter, D. S. (1991): Die zweite Revolution in der Autoindustrie: Konsequenzen aus der weltweiten Studie aus dem Massachusetts Institute of Technology. Frankfurt a. M. (zuerst: New York 1990).
Zeisel, Hans (1970): Die Sprache der Zahlen. Köln – Berlin (zuerst: New York 1947).
Zelazny, Gene (2003): Wie aus Zahlen Bilder werden. Der Weg zur visuellen Kommunikation – Daten überzeugend präsentieren. 5. Auflage, Wiesbaden (zuerst: Homewood, Ill. 1985).
Zingales, Luigi (1998): Corporate Governance. In: Newman, P. (Hg.): Palgrave Dictionary of Economics and the Law. London, 497–503.
Zwijze-Koning, Karen H./De Jong, Menno D. T. (2005): Auditing Information Structures in Organizations: A Review of Data Collection Techniques for Network Analysis. In: Organizational Research Methods 8, (4), 429–453.^

9 Sachregister

A

Abduktion, abduktiv 97f., 99, 261
Agenturtheorie 35, 46
Akteur 26f., 29, 36, 37, 334
Alphabetisierung 202
Analyse 55ff., 77ff., 104ff., 119ff., 290, 303, 329
- design 95, 103ff., 119, 187
- frage 57, 80f., 87, 103, 106ff., 151, 175, 196, 299, 305, 309ff., 322
- kreislauf 79
- prozess 77, 182, 298
- strategie 89, 119ff.
Annahmen 57, 65, 67, 81, 83, 89, 90, 95ff., 104, 112ff., 125, 132, 164, 186, 223, 276, 290f., 297, 310, 315, 317, 323
Arbeit 27, 73, 255
Arbeitsmarkt 19, 24, 53
Artefakt 185, 205, 263
- Forschungsartefakt 139, 145
Attribution 118, 175, 206, 248
Auftraggeber 59, 71, 85, 90f., 122, 156, 197, 312
Aussageeinheit 233, 308f., 311
Ausstrahlungseffekte 191
Auswertung 84, 89, 154, 155, 174, 186, 198, 206, 208, 217, 218, 225, 226, 228, 230f., 248, 253, 264, 269, 272, 273ff., 307, 308

B

Balanced Scorecard 15, 33, 75
Baseline 76, 138, 140, 143
Befragung 83, 149, 156, 186, 189, 192, 194, 199f., 220, 224, 241, 324
–, elektronisch 218, 219
–, mündlich 189, 194, 208, 281f.
–, schriftlich 132, 189, 194, 196, 197, 201, 211, 213ff., 281f.
Beharrung/Veränderung 332
Belief-System 212, 333
Benchmarking 66, 141ff., 334

Beobachtung 41, 56, 80, 81, 83, 98, 135, 137, 139, 149, 170, 171, 182, 186, 192, 198, 205, 230, 247ff., 254ff., 257f., 261f., 283
–, Arten der 251
- Beobachtungsinstrumente 253
- Beobachtungsinterview 194
–, der Methode 194
–, teilnehmende 130, 164, 173f., 192, 252
Beschreibung 57, 63f., 115, 121f., 165, 188, 250, 299, 302, 307, 320
Best practice 67, 74, 142, 143
Best practice-Hinweise 144
betriebswirtschaftlich 39, 58, 126, 157, 187, 190
Betriebswirtschaftslehre 20, 26
Bias 135, 158, 180, 181
Blinder Fleck 101, 182, 193, 195, 298ff.
Bürokratie 17, 48, 49f., 86, 111, 162
bürokratisiert 269

C

Content Analysis 189

D

Daten 72, 76, 80, 82, 89, 100, 110, 117, 132, 148ff., 152, 154f., 158, 169, 172ff., 185, 186, 191, 214, 220, 244, 251, 255, 256, 259, 261, 273, 279, 280, 283f., 290, 302, 305, 307, 314, 317, 329
–, archivierte 243
Deduktion, deduktiv 71, 97, 98, 155
Definition 28, 162, 177, 181, 286, 290, 322, 327
deklarierte Theorie 333
Differenz 25, 41, 78, 112, 114, 116f., 138, 193, 215, 238, 239, 283, 300f., 331
Differenzierung 23, 51, 58, 63, 64
Differenzschema 112

352 Sachregister

Dokumente 270
Dokumentenanalyse 129, 193, 239, 263, 299
Double-bind-Hypothese 168

E
ECCO-Analysis 244
Einzelfallstudie 189
E-Mail 244, 281
– Befragung 218ff.
Empirie 79
empirisch 32, 39, 44, 48, 49, 50, 55, 66, 77, 81, 82, 93, 147, 175, 177, 178f., 187ff., 193, 292, 307ff.
empirische Reichweite 107
Empirismus 154
Entlastung, entlasten 54, 208, 301, 333
Entscheidung
– als theoretisches Konstrukt 16, 23, 28, 29, 30ff., 37, 40, 41, 49, 55, 58, 65, 66, 67, 71, 223, 301, 333
– im Analyseprozess 84, 120, 122, 123, 125, 191, 196,
Erfolg 16, 23, 24, 58, 75, 115, 119, 121, 127, 143, 163, 179, 180f., 183, 289, 324
Erkenntnisinteresse 63, 68, 121f.
Erklärung 63ff., 80, 82, 97, 122, 177, 188, 206, 289, 317, 320
Erstgespräch 89, 91ff., 224, 329f.
Ethnomethodologie 92f., 165
Experiment 83, 120, 135ff., 189, 193, 245
– ex-post-facto-Experiment 137, 145
– Feldexperiment 136, 141ff.
– Laborexperiment 140
Exploration, explorativ 63, 131, 147, 184, 255

F
Fallstudie 128ff.
–, interpretativ 210
Feedback 41, 67, 142, 169, 271, 294, 298, 299, 301, 335
Fehlschluss 117, 169

Firmenübernahme 59, 107f., 138, 151, 180
(siehe auch Merger und Acquisition)
flach/tief 333
Fokusgruppe 228
fördernde/hemmende Kräfte 332
Formalisierung, formalisiert 30, 34, 47, 49, 51
Formalisierungsgrad 41
formell/informell 331
Fragebogen 87, 194, 202, 204, 213ff., 219, 224, 278, 279, 281
Führungsstil 176ff.

G
Gerücht 209, 212
Grenzen 28, 34ff., 56, 152, 240, 331
Grounded Theory 130, 154, 155, 243, 253
Gruppendiskussion 157
Gruppeninterview 198
Gruppenkohäsion 234, 237
Gültigkeit (Validität) 82, 140, 180, 181, 242, 249ff.

H
Halo-Effekt 216
Hawthorne-Effekt, -Experiment, -Studie 137ff.
Hierarchie 22, 35, 44, 51, 195, 239
H-O-Schema 177, 178
Hypothese 57, 63, 71, 79, 80, 83, 95, 98, 105, 112, 115, 125, 131, 142, 155, 177, 178, 205, 276, 290, 310, 315, 317ff., 335
(siehe auch Annahmen)

I
Impression management 78, 93, 126, 149, 208, 210, 294
Indikator 99, 163, 177ff., 180, 183f., 249, 258f.
Induktion, induktiv 98, 128, 255
informell 122, 164, 231, 242, 245, 275
Inhaltsanalyse 149, 189, 195, 264, 266, 280, 286
innen/außen 96, 114, 196

Interaktion 21ff., 29, 46, 56, 57, 59, 84, 93, 165, 167, 193, 221, 228, 230, 240, 241, 252, 253
Interaktionsprozess 253
Internet 201, 305, 327
– Befragungen 218
Interpretation 70, 80, 96, 99, 132, 150, 174, 178, 191, 211, 268, 287, 303
–, soziologisch 266
interpretativ 71, 93, 123, 165, 182, 265
intersubjektiv 182, 252, 289
Intervention 67, 122, 143, 144, 237, 263
Interview 205, 207ff., 211ff., 279, 333
Intuition 98
IT 59, 126, 134, 282, 315
Item 279f.

J
Ja-Sager-Tendenz 204, 206
Johari-Fenster 298ff., 302f.

K
Kapitalmarkt 19, 20
Kapitalmarktsignale 23
Key Informants 157f., 179, 269
Kodierung, kodieren 155, 212f., 249, 256, 280, 284ff.
Kommunikation 32, 34, 73, 193, 231, 233ff., 265, 299
Konflikt 45, 296
(siehe auch Rollenkonflikt)
Kontext 49, 128, 133, 159ff., 267, 308, 309
– analyse 162
Kontrolle 21, 22, 24, 36, 166, 177, 206, 334
Kontrollgruppe 137, 140, 143
Kontrollüberzeugung 206
(siehe auch Attribution)
Kopplung 20, 37, 42, 120, 145f.
Kosten 36, 111, 115, 126, 179, 195, 203, 247

L
latent 324
Lean-Production 141, 334

lernen 17, 58, 98, 136, 137, 285, 298
Leseschwäche 202
Linie, Stab/Linie, Linie/Projekt 33, 114

M
Macht 45, 46, 59, 127, 301
Management 16, 54, 289
Manager 20, 45, 52, 109, 158, 179, 181, 207, 211, 241, 255
manifest 38, 265, 324
manifest/latent 331
Markt 96, 239, 331
– Arbeitsmarkt 19, 24, 53
– Kapitalmarkt 19, 20
Mehrebenenanalyse 159, 163
(siehe auch Kontextanalyse)
Meilenstein 103, 105
Meinungslosigkeit 204
Merger, Merger & Acquisition (M&A) 109, 325
(siehe auch Firmenübernahme)
Merkmal 43, 48f., 117, 160f., 169, 176, 206, 222, 313, 315, 325
(siehe auch Variable)
Messen 48, 178f., 180, 258, 259, 310
Methode 185ff., 187ff., 197
–, Auswahl von 192, 198
–, Mix 194ff.
–, Verbreitung von 187ff.
mündliche Befragung 153
mündliche Interviews 207
Muster 29, 70, 122, 186, 239, 295, 301, 303
– Antwortmuster 205, 206, 220
– Beziehungsmuster 32, 229
– Handlungsmuster 57, 166
– Verhaltensmuster 93, 117, 129, 185

N
Nachahmung 67
Netzwerk 29, 177
Netzwerkanalyse 125, 233, 238ff.
nomothetisch 178
non-reaktiv 107, 145, 170, 192, 244
Normen 21f., 24, 26, 29, 30, 33, 56, 118, 164ff., 192, 208, 209, 220, 275

O

Online-Fragebogen 227
Operationalisierung 80, 82, 89, 103, 106, 175ff., 307, 308, 310
Organisation 24ff.
Organisationsanalyse 55ff.; s. a. Analyse
Organisationsaufstellung 235
Organisationskultur 16, 23, 30, 69, 126, 220, 232
Organisationsstruktur
 (siehe Struktur)

P

Panel 152f.
Pilotinterview 211, 217
Planung 84, 119, 275, 334ff.
Polaritätsprofil 215
Politik 40, 57, 60, 267
– politics in production 58
– politics of production 126
Praxis 71
Pretest 88, 89, 188, 273, 278ff.
Prognose 63, 65ff.
Projekt 85, 114ff., 131, 163, 179, 195, 335
Projektstrukturplan 86, 103
Prozess 28, 32, 55, 57, 59, 60, 94, 106, 141, 175, 213, 245, 250, 293, 307

Q

Querschnittsuntersuchung 152

R

reaktiv
Reaktivität 82, 105, 110, 120, 139, 148, 170ff.
Reflexion, reflexiv, Reflexivität 89, 182, 206, 256, 269, 293, 298
Reichweite 107, 120, 151, 308, 309, 312, 323
Ressourcen 19, 24, 28, 39, 42, 53, 54, 84, 125, 134, 163, 195, 198, 239, 240, 334
Rolle 21, 22, 24, 26, 33, 46, 49, 69, 70, 89, 207, 208, 209, 234, 251, 257, 291, 293, 294, 298, 302
– Rollenkonflikt 166
– Rollentheorie 26
Rücklaufquote 219, 220

S

Selektion 33, 41, 248, 270, 308, 316
Semantik 215
Semiotik 215, 264
Shareholder 35, 52, 106, 108, 109
Slack 54
Small-World 245f.
Soziales System 22, 26ff.
Soziologie, soziologisch 26, 27, 31, 161f., 189, 247
Soziometrie, soziometrisch 191, 233ff., 241ff.
Spezialisierung 48, 51, 333
SPSS (Statistical Package for the Social Sciences) 218, 226f., 272, 287
Stakeholder 35, 41, 183
Standardisierung, standardisiert 48, 51, 75, 93, 105, 112, 182, 198, 204, 224, 250, 284, 307, 333
Stichprobe 44, 151ff., 287, 290, 292, 313, 319, 320
Stimulus Treatment 137, 138
Story Telling 236, 263
Struktur 23, 28, 34, 43, 49, 51, 52, 59, 118
Strukturplan 89
Suchmatrix 328
SWOT-Analyse 75, 282
System 30, 334
Systemtheorie 24, 113, 193

T

Technologie 22, 24, 51
Textanalyse 191, 194, 254, 263
Theoretical Sampling 155
Theorie 17, 28, 39, 45, 67, 71, 79, 95, 97, 113, 154, 177f., 203
–, deklarierte 333
– theories in use/espoused theories 17, 39, 69, 223, 333
– Theorie/Praxis 122
Tiefenstruktur 23, 77, 332
Transaktionskosten 36, 39, 46
Trendstudie 153

Triangulation 185, 194ff.
Trichtern von Fragen 215f.

U

Umwelt 19, 25, 30, 39f., 51, 67, 116, 125, 133, 165, 220, 331
Unterscheidung 27, 39, 64, 69, 78, 79, 87, 96, 108, 112ff., 116ff., 139, 148, 176, 191, 193, 223, 231, 239, 241, 250, 261, 270, 282, 303, 313, 314, 324f., 327, 331ff.
Untersuchungseinheit 129f., 132, 153ff., 176

V

Validität 101
Variable 160, 165, 176, 217, 259, 324
–, abhängige 108, 137
–, Arten von 313ff

–, Kontext 117
–, unabhängige 138, 258
Versuchsleitereffekt 139, 205
Verwertung 89, 303, 309, 322, 323
Verwertungsinteresse 75, 62, 68, 260, 322, 335
Verwertungszusammenhang 308, 312, 323
Vorerhebung
(siehe Pretest)

Z

Zeit 30, 33, 41, 64, 77, 100, 109, 115, 120, 133, 146, 152, 179, 186, 192, 195, 203, 213, 257, 258, 274f., 278, 279, 294, 319, 330f.
Zentralisierung 33, 49, 333
Zuverlässigkeit 82, 181, 236, 287

10 Personenregister

A
Abma, Tineke A. 263
Adorno, W. 154
Alchian, Armen A. 46
Aldrich, Howard E. 41
Appel, Wolfgang 337
Archibald, Kathleen A. 241
Argyris, Chris 17, 69, 333

B
Bailey, Diane E. 119
Bales, Robert F. 191, 249, 253, 261
Barley, Nigel 252, 262
Barnard, Chester Irving 31, 54, 131
Barnes, John A. 129
Barr, Christopher D. 337
Bateson, Gregory 17, 168
Bensman, Joseph 47, 117, 164, 166, 251
BeVier, Craig A. 219
Blau, Peter M. 41
Bohnsack, Ralf 232
Boronat-Navarro, Montserrat 337
Bortz, Jürgen 146f., 152, 217
Böse, Reimund 331
Bosetzky, Horst 164, 338
Bott, Elizabeth 338
Bouwen, René 236
Bretz, Robert D. 304
Brewerton, Paul 297
Bronner, Rolf 187ff.
Brunsson, Nils 45
Bryde, David J. 158, 179
Bullinger, Hans-Jörg 74
Burgoyne, John G. 41
Burnham, James 45
Burns, Tom 41, 48
Burt, Ronald S. 29
Buzan, Tony 277

C
Camisón-Zornoza, César 326
Carpenter, D. S. 338
Cartwright, Susan 180
Chandler Jr., Alfred D. 20, 45
Child, John 41, 50, 53
Cicourel, Aaron V. 92f., 95, 191
Cohen, Stephaen P. 119, 253
Cohen, Susan G. 339
Coleman, James C. 27, 31f., 36, 93, 161, 167, 238, 304, 334f.
Cook, Stuart W. 339
Corbin, Juliet 155, 321
Couper, Mick P. 201
Coutts, Elisabeth 201
Crozier, Michel 46
Cyert, Richard M. 28, 45

D
Daniel, Patrick 339
De Jong 241ff. 339
Deissler, Klaus G. 67
Delbridge, Rick 209
DeMarco, Tom 72, 76
Demsetz, Harold 46
Detzel, Patrick 339
Deutsch, Morton 339
Devereux, Georges 174, 214
Diekmann, Andreas 82, 93, 130, 139, 152, 167, 189, 226, 271
Dienesch, Richard M. 339
Dietl, Helmut 339
Döbert, Marion 202
Dollase, Rainer 235, 246
Döring, Nicola 146f., 152, 217
Dow, Douglas 141
Doyle, Arthur Conan 67
Drori, Gili S. 339
Dukerich, Janet M. 133, 149, 162
Duriau, Vincent J. 272, 286
Dutton, Jane E. 133, 149, 162

E
Eisenhardt, Kathleen M. 135
Ekman, Paul 260, 340
Elsbach, Kimberly D. 172
Erdogan, Gülten 231
Ernst, Holger 157, 158

Esser, Hartmut 167, 168, 203
Exner, Alexander 96

F
Fish, Amy 247
Flick, Uwe 195, 226, 232
Forster, Nick 270
Foucault, Michel 38
Franck, Egon 340
Freeman, J. 39, 41
Freeman, Robert E. 340
French, John R. P. 147
Friedberg, Erhard 46

G
Garfinkel, Harold 92, 117, 171, 268
Geertz, Clifford 66, 252
Gephart, Jr., Robert P. 190
Gerver, Israel 47, 117, 164, 166, 251
Gibson, Cristina B. 265
Gigerenzer, Gerd 67, 216, 292, 331
Glasl, Friedrich 52
Glenn, Dana M. 341
Gminder, Hans-Ulrich 236
Goffman, Erving 78, 93, 125, 126, 127, 196, 209, 281, 301
Gonzalez, Victor M. 341
Goode, William J. 132
Graebner, Melissa E. 135
Graham, Jill W. 341
Granovetter, Mark S. 29, 240
Greiner, Larry 52
Grimshaw, Damian 134
Grunow, Dieter 119, 321
Guggisberg, Jürg 202, 341

H
Habermas, Jürgen 154
Häder, Michael 202, 219, 226
Haller, Michael 270
Hannan, M. T. 39
Hare, A. Paul 253
Harper, Douglas 255, 264
Harris, Justin 341
Hatt, Paul K. 132f.
Hedberg, Bo L. T. 48
Heiders, Fritz 238

Heinen, Edmund 31
Helfferich, Cornelia 199, 225
Hempel, Carl, G. 177f.
Hickson, David J. 48
Hobsbawm, Eric J. 66
Hofbauer, Johanna 172
Hoffmann, Rainer-W. 204
Holloway, Jacky 342
Hollstein, Betina 243
Homans, George C. 117, 129, 130, 138
Hopf, Christel 226
Huberman, Michael A. 66, 287
Hubertus, Peter 202
Huczynski, Andrezej A. 288, 289
Hunter, John E. 44
Hurrle, Beatrice 158
Hwang, Hokyu 342

I
Isabella, Lynn A. 133, 207, 209, 210 ff., 213, 285

J
Jahoda, Marie 129, 130
Jansen, Dorothea 238, 239, 240, 241, 246
Jensen, M. C. 46
Joiner, Brian L. 342
Jones, Daniel T. 342
Jorgensen, Danny L. 262
Jürgens, Ulrich 58

K
Kapferer, Bruce 29
Kaplan, Robert S. 75
Kelle, Udo 175
Kieser, Alfred 28, 33, 51f., 158
Kirkman, Bradley L. 75
Klein, Lisl 57, 94
Kleining, Gerhard 87, 147
Knoke, David 239
Knyphausen-Aufseß, Dodo zu 42
König, René 147, 199, 226, 250, 253, 262
Königswieser, Roswita 343
Kreutz, Henrik 214
Krohn, Wolfgang 47, 79

Personenregister **359**

Kromrey, Helmut 110, 175, 179, 271
Kuckartz, Udo 272
Küpper, Willi 46, 58
Küppers, Günter 47, 79

L

Lapiedra-Alcamí, Rafael 343
Lauterbach, Andreas 219
Lawler, Edward E. 41
Lawrence, Paul 33, 41, 138
Lazarsfeld, Paul F. 130
Lievegoed, Bernhard 52
Lipshitz, Raana 344
Littek, Wolfgang 43, 44
Loos, Peter 228
Lorsch, Jay W. 33, 41, 138
Luft, Joseph 298
Luhmann, Niklas 24, 31, 32, 33, 38, 47, 64, 96, 133, 207, 327

M

Mach, Ernst 81, 83, 85, 95, 135
Magritte, René 182
Mahate, Ashraf A. 106, 151, 180
Mann, Leon 141f.
March, James G. 28, 45
Mark, Gloria 172
Marrow, Alfred J. 116
Martin, Albert 43f.
Mayrhofer, Wolfgang 16, 21, 35, 43, 62, 222, 240
Mayring, Phillipp 269
McNatt, D. Brian 304
Meckling, W. H. 46
Menno, D. T. 345
Mensching, Anja 232
Meyer, John W. 28, 45, 52, 271
Meyer, Michael 16, 21, 35, 62, 222, 266, 271
Miles, Matthew B. 66, 287
Millward, Lynne 154, 228, 297
Minto, Barbara 292
Mintzberg, Henry 39, 48, 133, 191, 197f., 249, 250, 254ff., 287
Miozzo, Marcela 134
Mitchell, Clyde J. 29
Mitroff, Ian I. 41

Mullins, Nicholas C. 92
Musil, Robert 102

N

Naschold, Frieder 58
Nehnevajsa, Jiri 237
Neuberger, Oswald 176
Noon, Mike 209
Norton, David. P. 75
Nystom, Paul C. 346

O

Ondaatje, Michael 346
Ortmann, Günther 46, 58
Orton, J. Douglas 20
Ouchi, William G. 16
Oudhuis, Margareta 74

P

Peirce, Charles S. 98, 156
Peters, Tom J. 16
Pfarrer, Michael, D. 272
Pfeffer, Jeffrey 16, 42, 61, 75, 109, 127, 137, 305
Phesey, Diana C. 346
Picot, Arnold 36
Popitz, Heinrich 26
Popper Karl 154
Popper, Micha 346
Porter, Michael E. 40, 53
Provan, Keith G. 246f.
Puchta, Claudia 228, 232f.
Pugh, Derek S. 48, 250, 259f.
Pugh, S. Douglas 347

R

Rafaeli, Anat 258, 260
Rajan, Raghuram G. 35
Reger, Rhonda K. 272
Reichertz, Jo 99
Rogelberg, Steven G. 347
Ron, Neta 133, 213, 285f.
Roos, Daniel 347
Rosen, Benson 347
Ross, Jerry 131, 149
Roth, Philip L. 219
Rowan, Brian 28, 45

Rynes, Sara L. 189, 304

S
Salancik, G. R. 42
Samson, Danny 141
Saviano, Roberto 170
Schäffer, Burkhard 228, 232
Schiepek, Günter 331
Schimank, Uwe 266, 295
Schmidt, Frank L. 44, 266
Schoenherr, Richard A. 41
Scholtes, Peter R. 76
Schön, Donald 17, 69, 333
Schöneck, Nadine M. 226
Schreyögg, Georg 42
Schütz, Alfred 92, 117
Segarra-Ciprés, Mercedes 348
Selltiz, Claire 283
Siggelkow, Nicolaj 95, 128, 132, 135
Simon, Herbert A. 138, 333
Simpson, Ruth 35
Simsek, Zeki 220
Skinner, Denise 61
Spitzmüller, Christiane 221
Staehle, Wolfgang H. 33
Stalker, G. M. 41, 48
Stamm, Markus 22, 85, 179, 218
Starbuck, William H. 348
Staw, Barry M. 131, 149
Steyaert, Chris 236
Steyrer, Johannes 348
Straus, Florian 243
Strauss, Anselm L. 130, 155, 253, 321
Streibel, Barbara J. 348
Stutz, Heidi 348
Sudarsanam, Sudi 106, 151, 180
Suddaby 155, 190
Sutton, Robert I. 16, 61, 75, 109, 127, 137, 258, 260, 305
Sydow, Joerg 247

T
Tagg, Clare 348
Tesluk, Paul E. 348
Thamhain, Hans J. 179

Titscher, Stefan 22, 62, 67, 85, 96, 175, 179, 214, 218, 221, 238, 243, 254, 271
Todeva, Emanuela 239
Torsten, Wulf 349
Trojanow, Ilija 146

U
Ulbricht, Bernd 349
Uzzi, Brian 247

V
Van Dyne, Linn 21
Veiga, John F. 220
Vetter, Eva 349
Vollmer, Simone 349
Vonnegut, Kurt 291, 295
Voß, Werner 226, 287

W
Walgenbach, Peter 28, 33, 51f.
Walter-Busch, Emil 139, 224
Waterman, Robert H. 16
Waters, James A. 39
Weber, Max 161
Weick, Karl E. 20, 37, 141, 147, 248, 249
Weller, Ingo 43f.
Whyte, William F. 129, 130, 261
Wille-Römer, Gertrude 221
Williamson, Oliver E. 36f., 46
Windeler, Arnold 246
Windolf, Paul 241
Wittgenstein, Ludwig 136
Wodak, Ruth 265, 271
Wolff, Stephan 94, 228, 232f.
Wolke, Robert L. 113
Womack, James, P. 141, 334

Z
Zeisel, Hans 98, 130, 292
Zelazny, Gene 292
Zellmer-Bruhn, Mary E. 265
Zingales, Luigi 35
Zwijze-Koning, Karen H. 241, 242, 243, 244